Death & Co

WELCOME HOME

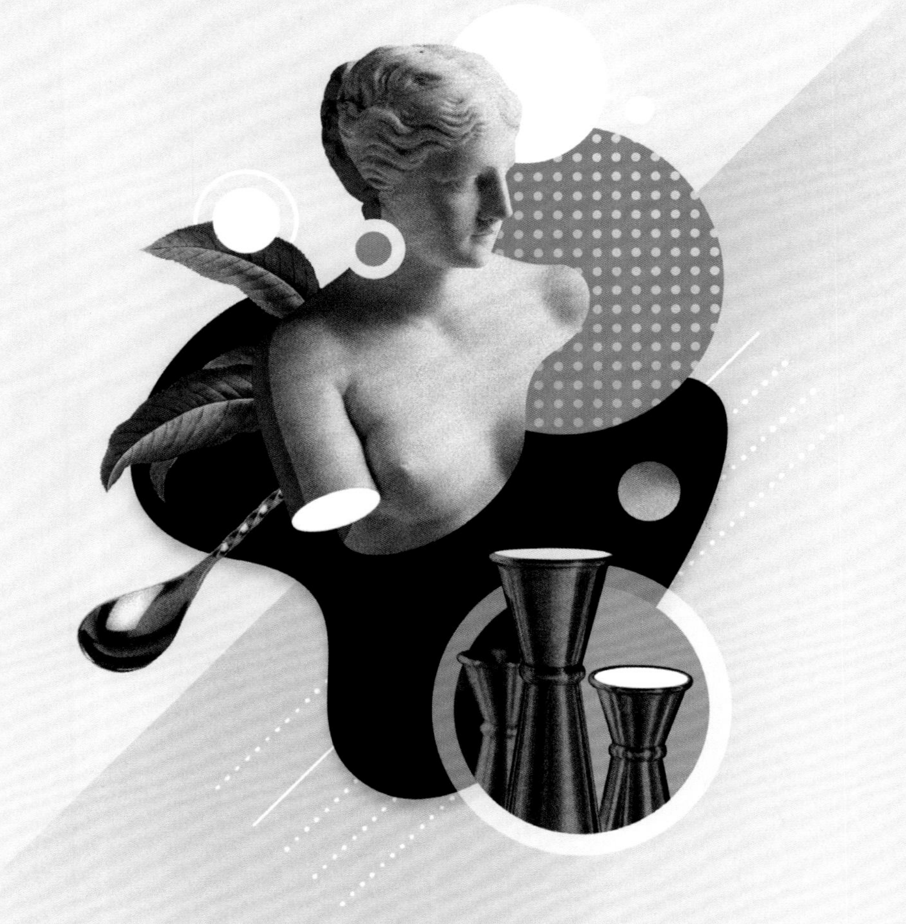

回 家 调 一 杯

〔美〕亚历克斯·戴　〔美〕尼克·福查德　〔美〕大卫·卡普兰　著

汪海滨　译　　摸灯醉叔叔团队　审订

北京科学技术出版社

著作权合同登记号　图字：01-2024-0763

图书在版编目（CIP）数据

回家调一杯 / (美) 亚历克斯·戴，(美) 尼克·福
查德，(美) 大卫·卡普兰著；汪海滨译. -- 北京：北
京科学技术出版社，2025. -- ISBN 978-7-5714-4732-8

Ⅰ. TS972.19

中国国家版本馆 CIP 数据核字第 2025PK9547 号

策划编辑：廖　艳
责任编辑：廖　艳
责任校对：贾　荣
责任印制：李　茗
图文制作：天露霖文化
出 版 人：曾庆宇
出版发行：北京科学技术出版社
社　　址：北京西直门南大街16号
邮政编码：100035
电　　话：0086-10-66135495（总编室）
　　　　　0086-10-66113227（发行部）
网　　址：www.bkydw.cn
印　　刷：雅迪云印（天津）科技有限公司
开　　本：889 mm×1194 mm　1/16
字　　数：458千字
印　　张：25.5
版　　次：2025年9月第1版
印　　次：2025年9月第1次印刷
ISBN 978-7-5714-4732-8

定　　价：169.00元

目　录

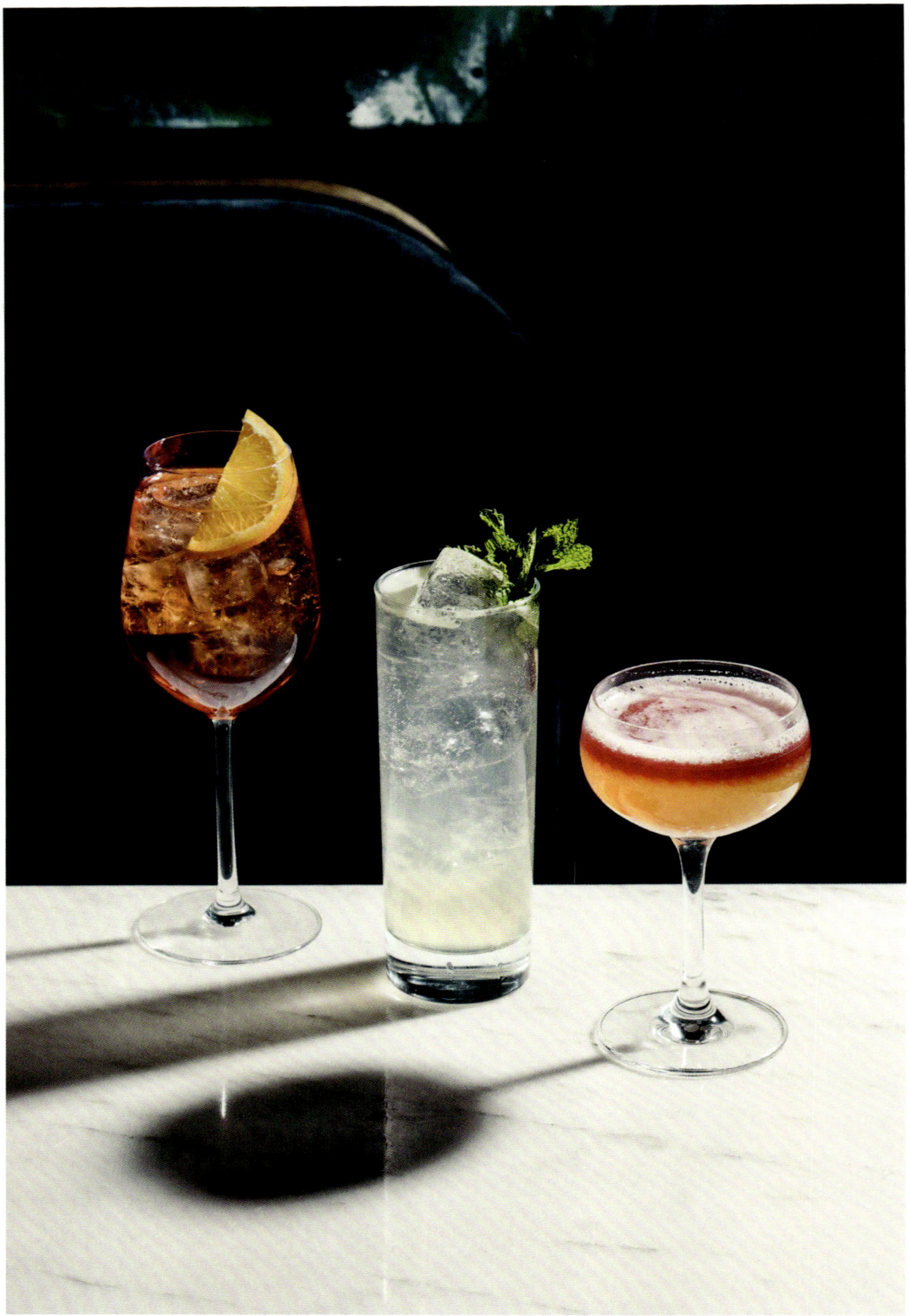

引言

2006年新年前夜，我在曼哈顿东村一条安静的小街上开了一家酒吧，名为"至死相伴酒吧"（Death & Co）。开业后的头几年，我们的酒吧就已经在世界顶尖鸡尾酒吧中占有一席之地。2008年，亚历克斯成为酒吧合伙人，我们开始计划在全美范围内开设更多的至死相伴酒吧，也许将来还会在国外开设。开设更多酒吧本身不是问题，关键在于时机和地点的选择。

然而，现实的情况是，新开一家至死相伴酒吧已经是10多年后的事情了。与酒吧另外2位创始合伙人拉维（Ravi）和克雷格（Craig）的早期谈判毫无进展，所以我将我们未完成的协议放在了抽屉里，然后将精力转移到其他地方。我和亚历克斯开了一家名为"业主咨询"（Proprietors LLC）的餐饮行业咨询公司，并搬到了洛杉矶。

随着我们在加利福尼亚州的新生活和新业务的开展，我们尽力说服自己将开设另一家至死相伴酒吧的梦想放下。我们在洛杉矶承接了许多餐饮咨询项目，打造了一间适合我们开展业务的办公室和一间研发实验室，并将我们的咨询业务扩展到了全球范围。随着业主咨询公司的发展，我们的雄心也在增长。我们与洛杉矶夜生活的重要人物塞德·摩西（Cedd Moses）建立了合作关系，这使我们能够从零开始打造3家新酒吧：位于洛杉矶市区的鸡尾酒吧兼舞厅哈尼卡特（Honeycut），以及位于韩国城的诺曼底酒店（Normandie Hotel）内的2家酒吧——一间是名为"诺曼底俱乐部"（Normandie Club）的热闹休闲酒吧，另一间是受日式无菜单料理启发的创意鸡尾酒吧，名为"沃克客栈"（Walker Inn）。

虽然这种合作关系帮助我们建立了开设和经营酒吧的信心，并培养了我们的相关能力，但对我们提高财务洞察力没有多大帮助，因为财务管理权在塞德团队手中。与此同时，至死相伴酒吧的业务一如既往地好，但我们与酒吧日常运营的脱节导致至死相伴酒吧文化因缺乏监督而陷入困境。我和亚历克斯决定，重建与其他至死相伴酒吧创始人的合作关系，并为打造更多完全属于我们自己的酒吧铺平道路。在之前参与的项目中，我们总是感觉自己像是和成年人一起进餐的小孩。于是我们决定，掌控经营酒吧的所有细节，并让自己成为餐桌的主人。我们前进的唯一方法就是直面失败的恐惧。

于是，我们一一解除了与洛杉矶3家酒吧的合作关系，然后从抽屉里拿出我们未完成的至死相伴酒吧协议，并修复了与拉维和克雷格的关系。我们重新投入纽约酒吧的运营中，努力整顿运营，改善财务状况，并重振酒吧文化。我们开始阅读我们能找到的每一本商业图书，并且加入了"加速器8号"（Acceler 8）培训计划，这是一个为想要扩大自身业务的餐饮行业人员提供辅导的计划。在那里，我们接受了"企业家运营系统"（Entrepreneurial Operating System, EOS）培训，并借助它来调整我们对酒吧价值的认知以及对其未来的设想。对我们的团队来说，企业家运营系统就像火箭燃料一般，一切终于开始步入正轨。

学习一套可以应用于我们公司的结构化系统让人感觉如释重负。它在许多方面为我们酒吧的运营提供了框架，同时也帮助我们理解我们每个人在个性、责任和角色上的差异——这是我们长期以来一直缺少的东西。很明显，虽然我和亚历克斯都喜欢经营酒吧，但我们所擅长的领域不同。我擅长像典型的创始人一样思考，追逐长期愿景，并向员工灌输能够帮助我们实现这一愿景的价值观和公司文化。亚历克斯擅长解决问题和处理细节，他总能找到把想法落实为最终产品的路径。你们手中的这本书就是一个例子——我负责这本书的商业推广和合作事宜，而亚历克斯与尼克一起将我们的工作日常呈现在书页上。

大约在这个时候，我们收到了一封简短且颇具神秘色彩的电子邮件，来自丹佛（Denver）房地产开发商瑞安·迪金斯（Ryan Diggins）。他正在丹佛市新兴的艺术园区里诺社区（River North Art District）建造一家名为"漫步"（Ramble）的酒店。这家酒店需要一个合作伙伴来经营其餐饮项目，而瑞安希望至死相伴酒吧能成为这个合作伙伴。我们见到瑞安时，很快就意识到双方的价值观和愿景是一致的。虽然丹佛项目对我们来说是未知的领域——我们将全天候（每天24小时，每周7天）地负责多个酒吧和一个中央厨房，但从个人和专业角度来看，我们认为自己已经准备好了，终于要再开一家至死相伴酒吧了。

开设丹佛至死相伴酒吧与我们以往所做的任何事情都不同。但通过多年来开设和经营酒吧的经历，我们从成功和挫折中学到了很多东西，拥有了经验、信心和谦逊的态度，这些使这个项目成为可能。丹佛至死相伴酒吧的实体空间与我们在纽约的酒吧截然不同：它由5个空间独立的酒吧区组成，占地约12 000平方英尺[①]。我们面临的第一个挑战是，如何使这个庞大的、需要全天候运营的空间仍保有至死相伴酒吧的特质。我们的纽约酒吧的文化很大程度上是由其空间的亲密性和小规模团队所定义的，这在繁忙的酒店中并不容易复制。但当我们更深入地研究是什么定义了我们的鸡尾酒和餐饮服务方式时，我们发现并确

---

① 1 平方英尺 ≈ 929 平方厘米。——译注

定了一些核心价值观和特质，它们可以根植于丹佛的酒吧，乃至未来在其他地方开设的酒吧。

至死相伴酒吧的鸡尾酒理念始终遵循对品质和优雅的双重追求。我们的酒饮源自经典鸡尾酒，拥有纯正、直接的口感和简明的配方。当然，我们欢迎创新，但这并不是我们的主要目的。最重要的是，我们希望我们的鸡尾酒引发的反应不是"嗯，这很有趣"，而是"哇，这杯酒真的太好喝了！"。尽管这听起来很简单，但"这真的太好喝了"这句话背后远不止杯中物那么简单。让我们来完整诠释一下：酒杯的温度、杯垫，以及大理石吧台的质地，都会影响客人对鸡尾酒的感受。服务员的亲和力和个性、周围的客人、酒吧空间的音乐和灯光都是"这杯酒真的太好喝了"的构成要素。所有这些都是至死相伴酒吧氛围体验的必要组成部分。

尽管丹佛至死相伴酒吧的空间和员工规模远远超过了我们在纽约的酒吧，但我们能够通过全新的、不同的方式来传达至死相伴酒吧的理念。我们雇用了一支出色而全面的员工团队：一些员工拥有丰富的经验和精湛的技艺；另一些则几乎没有鸡尾酒调制经验，但他们有学习和发展的潜力。我们重新设计了鸡尾酒和酒单的研发方法。我们迫使自己专注于有意识且透明化的管理模式，而不是像过去那样被动地维护对酒吧文化产生不利影响的经营模式。

随着丹佛至死相伴酒吧项目的启动，我们在洛杉矶艺术区签订了一份房屋租赁合同，该建筑位于我们的办公室附近，我们之前做过的所有项目，包括至死相伴酒吧项目，都是在那里孵化的。多年来，我们已经成为该社区艺术家和企业家社群的一部分。我们非常兴奋——经过多年的考察、谈判，历经挫折，洛杉矶至死相伴酒吧终于落成。我们的新酒吧位于一座尚未翻新的建筑的地下室，因此我们第一次有了从零开始设计酒吧空间的机会（或者更准确地说，是从地平线以下开始）。洛杉矶至死相伴酒吧是我们下的最大的赌注，因为我们承担了所有的费用。这里面积相对较小，但感觉很宽敞，就像我们的纽约酒吧一样，但我们不想简单地复制纽约至死相伴酒吧的模式。纽约和洛杉矶是完全不同的城市，拥有不同的夜生活场景。在纽约，店铺密集、交通方便，客人们倾向于一个晚上串好几家酒吧，特别是当他们在至死相伴酒吧等待位子时。在洛杉矶，客人们则倾向于选择一家酒吧，然后在那里度过整个晚上。因此，我们希望打造一家让客人进门之后就不会转身离去（就像我们在纽约至死相伴酒吧所做的那样），并能够在这里度过漫长而惬意的夜晚的酒吧。我们在洛杉矶至死相伴酒吧增加了一个名为"站饮区"（Standing Room）的酒吧空间，这里的鸡尾酒酒单简洁明了，服务迅速，客人可以在等候内场座位时在此喝一杯。洛杉矶的鸡尾酒文化较为随意，因此我们希望在保持高标准服务的前提下，将只提供座位的主酒吧与这种更随意的站饮区平衡起来。

我们于2019年12月中旬开设了洛杉矶至死相伴酒吧，这是一年中开设新酒吧最糟糕的时间节点之一，但酒吧第一个月的经营状况之好远远超出了我们此前谨慎的预期。开业几周后，我们为自己所取得的成就感到非常自豪：我们有了一支出色的管理团队，这使得我和亚历克斯可以迈出下一步，远离开设酒吧的细枝末节，让我们才华横溢的团队来驱动整个进程。这是我们多年来一直在努力追求的让公司自然发展的状态。

与此同时，我们计划在2020年年底之前再开设一家至死相伴酒吧，这次是在芝加哥。芝加哥一直是我心目中开设酒吧的首选地点之一，因为我出生在那里，我的家人也在那里，将至死相伴酒吧带到"风城"（指芝加哥）感觉像是轮回中的重要一环。我们已经在那里考察了一段时间，并且组建了一支优秀的项目团队。通过开设洛杉矶至死相伴酒吧，我们证明了自己：从设计到开业，我们可以做好开设酒吧的所有工作，并且在此过程中不会让我们的其他酒吧、业务受到影响，我们自己也不会忙到失去理智，使事情变得一团糟。

然后，全球暴发了一场疫情。如果这场疫情在几年前暴发，我们不知道该如何继续前行。但是，现在我们已经成长为一个更有组织性、更有规划的公司。我们立即开始问自己，也问他人，我们能做些什么？我们意识到，我们的职责是尽己所能照顾好每一位员工，同时维持公司的正常运转，这样他们日后才有可以回归的工作岗位。我们知道酒吧将不得不裁掉一大批员工，却不知道裁员的规模有多大。我们创建了多种模型，模拟了各种情景，每个模型都附有一份名单，列出了不得不解雇的员工以及解雇的时间，以尽量增加公司的生存机会。这真是太糟糕了。

保持完全透明、坦率、开放、持续的团队沟通是至关重要的，这是我们从过去的经历中吸取的教训。我们开始开展内部通信，每天分享公司的业务状况，并为员工提供资源。我们暂时保留了一些员工的职位，并为那些我们不得不解雇的员工额外支付了10周的医疗保险费用。我们迅速建立了员工基金，以帮助那些需要财务援助的人，我们还成立了员工委员会来决定如何分配这些资金。我们行业中的很多人已经出现了心理健康问题，我们知道裁员和疫情对人们心理健康的影响是重大的，因此我们为任何希望寻求帮助的员工支付心理治疗师的费用。我们的经理，包括那些我们不得不解雇的员工，都努力通过组织线上聚会和保持社交距离的户外聚会来维系我们的企业文化和团队归属感。

在着力关停业务、筹集资金以维持生计的同时，我们致力于制订重新开业的计划。亚历克斯和我们的运营团队夜以继日地编写我们重新开业的手册。这是一份信息量巨大的文件，详细解释了如何在疫情防控期间以及之后重新开放和运营我们的每一家酒吧，即便是最微小的细节也都考虑到了。这份手册完成后，我们与团队成员分享了它，根据亚历克斯的建议，我们公开了这本手册，之后它迅速在行业内传播开来，在同行中引发了积极反响。

对我们来说，这本手册体现了我们对待餐饮服务以及其他一切事物的态度。我们成功的秘诀在于没有秘密。我们已经意识到，当你把所有时间和精力都花在保护你所创作的东西上，而不是专注于创作新的、不同的东西时，会发生什么。你之所以优秀，不在于你拥有什么，而在于开放和执行。这并不适用于每个行业，但对餐饮业来说，绝对是如此。这就是为什么多年前我们决定在第一本书中分享我们所知道的关于鸡尾酒的一切，包括我们所有的配方。我们不断学习、追求进步，并在此过程中分享我们的学习成果，这是我们的核心价值观之一。正因如此，随着我们持续探索和完善鸡尾酒理念和教学方式，我们

写下了第二本书。现在，我们写了第三本书，分享了自第一本书出版以来我们学到的所有新知识。我们以前说过，但还是有必要重复一遍：鸡尾酒只不过是一张蓝图，一张列有所有原料和如何组合它们的说明书而已。同样，酒吧也只是一间有几把椅子和很多酒瓶的房间而已。但是，人可以让鸡尾酒变得鲜活起来。而一群人怀着热忱待客之心团结在一起，就能使一家酒吧鲜活起来。我们希望你能从这本书中分享的经验和配方中获得启发，让它们鲜活起来。

随着时间的推移，我们得以将重新开业手册的理论付诸实践——先是在丹佛，然后是在纽约，接着是在洛杉矶。当我写下这篇文章时，我们仍然没有摆脱疫情带来的影响，但我满怀希望，当你读到这本书时，我们可以欢聚在酒吧，举杯共祝美好未来。

大卫·卡普兰，2020年10月

如何使用本书

我们写第一本鸡尾酒书——《至死相伴酒吧：现代经典鸡尾酒》（*Death & Co: Modern Classic Cocktails*）的意图是讲述一家小酒吧的故事，让每位读者都能感受到自己既是至死相伴酒吧的常客，又是这家酒吧里经验丰富的调酒师。我们还在书中分享所知的一切，包括我们一路以来创作的所有鸡尾酒。出乎我们（还有我们的出版商）的意料，那本书取得了成功。随后，我们意识到，关于对鸡尾酒的思考，我们还有更多的东西可以分享，也就是说，理解一些基础配方就可以揭开所有鸡尾酒的秘密。这些略带抽象的概念造就了第二本书——《鸡尾酒法典》（*Cocktail Codex*），而它再次出乎意料地取得了成功（这次绝对让我们的出版商感到惊讶），我们利用它来指导我们重新思考并调整至死相伴酒吧的鸡尾酒理念与调制方法。

当我们决定撰写第三本书，也是第二本聚焦于至死相伴酒吧的书时，很多事情已经发生了改变。手工鸡尾酒行业更加蓬勃地发展着：每年都有更多、更好的原料和工具推出，全美各地都有更多、更好的鸡尾酒吧开业。我们的2家新酒吧——丹佛至死相伴酒吧和洛杉矶至死相伴酒吧也在此期间开业，而我们位

于纽约的至死相伴酒吧的业绩也一直在创造新高。

疫情的暴发让一切都发生了改变。尽管这场危机对很多人，以及餐饮业和我们自己的业务，都造成了毁灭性的影响，但它也让我们有机会回顾我们是如何将至死相伴酒吧打造成一个不断发展的品牌，以及我们是如何从1家酒吧发展到在全美3个截然不同的地区拥有3家各具特色的酒吧的。由于长时间隔离在家，我们更加感激所有使用我们的书来学习如何在家调制鸡尾酒的爱好者，无论是业余人士还是专业人士。因此，我们将这本书视为一个机会，不仅要讲述至死相伴酒吧的发展历程，还要搭建专业酒吧和家庭酒吧之间的桥梁——毕竟，我们所追求的事物都是一样的：一个温馨的家、一杯酒，以及片刻的放松。

所以，就有了《回家调一杯》这本书。这本书的脉络与至死相伴酒吧团队的新成员所经历的成长路径相似，涉及酒吧经营理念、服务理念，当然还有鸡尾酒制作理念。这或许能帮助你准确地了解这本书——想象一下你是一位刚加入我们这个大家庭的新手调酒师，而这本书就是你的员工手册。如果你能从头到尾阅读完这本书，那你就会获得丰富

的调酒经验，因为本书的内容安排是循序渐进的，但你也可以随意跳读或者直接翻到"配方"部分开始调酒，而不必像我们的正式员工那样还要经历一次终极测试。

"准备工作"部分探讨了我们用于规划和聚焦工作的指导原则，详细讲述了我们培训员工的方式，从中你会了解到在我们的酒吧工作是怎样的体验。你将理解有目的性地工作（在这本书中，你会频繁地看到这个词）的重要性。我们还将引导你完成一系列的实践练习，帮助你了解自己的味觉和个人偏好，并介绍调制鸡尾酒所需的工具和技术。

"挑选原料"部分涵盖了我们用来调制酒饮的各种原料：烈酒、调味剂、甜味剂、苦精等。在之前的书中，我们深入探讨了经常使用的特定品牌，而在这本书中，我们将扩大范围，以帮助你为自己的鸡尾酒做出更明智的选择（如果需要的话，还有替代品）。

在过去几年里，我们彻底改变了研发设计鸡尾酒酒单的方式。"酒单研发"部分以丹佛至死相伴酒吧酒单的研发故事为例，展示了我们创意背后所发生的一切。我们希望你在读完这一部分后，能够掌握创作全新酒款的新策略，也许你还能对制作电子表格有全新的、更深入的认识。

第一本书出版后，最让我们惊讶的是，竟然有那么多读者真的按照书中所写的方法在家里调制酒饮。我们希望读者从那本书中学到很多关于鸡尾酒的知识，但你看到其中的一些配方了吗？谁会去寻找那么多奇特的基酒，或费时费力地去浸渍原料和自制糖浆，并手工凿制冰块，仅仅是为了过把酒瘾呢？没错，就是你们，亲爱的读者们。多年来，无数业余爱好者大胆地在家中搅拌和摇制《至死相伴酒吧：现代经典鸡尾酒》和《鸡尾酒法典》中介绍的数百种酒款。每次得知你们在家调酒的经历，我们都对你们的雄心和热情感到敬畏，这鼓励着我们致力于帮助更多的读者更好地利用家中的调酒设备和吧台，无论是只有3瓶酒还是300瓶酒。"在家调制鸡尾酒"部分分享了我们多年来在自己家中调酒时所积累的秘诀和给出的建议。

最后，我们在"配方"部分收录了数百种全新的至死相伴酒吧鸡尾酒配方。由于篇幅所限，这本书未能涵盖自第一本书出版以来我们创作的所有配方，但我们从约1000个备选方案中筛选出了500多个我们非常喜欢的鸡尾酒配方，这些配方更便于人们在家中调制。我们按照编排鸡尾酒酒单的方式来排列这些配方，这将帮助你找到与你当下的心情完美契合的鸡尾酒。

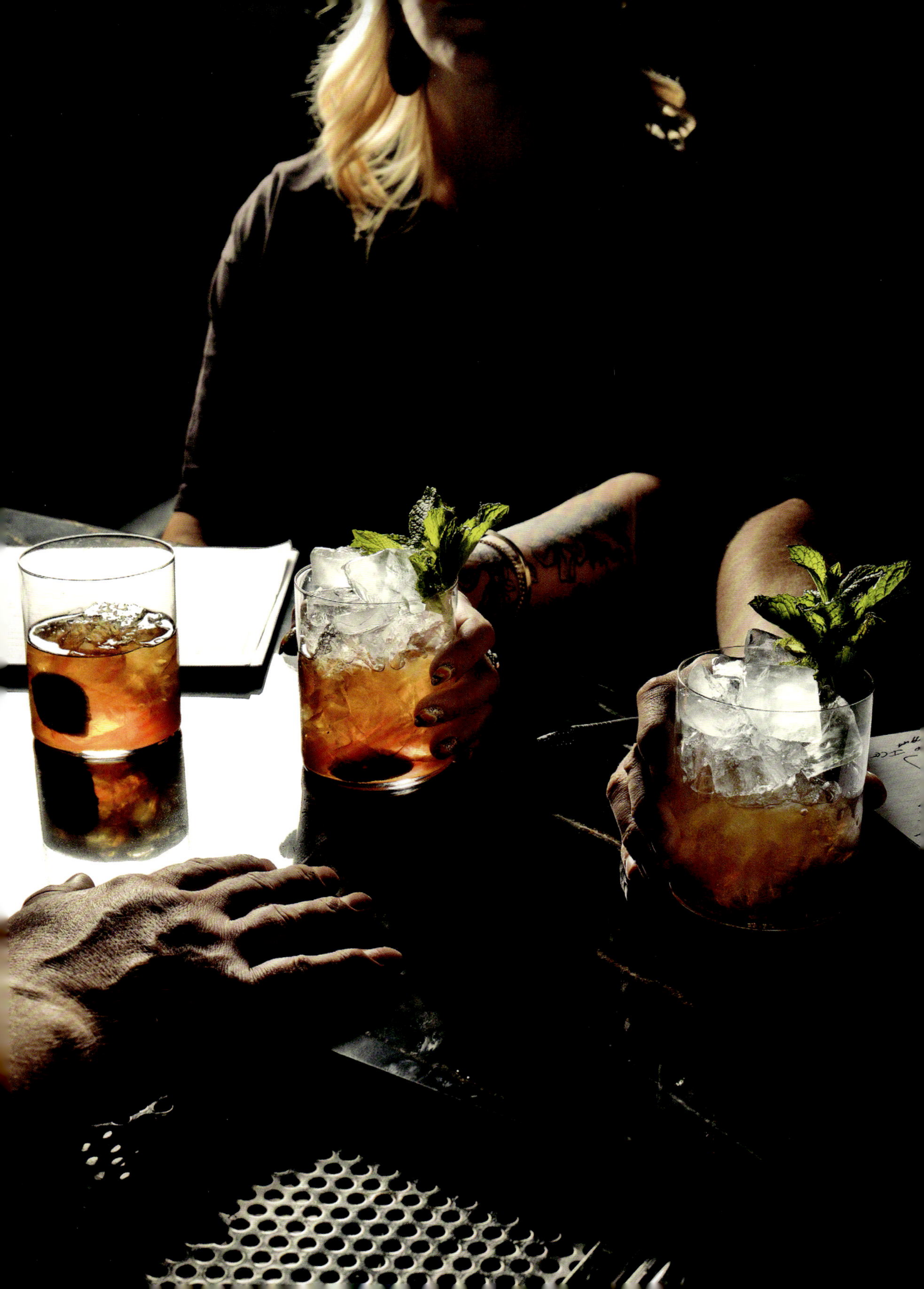

至死相伴酒吧全新词汇表

这个全新的词汇表收录了我们在酒吧里听到的相关且有趣的行话、俚语和内部笑话。

杯水之谢（Water Shot）：在繁忙的工作中，同事递给你一杯水，因为他们知道你可能已经好几个小时没有喝水了。这是团队凝聚力的体现，也是员工调整和休息的机会，也被称为"香农的及时雨"。

倍儿爽（Cold Crispy）：下班后喝的一杯啤酒，也被称为"脆啤"。

冰冰（Icr）：冰镇冷藏的容器，或者指冰好的酒杯。

打鸡血（Preshift）：指每天营业前进行5分钟的简短会议。

打扰了（"May I?"）：在工作期间与同事交谈时的开场白。

戴夫卡普兰（Dave Kaplan）：员工之间的俚语，指客人点的加冰气泡水。

钩子（The Hook）：让一款鸡尾酒变得特别有趣的元素。

后插袋（Back-Pocket Spec）：一款基本完成创作、留待未来纳入新酒单的全新鸡尾酒配方。

火热（Hot）：形容某款鸡尾酒尝起来酒味过于浓烈或酒精味太重。

火辣（Spicy）：参见"火热"。

精准工作（Work to Code）：礼貌地告诉同事不要偷工减料，源自我们的非官方导师、美国艺术家汤姆·萨克斯（Tom Sachs）。

寇伯乐垃圾（Cobbler Shit）：指那些豪华的鸡尾酒装饰，通常是浆果、柑橘和薄荷的组合，常常撒上糖粉。

临门一脚（Striking Distance）：用来表示一款新鸡尾酒配方几近完成，但还需微调一两处细节。

脑补（Mind-Mouth）：香农·特贝（Shannon Tebay）在研发或品鉴酒款之前，会先在脑海中想象各种风味的组合。

排水口（Scupper）：指我们酒吧里有

孔的金属工作台。

平平无奇（Flat）：形容某款鸡尾酒缺乏特色或风味层次。

奇怪大口杯（Big Weird Shots）：纽约至死相伴酒吧的门卫乔希·波利纳（Josh Polina）对鸡尾酒的独特定义。

松弛（Flabby）：形容某款鸡尾酒非常无聊。

太紧（Tight）：指某款酒饮需要稀释，以突显每种风味特征。

太水了（Washed out）：形容鸡尾酒稀释过度。

太稀（Thin）：参见"太水了"。

土味（Muddy）：形容某款鸡尾酒风味混杂不清，又称"土褐色"（Brown）。

洗剪吹（Gloss and Toss）：缩写，指把柑橘皮的皮油挤在酒杯上，然后将柑橘皮丢弃不用。

硬汉（Tough Guy）：参见"硬核男孩"。

硬核男孩（Hard Boy）：在工作期间喝了一口加冰白兰地的员工。

泳池边请勿奔跑（"No Running at the Pool!"）：因一位同事在丹佛至死相伴酒吧大堂跑去洗手间而诞生的短语。不要在工作场所跑动，这样做容易因小失大。

站好岗（Knoll Your Station）：整理好你的工作区域，始终保持工作环境井井有条！

这很格里格斯（Griggs'D）：指调酒师创作出一款因过于小众而不太受欢迎的酒饮，以丹佛至死相伴酒吧的亚当·格里格斯（Adam Griggs）命名。

致死为椰（Death & Coconut）：我们意识到我们在大量酒饮中都使用了卡拉尼椰子利口酒（Kalani Coconut Liqueur）时，给自己起的绰号。

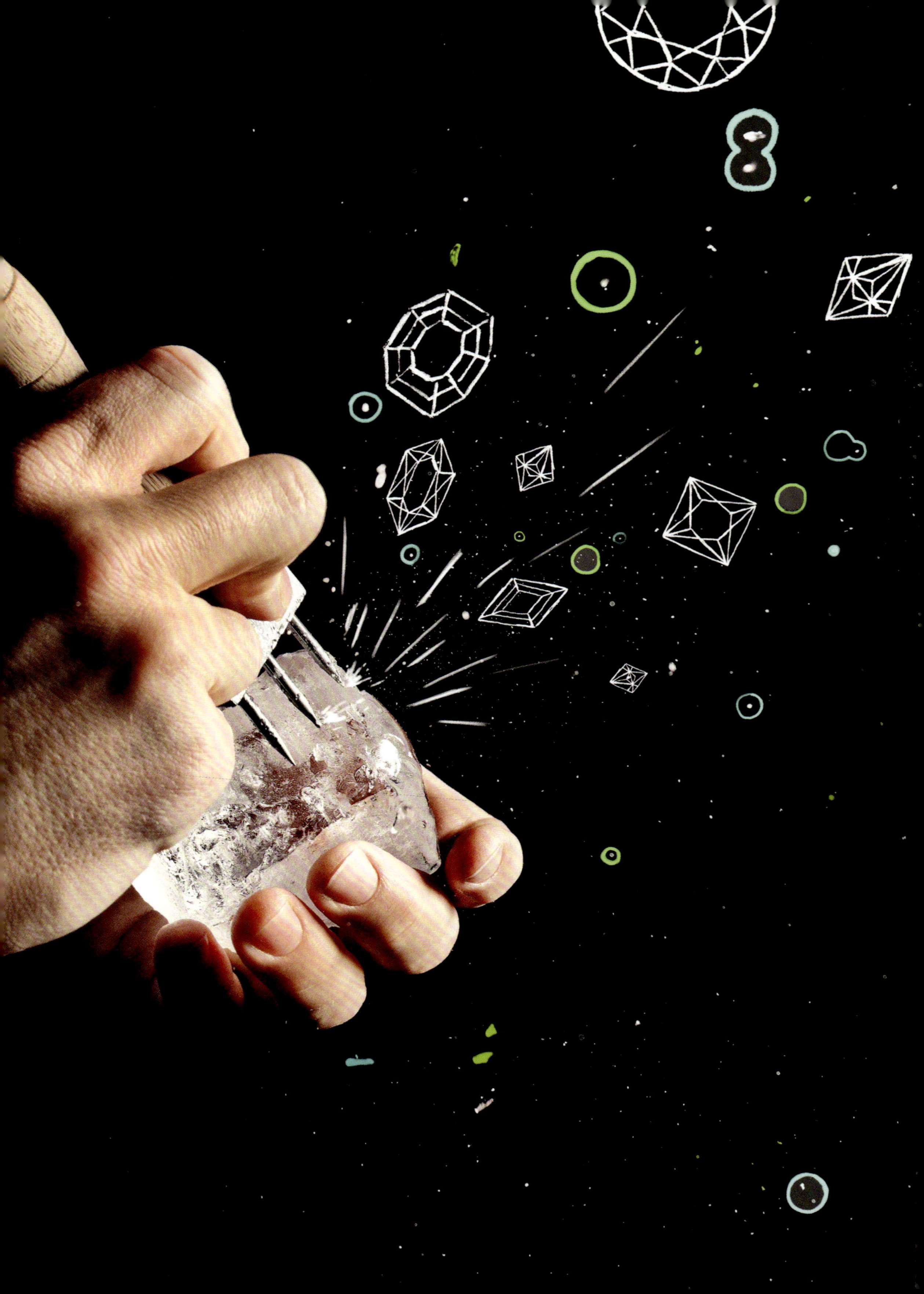

准备工作

2009年，美国艺术家汤姆·萨克斯在油管上传了一段名为《10条准则》（*Ten Bullets*）的视频。这是一部以员工入职培训为主题的作品，强调了萨克斯工作室的10条工作准则。

在该视频中，萨克斯及其团队详细阐述了艺术家一丝不苟、有条不紊，甚至近乎疯狂的工作理念：工作室的神圣性、工作清单的强大作用、彻底贯彻工作原则的坚定态度，以及守时的重要性（这对我们调酒师来说相当具有挑战性）。每条准则对工作室新来的助手而言都是最佳实践经验，看似十分严格，但从某种意义上来讲，每条准则就像是一枚射出的子弹：偏离弹道就会偏离你的目标和期望，而偏离目标和期望，你就会被淘汰出局。

虽然我们不认为对任何人都应如此严苛，但我们和萨克斯一样，希望在酒吧营造一种既富有创造力又井然有序的环境。在视频中，萨克斯提出了一条我们已奉为酒吧工作准则的戒律："始终保持工作环境井井有条。"在视频中，"整理"指的是将物品按平行或90°角有序排列。对萨克斯而言，这意味着：①检查周遭环境，找出用不到的工具、原料和其他物品；②将用不到的物品都收起来。如果你不确定是否会用到这些物品，就把它们暂时放在一边；③将所有相似的物品归为一类；④将所有物品摆放整齐，按平行或90°角排列。

断层线（Fault Line）

虽然我们使用的工具与萨克斯的不同——他用的是电烙铁，而我们用的则是摇酒壶和吧勺——但我们都从整洁的工作环境中获益匪浅。这使得我们的工作事半功倍，即使在繁忙时段也是如此。对调酒师来说，整洁有序的工作台是必不可少的，这并不仅仅是为了提高工作效率。"始终保持工作环境井井有条"不仅是一项身体锻炼，还是一项精神和情感的修炼，也是一种让混乱无序的事物变得整洁有序的方式。创造一个整洁无杂物的禅意空间，是一种坚定自我信念的锻炼，也是优秀酒吧以及调酒师明确自身工作意图的方式之一。

确立意图

"意图"这个词已经被滥用到了失去其本意的地步。你会听到它与其他职场流行词搭配使用：服务、品质、执行、一致性。但这些词代表某个过程的结果，若是没有明确的工作意图，你是无法实现这些目标的。

无论你的目标是提供适口的鸡尾酒、研发新酒单，还是从零开始开设一家酒吧，你都必须有一个终极目标。而确立意图就是为了实现这个终极目标，是为此集中精力、明确步骤的一种方式。在酒吧，确立意图是为了让每位员工都理解为什么要以某种方式做某事。我们不仅仅是为了制订规则，也是为了达成一种共识，从而让酒吧实现更好的发展。如果没有确立意图，酒吧就会出现一些常见的问题：一名调酒师和另一名调酒师所调制的同一款鸡尾酒的味道不一样（没有固定的配方要求）；摇制的鸡尾酒缺乏质感，或者鸡尾酒过度稀释（不了解鸡尾酒的稀释度以及造成过度稀释的原因）；起泡鸡尾酒风味寡淡

（留住气泡才是王道！）；冰镇鸡尾酒被盛放在温热的玻璃器皿里端给客人（这简直就是一种亵渎）；鸡尾酒装饰物不整洁（细节产生美）；诸如此类。

许多调酒师经常来我们这里工作，因为他们想提升自己的技艺。但我们并不会一开始就教授他们全新的鸡尾酒配方或调酒技术，而是像萨克斯一样，我们会先向他们解释，对我们来说什么最重要以及我们对他们的期望，也就是说，我们要确立共同的意图。在这个阶段，我们会将"始终保持工作环境井井有条"作为入门培训准则。仅仅通过仔细整理工作区域，你就能全面地理解我们的期望，并与我们追求卓越的理念保持一致。是的，我们始终追求卓越，即便这是一个永远无法抵达的终点，而通往卓越之路才是重点。抱有明确的意图在这条道路上前行，是我们实现一切目标的关键。

我们不相信有谁能够天生就技艺精湛。所有伟大的手工艺人和艺术家都深受纪律的约束。我们相信，如果你渴望调制出优质的鸡尾酒或成为自信的调酒师，就必须努力朝着这个目标前进。通常在这个过程中，你需要不断地经历艰苦的磨炼。

现在，我们回到萨克斯的准则和我们始终坚守的信条：始终保持工作环境井井有条。如果你对某事非常关注，哪怕是像在桌子上摆放物品这样简单的事，你都会制订相关标准，这将影响到你想要实现的一切：从简单到复杂的转变，从平庸到卓越的飞跃。

让我们以这个意图为指南，开启你追求卓越的鸡尾酒征程。

布置工作空间

从整理工作环境和确立意图开始，我们将带你走上调酒师培训旅程。欢迎你！正如我们对所有新手调酒师的期望一样，我们希望你理解我们所做的一切背后的原因。任何人都可以教给你鸡尾酒配方，而我们想教你的是如何布置工作空间，以及如何在调制或创作鸡尾酒时厘清思绪。"始终保持工作环境井井有条"的信条贯穿我们所做的一切，并指导我们在大小事务上做出恰当的决策。

调制鸡尾酒的基本工具

下文所展示的不是我们在吧台后使用到的所有工具的清单（我们在第一本书中已经介绍过这一点），而是我们在对调制鸡尾酒所需的工具及其预期用途进行调查之后挑选出的。在选择家庭酒吧的工具和酒杯时，你没必要准备以下列出的所有物品。你可以考虑一下你喜欢调制的鸡尾酒的类型，并以此作为参考来准备你最常使用的调酒工具和玻璃器皿。

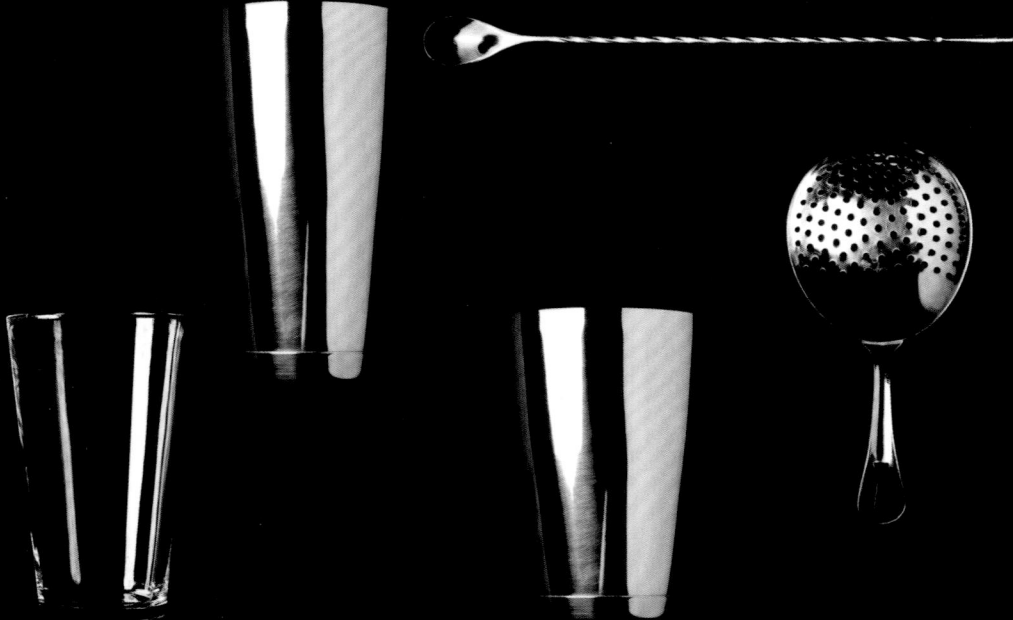

搅拌杯

我们一直喜欢那些刻有精美花纹的日式搅拌杯，但随着时间的推移（以及许多破碎的搅拌杯和眼泪），我们最终选择了朴素的品脱杯作为调制搅拌类鸡尾酒的首选容器。当然，品脱杯比日式搅拌杯便宜得多，它们在吧台上占用的空间更小，因此我们可以在冰箱里收纳更多品脱杯。重要的是，要使用由耐用的钢化玻璃制成的品脱杯，这样它才能承受住在使用和清洗过程中发生的温度急剧变化。

摇酒壶

在我们的酒吧开业初期，大多数调酒师在酒吧使用自己的摇酒壶，这些摇酒壶通常由一对容量不同的不锈钢壶体（一个较小，一个较大）组成。现在我们经营着几家酒吧，我们统一使用18-28两段式摇酒壶——由容量分别为18盎司[1]和28盎司的两个不锈钢壶体组成。容量为18盎司的壶体比大多数普通两段式摇酒壶的尺寸要大，其优点是：由于摇酒时壶体会向内倾斜与另一个壶体相扣，尺寸更大的摇酒壶在保持两个壶体之间良好平衡的同时，可以产生更好的密封效果，而且这种摇酒壶耐用且便宜。如果你想要品质更好、更耐用的摇酒壶，可以选择科里克（Koriko）或沃尔拉斯（Vollrath）品牌。对家庭酒吧来说，三段式寇伯乐摇酒壶是18-28两段式摇酒壶的优良替代品，它非常美观，并带有内置的过滤器，但我们在酒吧里不使用三

① 1 盎司 =29.57 毫升。——译注

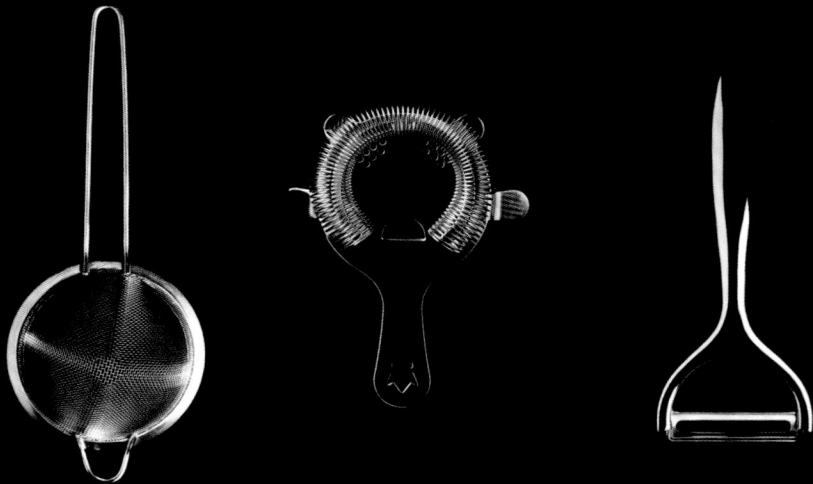

段式摇酒壶，其原因有：当你摇制鸡尾酒时，三段式摇酒壶内部往往会形成真空，这会让人在打不开摇酒壶盖子时备感折磨，并且相比18-28两段式摇酒壶，使用三段式摇酒壶意味着你在调制完一杯鸡尾酒后需要多清洗一样东西。

过滤器

如果你必须选择一款过滤器用来制作所有类型的酒饮，那你就买一个轻便的霍桑过滤器吧，它带有一个紧密卷曲的弹簧和2个（或4个）凸出的圆角，让你可以在过滤时调节酒液的流速（行话称为"门控"）。对搅拌类鸡尾酒而言，茱莉普过滤器也是不错的选择，因为相比霍桑过滤器，使用这种过滤器时酒液会更快、更顺畅地通过孔洞，从而保证鸡尾酒的丝滑质地。我们使用的

这两种类型的过滤器都是从鸡尾酒王国（Cocktail Kingdom）公司采购的。你还需要一个网状锥形过滤器来对摇制类鸡尾酒进行双重过滤。在家里，你可以使用便宜的厨房筛子，但我们更喜欢使用专为鸡尾酒设计的、锥形部分更深的过滤器，它可以完整地过滤一整杯酒饮。

吧勺

吧勺有各种各样的款式、长度和金属镀层。一旦你学会使用它们，大多数吧勺都能胜任调酒工作。我们发现，最全能的吧勺长约12英寸[①]，柄部有螺旋纹（以便更稳固地握持），顶部有一个泪滴形状的配重，以起到平衡的作用，可以帮助你在搅拌时保持平稳、稳定的节奏。我们的酒吧通常使用吧飞（Barfly）或鸡尾酒王国制造的吧勺，不过我们的

① 1 英寸 =2.54 厘米。——译注

许多调酒师仍然使用自己的吧勺，原因各不相同，因为这也是个人风格的一部分，也有调酒师更喜欢使用特定长度的吧勺。

碎冰器

这里泛指任何能够用于击碎调制鸡尾酒所需冰块的工具。过去我们使用拍冰器，这是一款专门用于碎冰的工具。因为在繁忙的酒吧里，我们会频繁地使用拍冰器，导致它们的寿命往往很短，所以我们现在使用一种便宜且分量较重的吧勺（那种我们会告诉你不能用来调制鸡尾酒的吧勺）来碎冰。在家里，一把金属汤匙的背面也可以完成这项任务。

量酒器

与吧勺一样，量酒器也有多种形状和款式。我们更喜欢日式量酒器，它们比你在厨房用品店里找到的常见的矮胖锥形量酒器更高、更细。日式量酒器的直径较小，这使得它能更精确地控制倒酒量，而其较细长的形状使得它更容易与玻璃杯配合操作。无论你选择哪种样式，一套两个量酒器——一个能倒出1盎司和2盎司酒液，另一个能倒出½盎司和¾盎司（内部刻度标记¼盎司）酒液——能让你调制任何鸡尾酒。除此之外，如果你要倒出更少的酒液，就应该使用量勺。

量勺

用吧勺来量取原料，既笨拙又不够精确，所以我们总是在吧台后备有½茶匙和1茶匙的厨房量勺（我们用的是沃尔拉斯品牌），用以量取少量的原料。

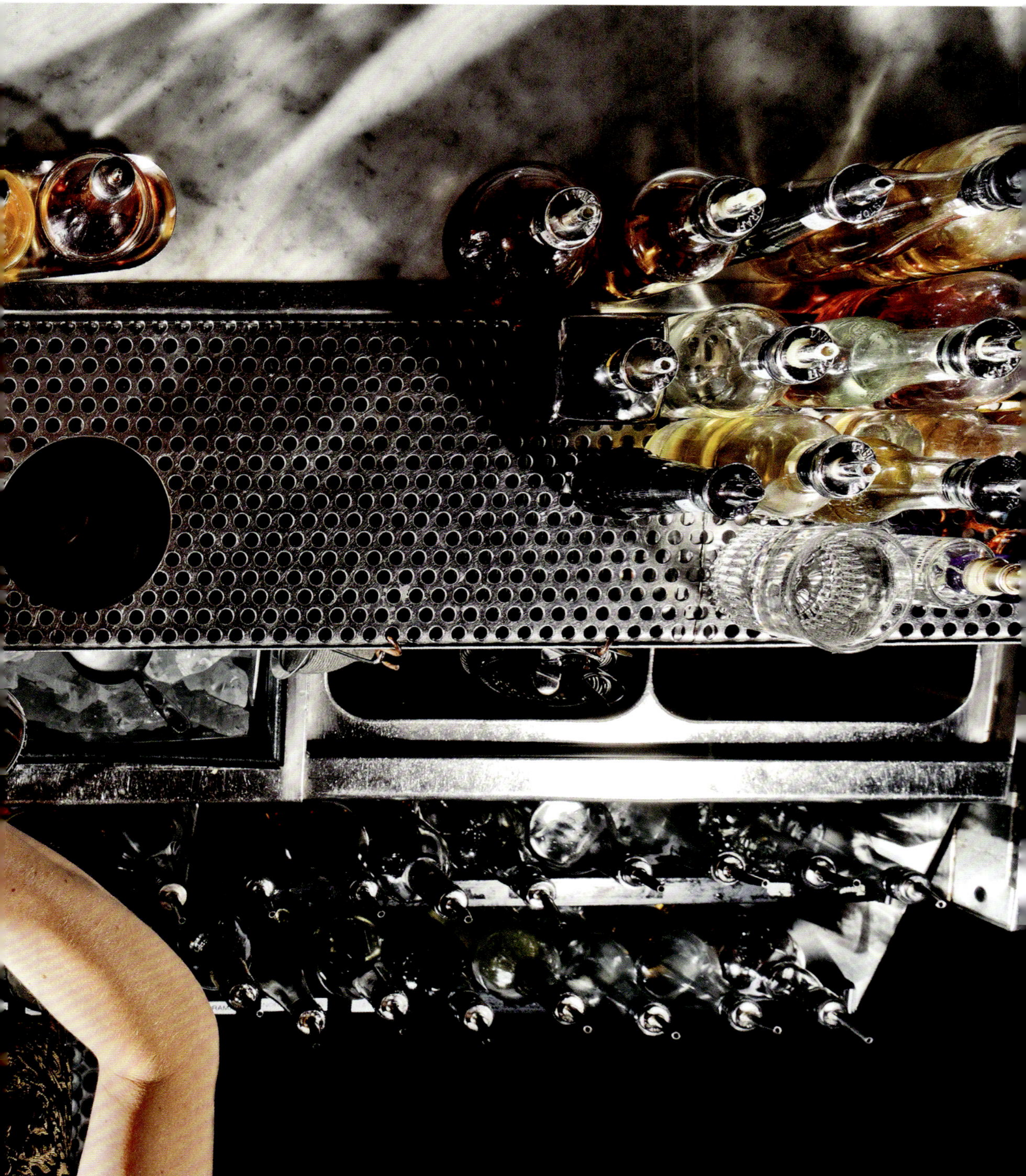

捣棒

一款好的捣棒应该分量十足，可以为你做大部分工作。我们长期以来最喜欢用的是来自鸡尾酒王国的"超猛"（Bad Ass）捣棒，它是用黑色食品级塑料制成的，看起来颇具"杀伤力"。

果蔬削皮器

试着用刀切几个柑橘的皮，你会很快意识到一把好用的果蔬削皮器的价值。最好用的款式是Y形的，带有锋利的非锯齿状刀片。我们常用的削皮器是由奥克斯奥（OXO）制造的带有防滑橡胶握把的厚重金属款式。

多功能刀

制作大多数鸡尾酒装饰时，我们会使用价格实惠的厨房多功能刀，大小介于削皮刀和厨师刀之间。在每次使用前，我们都会用电动磨刀器将它们磨锋利（使用电动磨刀器可能会让纯粹主义者感到不满）。

苦精瓶

我们买来苦精后，会将其倒入优雅的玻璃滴瓶中，这看起来可能有些做作，但是使用原装苦精瓶倒出来的苦精分量可能会非常不准确，这会让你在使用苦精这样风味强烈的原料时用量不准确，从而影响鸡尾酒的口感。如果你准备购买苦精瓶，请选择带有螺旋盖（而非软木塞）的款式，因为软木塞会随着时间的推移

而破损，并且如果你使用太频繁，软木塞常常会弹出来。然而，大多数家庭调酒师并不会听从我们的建议，而是使用原装苦精瓶，这就是我们在撰写配方时考虑到这一点的原因。如果你使用的是精美的雕花苦精瓶，那么书中所有标注苦精用量的配方，在实际操作时苦精的用量都应该加倍。

布置工作台

无论你是在酒吧里，还是在自家厨房里调制鸡尾酒，都要养成一个好习惯：在调酒之前将工具放在易于取用的地方。前两页的图片展示了我们是如何布置酒吧工作台的，你可以以此作为参考来布置你的工作台。通常情况下，我们喜欢在开放的区域（无论是在吧台垫上，还是在折叠好的厨用毛巾上）调制鸡尾酒，然后在该工作区域周围摆放好原料和工具。调制鸡尾酒时，我们会把搅拌杯或摇酒壶放到这个区域，以完成调制，然后在继续调制下一杯酒之前，重新摆放好所有的工具和原料。你只需记住一点：始终保持工作环境井井有条。

酒杯

随着酒吧日益成熟，我们对酒杯进行了精简，这不仅有助于控制成本，也有助于我们更加专注于杯中之物，而非过多地担心装饰问题。我们认为，需要常换常新的酒杯必须符合以下几条标准：①价格合理且足够优雅，要与杯中的鸡尾酒相得益彰；②多功能（例如，

我们使用加大古典杯来盛装一系列老式鸡尾酒以及许多加碎冰的鸡尾酒）；③耐用（人们发明洗碗机就是让你用来洗酒杯的）。如果你在家里调制鸡尾酒，拥有5款酒杯便足够了：加大古典杯、碟形杯、尼克诺拉杯、柯林斯杯和葡萄酒杯。

古典杯

古典杯也被称为萨泽拉克杯或洛克杯，我们用它们来盛装2½盎司或分量更少的萨泽拉克风格的鸡尾酒以及老式鸡尾酒的改编版。我们的每家酒吧都备有不同品牌的古典杯，容量都在10盎司左右。

加大古典杯

我们使用的加大古典杯容量为13~15盎司，用于盛装加有大量冰块的搅拌类鸡尾酒，以及加有碎冰的摇制类鸡尾酒。

碟形杯

过去我们曾将搅拌类和摇制类鸡尾酒都盛装在碟形杯中，现在我们主要用它们来盛装摇制类鸡尾酒。我们选用的碟形杯是由城市酒吧公司（Urban Bar）制造的，容量为7盎司，以留出充足的顶部空间来盛装各种分量在3~5盎司的摇制类鸡尾酒。

尼克诺拉杯

我们将大多数搅拌类鸡尾酒盛装在这些经典的郁金香形酒杯中。现在市场上有几种很好的选择，我们使用的是斯特莱特（Steelite）的洛娜明娜（Rona Minners）系列的5.5盎司尼克诺拉杯。

马天尼杯

经典的马天尼鸡尾酒理应用经典的马天尼杯来盛装。我们选用的马天尼杯容量比较小（4.5盎司），也是由城市酒吧公司制造的。

柯林斯杯

柯林斯杯比高球杯略大，前者容量约为13盎司，后者约为10盎司。因此，我们能够用这一种酒杯来盛放柯林斯和高球两种鸡尾酒。

啤酒杯

我们使用两种样式的啤酒杯来盛装冰镇鸡尾酒：16盎司的比利时郁金香杯和14盎司的啤酒杯，均由斯佩高公司（Spiegelau）制造。

菲兹杯

这些纤细的酒杯可用于盛装纯净的起泡鸡尾酒。我们特别选择了日本强化公司（Hard Strong）制造的10盎司条纹菲兹杯。

茱莉普杯

我们总是用传统的茱莉普杯来盛装薄荷茱莉普鸡尾酒。我们选用的茱莉普杯容量为12盎司，来自鸡尾酒王国公司。

古典杯　　　　加大古典杯　　　碟形杯　　　尼克诺拉杯　　　马天尼杯

柯林斯杯　　　啤酒杯　　　菲兹杯　　　茱莉普杯　　　葡萄酒杯

笛形杯　　　　　　提基杯　　　　　　　潘趣碗

葡萄酒杯

对于需要加冰块的起泡鸡尾酒和其他起泡酒，我们使用13盎司的白葡萄酒杯来盛装。对于以香槟和其他起泡酒为基酒制作的鸡尾酒，我们不再使用传统的笛形杯，而是使用侧面略呈锥形的葡萄酒杯，这样更适于欣赏香槟和其他起泡酒的香气和味道。我们选用的葡萄酒杯容量约为7盎司，是盛装大多数起泡鸡尾酒的完美选择。

提基杯

我们已不再使用老式提基杯（可能存在文化争议），并且越来越少地使用"提基"这个词（在大多数情况下，可以用"热带风格"来代替），因为这个词有着太多的附加含义。现在，我们正在制作自己的专用酒杯，容量约为16盎司。我们还使用容量约为14盎司的陶瓷椰子杯。

潘趣碗

在纽约酒吧的早期阶段，我们供应了大量潘趣酒，但最近没那么多了。我们供应潘趣酒时，会拿出复古的潘趣碗，并配上一些古典杯来盛放潘趣酒。

冰

我们使用的每种类型的冰块都有一种或多种特定的用途：大方冰用于调制盛放在常规或加大古典杯中的鸡尾酒；由制冰机制作的块冰用于调制摇制类鸡尾酒和高球鸡尾酒；碎冰用于调制冰镇鸡尾酒，以及酷乐、寇伯乐、茱莉普和热带鸡尾酒。（关于在家庭酒吧制作这些冰块的建议，请参阅第45页。）

手工制作的块冰

在过去的15年里，我们行业中最令人兴奋的变化之一就是全美各地优质冰块日益普及。在我们酒吧经营初期，我们使用专用塑料模具来制作2英寸见方的冰块。这是一个劳动密集型的工序，所幸效果还算可以，和你自己在家里做的大致一样。现在，我们的每家酒吧附近都有专业制冰公司，这让我们节省了人工成本，并且这些公司还提供2½英寸×2英寸×2英寸的完美冰块，可以加入盛装搅拌类和某些摇制类鸡尾酒的古典杯中。

由制冰机制作的块冰

相较以前，制冰机的可靠性也有所提高。在纽约的酒吧里，我们最初使用的寇德–德拉夫特（Kold-Draft）制冰机经常出故障，而且只有一个人能修理它（并且他会根据垄断情况收取价格不等的费用）。如今，我们的酒吧里仍然在使用寇德–德拉夫特制冰机，以制作1¼英寸见方的冰块，但是设备发生故障的频率要低得多。我们使用这些冰块来制作摇制类鸡尾酒和盛装在柯林斯杯中的鸡尾酒。

碎冰

没有什么能比得上可靠的苏格兰制冰机所制出的碎冰，这些碎冰可用于制作茱莉普、热带鸡尾酒、斯维泽（Swizzles）和其他加碎冰的摇制类鸡尾酒。这是最难在家中制作的冰块，但你可以用以下方法制作：将冰块包裹在干净的毛巾或帆布袋（我们会在家中保留一个未使用过的帆布袋）中，然后用木槌或擀面杖砸碎冰块。根据我们的经验，毛巾或帆布袋会吸收冰块融化的水，留下可用的碎冰。这种做法通常比家用冰箱的制冰效果好。

装饰

我们将装饰视为鸡尾酒的延伸，通过增添香气和（或）视觉效果来提升酒饮的品质。视觉和嗅觉是强大的感官，会直接影响我们对酒饮风味的感知，因此我们会将鸡尾酒装饰作为激发这些感官的工具。但鸡尾酒装饰不应该画蛇添足或者让人无所适从。在为新研发的鸡尾酒选择装饰时，我们总是问自己：这个装饰对酒饮的品质有什么提升作用？如果某种装饰不能提升饮酒体验（这种情况经常发生），我们就不会使用该装饰。

对于某些鸡尾酒，客人也可以根据自己的偏好，通过装饰来增添个性化元素，例如在大吉利或玛格丽特鸡尾酒中加一片青柠。

从简单地为老式鸡尾酒加柠檬皮或为马天尼鸡尾酒加橄榄，到在薄荷茉莉普中装饰华丽的薄荷叶，再到为寇伯乐装饰醒目的迷你水果沙拉，我们不仅要在选择装饰时慎重，还要在调制鸡尾酒的过程中考虑如何运用装饰。请参阅以下两页内容，了解常见的鸡尾酒装饰。

最佳鸡尾酒装饰方法

- 装饰物应该在鸡尾酒调制完成之前就准备好，无论是在摇制酒饮之前，还是在搅拌鸡尾酒后但未倒入酒杯之前。
- 装饰物应该取自新鲜、颜色鲜亮的植物或水果。
- 柠檬片、青柠片和橙子片应该保证颜色鲜亮、果皮光滑、果肉多汁。条件允许的话，尽量使用有机的、未经打蜡的水果，并且一定要清洗干净。
- 柠檬皮、青柠皮和橙子皮应该足够紧实，在鸡尾酒杯上方挤出皮油之后不会断裂或撕裂。
- 罗勒和薄荷等草本植物应该保证颜色鲜亮，没有褐色斑点、孔洞或破损。

柠檬角

青柠角

橙片

柠檬皮

葡萄柚片

干柠檬片

覆盆子

撒上糖粉的寇伯乐装饰

菠萝叶

黄瓜卷

橄榄

糖渍生姜

苹果片

菠萝角

草莓

鸡尾酒樱桃

肉桂粉

薄荷叶

苦精滴

罗勒叶

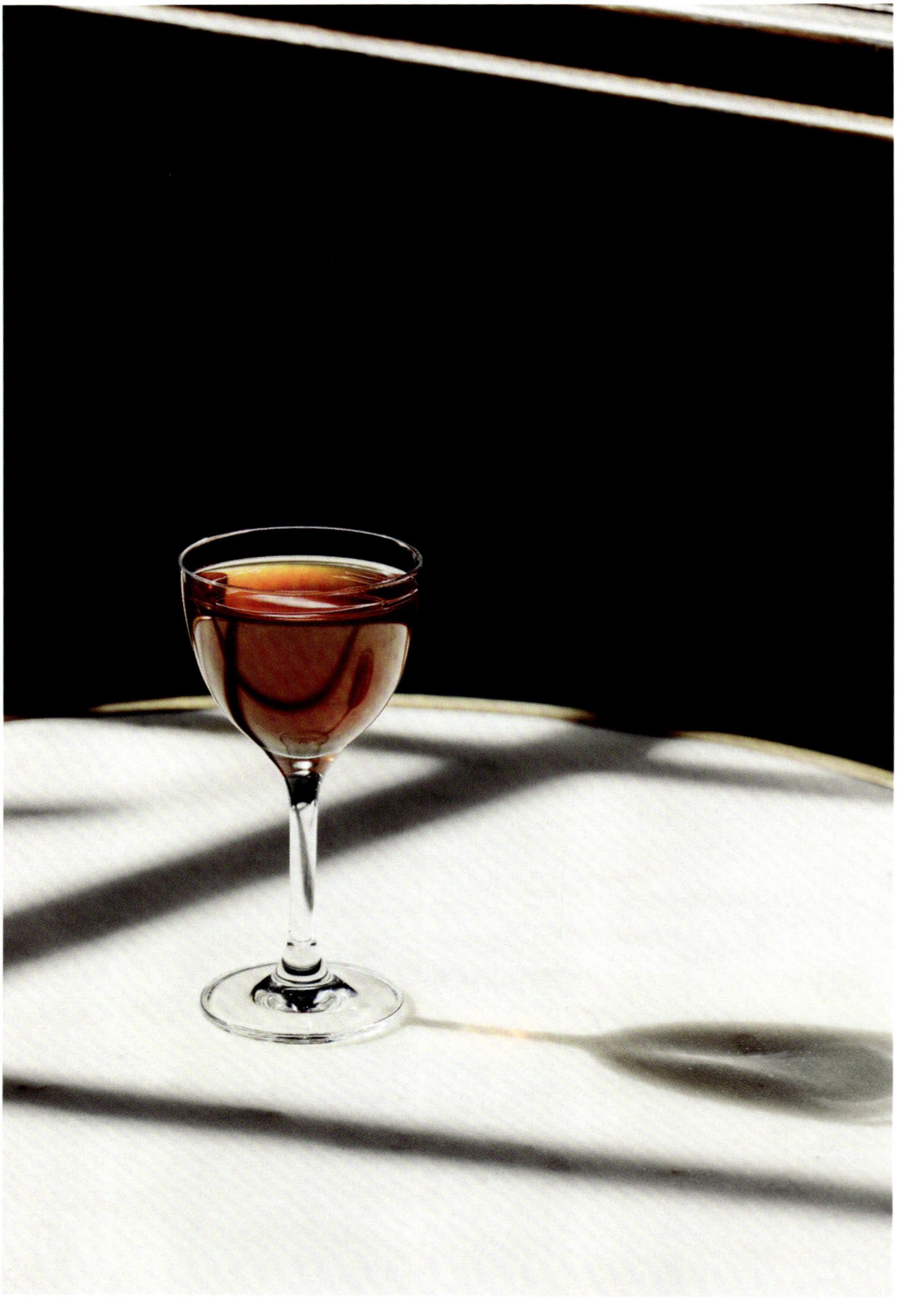

亨里克·斯蒂恩·彼得森
（Henrik Steen Petersen）

亨里克是一位鸡尾酒作家及鸡尾酒历史学家，居住在丹麦的哥本哈根。

我每年都要在哥本哈根和纽约之间往返数次，在纽约待上很长一段时间。2007年春天的一个晚上，在纽约的下东区吃过晚餐后，我决定步行回到位于地狱厨房（Hell's Kitchen）的住所，无意中走到了东六街，看到了这处外观看上去有些古怪、几乎让人感觉不那么欢迎客人的酒吧。一个站在外面的人问道："你想进来吗？"他告诉我这是一家新开张的鸡尾酒吧，于是我走了进去。我以前去过酒吧，但从来没有见过这样的。调酒师看我的眼神，让我感觉他见到我真的很高兴。而我不知情的是，当时已经到了最后的点单时刻。在这座疯狂的永不停歇的城市里，当时的我只有一件事可做：点了当晚最后一杯酒，之后又一次次过来点更多杯酒。

我很快就发现了自己一次又一次地回到这里的原因。这里的鸡尾酒既有趣又复杂，既简单又利落，平衡度恰到好处，为你服务的调酒师个个都是顶尖水准。但这还不是全部理由。在至死相伴酒吧，不仅鸡尾酒是顶级水准，酒吧里的所有工作人员也都是顶尖水准：无论是门卫、接待员、调酒师，还是助理调酒师、厨师、服务员。走进一家高水准的鸡尾酒吧，你或许会喝到很棒的鸡尾酒，但通常会有一个不

初心不改，勿忘奋斗
（Don't Forget the Struggle, Don't Forget the Streets）

阿尔·索塔克（Al Sotack），
2015 年

1 盎司德玛盖奇奇卡帕梅斯卡尔（Del Maguey Chichicapa Mezcal）
1 盎司纳迪尼阿玛罗（Nardini Amaro）
1 盎司卢世涛阿蒙提拉多雪莉酒（Lustau Los Arcos Amontillado Sherry）

将所有原料倒入搅拌杯中，加冰块搅拌均匀，然后滤入冰好的尼克诺拉杯中。不加装饰。

尽如人意之处，那就是调酒师会把所有注意力都放在调酒上，而在至死相伴酒吧则不是这样的。那里的员工受过很好的培训，可以专注于让客人度过愉快的时光。他们明白，"我们的客人今晚原本可以去其他任何地方，但他们最终选择了我们，所以我们不能让他们失望"。

在那次造访之后，我灵感迸发，决定拥有一家属于自己的酒吧。于是回到丹麦之后，我开设了莫尔克酒吧（Moltke's Bar），这也是哥本哈根第一家专注于提供经典鸡尾酒的酒吧。此外，那次造访还成就了哥本哈根的第一场酒吧展，大卫和亚历克斯是开幕典礼的嘉宾及发言人。

世界各地的新酒吧不断涌现，但其中的大多数都会慢慢消失，能够存活15年并随着时间的推移变得越来越好的酒吧，无疑是了不起的。

有目的性地工作

现在你已经准备好了工具和鸡尾酒杯，并把它们摆放得整整齐齐的。让我们来尝试一些练习，将这种以意图为导向的工作付诸实践，并更好地理解调酒师是如何准备原料和思考调制过程的。

练习一：调制一杯鸡尾酒

让我们来看一个示例：一位家庭调酒师正在调制一杯餐前马天尼。准备好调制一杯高品质的马天尼所需的各种原料——优质金酒、刚开瓶的味美思、一个冰好的搅拌杯以进一步冷却酒液、冰块、一个冰好的鸡尾酒杯，以及作为装饰的新鲜柠檬皮（如果这符合你的喜好）——将有助于调制出高水准的马天尼。在调制鸡尾酒之前，你应该有一份步骤清单，无论是写在纸上的，还是记在心里的。

1. 选择你喜欢的马天尼配方，无论是干马天尼还是甜马天尼。
2. 在调制鸡尾酒前至少1小时，将搅拌杯和鸡尾酒杯放入冰箱。
3. 检查味美思：如果味美思之前打开过，请检查它是否存放得当、是否新鲜。新鲜的味美思会香气扑鼻，而不够新鲜的味美思香气则比较沉闷。如果你的味美思味道不够清新，那也不是什么天塌下来的事，只要它没变质就行。
4. 将工具和原料整齐地摆放在工作台上：金酒、味美思、量酒器、吧勺、茱莉普过滤器、刀、砧板和柠檬（始终保持工作环境井井有条！）。
5. 从冰箱里取出搅拌杯。
6. 准确地量取原料，并按照分量从小到大的顺序依次加入搅拌杯中。
7. 在搅拌杯中加入冰块，直至杯满，用吧勺搅拌，以使冰块和酒液混合均匀。
8. 准备柠檬皮装饰。
9. 搅拌鸡尾酒，直至达到最佳稀释度。
10. 从冰箱里取出鸡尾酒杯。

11. 将调制好的鸡尾酒倒入鸡尾酒杯中。
12. 在鸡尾酒上方扭卷柠檬皮，挤出柠檬皮油。

可以按照不同的步骤顺序调制马天尼吗？当然可以。你可以选择以不同的顺序来调制马天尼。你可以先在搅拌杯中加入冰块，然后按不同的顺序量取原料并倒进搅拌杯，或者在调制鸡尾酒之前就准备好柠檬皮。但我们认为，按照上述步骤操作，可以调制出一杯高品质的马天尼。重要的是，在调制鸡尾酒之前整理好工作区域，并使之保持整洁有序，这样你就可以更专注于准确性和技巧。如果在任何步骤偏离了轨道，就会出现偏差。一处偏差会导致另一处偏差，最终你只能得到一杯平庸的马天尼。

更重要的是，事先做好计划会使你的调酒思路更清晰：设定好步骤顺序并按部就班地执行，你就能在调制鸡尾酒时实现事先确立好的意图。在这些步骤中，有着决定鸡尾酒品质的关键性选择：要使用冰好的酒杯或冷藏的新鲜味美思。就像拥有一间储备丰富的食品储藏室一样，在烹饪时拥有合适的工具和原料至关重要。

练习二：调制一轮鸡尾酒

如果你邀请了一些朋友来家里，并想展示一下你的调酒技能，你该怎么办呢？你应该先问问自己：我希望从这次经历中得到什么？如果你想整晚都在调制鸡尾酒，那么你可以精心策划一份

在区域内工作

在调酒过程中，我们会按照特定的顺序向搅拌杯中添加原料。通常情况下，我们会先添加最便宜、分量最小的原料，这样做可以避免在出现问题需要重新开始时造成高成本的浪费。但是，遵循这一简单的规则并不总是调制鸡尾酒的最佳方式。我们会将原料分组放置在吧台及其周围不同的区域：苦精瓶和玻璃瓶放在吧台上方，果汁和糖浆放在吧台台面下方的冰盒中，瓶装酒和预调酒则放在架子上。通过按照调酒步骤，从一个区域到下一个区域依次操作，我们可以在没有任何多余动作的情况下完成鸡尾酒的调制。虽然我们的鸡尾酒配方通常会先列出基酒，然后是调味剂、鲜榨果汁、糖浆和苦精，但在调酒时，我们实际上会按照与原料清单相反的顺序进行操作。

小型的鸡尾酒酒单，并将所需的原料准备好、摆放整齐，以便流畅地操作。如果你更想与朋友交谈，而非整晚被束缚在吧台前（相信我们，客人们一晚上会喝很多酒！），那么你可以预先调配好某些鸡尾酒的配料，以缩短调酒过程。如果你不想费太多事，那么你完全可以采用预先调制的方式，比如准备好自助潘趣酒、将曼哈顿鸡尾酒预先调配好并放入冰箱，或者设立一个自助调酒的吧台，让客人自己来调（关于举办私人鸡尾

酒派对的更多信息，请参见"在家调制鸡尾酒"部分）。

对专业调酒师来说，一次调制多种鸡尾酒（我们称之为"一轮鸡尾酒调制"）是工作的重要组成部分。在我们的酒吧里，我们的目标始终是同时准备好并呈上一轮鸡尾酒，也就是说，不管是坐在吧台边的2位客人，还是坐在桌边的6位客人，他们所点的酒要在同一时间准备好并送上。

当订单中有摇制类和搅拌类鸡尾酒，或者需要用到各种类型的冰块、酒杯和装饰品时，调制一轮鸡尾酒可能会变成一项复杂的任务，需要精心筹备。调酒师必须以统筹有序的超前思维方式来思考，而非根据单独的配方一杯酒接一杯酒地调制。

举个例子，想象一下一位调酒师要同时为3位客人调制鸡尾酒：一杯大吉利（Daiquiri）、一杯金力基（Gin Rickey）和一杯内格罗尼（Negroni）。一种方法是依次调制每一杯鸡尾酒。这样做虽然能使每杯鸡尾酒都达到完美品质，但上酒的时间可能会相隔几分钟，要知道没有哪位客人想独自饮酒。

另一种方法是分别在不同的摇酒壶中调制每杯鸡尾酒，加入冰块，搅拌内格罗尼，然后摇制大吉利和金力基，在上桌前在金力基中倒入气泡水。这样可以保证所有酒同时出单。成功！

细心的读者可能会注意到这个过程存在效率低下的问题：你需要多次拿起并量取一些相同的原料（比如青柠汁、

金酒和单糖浆）。在专业的鸡尾酒吧，这些琐碎且低效的工作会在整个夜晚累积起来。这就是为什么我们希望你将调制多杯鸡尾酒看作调制一个超级复杂的配方，其中的某些原料需要分配到几杯酒中。以下是一位擅长一轮鸡尾酒调制的调酒高手会采取的做法。

1. 确保所有工具和原料都在手边。
2. 在吧台上放置2个摇酒壶和1个搅拌杯。
3. 用一个标有2盎司、1盎司和¾盎司刻度的量酒器，按照以下顺序调制一轮鸡尾酒。
   - 单糖浆：在每个摇酒壶中加入¾盎司。
   - 青柠汁：在每个摇酒壶中加入1盎司。
   - 朗姆酒：在大吉利摇酒壶中加入2盎司。
   - 金酒：在金力基摇酒壶中加入2盎司，在内格罗尼搅拌杯中加入1盎司。
   - 甜味美思：在搅拌杯中加入1盎司。
   - 金巴利（Campari）：在搅拌杯中加入1盎司。
4. 在搅拌杯中加入冰块，搅拌几秒，开始冰镇酒液。
5. 准备装饰。
   - 大吉利和金力基用的是青柠皮卷。
   - 内格罗尼用的是半片橙片。
6. 继续搅拌内格罗尼几秒，然后尝

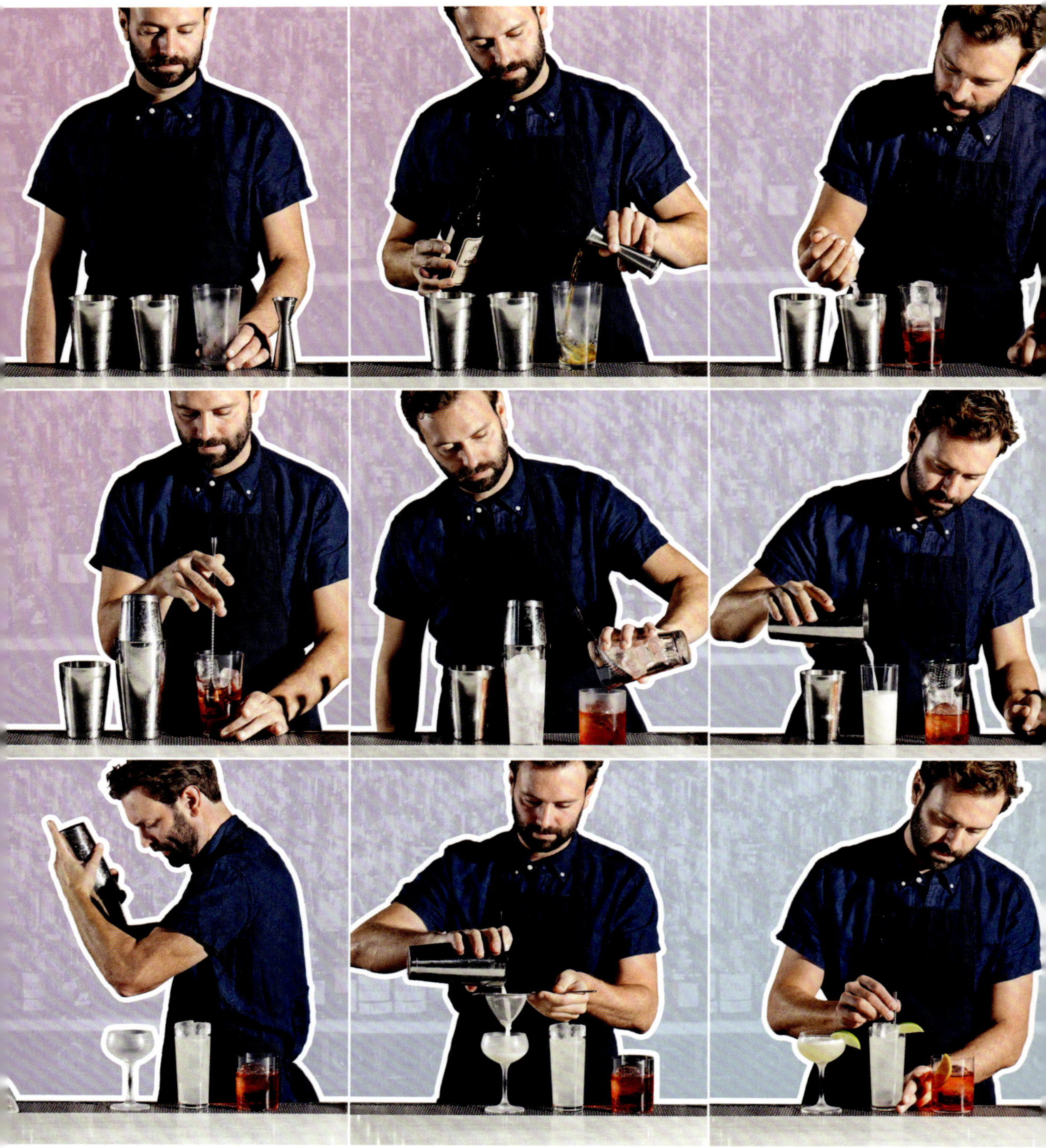

一下鸡尾酒以判断酒液的稀释度和温度。当接近期望的温度和稀释度时（大约达到理想状态的¾时），继续进行下一步。

7. 将所有酒杯放在调酒容器前：大吉利用碟形杯、金力基用柯林斯杯、内格罗尼用加大古典杯（在加大古典杯中加入一块大方冰）。

8. 在摇酒壶中加入冰块，盖紧，进行摇制。

9. 将内格罗尼倒入加大古典杯中。

10. 将大吉利和金力基摇制5秒，然后将金力基放在吧台上，继续摇制大吉利10秒。

11. 将金力基倒入柯林斯杯中，然后加入2盎司气泡水。

12. 将大吉利摇制2秒（以"唤醒"酒液），然后将其滤入碟形杯。

13. 在柯林斯杯中加入冰块。如有需要，加入气泡水。

14. 为所有鸡尾酒加上装饰。

15. 上桌。

在专业调酒师的圈子中，关于某些调酒步骤一直存在争议。譬如，内格罗尼是不是应该在摇制之前滤入杯中？上酒之前，杯具应该什么时候从冷冻柜里拿出来？为什么不在最后一刻才在柯林斯杯中加入气泡水以让气泡更活跃？虽然我们赞成调制一轮鸡尾酒有很多种方法，但这里讨论的重点不在于采用哪种方法，而在于是否存在一种方法来调制一轮鸡尾酒。

通过反复练习和实践，专业调酒师可以将调酒过程变得更专业、更有条理。家庭调酒师也可以做到这一点。虽然在家里调酒不像在酒吧里那样紧张，但掌握同时调制多款鸡尾酒的能力，会让每位家庭调酒师都更加享受这个过程。专业调酒师每晚调制数百杯鸡尾酒，这个经历不仅会让他们的身体更适应这份工作（摇制大吉利确实是一种锻炼），还能使他们的思维因已形成的肌肉记忆而更敏捷。在调制任何一款鸡尾酒时保持专注，再反复加以练习，你将能更高效地调制出品质更出色的鸡尾酒。随着时间的推移，调制鸡尾酒对你来说将变得更轻松、更自然。

技术

要成为一名出色的调酒师，你必须掌握专业技能，了解专业知识。一位真正出色的调酒师，必须了解烈酒世界的大趋势，熟知成千上万种产品，精通各种鸡尾酒配方（可能还需要了解许多其他种类的酒饮），并能够熟练地应对各种客人的需求。

随着鸡尾酒文化的成熟和调酒师技艺的提高，一位出色的调酒师还必须是一位技术专家。一家快节奏、高品质的鸡尾酒吧，需要一群能够高效协同工作的调酒师，这对调酒师脑力和体力的要求都非常高。

向吧台望去，训练有素的调酒师那行云流水的调酒动作令人十分着迷。对初学者或有志成为调酒师的人来说，高超的调酒技术似乎令人望而生畏。但每一位出色的调酒师都是通过反复实践和练习才取得成功的。简单来说，想要技艺精进就需要一遍又一遍地重复相同的动作，并从中领悟如何做才能更高效（这往往潜藏在一些令人难以察觉的技术细节中）。

正如前文所述，我们强烈主张通过实践来练习，也就是说，不仅要启动你的大脑，还要运用你的身体和感官。我们通过3个阶段来实现这一点：理解、熟习、提速。在掌握某项技术之前，你必须先理解它，并了解它能帮助你做到什么，这样你才能将其融入你的思维中，但这绝非一朝一夕之事。只有通过反复练习，你才能掌握其中的技巧。你必须将其付诸实践，有时你可能会做得不够好，但请不要放弃，继续坚持练习。只有完全领悟个中技巧并且能够轻松完成它，你的技术才能突飞猛进。能够快速地完成某项工作，并不意味着你真正掌握了这项技术，速度更多地反映了你的大脑和身体是如何协同以运用这项新技术的。

如何理解：缓慢、有条不紊、准确无误

许多新手调酒师过于迷恋调酒过程中炫技的一面，譬如，从高高举起的酒瓶中拉出长长的、漂亮的酒液，急速旋转酒瓶以终止倒酒的流畅动作，以及各种调酒工具的抛接玩转。这些手法都很有趣（而且需要有相当水平的技术！），但只是掌握这些花哨的手法并不能成为一名真正出色的调酒师。调酒需要视觉效果，但绝不能以牺牲品质和效率为代价。

我们可以教给任何初学者或专业人士的头等大事就是计量精准的重要性。譬如，对于风味强劲的原料，如烈酒和新鲜柑橘，细微的计量差异就会对鸡尾酒的品质产生不可思议的影响。在我们看来，鸡尾酒的计量没有所谓的"差不多就行了"：要么就是正确的，要么就是错误的。

如何熟习：动作拆分，然后合并

我们发现传授技术的最佳方式是通过"动作拆分，然后合并"的过程。不要从一开始就教人如何从头到尾调制一款鸡尾酒。相反，应该教他们拆分单个动作，并单独熟习这些动作，然后将其合并成一个完整的动作。例如，在传授搅拌鸡尾酒的技术（对初学者来说，学习搅拌是一件相当有挫败感的事！）时，我们不会一开始就要求初学者在装满酒液和冰块的搅拌杯中练习。恰恰相反，我们会把动作拆分，先练习手握吧勺空杯搅拌的技术，学习如何控制吧勺的运动，再逐步过渡到真正的搅拌。

我们在所有的技术培训中都会采用这种方法：从握酒瓶到使用量酒器，再到摇制和滤出酒液。一开始以慢速来练习这些动作，以此来检查是否存在无效动作。长时间重复错误的动作会对身体造成某些损害。切记：静如处子，动如脱兔。只有由慢入快，调酒师在调酒时动作才能更加流畅自如；只有明确目标，调酒师在调酒时才能行动自如。如果

在慢速练习拆分动作时身体感到疼痛或不适，那么这些问题在提速后只会变得更加严重。

如何提速：站立和移动的技巧

在调酒时，我们经常要考虑身体姿势和疲劳问题。有一种调酒方式是流畅的，几乎像跳舞一样优雅，不会让你第二天感到浑身酸痛；也有一种调酒方式是笨拙的、混乱的、令人不适的，长此以往会导致慢性伤痛。

专业调酒师每晚需要调制数百杯鸡尾酒，身体需要承受巨大的压力。但通过一些有效的调整，我们可以更好地保护自己的身体，以此保持最佳工作状态，提高工作效率。对家庭调酒师而言，这同样适用：在为自己和朋友调制鸡尾酒时，你没有理由不关心自己的身体。

多年来，我们因忽视对身体的保护而饱受病痛折磨。如今，我们归纳总结了一些经验，以帮助调酒师在工作时保护自己的身体，包括如何布置吧台，以及重新思考如何调制鸡尾酒。从工作区域开始，合理摆放所有原料和工具，使之尽可能围绕单一的中心点，并始终保持整洁、有序的状态。我们处于这个中心点时，应该能更方便地够到酒杯、工具、烈酒、果汁和新鲜食材，同时为调制鸡尾酒留出一个开放的区域。在调酒时，我们要始终站在这个开放区域的前方，这将是我们调制任何酒饮时的起始位置，并且我们每次都会回到这个位置。

我们从舞蹈和武术中获得启示，将

某物拉向自己要比把它推开更容易，这就是为什么我们如此强调合理布置工作区域和身体的站位。通过这样的布置和站位，我们能够在工作时轻易拿取所有工具和原料，而不是向各处伸展身体，甚至使身体失去平衡。

同样，笔直的站姿会让我们更容易地拿取工具和原料，这也是在面对客人时让对方感觉友好的姿势，同时也便于我们眼观六路，耳听八方。虽然这对家庭调酒师来说不太重要，但对专业调酒师来说至关重要：在调制鸡尾酒时，要时刻抬头观察，以感知客人的情绪和把控酒吧的氛围。这样做也能保证客人走进酒吧时，我们能够与其进行至关重要的第一次眼神交流，这也是让客人有一个美好体验的基础。如果你只是弯着身子低头工作，则给人留下第一眼美好印象的机会可能会就此错过。

回归原点

清理工作区域并使之"回归原点"，也就是说，将所有物品归于原位，这件事与调制鸡尾酒一样重要。在观察不同酒吧（无论是传统酒吧，还是新晋的、充斥着花里胡哨元素的鸡尾酒吧）的布置时，我们发现，调酒师清理工作区域、整理工具，并使其归于原位的能力，对酒吧运营效率的影响远超其他任何因素。相比之下，在不注重清理工作区域和物品归位的酒吧（譬如冰柜离水槽几米远！），调酒师也许能够迅速调制出一杯鸡尾酒，但为准备调制下一轮鸡尾酒所做的工作将变得很烦琐。

这听起来可能有点专业，但任何调制鸡尾酒的人都可以从这些经验中受益。对时间宝贵的家庭调酒师（无论是只调制一杯鸡尾酒，还是为一群人调制多杯鸡尾酒）来说，高效的工作能力能让他在调酒过程中获益匪浅。对任何调酒师来说，最关键的就是工作区域附近有一个水槽（最好是深水槽），可以容纳多种调酒工具并快速清洗。此外，调酒师还需要抹布等工具以擦拭吧台。这样你就可以又快又好地调制鸡尾酒，并且在调完酒后快速将所有物品归位。

所有调制酒饮的人都可以尝试"以退为进"，客观地根据自己所处的环境和想要达成的工作目标做出评估，并制订合理的计划。我们总是把生活中的很多事都弄得很复杂。认识到工作空间中有哪些因素能够帮助自己相对轻松地完成任务、有哪些因素会制约自己的发挥，将有助于你评估自己能够完成多少工作量。在工作条件不理想的情况下，缩减所提供的酒饮种类是一个更好的选择。这就是为什么在许多私人派对和婚礼上你会经常看到简短的酒单。通常在这种情况下，我们要尽量简化酒单。

如何使用量酒器

调制出符合标准的鸡尾酒的第一步，是准确地量取原料。我们可以用装满水的酒瓶来练习倒酒，将搅拌杯放在一张纸上，这样就可以检查在练习时有多少液体溅了出来。专业调酒师可能需要使用酒嘴来快速倒出酒液，家庭调酒师则可能直接从酒瓶中倒出酒液，这实际上更难，但这样做的好处在于不用像专业调酒师那样洗那么多杯子。

起初，你按照这些步骤操作时，可能会感觉自己像个机器人，但通过练习，你会发现自己的量酒动作越来越自然流畅。一旦你能够用单手准确地量取出一整瓶水（尝试交替量取2盎司、1盎司、¾盎司、½盎司和¼盎司的液体分量），就可以尝试换另一只手来准确量取液体。在至死相伴酒吧，我们要求调酒师具备双手灵活操作的能力。当你的两只手都能非常熟练地量取酒液时，你就可以根据自己的喜好调整量酒技巧或增加一些个人特色了。正如毕加索所说："像专家般学习规则，好让你像艺术家般打破它们。"

1. 将搅拌杯放在面前。如果你的惯用手是右手，则把酒瓶放在搅拌杯的右边，量酒器放在搅拌杯的左边。如果你的惯用手是左手，则反之。

2. 用左手的拇指和食指抓住量酒器的中间部分并把它拿起来。将量酒器悬在搅拌杯上方，使其底部刚好位于搅拌杯杯口上方，将其调整到9~10点钟的位置。

3. 用右手紧握酒瓶颈部中间位置。拿起酒瓶，将其移向量酒器。缓慢地将酒液倒入量酒器，尽量使瓶口靠近量酒器的边缘（但不要碰到它）。倒酒时，尽量保持手腕平稳，并运用整条手臂的力量，因为长期的手腕摆动可能导致重复性劳损。

4. 当酒液液面与量酒器的边缘齐平时，停止倒酒。如果你使用的是酒嘴，可以通过扭动手腕来"切断"酒液的流动，但最简单的（也是最符合人体工程学的）停止倒酒的方法是直接降低酒瓶的底部。过去，我们教导调酒师继续倒酒液，直到在量酒器的边缘形成一个略微凸起的拱形液面，或者是一个浅浅的气泡。但近年来，我们放弃了这种做法，因为它会导致倒酒量不一致，还会减慢量取的速度。

5. 以稳定的动作将量酒器向搅拌杯倾斜，以倒出酒液，确保量酒器不碰到搅拌杯的边缘。倒酒结束后，将量酒器从搅拌杯上方拉向身体一侧，然后将所有东西归位。

如何摇酒

就像指纹一样，每位调酒师都有自己独特的摇酒方式，但我们尽量传授一种动作尽可能一致且符合人体工程学的摇酒方法。以下步骤展示了如何使用标准的两段式摇酒壶摇酒。

如果你读过我们的其他两本书，你会注意到我们在摇酒时使用的冰块类型有所变化。在早期，我们用2块大冰来摇酒，这样可以在鸡尾酒达到目标稀释度

之前产生充足的气泡并使酒液冷却。随着时间的推移（以及我们逐渐酸痛的肩膀），我们意识到，尽管这种方法有很多优点，但对我们的身体来说真的很难承受，而且很难完美掌握，即摇酒时不把冰块弄碎。然后，我们尝试将1~2块由专业制冰机制成的冰块与1块大方冰放在一起摇，这样也可以达到很好的效果，但我们每晚仍然要用数百块大方冰，这意味着我们需要花更多时间来准备冰块。

在《鸡尾酒法典》中，我们主张使用一块大方冰来摇酒（终于决定了！），这能产生大量气泡，并减少碎冰的形成。这种方法仍然非常有效（特别是在家里），但对繁忙的酒吧来说，它并没有降低使用大方冰的成本——我们现在购买大方冰，而且价格不菲。因此，我们终于找到了我们认为适合摇酒的理想冰块：由专业制冰机削成的方冰，或者大小相当的冰块（约1英寸见方），并且便于冷冻。这种方法不仅可以节省成本和人力，而且根据我们在过去的10年里培训数十名新手调酒师的经验，使用1英寸见方的冰块更容易完善摇酒技术。

1. 将容量为18盎司的摇酒壶放在面前，从分量最少、成本最低的原料开始依次量取并倒入摇酒壶。

2. 在容量为18盎司的摇酒壶中加入5~7块冰块（或者尽可能多的冰块）。用拇指和食指握住摇酒壶底部，再将容量为28盎司的摇

摇酒壶内部

摇酒时，我们要让冰块在摇酒壶中做圆周运动，这将使冰块的边缘变圆润，而非让冰块做前后往复的活塞运动，这样会将冰块摇碎（使得鸡尾酒在变冰之前被过度稀释）。尽量在冰块到达摇酒壶两端之前"接住"它们。我们教导调酒师想象摇酒壶内部呈长方形，他们的目标是让冰块击中长方形的四个角而不撞击到摇酒壶的任何一端。我们通过让调酒师用摇酒壶摇冰块（不加酒液）来练习这项技术，这比听起来要难得多。

酒壶扣上去，使之略微倾斜，使扣好的两个摇酒壶的一侧形成一条直线，再用力将大摇酒壶向下推，形成密封状态。你无须再把摇酒壶底部大力地在吧台上敲几下，这只会分散你的注意力。你可以通过提起顶部的大摇酒壶来测试密封性，如果扣得够牢，底部的小摇酒壶就不会松脱。

3. 当你准备好摇酒时，将鸡尾酒杯（最好是冰好的）放在你面前。确保站姿稳固、平衡：双脚对齐，大约与两髋同宽。身体略微向左或向右倾斜，这样你就不会直接正对着坐在你面前的客人摇酒。

4. 摇酒时，要将小摇酒壶的底部朝向自己。这样，万一摇酒壶松脱，溅出的酒液会飞向你，而非客人。用惯用手握住小摇酒壶，拇指抵在一侧，其余手指张开，就像抓住一个橄榄球一样，小拇指和（或）无名指搭在大摇酒壶上。用非惯用手托住小摇酒壶，拇指搭在两个摇酒壶紧扣的部位，中指和无名指指尖环绕在小摇酒壶底部。这种握持摇酒壶的方式应该很牢固，两个摇酒壶都有手指握住（以防摇酒壶松脱！），而且这种握持方式的好处在于，手与摇酒壶的接触面积最小（只有指尖部位会触碰到摇酒壶）。这样可以防止你在摇酒时将手掌的温度传递给摇酒壶，从而导致

酒液过度稀释。

5. 找到身体的重心，把摇酒壶举到胸前，肘部舒适地离开身体。让我们开始摇酒吧！以一个轻柔且呈弧线的推拉运动开启摇酒，刚开始时速度要放慢，然后逐渐加速几秒，直到你摇酒的速度能令你舒服地维持约5秒。以你能达到的最高速度摇制约5秒后，开始减慢摇制速度，减速所用时间比加速时用的时间稍短。完成整个摇酒过程需要10~15秒。

6. 最后，将摇酒壶放下，使小摇酒壶朝上。挤压大摇酒壶的两侧，以打破密封并使上方的小摇酒壶

能否使用普通冰块摇酒

我们以前讨论过这个问题，这是家庭调酒师问得最多的问题之一，所以还是非常值得重申的。如果你使用的是用家用冰箱的冰格制作的冰块，或者用较小的制冰模具制作的冰块，你需要在较小的摇酒壶中装满冰，并在较大的壶体中也加入冰，大约为较大壶体的¼即可。如果一切顺利，所有的冰将融合成一个整体，你在摇酒时就不会听到冰块的碰撞声了。与使用较大的冰块摇酒相比，摇制时间不宜过长，因为使用的冰块越多，酒液稀释得越快。在使用这类冰块摇酒时，要始终进行双重过滤。

松脱。如果这种方法不奏效，那就拿起摇酒壶，用手掌用力拍打大摇酒壶顶部（即两个摇酒壶之间缝隙最宽的地方）。最后，将酒液滤入酒杯（见第47页），并将所有东西归位。

其他摇酒方式

根据所调制的鸡尾酒的风格，我们会采用不同的摇酒方式。

快摇法

对于那些需要加入冰块和（或）气泡成分（气泡水、起泡酒等）的鸡尾酒，我们会进行"快速摇制"，大约摇5秒。在快摇时，使用的冰块应与常规摇制手法所需的冰块等量，这样可以轻微冷却酒液，避免酒液在杯中被过度稀释。

慢摇法

对于需要加入大量碎冰的鸡尾酒，我们先略微冰镇酒液，然后加入5~7块小冰块（在家里调制鸡尾酒时，我们可以只加1块冰块）进行摇制，直到冰块完全融化，然后将酒液倒入酒杯中。

干摇法

在调制含有蛋清（或其他替代品）的鸡尾酒时，我们先在不加冰块的情况下进行干摇，直到酒液与蛋清混合均匀，然后加入冰块再次摇晃。这有助于更好地打发蛋清泡沫，使酒液与空气充分接触，让鸡尾酒更好地完成乳化，让漂浮在酒液表面的泡沫变得更漂亮。

如何搅拌鸡尾酒

在我们的第一本书中，我们曾建议读者使用吧勺和空的搅拌杯来练习搅拌技巧。这仍然是练习搅拌手法和肌肉控制力的绝佳方式。一旦你对自己的搅拌技术感到满意，就可以按照以下步骤来制作鸡尾酒了。

1. 将搅拌杯放在面前。加入调制鸡尾酒所需的原料，从分量最小、价格最低的原料开始依次添加。确保倒入原料的动作轻柔，以避免产生气泡。

2. 如果你使用的是品脱杯（见第19页），请将一块1英寸见方的大方冰放在搅拌杯底部，然后在上面再放两块冰块，使之形成一个倒置的金字塔。将2块冰块敲碎后放在"金字塔"上，碎冰会填满搅拌杯底部的空隙。最后，再加2块冰块即可。如果你使用的是日式搅拌杯（或其他口径更大的搅拌杯），则需要加入足够多的冰块，冰块约占搅拌杯的¾，并且尽可能紧密地堆叠冰块。

3. 以惯用手的中指和无名指握住长柄吧勺。根据吧勺的长度，你的手应该握住吧勺上半部分的某个位置。将吧勺插入搅拌杯中，使圆形的吧勺头一侧沿着搅拌杯杯壁（12点钟方向）插下去。

4. 以非惯用手的拇指和食指稳住搅拌杯的底部。开始以稳定的节奏搅拌酒液，并保持圆形的吧勺头一侧与搅拌杯杯壁接触。无论是沿顺时针还是逆时针方向搅拌都可以，顺其自然即可。

5. 大约15秒后，停止搅拌，并用鸡尾酒吸管蘸取酒液（或更节约的方法是用吧勺舀取几滴到手背上）尝一尝。如果酒液不够冰和（或）稀释得不够，就继续搅拌几秒，然后再次品尝。重复这个过程，直到你觉得满意为止，然后将酒液滤入杯中，并将所有东西归位。

如何过滤搅拌类鸡尾酒

你可以使用茱莉普过滤器或霍桑过滤器来过滤搅拌类鸡尾酒，目的是将鸡尾酒从搅拌杯轻轻倒入鸡尾酒杯中，而不会产生任何气泡。

茱莉普过滤器

1. 以食指和中指握住过滤器的手柄，手指靠近过滤器的底部（与碗状部分相接的地方），使过滤器的凹面朝上。

2. 将过滤器放在搅拌杯上，手柄朝着与搅拌杯的倒出口（如果有的话）相对的方向，用拇指、无名指和小指抓住搅拌杯，将过滤器固定到位。

3. 将过滤器的碗状部分放入搅拌杯

摇制还是搅拌

如果鸡尾酒中含有任何水果（柑橘类或其他水果）、蛋或奶油成分，就应进行摇制，而且要摇得很用力。这些成分通常非常黏稠，必须大力摇，以使其融入鸡尾酒中。反之，如果鸡尾酒的主要成分是烈酒、味美思、苦精、少量的糖浆或其他调味剂，则应进行搅拌。

还有一个看待这个问题的角度是确立意图。摇制鸡尾酒的目的是，通过摇晃酒液产生大量微小气泡以"激活"酒液成分，使鸡尾酒略微起泡，并在酒液表面形成一层轻盈的泡沫。搅拌鸡尾酒的目的是，将各种成分混合在一起，而不产生气泡，以使酒液口感柔顺丝滑。

中，用食指和中指将过滤器紧紧压在冰块上。

4. 从搅拌杯的侧面缓慢倒出酒液，确保搅拌杯靠近鸡尾酒杯（在倾倒酒液时不要抬起搅拌杯，以免产生气泡）。当大部分酒液都倒入鸡尾酒杯中时，轻轻摇动搅拌杯，以将剩余的酒液全部倒出。

霍桑过滤器

1. 将过滤器放在搅拌杯上，手柄朝着与搅拌杯的倒出口（如果有的话）相对的方向。

2. 抓住过滤器下方的搅拌杯，将

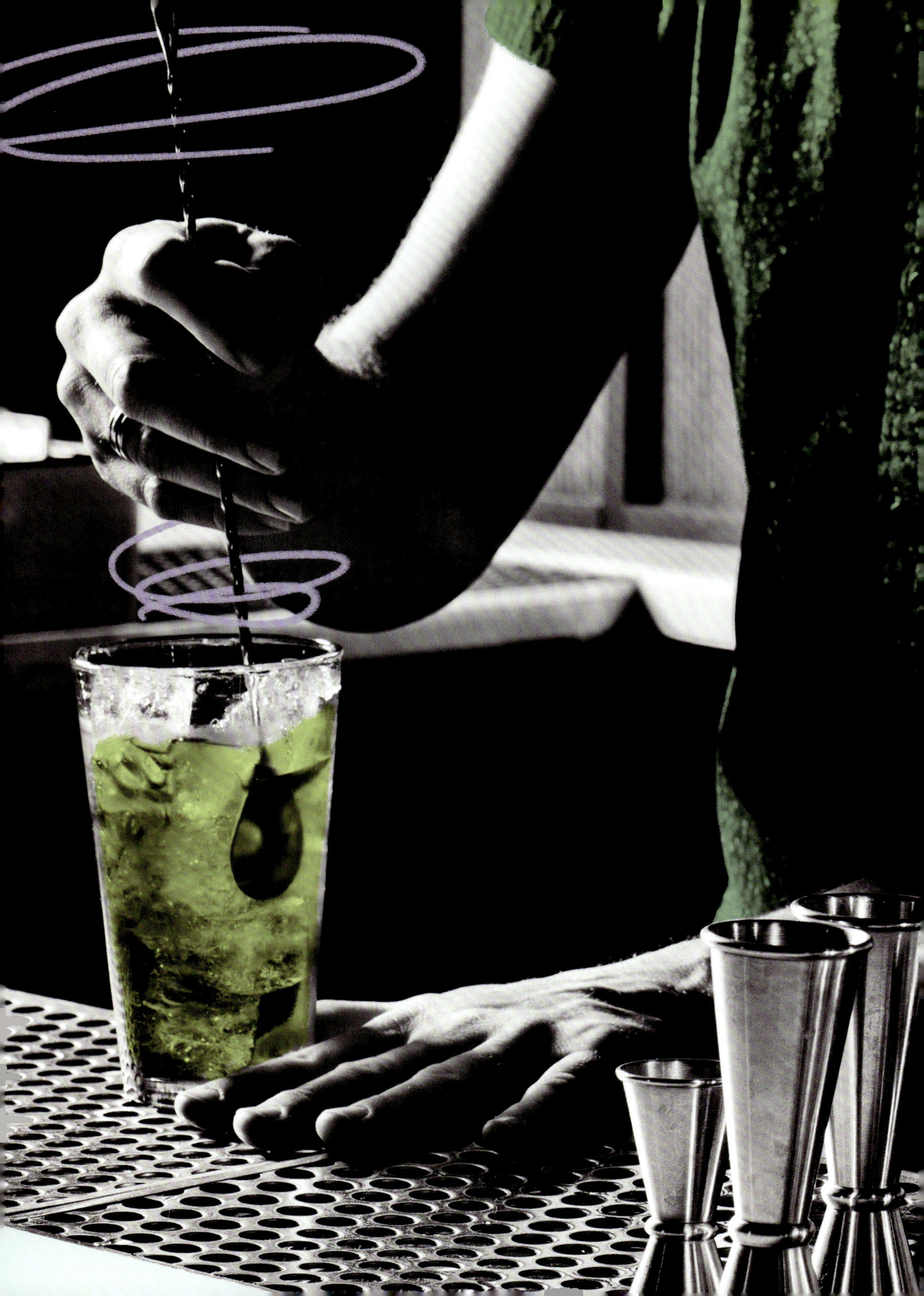

食指放在凸起的卡扣（如果有的话）上。

3. 从搅拌杯的侧面缓慢倒出酒液，轻轻摇动一两次搅拌杯，以将剩余的酒液全部倒出。如果鸡尾酒中用到了一整块的大方冰，则直接将酒液倒向冰块的正中心。

如何过滤摇制类鸡尾酒

在过滤摇制类鸡尾酒时，你应该始终使用霍桑过滤器。你的目标是尽快将酒液从摇酒壶倒入鸡尾酒杯中，以保证刚刚摇制好的酒液中的气泡不会消失。

1. 将霍桑过滤器放在大摇酒壶上。
2. 抓住过滤器下方的摇酒壶，并将食指放在凸起的卡扣（如果有的话）上。用食指将过滤器推到最前方，直到过滤器的顶部与摇酒壶的边缘接触（这被称为"关门"）。

3. 从摇酒壶的侧面倒出酒液，轻轻摇动摇酒壶几次，以将剩余的酒液全部倒出。

如何双重过滤摇制类鸡尾酒

通常，我们会对大多数摇制类鸡尾酒进行双重过滤，特别是当我们不希望有任何微小的冰屑、草本植物或水果的碎渣破坏鸡尾酒的口感时。

按照上述步骤操作，使用霍桑过滤器过滤摇制类鸡尾酒，但不要直接将酒液倒入鸡尾酒杯中，而是在酒杯上方放一个网状锥形过滤器（见第20页），然后将酒液滤入酒杯中。为了加快酒液通过网状锥形过滤器的速度，在将酒液倒完后，你可以用摇酒壶的底部轻轻敲击几下网状锥形过滤器的侧面。

布鲁诺·萨德（Bruno Sad）

布鲁诺·萨德是纽约欢乐餐饮集团（Happy Cooking Hospitality Group）的一名调酒师。

2016年，我第一次去了至死相伴酒吧。当时，我从圣安东尼奥市来到纽约市旅游。一个周二的晚上，我一个人来到了这家酒吧，以为那里应该不会太忙。我坐在吧台前，刚好面对着香农，我向她点了一杯鸡尾酒，要求非常具体——5∶1的蓝色金酒马天尼（Blue Gin Martini）、1滴橙味苦精、1个柠檬皮卷。那天，我整个晚上都在串吧，已经喝了不少鸡尾酒，所以我想要一款经典鸡尾酒，而且要做得非常到位才行。我很少点马天尼，因为大多数人都缺乏耐心来调制它，所以我只会从我信任的调酒师那里点。香农给我调了一杯，非常完美。她如此才华横溢，绝对是位了不起的调酒师。

接下来，我点了一杯艾伦波尔苹果西打（Aaron Burr Cider），还要了一小杯西里尔·赞斯苹果白兰地（Cyril Zangs 00 Apple Cider Eau-de-vie）。香农看着我，好像在问"你到底是谁？"。我告诉她，我是个旅行调酒师。原来，当天晚上早些时候，亚历克斯·戴也在酒吧里点了杯一模一样的马天尼。

两年后，我搬到了纽约，并成了至死相伴酒吧的常客。通常，我会在结束自己的调酒工作之后独自去那里。作为一名专业的调酒

布鲁诺的马天尼
（Bruno's Martini）

2½ 盎司蓝色金酒
½ 盎司杜凌干味美思（Dolin Dry Vermouth）
1 滴自制橙味苦精（见第388页）
装饰：1 个柠檬皮卷

将所有原料放入装有冰块的搅拌杯中搅拌，然后滤入冰好的尼克诺拉杯中。在鸡尾酒上方挤出柠檬皮卷的皮油，然后将其放入鸡尾酒中。

师，我总是观察着周遭发生的一切。每次坐在吧台前，我都会学到新东西。现在，那里的每个人都认识我，我也会给那里的工作人员带些慰问汉堡。但除此之外，我依然保持低调，我想要成为一位完美的客人。我很安静，给小费也很大方，喝完之后就离开。在至死相伴酒吧，我感觉这里的工作人员就像是在自己的家里招待我一样，他们如此热情、如此真诚，服务如此到位，而且每位调酒师都学识渊博。在一家世界级的酒吧里感受到如此氛围，真是太棒了。

我总是推荐亲朋好友去这家酒吧，之后他们总会告诉我"被招待得非常好"，这让我感到非常开心。

有目的性地创作鸡尾酒

一杯精心调制的鸡尾酒背后，蕴含着许多细微而正确的决策：如何选择原料，如何将它们调配在一起，并且要像对待人生中的大事一样，以同样的热情和认真的态度对待每一处细节：每一滴的用量都要保证精确，柠檬皮卷要切得整齐。只有当调酒师熟悉了工作空间并掌握了保持最佳工作状态的技巧时，我们才会教授他们如何创作鸡尾酒。

在我们的上一本书《鸡尾酒法典》中，我们深入探讨了6种基础鸡尾酒，它们是整个鸡尾酒体系的基础：老式鸡尾酒、马天尼、大吉利、边车、威士忌高球和弗利普。在此基础上创作而成的每一款鸡尾酒，都与这些经典基础鸡尾酒中至少有一种原料是相同的。

如果你了解这6种经典基础鸡尾酒——它们以怎样的比例调制以及为什么这样调制——那么你就可以将它们用作自己创作和打造全新鸡尾酒的"跳板"。

掌握基础鸡尾酒的调制，是我们理解鸡尾酒极为重要的一部分。而从个人经历、文化参照和味觉偏好中汲取灵感，是我们鸡尾酒感性创作的一部分。

我们认为，所有伟大的鸡尾酒都必须是理性理解与感性情感的结合：理性理解包括理解鸡尾酒的核心结构，即从技术层面上理解这些配方能够征服味蕾的原因；感性情感则包括唤醒人与人之间的情感纽带，激发思考，最终创作出适口的鸡尾酒。

练习三：创作一款全新鸡尾酒

想象一下，你最近去了一趟泰国市场。在那里，你发现了一些新鲜的紫罗勒，而它清新的茴香气味一直萦绕在你的脑海中。于是，你想创作一款突出罗勒风味的鸡尾酒。你开始琢磨配方，思考如何呈现罗勒的味道。它应该是一款酒味浓郁的鸡尾酒吗？老式鸡尾酒的酒精味可能会掩盖罗勒的清新香气。马天尼可能适合，尤其是用白味美思替代干味美思时，前者甜美的口感非常适合用来搭配罗勒。然而，一开始吸引你的是罗勒那独特的清新感，所以最终你会更倾向于创作一款柑橘味的摇制类鸡尾酒。

你选择以经典的大吉利配方作为起点。新鲜的紫罗勒香气十分浓郁，但也非常娇嫩。基于这一认识，你从简单的配方开始着手。

> **6 片紫罗勒叶**
> **¾ 盎司单糖浆**
> **2 盎司白朗姆酒**
> **1 盎司新鲜青柠汁**
>
> 在摇酒壶中加入单糖浆，将紫罗勒叶轻轻捣碎并加入其中，随后加入白朗姆酒和青柠汁，然后加冰摇制，最后双重滤入碟形杯。

成品是一杯足够好喝的鸡尾酒，明亮、清爽，但层次并不是很复杂，我们亲切地称之为"我的第一款鸡尾酒"。它不会让人惊艳，但也不会有人拒绝。总感觉缺了点什么。紫罗勒的味道虽然还在，但它的活力被朗姆酒和青柠汁所淡化。令我们兴奋的那种紫罗勒的茴香味并没有呈现出来。要不要加几滴苦艾酒来增强这种味道呢？青柠汁口感鲜明且清爽，但它掩盖了罗勒的锋芒。考虑到这两点，我们尝试这样修改原先的配方。

> **6 片紫罗勒叶**
> **¾ 盎司单糖浆**
> **2 盎司白朗姆酒**
> **¾ 盎司新鲜青柠汁**
> **2 滴苦艾酒**
>
> 在摇酒壶中加入单糖浆，将紫罗勒叶轻轻捣碎并加入其中。随后加入白朗姆酒、青柠汁和苦艾酒，然后加冰摇制，最后双重滤入碟形杯。

就是它了！紫罗勒的风味现在清晰地呈现出来了，青柠的柑橘气息也在可控范围之内。你调制出了一款清爽且风味明显的鸡尾酒，清晰地表达出了最初的想法。这是一款完全可接受的鸡尾酒，并且很可能是最终成品。然而，追求卓越的关键在于：你必须考虑所有变量，直到无法再改进为止。

朗姆酒是所有烈酒中最多样化的品类之一：一些白朗姆酒甜美且带有异域风情，而另一些则纯净干醇。对于这款鸡尾酒，我们可能不会使用前者，因为它会干扰我们创作这款鸡尾酒的初衷（呈现紫罗勒的风味——不要偏离主题！），我们也不希望使用过于干醇的朗姆酒，以至于无法为这款鸡尾酒的整体风格添彩。这就是研发鸡尾酒配方时需要深入微观层面的地方，我们会尝试多种朗姆酒，以找到符合我们构想的最终配方。经过大量的尝试，我们可能会确定以下配方。

> **6 片紫罗勒叶**
> **¾ 盎司单糖浆**
> **2 盎司蔗园三星（Plantation 3 Stars）白朗姆酒**
> **¾ 盎司新鲜青柠汁**
> **2 滴苦艾酒**
>
> 在摇酒壶中加入单糖浆，将紫罗勒叶轻轻捣碎并加入其中，随后加入白朗姆酒、青柠汁和苦艾酒，然后加冰摇制，最后双重滤入碟形杯。

注意到有什么遗漏了吗？没有装饰！在研发鸡尾酒配方的过程中，我们通常不会在鸡尾酒配方接近完成时才添加装饰。在这个阶段，我们会开始思考，到底用什么来增添香气（比如一片紫罗勒叶）或者为客人提供个性化定制（比如一片青柠，以便客人根据自己的喜好调节酸度）。在确定更多酸度有损这款鸡尾酒的风味后，我们排除了青柠片。添加一个散发着芳香的装饰，是增强鸡尾酒特色的绝佳机会：在调好的鸡尾酒上放一片紫罗勒叶，会增添香气的复杂度，也再次强调了这款鸡尾酒配方的初衷。

这个示例展示了我们对鸡尾酒理性和感性理解的结合，也展示了我们创作新款鸡尾酒的方法：从一个大的想法开始，逐步深入小而重要的细节。这个微调机制在工作的许多领域中都非常有用：从大局出发（宏观），到宽泛的概念（中观），再到具体的细节（微观）。以这款鸡尾酒为例，我们从一个大体的意图（紫罗勒）开始，找到表达这个意图的方法，然后筛选出各种变量。这种简单的思维重构对研发鸡尾酒配方非常有帮助，它可以帮助你在深入细节之前，弄清楚你真正想要实现的是什么。

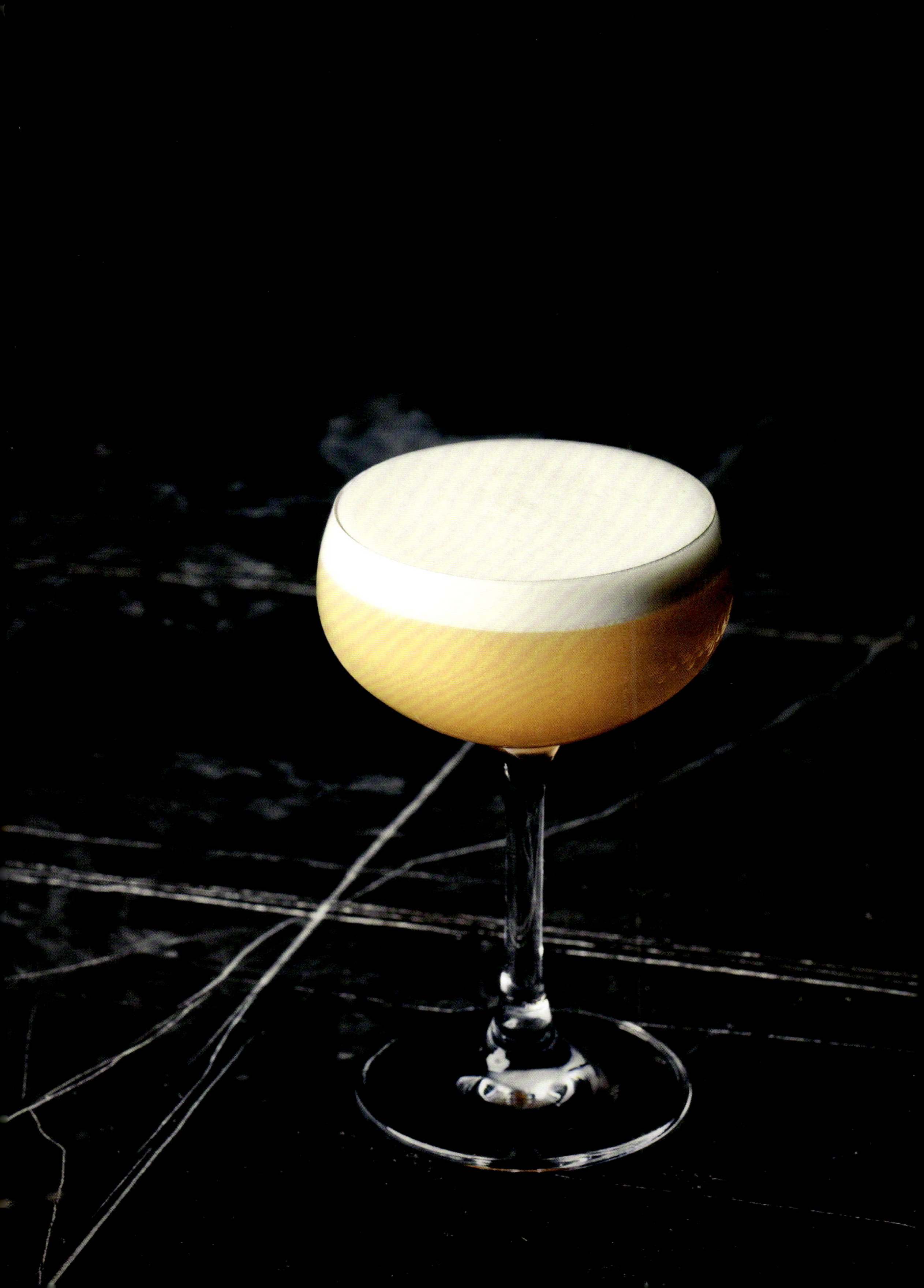

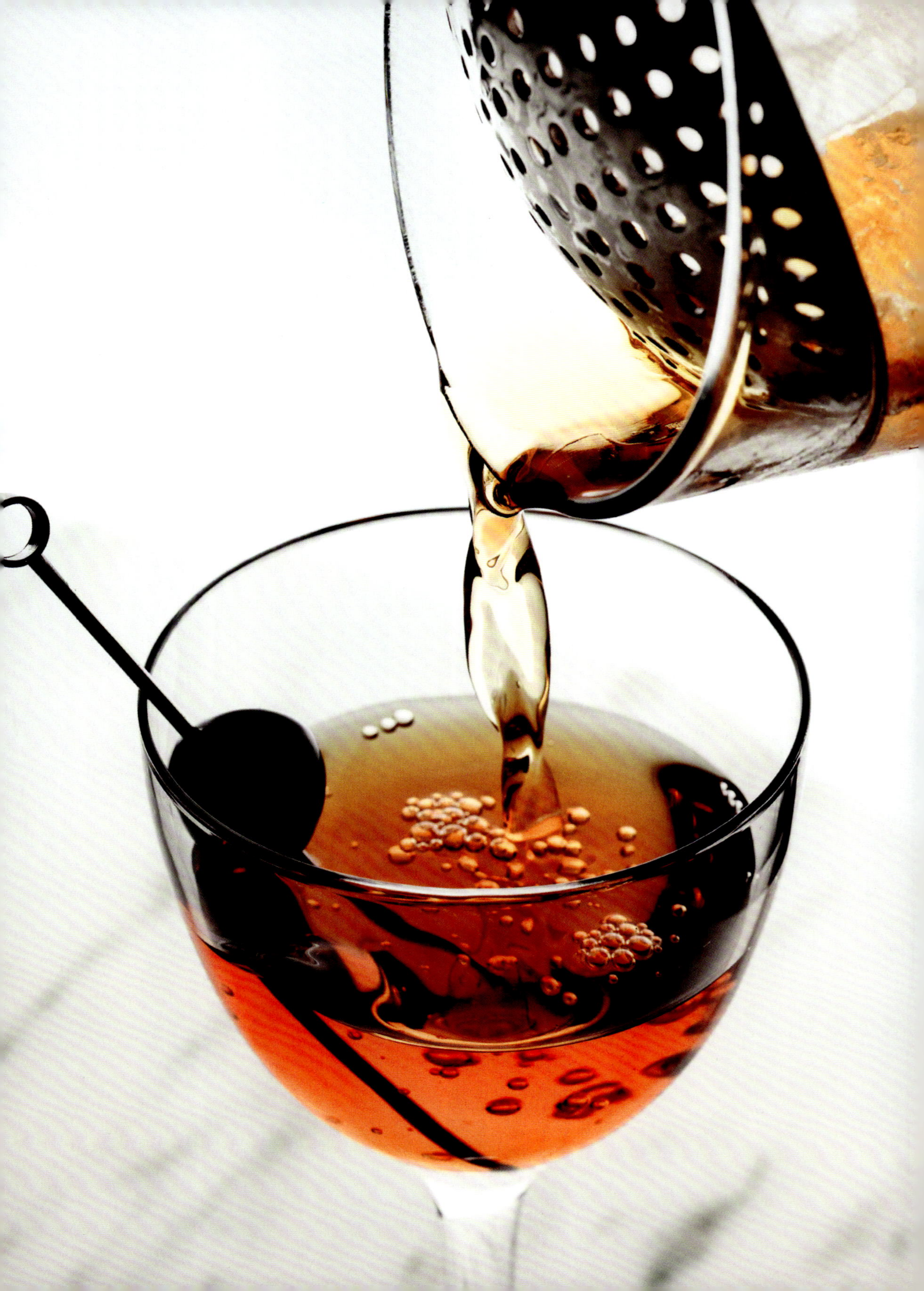

传统与打破传统

对鸡尾酒充满热爱的人，很容易陷入传统和经典的束缚之中。关于鸡尾酒有着太多的历史和传说，在我们初涉酒吧行业的时候，我们常常被 19 世纪末那些掌控着金酒宫和酒吧的调酒师们的故事深深吸引。他们在调制鸡尾酒的同时，引领着社会文化潮流，并改变着世界。我们对这段历史如此着迷，以至于我们把他们传下来的配方奉为真理，却从来没有思考过一个重要的问题："这些鸡尾酒真的好喝吗？"在某些情况下，答案是肯定的，而在其他情况下，则完全不是。

我们认为，多年来形成的传统应该被视为指引方向的路标，而非教条。想想人们的口味和文化的演变（譬如，我们如今摄入的糖分比以往任何时候都多），或者自鸡尾酒诞生以来农作物的变化（如今的青柠与早期鸡尾酒书中所提及的青柠完全不同，那时的青柠可能更接近于现在的墨西哥青柠）。打破传统是任何艺术形式发展的一条必经之路。没有它，这种艺术形式将永远不会进步。因此，我们认为，所有鸡尾酒（甚至是马天尼或老式鸡尾酒这样历史悠久的鸡尾酒配方）都需要追求完美和进化。我们的目标不是创作出最具历史性的鸡尾酒版本，而是在遵循鸡尾酒精神的同时，尽可能创作出当下最好的版本。

以内格罗尼为例。传统上，这款鸡尾酒应由等量的金酒、甜味美思和金巴利组成，加冰块，搭配半片橙圈作为装饰。这是最好的版本吗？在至死相伴酒吧早期运营阶段，我们认为这个配方缺乏清晰度，因此我们稍微增加了金酒的比例，以碟形杯盛放，并用一条橙皮装饰。这被一些人认为是异端，并引发了与其他调酒师在深夜的激烈辩论。那时，我们站在将内格罗尼推向迎合当下口味以及符合至死相伴酒吧美学的一边：优雅且简约。有趣的是，我们喝的内格罗尼越多，就越能体会到前辈将这款鸡尾酒作为开胃酒的初衷。因此，我们又回归了经典的配方。

当然，有时我们确实也会觉得某些鸡尾酒配方需要调整。"血与沙"（Blood & Sand）就是一个完美的示例，它由等量的苏格兰威士忌、樱桃利口酒、甜味美思和橙汁调制而成。这个配方的问题在于橙汁——不同橙子的风味差异很大。有些橙子酸度适中，可以用来平衡甜味美思和樱桃利口酒的浓郁味道。在美国，冬季是盛产柑橘的季节，你可以期待多汁的瓦伦西亚橙（Valencia Orange）上市，这种橙子的口感、酸度和甜度都非常棒，是鸡尾酒的完美伴侣。但在一年中的其他时间，你拿到的橙子可能品质有所区别，比如味道甜美但缺乏风味，酸度很低。为了保持这款鸡尾酒一贯的风格，以创作出更易饮用的"血与沙"，我们加入了一茶匙新鲜柠檬汁，它足以为这款鸡尾酒增添一丝酸味；再搭配上"血与沙"专用苏格兰威士忌——我们推荐使用高原骑士（Highland Park）12 年单一麦芽威士忌，威士忌的用量比其他原料稍微多一些——就能创作出一款比传统版本更为浓郁的"血与沙"。

我们的方法是质疑传统，但绝不是完全背弃传统。这些经典鸡尾酒配方能够流传下来并经久不衰，就已经充分说明了它们在结构上的完整性。单纯为了进化而进化，可能会让人误入歧途。

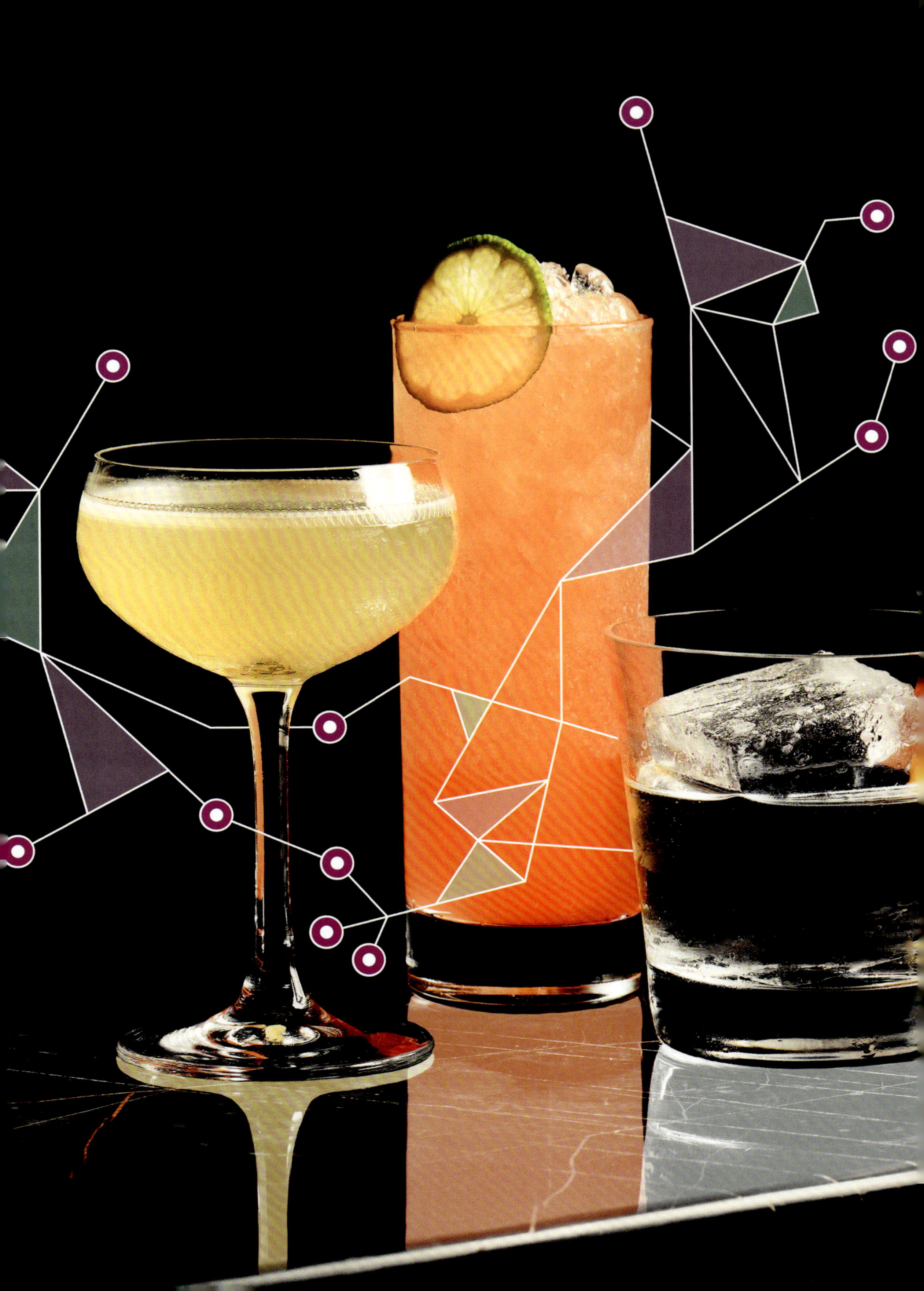

挑选原料

　　在选择酒吧所需原料时，我们可能会被温暖人心的故事或设计精美的包装所吸引，但我们应该尽可能地保持客观。这意味着我们不能被品牌的营销策略及其背后的故事所左右，而应品鉴、品鉴，再品鉴。我们应该先单独品尝每种原料，再将其与其他原料混合，观察它们之间的相互作用。鸡尾酒由多种原料组合而成，因此单独分析任一原料只是分析整个配方的一部分。接下来，我们将先介绍如何品鉴（品鉴、品鉴，再品鉴……）原料以调节你的味觉，然后介绍几种练习方式，帮助你品鉴鸡尾酒，从而识别出一杯口感平衡的鸡尾酒。

光之山（Mountain of Light）

培养味觉鉴赏力

对新手来说，与有经验的人一起品鉴任何东西——无论是鸡尾酒、烈酒、葡萄酒，还是食物——都可能令人感到紧张。专家们似乎总能说出专业的词汇，做出权威的点评，他们理解事物之间的联系——他们似乎什么都懂。

但请相信我们：这只是一杯鸡尾酒，你有权利喜欢自己中意的东西。

"味觉鉴赏力"这个词被用来描述一个人品鉴并谈论风味的能力。这个词有很多含义，从广义上讲，通常指一个人理解和描述风味的天赋。你可以从关于"葡萄酒行家"的笑话，以及他们用来描述发酵葡萄汁的晦涩形容词中看出这一点。

味觉鉴赏力不是与生俱来的。诚然，某些人天生就有与他人不同的品尝或嗅闻的能力，但令大多数人感到欣慰的是，味觉鉴赏力实际上是一种智慧。大多数人通过闻香、品鉴和反思（即使只是简单地说"嗯，我喜欢这个！"），可以习得理解和描述风味的能力。许多人在日常生活中通过发现自己喜欢、不喜欢的味道来培养味觉鉴赏力。这意味着你必须走出舒适区，尝试新的味道。一旦你开始尝试新的味道，开始分享你的偏好，你就会围绕这些偏好建立起一种味觉语言。有了这种味觉语言，你的大脑在处理味觉信息时就会活跃起来。

在接下来的练习中，我们将向你展示：如何更好地了解自己的偏好，如何探索并理解那些你不了解的风味，如何在谈论风味时保持自信。这项练习不是为了改变你的个人喜好，而是为了拓宽你的视野，让你真正了解自己喜欢什么以及为什么喜欢。对于本节中的所有练习，请不要仅以享受鸡尾酒（尽管这很可能会发生）的心态去对待，而是花时间思考每一项练习背后的深层含义。

味觉课程1：找出自己熟悉的味道

我们从许多人都很熟悉的生梨开始品鉴。这项练习的目标是反思我们熟悉的东西，利用这种熟悉感来专注于清晰地表达我们鼻子闻到的气味和舌头尝到的味道。我们需要建立一个品尝和反思的过程，这将使我们能够在未来接触更多新的、更具挑战性的味道。我们强烈建议你邀请一位朊友（或几位朋友）一起参加这项练习，与朋友讨论你所尝到的味道会加快你的学习速度。

你需要用到以下几样东西。

- **生梨**。最好是成熟的巴特利特（Bartlett）梨或博斯克（Bosc）梨（可以用烟台梨或啤梨代替），这样你就可以尝到最天然、最纯粹的风味。

- **梨子西打酒**。找一款优质的法式梨子西打酒，比如埃里克·博尔德莱（Eric Bordelet Poire Authentique）或列莫顿（Lamorton Poiré Sparkling Perry）。如果它是法式西打，且用梨（或大部分是梨）酿制，并标有"干型"（Dry）字样，那么你就找对

风味的语言

有些人品鉴并讨论鸡尾酒是为了炫耀，而有些人品鉴鸡尾酒是为了分享与合作。我们更倾向于后者，与他人一起品鉴鸡尾酒有利于我们发现可能潜藏在舌尖上的风味，并拓宽我们的视野。为此，在品酒时，避免使用晦涩难懂的语言，而应使用对他人有意义的词语。与其描述成"独角兽的眼泪"和"童年的奇幻印象"，不如说"我小时候在夏令营闻到的那种气味"。

那种夏令营的气味可能来自草地（例如草香和花香），或是树林（例如松香），或者其他完全不同的场景。重点是：在我们品鉴某样东西时，记忆和联想往往是最先浮现在脑海中的，我们利用这些记忆和联想来丰富对气味和口感的描述，并与他人分享。

我们强调品鉴时所用的语言，是因为沟通和表达能力与实际品鉴能力一样重要。刚开始时，你可能会笨拙地描述着味道，对自己的直觉缺乏信心，对所使用的词语也感到不确定。

但随着时间的推移，谈论气味、味道以及它们与其他味道的联系，会让你在思考中更加自信和专注，并最终帮助你更深入地理解风味。这不是学术研究，你对风味的理解越深入，你欣赏和创作鸡尾酒的能力就越强。

我们的目标是将你的鼻子和味蕾与你的大脑连接起来。我们进行品鉴和讨论并不是为了成为评论家或炫耀我们的词汇量，而是为了表达我们的想法，并增强我们讨论触及我们感官体验的风味的能力。

也就是说，在你评估气味和口感时，有一些常用词可以提供帮助，它们中的一些与平衡相关（例如，"这杯大吉利非常酸"或"这杯内格罗尼非常苦"），有些则更加抽象（例如，"喝了这杯马天尼后感觉像来到了天堂"）。你可以利用这里列出的一些词语（或你自己常用的词语）来深入理解这些词语的具体含义。

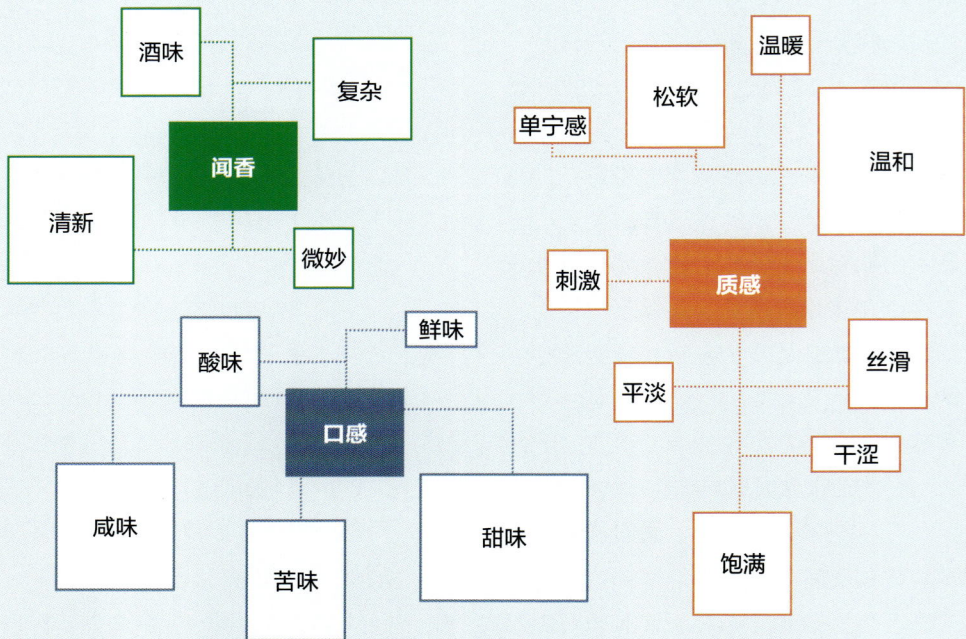

了。如果找不到的话，可以买一些有机瓶装梨汁代替。

- **梨子白兰地**。找那种没有经过橡木桶陈酿的无色梨子白兰地。我们最喜欢的品牌包括克利尔溪（Clear Creek Williams）、圣乔治（St. George）和玛斯尼（Massenez Poire Williams）。

- **小葡萄酒杯或古典杯，每人2个**。避免使用大葡萄酒杯，因为用它们来盛装鸡尾酒会使你闻到的酒精味过于集中。确保每位品鉴者所使用的杯具相同（或非常相似），这一点很重要，以便你们

以相同的方式进行嗅闻和品尝。

- **笔和纸**。写下你的想法，画出代表你嗅到和尝到的东西的图片，或是随便涂鸦——任何在嗅闻和品尝时能激活你大脑的事情都可以做。

准备品鉴。

- 将梨子西打酒冷藏至少2小时，梨子白兰地则在常温下保存。
- 将梨洗干净并切成小片，每人1片。
- 每人配备1个饮水杯和1个吐酒桶。
- 为每位品鉴者倒入4盎司的梨子西打酒。
- 为每位品鉴者倒入2盎司的梨子白兰地。

我们品酒的过程分为3个部分：（1）闻到的香气；（2）尝到的味道；（3）这两者的结合，即风味。前两部分能够让我们分离出我们的鼻子和味蕾，而最后一部分则将前两部分融为一个统一的整体，形成整体的印象。

关于闻香有一点要说明：由于烈酒的酒精含量很高，如果我们像品鉴葡萄酒一样简单地嗅一下，酒精会干扰我们的嗅觉几分钟。不要通过鼻子深呼吸。将酒杯靠近鼻子，然后略微张开嘴巴，通过嘴巴呼吸。这样会让烈酒的香气进入鼻子，同时能避开大部分的酒精刺激。你可以根据自己嗅到的香气来调节这一过程：略微闭上嘴巴以增强香气的浓度，或

者稍微张开嘴巴以减弱酒精的刺激。

闻香

- 逐一嗅闻这3种原料的香气。
- 将2种原料放在鼻子前交替闻，确保将每种原料与其他原料进行比较。
- 回答以下问题并写下答案。
  - ◇ 生梨、梨子西打酒和梨子白兰地之间有相似之处吗？（猜测：有）如果有，这些相似之处是什么（不要只写"生梨"）？你可能想到的一些示例：酵母味、甜瓜味、花香、青草味等。
  - ◇ 你能找到这3种原料之间的关联吗？这种关联在香气上有体现吗？除了生梨的香气外，你是否在梨子西打酒、梨子白兰地中闻到了其他香气？
  - ◇ 这种香气是否让你想起了什么？不要害怕自己的联想过于离奇，联想越具象化、个人化，你的描述就越有力。闻闻看有没有焦糖、萝卜或番茄叶的味道。

品鉴

- 逐个品鉴这3种原料的味道，先是生梨，然后是梨子西打酒，最后是梨子白兰地。提醒：每次分3口品鉴，每口都要小，中间喝点水。

  - ◇ 你是否注意到每种原料的香气和味道有什么不同？记下你的发现并讨论一下。
- 将这3种原料混合在一起品鉴。
  - ◇ 生梨、经发酵的梨子以及经蒸馏的梨子风味表现有何不同？也许生梨的多汁与梨子西打酒清爽的味道相契合；也许生梨的粗糙质地可能会在梨子白兰地中体现出来，但在梨子西打酒中则不太明显。
  - ◇ 你是否注意到酒精对梨子西打酒和梨子白兰地风味的影响？
  - ◇ 这些味道是否让你想起了什么？

感受风味

- 现在，你已经完成了细致的嗅闻和品鉴，是时候将这些感受综合起来，形成一个整体印象。回顾你的笔记，并反思讨论的内容。
- 在原生、发酵和蒸馏这3种状态下，单一成分的风味是如何变化的？每种状态下的香气和口感有何不同？它们之间又有哪些相似之处？
- 哪一种更符合你对"梨味"的期待？也就是说，哪一种更贴近你预期中的梨味？
- 在嗅闻和品鉴了每一种原料后，你是否对基础味道（生梨）有了不同的认识？

我们希望通过专注于某种特定的味道的练习，你能意识到，即使是我们认为非常熟悉的东西，也蕴含着令人惊讶的多样性，而同一种味道以不同的方式（原生、发酵和蒸馏）处理，会表现出各种各样的香气和口感。在品鉴鸡尾酒时，请回顾这堂课，让你的一些发现成为你的指引：你是闻到了原生原料的新鲜，感受到了发酵后的饱满浓郁，还是品尝到了蒸馏后的锐利辛辣？

味觉课程2：寻找平衡

不知你是否注意到，我们非常喜欢经典的大吉利鸡尾酒。朗姆酒、青柠汁和单糖浆（见第374页）的神圣三角组合，是探讨平衡之美的绝佳起点。在接下来的练习中，我们将通过"金发女孩"体验来探索甜味和酸味、强劲和清淡，以及咸味、苦味、温度和稀释度。

这些体验最好与至少1位队友一起进行，理想情况下是4人一组。你将调制很多鸡尾酒，以便将每个知识点理解透彻，所以在此过程中你可以将单个体验分成几个部分来进行。你需要用到以下物品。

- 两段式摇酒壶：4套。
- 量酒器（能够准确量取2盎司、1盎司、¾盎司和½盎司的液体）：1个或多个。
- 茶匙：1把。
- 霍桑过滤器：4个。
- 网状锥形过滤器：4个。
- 碟形杯：4个。

- 新鲜青柠汁：16盎司。
- 单糖浆：14盎司。
- 白朗姆酒：1瓶（750毫升）。
- 金巴利：3盎司。

甜味和酸味

新鲜柑橘类果汁风味强劲，平衡其酸味的最佳方法是使用某种甜味剂，这里用的是中性的单糖浆。然而，只是简单地将它们以等比例混合，可能并不能调制出一杯平衡度良好的鸡尾酒。在至死相伴酒吧，我们喜欢多加一点青柠汁，让酸味在整体风味中更加突出。不过，你的口味可能有所不同。为了亲自体验一下，请调制以下3种大吉利。

酸味大吉利
2盎司白朗姆酒
1盎司新鲜青柠汁
¼盎司单糖浆

平衡大吉利
2盎司白朗姆酒
1盎司新鲜青柠汁
¾盎司单糖浆

甜味大吉利
2盎司白朗姆酒
¼盎司新鲜青柠汁
1盎司单糖浆

与在品鉴生梨的练习中一样，先闻一下鸡尾酒，然后每种鸡尾酒分3次品尝。记住，如果觉得有需要，可以吐掉口中的酒液（特别是你打算一次性完成这部分的所有练习的话）。在分析之前，与你的品酒伙伴讨论以下问题。

- 这些鸡尾酒之间有什么区别？
- 在不同版本中，是否有某种成分的风味更加突出？
- 酒精感是否有所不同？比如，舌尖上的刺痛感，或者是一口酒下去让人略感窒息的感觉。
- 在这个过程中，请尽可能忽略个人偏好，客观地谈论你闻到的气味和品尝到的味道。虽然你会有自己的偏好（我们也有！），但当你深入探讨每种鸡尾酒的风味和感官体验时，这项练习的效果会更好。

这3种大吉利揭示了在调制鸡尾酒时，为什么每种成分的用量要如此精准：酸味大吉利、甜味大吉利和平衡大吉利之间的成分比例差异微乎其微。如果太酸的话，大吉利喝起来会过于刺激，会冲击你的味蕾。如果太甜，大吉利也会过于刺激，但是会以一种完全不同的方式——甜腻到发齁——冲击你的味蕾。

有些人可能会觉得我们的平衡版本对他们来说太酸了。那没关系，这仅仅意味着你对甜味和酸味的偏好与我们的有所不同，但我们猜测你的偏好可能非常接近这个版本（将青柠汁的用量减少到¾盎司，这样是不是好多了？）。然而，在这个示例中，朗姆酒、青柠汁和单糖浆已经达到了和谐，它们各自独立存在，又彼此结合成超越个体之和的了不起的鸡尾酒，这是调制柑橘类鸡尾酒的关键目标。你不仅要在自己调制（或创作！）的鸡尾酒中寻找这种和谐，也要在你从酒吧喝到的鸡尾酒中寻找这种和谐。

除此之外，我们还发现鸡尾酒平衡的改变对香气的影响非常有趣：酸味大吉利闻起来更具收敛感，就像青柠皮的味道；甜味大吉利则带有浓郁的朗姆酒香气，散发出浓郁的果香；而平衡大吉利则散发出新鲜青柠片的甜美香气。这些美妙的感官记忆非常适合在分析其他鸡尾酒时作为参考。

强劲和清淡

接下来，你将调制3种大吉利，体验不同酒精度如何影响鸡尾酒的风味。这3个示例通过增减朗姆酒的用量来调节鸡尾酒的酒精度，但其实你也可以通过使用不同酒精度的朗姆酒来调节鸡尾酒的酒精度：在不增加用量的情况下，使用高酒精度的朗姆酒，比如63%的乌雷叔侄朗姆酒（Wray & Nephew），会产生与增加朗姆酒用量相同的整体效果。

我们建议你在这项练习中吐掉品尝的鸡尾酒，以免喝醉。此外，我们不建议重复使用上次体验中调制的平衡大吉利，请重新调制一杯，以便适当地比较以下3种大吉利。

强劲大吉利

3 盎司白朗姆酒

1 盎司新鲜青柠汁

¾ 盎司单糖浆

平衡大吉利

2 盎司白朗姆酒

1 盎司新鲜青柠汁

¾ 盎司单糖浆

清淡大吉利

1 盎司白朗姆酒

1 盎司新鲜青柠汁

¾ 盎司单糖浆

将这3杯大吉利放在一起品尝时，你可能会注意到：强劲大吉利会冲击你的鼻子和舌头，几乎让你喘不过气来；而清淡大吉利则显得软弱无力，酒体单薄，呈现出柠檬汽水的味道。只有在平衡大吉利中，你才能感受到朗姆酒仍然处于主导地位，尽管受到青柠汁和单糖浆这些清爽成分的影响，三者之间的比例仍非常协调，极为接近2份烈（烈酒）：1份酸（青柠汁）：1份甜（单糖浆）这样的比例。

从中我们可以得到一些重要的经验。酒精度过高的烈酒具有强烈的刺激性，会让人喘不过气来，但使用得当的话，它也可以产生极具集中度的风味（想想之前练习中的梨子白兰地）。烈酒总是能赋予鸡尾酒酒体，或者说风味的饱满度，它是风味的基础，没有它，鸡尾酒就会失去复杂性。

操控风味：盐

在鸡尾酒中加盐现在变得越来越普遍。多年来，我们发现添加一两滴盐溶液对许多种类的鸡尾酒都会产生显著影响，就像盐有助于增强菜肴风味一样。请注意，这并不意味着鸡尾酒的味道会变咸，而是会增强某些味道，同时抑制其他味道。

在开始这项练习之前，请确保你已经准备好一些盐溶液（见第390页）。你会发现，这在平时调制鸡尾酒时可能会派上用场（下次你在调制内格罗尼鸡尾酒的时候加一滴盐溶液试试看，你不会失望的）。我们喜欢随时备一个小滴瓶。

平衡大吉利
2 盎司白朗姆酒
1 盎司新鲜青柠汁
¾ 盎司单糖浆

明亮大吉利
2 盎司白朗姆酒
1 盎司新鲜青柠汁
¾ 盎司单糖浆
2 滴盐溶液

海风大吉利
1 盎司白朗姆酒
1 盎司新鲜青柠汁
¾ 盎司单糖浆
1 茶匙盐溶液

你是否注意到平衡大吉利和明亮大吉利之间有什么不同？仅仅2滴盐溶液就能产生魔力——青柠味更加鲜明、突出，但鸡尾酒并没有变得更酸。随着盐溶液用量的增加，风味迅速改变。之前令人惊喜的明亮大吉利变成了海风大吉利，口感糟糕到令人难以忍受。在鸡尾酒中添加这么多盐会使整杯鸡尾酒风味失衡，难以入口。

在品尝时识别出"矿物质"特征，可以帮助我们分离出某种独特的风味轮廓，与甜味、酸味或酒精度不同，这种矿物质特征并不总是容易被觉察。某些加烈葡萄酒，如曼赞尼拉雪莉酒（Manzanilla Sherry），含有相对较高水平的矿物质风味和咸味。有些原料的矿物质味则更加微妙，比如芹菜茎，它们具有微妙的咸味。要留意那些具有天然咸味的食材，因为这些食材可以成为创作鸡尾酒的有力工具。

探寻复杂度：苦味

在这个阶段，你应该对平衡大吉利非常熟悉了。在这款鸡尾酒中，我们将逐渐添加一些苦味来看看它对鸡尾酒的影响。为此，我们使用了金巴利，一种苦甜交织的意大利利口酒。为了进一步探索苦味对鸡尾酒的影响，我们在平衡大吉利配方的基础上稍微减少了青柠汁的用量，从1盎司减少到¾盎司（青柠汁和金巴利并不总是那么相容）。注意：我们并不认为这些示例中的任何一款特别好喝，即使这些配方看上去如此平衡，但它们是有启发性的。你会注意到，随着金巴利用量的增加，朗姆酒的用量在减少，因为金巴利除了能增加苦味外，还能增加鸡尾酒的酒精含量，而我们希望成品鸡尾酒的酒精度相对一致（请参阅"强劲和清淡"部分的练习）。

只有一点点像大吉利

2 盎司白朗姆酒

¾ 盎司新鲜青柠汁

¾ 盎司单糖浆

1 茶匙金巴利

麻舌大吉利

1¾ 盎司白朗姆酒

¾ 盎司新鲜青柠汁

¾ 盎司单糖浆

½ 盎司金巴利

几乎就是葡萄柚汁的大吉利

1 盎司白朗姆酒

¾ 盎司新鲜青柠汁

¾ 盎司单糖浆

1 盎司金巴利

涩舌大吉利

¼ 盎司白朗姆酒

¾ 盎司新鲜青柠汁

¾ 盎司单糖浆

1½ 盎司金巴利

在品尝这4个版本的大吉利时，你可能注意到一种感觉在逐渐浮现。在"只有一点点像大吉利"中，你可以感觉到复杂度略微增加。随着金巴利的用量增加，这种复杂度开始带来一种尖锐感和对舌头的刺痛感。对金巴利不太熟

悉的人在这个阶段可能会感受到金巴利的苦味和草本药味。如果你没感受到的话，也不要灰心，请继续品尝。第3个版本中加入了1盎司金巴利，使得这杯鸡尾酒保持了一定程度的平衡感，但其整体风味依然被这种红色苦酒的辛辣味所掩盖。随着金巴利的用量达到1½盎司，最后这一杯鸡尾酒除了金巴利的"死忠爱好者"外，对其会所有人来说都是一种挑战。

在鸡尾酒世界，我们可以找到这整个谱系的鸡尾酒。复杂度较高的鸡尾酒喝起来几乎察觉不到苦味，比如牛头犬正面（Bulldog Front，见第212页）。而有些鸡尾酒，比如内格罗尼（见第338页），则在苦、烈和甜之间找到了平衡。最极端的例子则是一些苦到对一些人来说已经变得很难入口的鸡尾酒，比如拳师（Pugilist，见第307页）。

适应苦味食材需要时间，但当你找到享受它们的方法时，你将会开启一个崭新的风味世界。如果你喜欢红叶生菜沙拉，那是菜叶中的苦味赋予了这道菜复杂的层次感。如果你喜欢在鸡尾酒中加入葡萄柚汁，那是果汁的苦味与酸度和甜度的平衡使得鸡尾酒变得如此清新。然而，苦味是一种非常个人化的味道，因此能够识别不同层次的苦味（从微妙到过重），将帮助你选择自己的苦味之旅。

温度

在我们刚开始调制鸡尾酒时，我们的目标是尽可能让鸡尾酒冰一些。我们

尝试过用不同尺寸的冰块，为搅拌类鸡尾酒准备冰好的搅拌杯，还非常用力地摇制大吉利（到现在，我们的肩膀还感到有些酸痛）。诚然，常温的鸡尾酒通常会令人失望。如今，我们对温度有了更深入的了解：有时候，一杯冷洌的鸡尾酒正合适；也有时候，温度略高的鸡尾酒会让某些风味绽放。

为了探索温度对风味的影响，我们将调制3杯配方完全相同的平衡大吉利，并将它们分别以冷冻、常温和冰镇3种不同的温度呈现。

平衡大吉利

2 盎司白朗姆酒

1 盎司新鲜青柠汁

¾ 盎司单糖浆

冷冻大吉利

在品尝前至少3小时，将平衡大吉利调制好，像平常一样摇匀，然后倒入加大古典杯中。为了避免其他香气的干扰，用保鲜膜封住杯口，然后放入冰箱。在即将开始品尝之前，取出冷冻好的大吉利。这款大吉利应该已经有部分结冰了。用叉子刮掉顶部，将叉子插入鸡尾酒中，将鸡尾酒拨松成类似冰沙的质地，动作要快，以免鸡尾酒融化。然后，将鸡尾酒放回冰箱，等待品尝。在其他2款鸡尾酒都准备好后，取出冷冻大吉利，用勺子品尝。

常温大吉利

用摇酒壶调制平衡大吉利，加入1盎司常温水。不要在摇酒壶中加入冰块。摇晃20秒，然后倒入碟形杯中。

冰镇大吉利

在调制常温大吉利的同时，调制另一杯平衡大吉利：按照配方调制，加冰摇匀，然后倒入碟形杯中。

我们特别喜欢这堂课，因为它能够呈现出不受限制甚至有些胡来的鸡尾酒。当你品尝冷冻大吉利和冰镇大吉利时，你可能会注意到青柠的明亮感被淡化了，因为低温会麻痹味蕾。冷冻大吉利失去了一些集中度和复杂度（冷冻鸡尾酒通常会用浓烈的风味来盖过这种麻木感）。

常温大吉利是一杯风味严重失衡的鸡尾酒，青柠汁呈现出收敛感，而单糖浆和朗姆酒则呈现出甜腻的味道。虽然这样的酒永远都不应该被端给客人，但这样的情况并不罕见：一杯精心调制的鸡尾酒被放置一旁，几分钟后才送到客人面前，而此时酒的温度已经上升。在这种情况下，一杯原本适口的鸡尾酒的整体风味会受到影响。

当你品尝这3款鸡尾酒时，请注意冰镇大吉利在温度逐渐升高时的变化。在滤入酒杯后的第一时间，它尝起来明亮而清新，而随着温度的升高，其他的风味也会被唤醒——一杯鸡尾酒的平均赏味时间为10~15分钟（尽管我们非常喜欢大吉利，但对我们来说，它的赏味时间通常只有1~2分钟）。青柠味会逐渐浓郁，变得越来越麻舌。朗姆酒味和果味也会变得更加突出，如果用的是带有一些独特风味的朗姆酒，那么这种风味将变得越来越明显。

稀释度

水是几乎所有鸡尾酒的基础。虽然一些鲜为人知的鸡尾酒根本不需要稀释——这种风格被称为"斯卡法"（Scaffa），我们不太喜欢这类鸡尾酒——但几乎所有鸡尾酒中都会加入适量的水。最常见的方法是加入冰块后，通过搅拌或摇制使冰块融化，从而实现稀释，我们也会在批量预调的冷冻鸡尾酒（见第197页）、起泡鸡尾酒和生啤鸡尾酒中添加一定量的水。

这堂课将向你展示稀释的重要性。这涉及调酒技术，为了达到本课程的目的，我们将学习判断一杯鸡尾酒的稀释度是否理想，是否存在稀释不足或稀释过度的问题。

稀释不足的大吉利

2 盎司白朗姆酒
1 盎司新鲜青柠汁
¾ 盎司单糖浆

将所有原料倒入小玻璃瓶中，然后将瓶子放入冰水中，在冰水中加入一些盐，就像你在冰镇香槟一样。把它冰上 30 分钟左右。当准备好与其他鸡尾酒一起品尝时，从冰水中取出瓶子，用力摇晃之后将鸡尾酒直接倒入碟形杯中。

平衡大吉利

2 盎司白朗姆酒
1 盎司新鲜青柠汁
¾ 盎司单糖浆

将所有原料倒入搅拌杯中，加冰摇匀，然后双重滤入碟形杯。

过度稀释的大吉利

2 盎司白朗姆酒
1 盎司新鲜青柠汁
¾ 盎司单糖浆
1 盎司过滤水

将所有原料倒入搅拌杯中，加冰摇匀，然后双重滤入碟形杯。

让我们印象最为深刻的是，虽然这3款鸡尾酒的配方相同，但一点点水的添加就可以使它们的味道完全不同。你可能会注意到，稀释不足的大吉利味道紧凑且互相缠绕着，每种成分都很明显，但整体上缺乏和谐感。相反，过度稀释的大吉利则缺乏集中度，它尝起来，嗯，就和水一样。

通常，温度和稀释度是相辅相成的，但在这两节课中我们将它们分开讨论，希望你能看到它们各自是如何影响鸡尾酒风味的。在考虑如何供应一款鸡尾酒时，这将会很有用：如果鸡尾酒只需少量稀释，那就避免使用会化水太多、太快的冰块，比如小碎冰或者在常温下放置了很长时间的冰块。另外，如果配方中需要用到很多风味浓郁的原料，也许通过延长稀释时间，或者在鸡尾酒中加入冰块（随着时间的推移，冰块会化水，以起到稀释酒液的目的，比如在茱莉普鸡尾酒中加入碎冰），可以让这些风味以不同的方式呈现出来。

我们应该意识到，对于某些鸡尾酒，稀释是一个比较主观的选择，最明显的例子就是马天尼鸡尾酒：有些人喜欢从冰箱里取出一瓶金酒，然后直接倒入喷洒有味美思的酒杯中即可，完全不用稀释。每个人都可以有自己的喜好！

烈酒

我们在其他书中介绍了学习品鉴烈酒的传统方式：收集多种同类烈酒，并熟悉一些基础知识（产地、原料、蒸馏方法、陈酿时间），然后使用适当的方法去一一品尝它们。

尽管这有助于学习烈酒相关的基础知识，但它只是以一种孤立的方式来传授这些知识。虽然我们对高品质的烈酒有着狂热的追求，但归根结底，我们的主要关注点是理解它们在鸡尾酒中的作用。为此，我们开发了一系列体验，以帮助你了解每种烈酒对鸡尾酒的影响。参考第62～63页的内容，了解如何嗅闻和品尝烈酒，以及描述它们时常用的词语。

在我们的酒架上

清淡

坎特一号（Ketel One）

灰雁（Grey Goose）

三得利白（Suntory Haku）

绝对亦乐（Absolut Elyx）

圣乔治全能（St. George All-Purpose）

圣乔治柑橘（St. George Citrus）

克拉夫特普通柑橘阳光（Craft Method Citrus Reticulata var. Sunshine）

克拉夫特奔放柑橘（Craft Method Citrus Hystrix）

克拉夫特草本柑橘佛手（Craft Method Citrus Medica var. Sarcodactylis）

圣乔治绿辣椒（St. George Green Chile）

浓烈

烈酒概述
伏特加

原料

伏特加最常见的原料是谷物，如小麦、黑麦、大麦或玉米。较少见的原料包括草本植物（如甘蔗）、蔬菜、水果（如苹果、葡萄）或其他含糖物（如枫糖浆）。

产地

最初起源于俄罗斯和波兰。如今，全球各地都在生产伏特加。我们喜爱的一些品牌产自法国和美国。

类别

无添加风味伏特加： 中性口感、中性气味、晶莹剔透。原料经过发酵、蒸馏后得到高酒精度的酒液，通常需要加水稀释至40%的酒精度。高品质的伏特加会散发出微妙的谷物和柑橘味以及花香，口感中带有些许香料味、浓郁的谷物味和柑橘味。

调味伏特加： 在中性烈酒中，以浸泡、注入或渗漉等方式加入一种或多种人工风味提取物或天然风味提取物，以增加酒液的风味。虽然许多调味伏特加品质较差，但也有一些生产商采取了比较明智的做法，例如机库一号（Hangar One）和圣乔治。

在鸡尾酒中的运用

尽管伏特加的微妙风味常常被其他配料所掩盖（甚至在马天尼这种与其关联最紧密的鸡尾酒中），但我们经常使用这种烈酒来提升鸡尾酒的酒精度，延展其他基酒的口感，增强酒体，或是使鸡尾酒的口感更加柔和。

伏特加

我们欣赏伏特加纯净的口感和微妙的风味，这种淡雅的风味需要特别敏锐的味觉才能感受到。虽然鸡尾酒界人士历来将伏特加视为一种中性基酒，但我们并不应该忽视这种被误解、被低估的烈酒，而是应该庆幸我们能够理解不同的原料（无论是小麦、玉米还是黑麦等）给伏特加带来的细微差异足以改变鸡尾酒的风味。对我们来说，这些细微的差异就是掌握鸡尾酒调制的奥秘所在。

以伏特加作为基酒的鸡尾酒的问题在于，除了伏特加马天尼外，其他鸡尾酒几乎总是充斥着浓烈的味道，这使得一款伏特加与另一款伏特加之间的细微差别几乎无法辨别。因此，我们需要去掉这些成分，让伏特加微妙的风味显现出来。

在以下2个品鉴体验中，你将用到3种不同风格的伏特加：一种是由土豆制成的，如肖邦（Chopin）、卢克索瓦（Luksusowa）、伍迪溪（Woody Creek）、博伊德布莱尔（Boyd & Blair）或极具个性的卡尔森金牌（Karlsson's Gold）；一种是由小麦制成的，如绝对、绝对亦乐、灰雁或坎特一号；还有一种是由玉米制成的，如蒂托（Tito's）、深涡（Deep Eddy）、草原（Prairie）或水晶头（Crystal Head）。重要的是，不要预先冰冻伏特加。过低的温度会削弱烈酒的香气和味道。

品鉴一：伏特加苏打

虽然这听起来可能有些无聊，但简单地将一种烈酒与一些气泡水混合，能够带来两个重要的好处。第一，高酒精度的蒸馏烈酒在被无味的气泡水稀释后，能够释放其原本被锁住的风味，使你能更深入地品鉴这些风味。你可以尝试用气泡水来稀释多种伏特加，由于酒液已经被稀释，因此你不会摄入过多的酒精。第二，气泡水中的气泡增加了伏特加的香气，突显了不同风格伏特加之间的细微差异。

在这项体验中，我们将调制一款与我们在酒吧供应的伏特加苏打略微不同的版本：减少气泡水的用量，调整出最佳平衡度，尽可能展现出不同伏特加之间的差异。我们也不会将要品鉴的伏特加苏打中添加传统的柠檬或青柠装饰（我们将在下一项体验中探索伏特加与柑橘之间的关系）。

这是探索任何一种烈酒的好方法，对伏特加来说，这是我们所知道的最有效的探索方法之一，它可以激发出大多数人通常无法闻到或品尝到的微妙香气和风味。我们希望你能闻到和品尝到不同伏特加在香气和风味上的细微差异。在此过程中，你无须调制出一杯最棒的伏特加苏打，这里的目的是让你明白大多数初学者都感到困惑的问题：如果你深入挖掘，实际上可以辨别出以不同原料制成的伏特加在香气和风味上的微妙差异，并且从中了解到每种伏特加的特点。基于此，你可以用它们来创作层次更复杂的鸡尾酒。

品鉴二：伏特加酸酒

现在我们已经有了区分不同伏特加品质的坚实基础，我们可以看看这些香气和风味是如何与伏特加最常见的伴侣——柑橘类果汁（特别是新鲜柠檬汁）相互作用的。

正如之前提到的，伏特加风味的细微差异使其在与柑橘和单糖浆这样风味浓烈的成分混合时让人很难发现其中的差异，但我们希望你能注意到一些东西。对我们来说，这3种伏特加酸酒的区别不在于香气和风味，而在于口感：以土豆为原料的伏特加酸酒中有一种泥土般的气息；以小麦为原料的伏特加酸酒具有一种清凉感，它非常淡薄，但清爽而集中；以玉米为原料的伏特加酸酒口感则更加丰富，柠檬的甜味更加突出；以黑麦为原料的伏特加酸酒会释放出更多酸度，使鸡尾酒的层次更加丰富一些。

在选择伏特加调制鸡尾酒时，回想一下这项体验，这不仅可以让你确定什么风味的伏特加会与鸡尾酒的其他成分相融合，还可以确定你对鸡尾酒最终风味的偏好。虽然伏特加之间的差异微乎其微，但正是这些细微差异让一杯鸡尾酒从"还行"变得"好喝"。

品鉴一

伏特加苏打

2 盎司伏特加
3 盎司冰镇气泡水

品鉴物料

- 3种不同类型的伏特加、3个高球杯、冰镇气泡水、吧勺、冰块。

说明

- 将3种伏特加分别倒入3个高球杯中（暂时不加冰）。
- 闻一闻每种伏特加，注意它们之间的细微差异。
- 向每个高球杯中倒入3盎司冰镇气泡水，使用吧勺轻轻搅拌。
- 再次闻一闻这3杯酒。你之前辨别出的香气增强了吗？很可能它们现在变得更加浓郁了。
- 品尝每杯酒。你之前闻到的香气现在是否也同样在口腔中呈现？你可能需要多尝试几次才能发现更多的差异。
- 在每个高球杯中加入冰块，并轻轻搅拌。
- 再次品尝。你是否注意到那些微妙的味道现在有所减弱了？这就是液体（或食物）经过冰镇之后所产生的效果：味道和香气都会减弱。

品鉴二

伏特加酸酒

2 盎司伏特加
¾ 盎司新鲜柠檬汁
¾ 盎司单糖浆

品鉴物料

- 3种不同类型的伏特加、3套摇酒壶、量酒器、霍桑过滤器、3个鸡尾酒杯、冰块。

说明

- 将3种伏特加分别倒入3个摇酒壶中，并闻一闻，注意它们在香气上的细微差异。
- 将柠檬汁、单糖浆加入摇酒壶中。
- 加入冰块，密封，并依次摇匀每种鸡尾酒，每种摇10秒（不要立即过滤）。
- 将每种鸡尾酒再额外摇5秒，然后迅速滤入鸡尾酒杯。
- 闻一闻每种鸡尾酒。你能察觉到香气上的任何差异吗？然后品尝每种鸡尾酒，并进行类似的评估。

在我们的酒架上

原料

金酒的原料包括中性谷物烈酒、蒸馏水和草本植物（种类繁多，但通常有杜松子、杜松子油、葛缕子、橙皮、柠檬皮、茴香籽、肉桂、苦杏仁、芫荽籽、可可、当归根和鸢尾根）。赋予金酒植物风味的方法有2种。

调和金酒： 在蒸馏后添加天然香料或人工香料，这种方法一般用于生产廉价金酒。

蒸馏金酒： 在蒸馏过程中通过以下1种或2种方法添加香料——将植物原料浸泡在中性谷物烈酒中，然后重新蒸馏（浸泡液）；或者对原料和（或）中性谷物烈酒进行蒸馏，使蒸汽在蒸馏过程中通过装有草本原料的金属篮子，吸收风味后冷凝。

产地

金酒最初源自荷兰，现在世界各地都有生产。大多数主要的金酒品牌都来自英国，但如今美国也有越来越多的独立品牌涌现。

类别

普利茅斯： 一种温和、柑橘风味浓郁的金酒，类似于传统的伦敦干金酒，酒精度为41.2%，产自英格兰普利茅斯的一家酒厂。

伦敦干金酒： 一种浓烈、清爽、高酒精度、风味强烈的金酒，杜松子和柑橘风味突出，被广泛认为是所有其他金酒风格的基准。伦敦干金酒分为：温和版本（类似于普利茅斯），通常酒精度约为40%，口感轻盈；强劲版本（如添加利和必富达），酒精度更高，草本风味更浓郁。

现代金酒： 堪称金酒的"狂野西部"，这个类别包括任何风格以草本植物为原料蒸馏、不属于前述任何类别的金酒。大多数生产商会从经典金酒风格中汲取风味和（或）风格灵感，并通过添加传统金酒中此前从未添加过的植物原料或是去除某种植物原料，以及尝试使用不同的中性烈酒作为基酒进行调整，打造出不同风格的现代金酒。

老汤姆金酒： 伦敦干金酒的前身，杜松子味突出，拥有更丰富的口感和更甜美的风味特征。大多数经典鸡尾酒配方中提到的金酒实际上都是指老汤姆金酒。

荷兰金酒： 所有金酒的鼻祖，由荷兰人创造，最初是为了萃取出杜松子的风味，据说可以用来预防瘟疫（抱歉，这又让我们想起了曾经经历过的困难时期）。荷兰金酒以麦芽蒸馏酒为基酒，然后与草本植物一起再次蒸馏而成，其风味特征比其他所有风格的金酒更甜、更丰富。

在鸡尾酒中的运用

由于金酒的风味特征可能差异很大，我们在选择使用哪种风格甚至是具体哪种品牌的金酒来调制鸡尾酒时会非常谨慎。如果你需要替换所使用的金酒，请从同一类别中选择一款具有相似酒精度和风味特征的金酒。一般来说，酒精度较高的金酒会更加浓烈和辛辣，而酒精度较低的金酒则更具柑橘味和花香。

金酒

我们说到金酒时，通常指与伦敦干金酒风格相近的金酒，即类似于添加利和必富达这样传统风格的金酒。当然，杜松子永远是主要成分，但其他植物原料的结合所产生的风味远远超过了各种单一原料味道的简单叠加。在接下来的品鉴体验中，我们会品尝到一些口感较为温和的金酒，我们称之为温和型伦敦干金酒（如普利茅斯或福特），我们还会品尝到其他一些酒精度较高或口感更浓郁的金酒，我们称之为浓郁型伦敦干金酒（如必富达、添加利或哥顿）。

现在，市场上涌现出越来越多打破传统的金酒，我们称之为现代金酒（如飞行金酒或圣乔治所发布的不同酒款——植物者、干型黑麦和风土）。鉴于这个类别的多样性，我们不可能简单地将所有这些新型金酒都归为一类，但重点是，它们不仅口味与伦敦干金酒不同，它们的风味特征与其他配料的相互作用也是独特的。

为了更好地进行这些品鉴体验，请你从每个类别中各选择一款金酒，最好是福特、添加利和圣乔治风土。当然，选择其他金酒也行。

品鉴一： 汤姆柯林斯

柑橘和金酒是经典的搭配，而著名的汤姆柯林斯可能是最好的示例之一，它是一款简单的鸡尾酒，由金酒、柠檬汁、单糖浆和气泡水混合而成。在这款鸡尾酒中，金酒和柠檬汁如何融合是你需要关注的重点：通过一个不同版本的鸡尾酒，你会看到植物香料和酒精度是如何改变柠檬汁的风味和口感的，而气泡水的起泡作用则会让你体验到每种金酒所带来的独特香气。

我们喜欢这个体验的原因是，这3个版本无疑都很适口，但它们都各有特色，并且以各自独特的方式征服着我们的味蕾。用温和型伦敦干金酒（福特）调制的版本清新、爽口，给人一种可以轻松一饮而尽的感觉；用浓郁型伦敦干金酒（添加利）调制的版本则明显更加醇厚有力，金酒的个性得以显现，会让你在饮用时不由得放慢速度；用现代金酒（圣乔治风土）调制的版本走的也是清新路线，但其风味特征更为深入，能让人感受到其中蕴含的鲜香。

品鉴二： 内格罗尼

内格罗尼仅由3种成分——金酒、金巴利、甜味美思等比例混合而成，你可能会觉得调制一杯内格罗尼很难出错。除了精准的比例外，每种成分的选择对鸡尾酒整体风格的影响很大。在所有值得考量的因素之中，我们认为选择金酒至关重要。

在汤姆柯林斯的品鉴体验中，我们能认识到用不同风格的金酒所调制的鸡尾酒会有不同的表现，而内格罗尼的品鉴体验能够让我们认识到，金酒和其他两种成分是如何在某些时候发生冲突的——配方的构成极为关键。

在品尝这3个版本的内格罗尼时，我们发现自己更倾向于用经典的伦敦干金酒调制的版本，因为我们可以在口腔中感受到金酒带来的辛辣冲击。我们喜欢这种味道，而且我们发现浓郁型伦敦干金酒能够穿透金巴利和甜味美思，使内格罗尼的层次变得更加复杂，而温和型伦敦干金酒则没有这种效果。这两款内格罗尼都很好喝，但我们认为用浓郁型伦敦干金酒调制出的内格罗尼最为出色。

用现代金酒调制的内格罗尼不够协调且令人困惑，它过于醇厚且味道有些分散。这与现代金酒中其他成分的强烈风味有很大关系。金巴利和甜味美思既甜又苦，而且风味浓郁。我们认为，理想的内格罗尼应该突出这些特性但又不会显得一片混沌，然而使用个性鲜明的现代金酒来调制内格罗尼就像厨房里的厨师过多了一样。

也许我们对内格罗尼的评价与你的不符。没关系！如果你更喜欢用现代金酒调制的内格罗尼，那可能意味着你被那些浓烈的风味所吸引。又或者，你可能认为普利茅斯（或类似的金酒）的温和风味更理想。通过品鉴了解自己的喜好至关重要。

品鉴一

汤姆柯林斯

2 盎司金酒
1 盎司新鲜柠檬汁
¾ 盎司单糖浆
2 盎司冰镇气泡水

品鉴物料

- 3种不同的金酒、量酒器、3套摇酒壶、冰块、3个柯林斯杯、霍桑过滤器。

说明

- 将每种金酒分别倒入3个摇酒壶中，并闻一闻，注意它们香气上的差异。
- 将柠檬汁、单糖浆加入摇酒壶中。
- 加入冰块并密封摇酒壶。
- 在每个柯林斯杯中加入2盎司气泡水。
- 摇匀鸡尾酒，然后滤入加有气泡水的柯林斯杯中，加冰块并稍微搅拌一下。

品鉴二

内格罗尼

1 盎司金酒
1 盎司甜味美思，最好是好奇都灵味美思（Cocchi Vermouth di Torino）
1 盎司金巴利

品鉴物料

- 3种不同的金酒、量酒器、3个搅拌杯、冰块、3个古典杯、3块大方冰。

说明

- 将每种金酒分别倒入3个搅拌杯中，并闻一闻，注意它们香气上的差异。
- 将甜味美思、金巴利加入搅拌杯中。
- 在3个搅拌杯中分别加入冰块，各搅拌20秒。
- 将每款内格罗尼分别滤入装有一块大方冰的古典杯中。这个品鉴体验不需要添加额外的装饰。

这个课程将帮助你选择用于调制鸡尾酒的金酒，以及决定何时何地使用何种风格的金酒。一般来说，当其他成分不那么突出时，我们选择温和型伦敦干金酒，如普利茅斯。相反，当调制的鸡尾酒中含有风味较为强烈的成分时，如金巴利或阿玛罗，使用浓郁型伦敦干金酒通常会调制出层次更复杂的鸡尾酒。最后，如果金酒将是主角，比如说在马天尼中，那么现代金酒可能是一个绝佳的选择，可以让金酒本身的光芒不断闪耀。

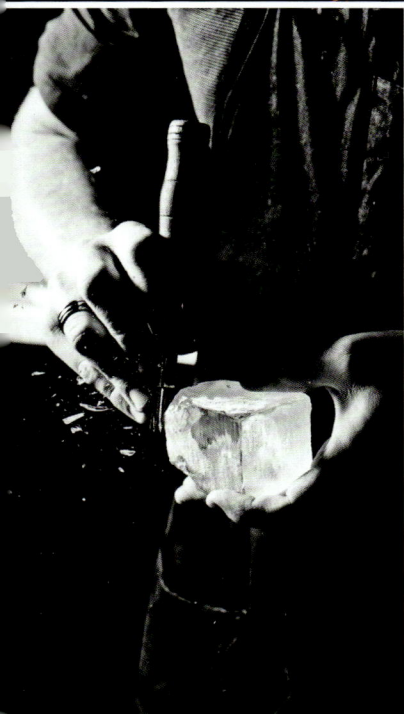

在我们的酒架上

席安布拉·瓦列斯银色特其拉（Siembra Valles Blanco）

福塔莱萨银色特其拉（Fortaleza Blanco）

卡斯卡温48普拉塔（Cascahuin 48 Plata）

奥美加阿特兹银色特其拉（Olmeca Altos Blanco）

西马隆银色特其拉（Cimarron Blanco）

田园8号银色特其拉（Tequila Ocho Blanco）

特索罗银色特其拉（EL Tesoro Blanco）

塔巴蒂奥银色特其拉（Tapatio Blanco）

席安布拉·阿祖尔银色特其拉（Siembra Azul Blanco）

西亚特·拉古阿斯银色特其拉（Siete Leguas Blanco）

烈酒概述
特其拉

原料

特其拉的原料是龙舌兰（百合科的多肉植物，并非仙人掌！）。将龙舌兰烹熟后切碎，再榨取其汁液以备发酵。烹熟的方式有两种，可以在不锈钢压力锅中蒸煮龙舌兰芯，也可以在中性黏土烤窑中烘烤龙舌兰芯。通常来说，在不锈钢容器中蒸煮被认为是更为工业化的生产流程，最后蒸馏出的特其拉口味较淡，而在黏土烤窑中烘烤则能让特其拉的风味更丰富、更有个性。

产地

特其拉是指在墨西哥哈利斯科州、纳亚里特州、米却肯州、瓜纳华托州和塔毛利帕斯州的政府指定区域内生产的龙舌兰酒，这些产区覆盖了超过2600万英亩[①]的土地。其中，98%的特其拉产自哈利斯科州的高地和峡谷，海拔高度为800~2300米。

类别

100%特其拉： 完全由蓝色龙舌兰制成，允许添加不超过2%的糖分，并经过2次蒸馏。我们酒吧只使用这种特其拉。

调和特其拉： 至少含有51%的由蓝色龙舌兰蒸馏而成的酒液，以及至多49%的由非龙舌兰蒸馏而成的酒液。调和特其拉被认为是这2种特其拉中质量较低的一种。

陈酿

银色： 不经陈酿，尽管有时会在中性贮藏罐中陈化多达60天。

金色： 在橡木桶中陈酿60天至11个月，再加30天的额外熟成。

陈酿： 在容量不超过600升的橡木桶中陈酿1年至2年，再加364天的额外熟成。

特级陈酿： 在小型橡木桶中陈酿3年或更长时间。

---

① 1 英亩 ≈ 0.4 公顷。——译注

在鸡尾酒中的运用

在选择用于调制鸡尾酒的特其拉时，我们通常会先考虑其陈酿时间。银色特其拉风格最轻盈，非常适合清爽、柑橘风格的鸡尾酒。金色特其拉极富多样性，既可以用于调制清爽、柑橘风格的鸡尾酒，又可以用于调制较为浓烈的鸡尾酒。陈酿特其拉具有明显的橡木陈酿风味，在曼哈顿鸡尾酒的各种变体中表现出色。

品鉴体验
特其拉

优质的特其拉价格昂贵，而陈酿时间较长的酒款往往比未陈酿或是陈酿时间较短的酒款更昂贵。不要误会，我们很愿意加入陈酿特其拉以增加鸡尾酒的复杂性——在"护身符"（Talisman，见第255页）这款鸡尾酒中我们也确实这样做了——但这样做成本很难控制。我们这次品鉴的是2款银色特其拉和1款金色特其拉。我们希望前2款酒能让你了解产自同一地区的银色特其拉风味的多样性，这也向我们展示了生长较为缓慢的龙舌兰在最终的酒体中如何彰显其独特性。每一种特其拉都以不同的方式为鸡尾酒增添风味。尽管如此，这两处地理标志产区并不代表特其拉的全部范围。即使在哈利斯科州，这种产区界限也很快就变得模糊了，因为许多酒厂都从该地区的各个地方采购龙舌兰原料。在这次品鉴体验中，我们使用"高地"和"峡谷"作为更具代表性的风味特征：高地特其拉往往具有更明亮的香气和更浓郁的胡椒味，而峡谷特其拉则具有更丰富的果味，以及香草般的气息。

在选择高地特其拉时，我们建议选择来自备受推崇的拉阿尔特纳（La Alteña）酒厂的产品：田园8号银色特其拉、特索罗银色特其拉和塔巴蒂奥银色特其拉。其他被广泛使用的高地特其拉包括卡斯卡温48普拉塔和卡莱23（Calle23）。关于峡谷特其拉，请选择席安布拉·瓦列斯和福塔莱萨等品牌。

关于金色特其拉，我们建议购买你所选择的任一款银色特其拉的陈酿版本，无论是高地的还是峡谷的。这将让你更好地了解特其拉陈酿如何影响同一种风格的鸡尾酒。我们非常喜欢来自高地的特索罗金色特其拉（El Tesoro Reposado Tequila）和西亚特·拉古阿斯金色特其拉（Siete Leguas Reposado Tequila），还有来自低地的福塔莱萨金色特其拉（Fortaleza Reposado tequila）。

品鉴一：玛格丽特

让我们达成一项共识：无论你选择哪种特其拉，所调制出的玛格丽特都一如既往地适口。玛格丽特不仅是世界上最受欢迎的鸡尾酒之一，如果调制得当的话，它还是一个探索特其拉固有特性的绝佳平台。

然而，这3个版本的玛格丽特之间存在着一些显而易见且具有启发性的差异，这些差异可能符合你的个人喜好，也可能成为你考虑调制各种复杂程度的玛格丽特变体时的出发点。对我们来说，用高地特其拉调制的玛格丽特非常解渴，是炎热午后的完美鸡尾酒，高地特其拉的尖锐特性提升了青柠汁的酸度。用峡谷特其拉调制的玛格丽特多汁且丰满，激发了君度酒中的甜橙风味。而用金色特其拉调制的玛格丽特则更加质朴、风味更深邃。虽然我们不会拒绝这3个版本中的任何一个，但以银色特其拉为基酒的玛格丽特更鲜明，更具集中度，这才是玛格丽特鸡尾酒的本质所在。

品鉴二：拉·罗西塔

这款鸡尾酒相当于特其拉版本的内格罗尼。尽管金酒和特其拉在风味上有很大不同，但它们在调制鸡尾酒时有一些共同点：金酒中的草本植物成分与特其拉尖锐的草本植物风味有着异曲同工之妙。你有没有自己喜欢的金酒鸡尾酒？可以尝试用特其拉来替代金酒，它可能不是那么完美，但可能比你想象的要好。尽管特其拉最常用于调制清爽的鸡尾酒，比如玛格丽特，但它也可以成为烈性鸡尾酒中的多面手。拉·罗西塔（La Rosita）是对内格罗尼的一种改编，是一款浑厚、丰富、带着苦涩的鸡尾酒。在这款鸡尾酒中，我们希望你能了解，用特其拉代替金酒这种意想不到的基酒替代方式，是如何让特其拉与浓烈、苦涩的味道相得益彰的。

虽然我们喜欢银色特其拉的纯粹——它充分展现了龙舌兰这种植物的独特之美，有着极为纯粹的风味表达——但在金巴利这样带有浓烈风味的成分的影响下，特其拉独特的个性被淡化。对我们来说，高地特其拉在这款酒里表现得更好，但用这2种银色特其拉调制的版本还不是这款鸡尾酒的最佳代表。金色特其拉（带有木质香料的调性）与金巴利的搭配非常出色，它能够与金巴利苦涩的味道相抗衡，使酒体更加融合。

品鉴一

玛格丽特

2 盎司特其拉

¾ 盎司君度酒

¾ 盎司新鲜青柠汁

¼ 盎司单糖浆

品鉴物料

- 3种不同的特其拉、量酒器、3套摇酒壶、冰块、霍桑过滤器、3个古典杯。

说明

- 将3种特其拉分别倒入3个摇酒壶中，并闻一闻，注意它们香气上的差异。
- 将君度酒、青柠汁、单糖浆加入摇酒壶中。
- 加入冰块，盖好摇酒壶，各摇制10秒，然后滤入冰好的古典杯。

品鉴二

拉·罗西塔

1½ 盎司特其拉

½ 盎司金巴利

½ 盎司甜味美思，最好是好奇都灵味美思

½ 盎司干味美思，最好是杜凌干味美思

1 滴安高天娜苦精

装饰：1 个柠檬皮卷和 1 个橙皮卷

品鉴物料

- 3种不同的特其拉、量酒器、3个搅拌杯、吧勺、3个古典杯、3块大方冰。

说明

- 将3种特其拉分别倒入3个搅拌杯中，并闻一闻，注意它们香气上的差异。
- 将金巴利、甜味美思、干味美思、安高天娜苦精分别加入每个搅拌杯中。
- 在搅拌杯中加入冰块。
- 准备柠檬皮卷和橙皮卷，放在一旁备用。
- 插入吧勺，从左到右依次搅拌鸡尾酒，每个搅拌杯搅拌5秒，重复此操作2次。
- 将每种鸡尾酒分别倒入3个古典杯中。
- 暂时不要装饰鸡尾酒，先闻一闻并尝一尝每种鸡尾酒，注意这3个版本之间的差异。
- 在每种鸡尾酒上方挤出柠檬皮卷的皮油，然后将其放入鸡尾酒中。再次闻一闻并尝一尝每种鸡尾酒。然后，用橙皮卷重复此操作。

在我们的酒架上

梅斯卡尔

原料

特其拉只能由一种龙舌兰属植物酿成，但梅斯卡尔可以由任何野生或栽培的龙舌兰属植物为原料酿造。埃斯帕迪（Espadín）是酿造梅斯卡尔最常用的龙舌兰属植物。在酿造特其拉前，必须将龙舌兰芯蒸煮糖化后切碎，再榨取其汁液进行发酵。而酿造梅斯卡尔前，则必须将龙舌兰芯放在填满烤热的石头的坑洞中进行糖化，龙舌兰芯应放在里面焖烤几天甚至几周。

产地

传统上，梅斯卡尔产自墨西哥中南部地区的5个州：瓦哈卡州、杜兰戈州、圣路易斯波托西州、格雷罗州和萨卡特卡斯州。

类别

梅斯卡尔的类型与用于酿造它的龙舌兰品种有关，值得关注的类型包括但不限于：埃斯帕迪、毛巴拉（Tobalá）、巴里尔（Barril）和库普雷阿塔（Cupreata）。

陈酿

银色：不经陈酿，但有时会在中性容器罐中静置多达60天。

金色：在橡木桶中陈酿2~11个月，再加30天的额外熟成。

陈酿：在容量不超过200升的橡木桶中陈酿至少一年。

在鸡尾酒中的运用

我们喜爱并经常在鸡尾酒中使用的梅斯卡尔是手工酿造的产品，每种梅斯卡尔都有其独特的风味特征。但总的来说，梅斯卡尔会为鸡尾酒增添烟熏味、咸味和草本味的特征，通常与其他基酒共同使用，以避免过于影响鸡尾酒的风味。虽然也有陈酿的梅斯卡尔，但我们几乎总是在鸡尾酒中使用未经陈酿的梅斯卡尔。这在一定程度上出于成本的考虑，但更重要的是，未经陈酿的梅斯卡尔最能表现出龙舌兰植物的风土个性。

梅斯卡尔

梅斯卡尔是一种受风土影响极大的烈酒，人们很难对它进行简单的分类。它的风味源自龙舌兰生长的土壤、所在地区的海拔、龙舌兰生长成熟过程中历年的气候影响，以及周围生态系统的植物群。用于酿造梅斯卡尔的龙舌兰品种也各不相同，从罕见的野生品种到庞大的人工栽培品种，不一而足。此外，不同的发酵风格和时长、不同的酵母菌、不同的蒸馏技术和不同的酿酒大师，这些细微之处都会让梅斯卡尔的风格产生极大的变化。

由于如此多样化，人们很难对梅斯卡尔进行简单的分类。为了更容易理解，我们将重点放在酿造梅斯卡尔最常用的龙舌兰品种——埃斯帕迪上，以展示用相同的龙舌兰品种制成的梅斯卡尔如何在最终调制的鸡尾酒中以极为不同的方式呈现。尽管我们会指定具体的酒款，但我们最终的目标是进行对比；无论你选择哪3种梅斯卡尔进行体验，请确保它们来自不同的生产商、地区和海拔高度。如果你所在地区有供应商的话，我们建议用以下品种进行品鉴：德玛盖圣多明各阿尔巴拉达斯、马尔比恩埃斯帕迪、瓦戈埃斯帕迪（Mezcal Vago Espadín）。

品鉴一： 帕洛玛

尽管玛格丽特是大多数人在谈到龙舌兰酒时首先会想到的鸡尾酒，但帕洛玛（Paloma）在墨西哥更为常见。这是一款由葡萄柚汽水和特其拉调制而成的高球鸡尾酒，简单易饮。这款酒若用梅斯卡尔来调制的话更为适合。

第一口尝试时，你应该能够注意到不同梅斯卡尔与葡萄柚汽水相互作用的明显差异。用德玛盖圣多明各阿尔巴拉达斯调制的帕洛玛突出了葡萄柚的果味，将其清爽的苦味拉到口腔前端，同时梅斯卡尔中的热带水果风味也被放大了。用马尔比恩埃斯帕迪调制的帕洛玛则更多地展现了葡萄柚的果皮味和苦味，最终以烘烤的、鲜美的甜味收尾。用瓦戈埃斯帕迪调制的鸡尾酒可能是这3个版本中最独特的，这款梅斯卡尔的酒精度超过50%，能够穿透葡萄柚汽水的甜味，散发出花香。这款鸡尾酒弥漫着薰衣草香气和玫瑰花香，展现了较高酒精度的梅斯卡尔如何在鸡尾酒中绽放出更多香气。

品鉴二： 马天尼

尽管传统上马天尼是用金酒调制的，但这种鸡尾酒的配方非常灵活，其他透明烈酒都能作为基酒。花香、果味和矿物质味道，这些是金酒和龙舌兰酒共有的风味特征，所以龙舌兰酒能够和味美思结合在一起并不奇怪。

为了更好地与梅斯卡尔的特征相匹配，我们对标准的干马天尼配方进行了调整。梅斯卡尔的力量感有时会掩盖干味美思的细腻口感。而白味美思则与梅斯卡尔搭配得更好：白味美思额外的甜味有助于突显梅斯卡尔那种成熟龙舌兰植物的风味。此外，为了给味美思的风味提供更多表达空间，我们倾向于将梅斯卡尔与白味美思等比例调制，这会稍微降低梅斯卡尔的酒精度，但会加强烈酒与增味成分之间的协同作用。

用德玛盖圣多明各阿尔巴拉达斯调制的马天尼，其菠萝味在杯中跃然而出，同时伴随着一丝烟熏味，这些风味在白味美思的香甜基调上得到了增强。用马尔比恩埃斯帕迪调制的马天尼中有着和其在帕洛玛中一样的鲜美味道，带有玉米和皮革的风味。而以瓦戈埃斯帕迪为基酒的马天尼则充满了明显的烟熏味，这款基酒更高的酒精度使这个版本的鸡尾酒散发出浓郁的香气。

此外，马天尼非常适合用来探索装饰（柑橘皮、橄榄、腌洋葱等）如何放大或改变鸡尾酒的味道。在第一杯马天尼（以德玛盖圣多明各阿尔巴拉达斯为基酒）中，我们可能会选择经典的柠檬皮作为装饰。马尔比恩埃斯帕迪调制的马天尼口感鲜美，非常适合用咸味的腌洋葱作为装饰。而瓦戈埃斯帕迪调制的马天尼具有芬芳的花香，若想将这种味道进一步释放出来，也许可以用葡萄柚皮作为装饰。

品鉴一

帕洛玛

1½ 盎司梅斯卡尔

6 盎司葡萄柚汽水

品鉴物料

- 3种不同的梅斯卡尔、量酒器、3个柯林斯杯、冰块、吧勺。

说明

- 将3种梅斯卡尔分别倒入3个柯林斯杯中，闻一闻，并注意它们香气上的差异。
- 向每个柯林斯杯中加入葡萄柚汽水。
- 加入冰块，轻轻搅拌。
- 嗅闻并品尝每种鸡尾酒。

品鉴二

马天尼

1½ 盎司梅斯卡尔

1½ 盎司杜凌白味美思
（Dolin Blanc
Vermouth）

装饰：1 个柠檬皮卷、
1 个葡萄柚皮卷、
1 个腌洋葱（可选）

品鉴物料

- 3种不同的梅斯卡尔、量酒器、3个搅拌杯、冰块、吧勺、茱莉普过滤器、3个鸡尾酒杯。

说明

- 将每种梅斯卡尔分别倒入3个搅拌杯中并闻一闻，注意它们香气上的差异。
- 将白味美思加入搅拌杯中。加入冰块，搅拌至酒液冷却且充分稀释。
- 将每种鸡尾酒分别滤入3个鸡尾酒杯中，加装饰。

卡莎萨

  巴西拥有自己独特的传统甘蔗烈酒，叫作卡莎萨（Cachaça）。卡莎萨是将新鲜甘蔗汁经一次蒸馏而成的烈酒。一些生产商偏爱使用柱式蒸馏器以提高生产效率或者获得更清新的风味，而其他生产商则使用传统的阿兰比克蒸馏器（Alembics）以增加酒液的层次和深度。卡莎萨的独特个性便由此而来。由于只经过一次蒸馏（卡莎萨不像朗姆酒那样会采取多次蒸馏的方式），卡莎萨的个性显得狂野而又独特，拥有类似于法式朗姆酒的青草气息，但又没那么强烈。在调酒中使用卡莎萨时，我们倾向于选择未陈酿的酒款，比如阿瓦普拉塔（Avuá Prata）、诺沃佛哥银色卡莎萨（Novo Fogo Silver Cachaça）或亚瓜拉金色卡莎萨（Yaguara Ouro）。

  传统上，卡莎萨要在由当地木材制成的独特的木桶中陈酿，每种木桶都赋予了卡莎萨与橡木桶陈酿不同的独特风味。例如，阿瓦普拉塔——在由安布拉纳（Amburana）的树木制成的木桶中陈酿——有一种辛辣、肉桂般的味道。阿瓦还生产了一款在法国橡木桶中陈酿的卡莎萨，以及用其他稀有木桶陈酿的限量酒款：巴尔萨莫（Bálsamo）、热奎蒂巴罗萨（Jequitibá Rosa）、塔皮尼奥亚（Tapinhoa）。同样，诺沃佛哥也拥有一系列值得探索的陈酿卡莎萨：1年和2年的美国橡木桶陈酿，以及来自不同木桶的调和酒款，如由美国橡木桶与巴西当地斑马木桶（或坚果木桶、柚木桶）陈酿的酒液调和而成的卡莎萨。这两家生产商（以及其他生产商）的陈酿酒款都具有独特的风味，超越了卡莎萨基础的果香调性。因此，我们倾向于将卡莎萨用作点缀，它既能提升鸡尾酒的酒精度，又能增添鸡尾酒的风味，而且它同银色特其拉组合在一起会成就别样的风味，如"双人跳伞"（Tandem Jump，见第230页）。卡莎萨和草莓浸泡金酒搭档，也能给鸡尾酒增添活力，如"月亮河"（Moon River，见第223页）。除此之外，卡莎萨还能烘托出陈酿白兰地的风味，如"中队"（Escadrille，见第238页），或者为极具异域气息的朗姆酒增光添彩，如"钻石抢劫案"（Diamond Heist，见第267页）。

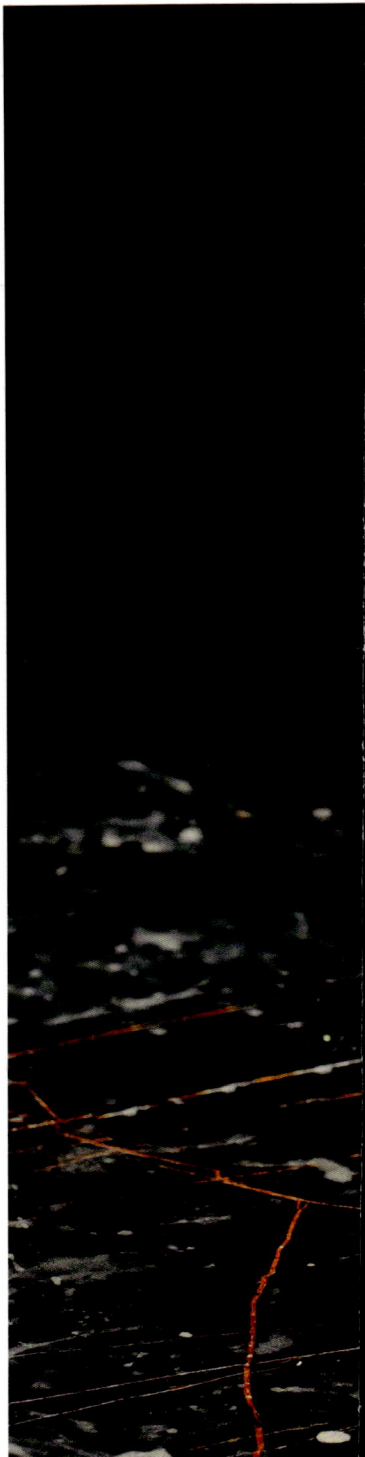

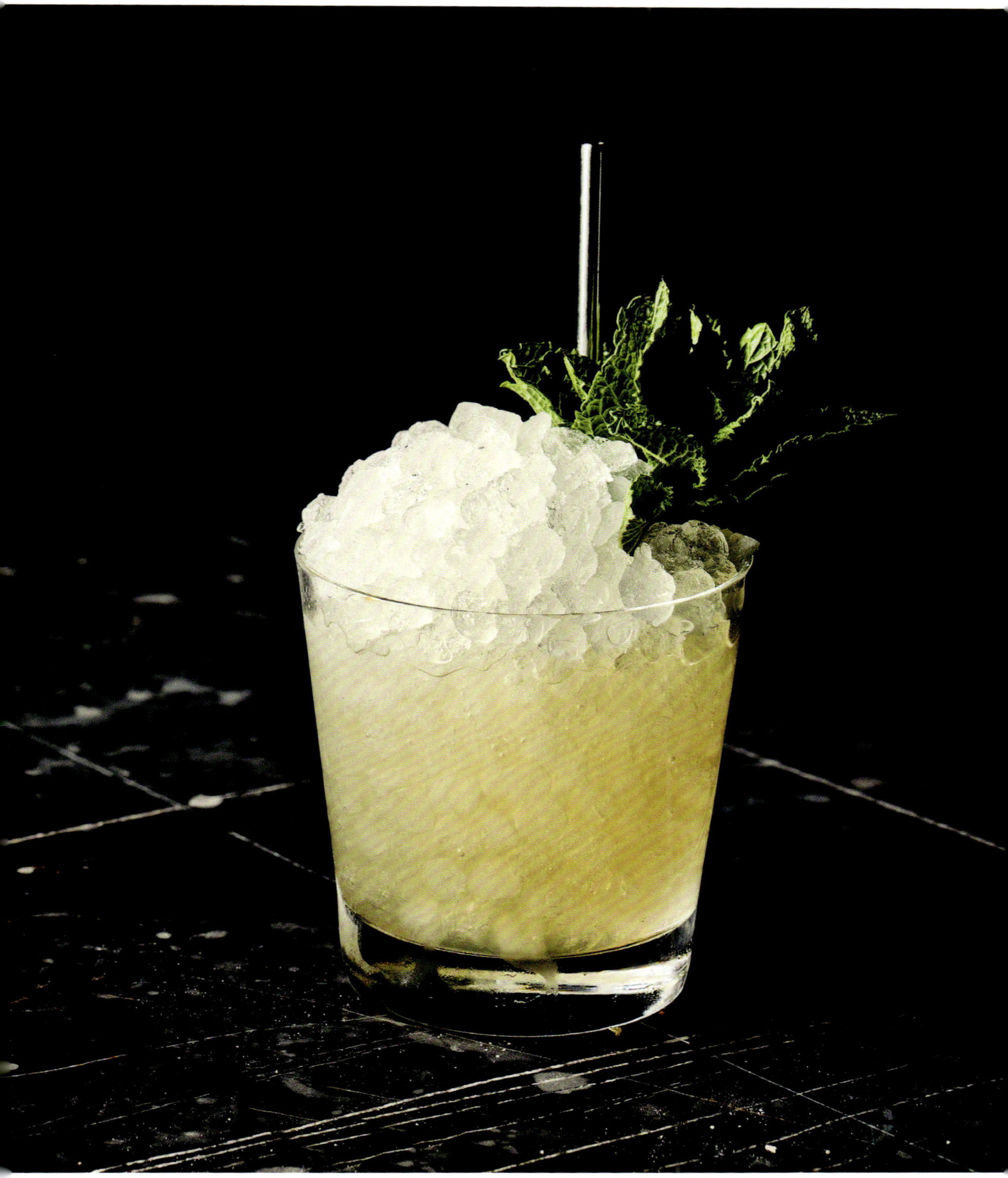

在我们的酒架上

清淡

杜兰朵3年（El Dorado 3-year）

诚挚白朗姆酒（Probitas White）

圣特蕾莎1796（Santa Teresa 1796）

隆德巴里利托三星朗姆酒（Ron del Barilltio 3-star）

克鲁赞黑糖蜜朗姆酒（Cruzan Black Strap）

阿瓦普拉塔卡莎萨（Avua Prata Cachaça）

嘉冕农业白朗姆酒（Rhum JM Blanc）

阿普尔顿庄园经典调和型朗姆酒（Appleton Estate Signature Blend）

乌雷叔侄朗姆酒（Wray & Nephew）

汉普顿庄园纯单一朗姆酒（Hampden Estate Pure Single）

浓烈

原料

原料从新鲜压榨的甘蔗汁到糖蜜，不一而足，通常为砂糖的副产品。

产地

朗姆酒主要产自加勒比地区，但世界其他地方也出产品质极好的朗姆酒，包括澳大利亚、英国、美国以及亚洲的一些地区。

类别

西班牙式朗姆酒：一种较轻盈的风格，通常以糖蜜为原料蒸馏而成，并经过过滤以去除糖蜜蒸馏酒所具有的强烈风味。波多黎各、古巴、多米尼加共和国、委内瑞拉、危地马拉、尼加拉瓜、巴拿马、哥伦比亚、哥斯达黎加和厄瓜多尔等地生产的许多朗姆酒都属于这种风格。

英式朗姆酒：一种风格更浓郁的朗姆酒，通常也是以糖蜜为原料蒸馏而成的。在加勒比地区和英国占据主流地位。

牙买加朗姆酒：也称"海军朗姆酒"。牙买加朗姆酒总是使用壶式蒸馏器进行蒸馏，这赋予其丰富的口感和独特的复杂风味。

法式朗姆酒：也称"农业朗姆酒"。法式朗姆酒是由新鲜压榨的甘蔗汁（而不是砂糖精炼过程中产生的副产品——糖蜜）蒸馏而成的，这赋予其鲜明的草本和泥土风味。法式朗姆酒主要产于加勒比地区，尤其是马提尼克岛。除此之外，海地也以生产法式朗姆酒而著称，无论是清新版本还是浓郁的克莱林（Clairin）朗姆酒，一应俱全。

陈酿

尽管市面上大多数的朗姆酒是白色朗姆酒（有些是未经陈酿的，有些是陈酿后经过深度过滤以去除色泽的），但陈酿朗姆酒的世界是广阔而多样的。生产商会采用各种风格的陈酿技术，如使用法国橡木桶或美国橡木桶陈酿、索莱拉陈酿法（Solera Aging）等，他们还经常使用多种方法来打造复杂的陈酿朗姆酒。与其他烈酒一样，利用橡木桶陈酿可以让朗姆酒的风味变得更浓郁并改变酒液的色泽。

在鸡尾酒中的运用

在为调制鸡尾酒选择朗姆酒时，我们通常从确定特定风格的朗姆酒（西班牙风格、英式风格、牙买加风格和法式风格）入手，考虑哪种风味特征与将要调制的鸡尾酒的其他原料最为搭配。除非是明确要求使用陈酿朗姆酒的鸡尾酒（例如，曼哈顿或老式鸡尾酒的变体），否则我们一般会选用未经陈酿的朗姆酒，只有在需要增添额外的复杂风味时，才会加入陈酿朗姆酒。

朗姆酒

一瓶朗姆酒是一种风格的体现。它可能是经过陈酿的或未经陈酿的，清淡的或有独特风味的，草本的或奶油味的。由于朗姆酒种类繁多，因此我们看到一些配方中简单地写着"朗姆酒"时会感到困惑，这远远不够具体。

在接下来的体验中，我们既想让你看到朗姆酒的多样性，又想向你展示不同风格的朗姆酒如何适用于不同场景。我们可以使用任何种类的朗姆酒，每一种都经过不同程度的橡木桶陈酿，但在这次品鉴中，我们将专注于常见的西班牙式朗姆酒，探索其不同陈酿年份的酒款：首先是白朗姆酒，如甘蔗花4年白朗姆酒（Flor de Caña 4-year Blanco）、蔗园三星或百加得白朗姆酒（Bacardi White）；然后是陈酿朗姆酒，如甘蔗花7年（Flor de Caña 7-year Blanco）、外交官珍藏（Diplomático Reserva）、圣特蕾莎1796或萨卡帕23（Ron Zacapa 23）。我们的目的是将白朗姆酒（无论是未经陈酿还是陈酿后去除了色泽的）与在橡木桶中经过充分陈酿已发展出更丰富风味的朗姆酒进行对比。除此之外，我们还将增加第3种风格：由新鲜甘蔗汁酿成的法式朗姆酒。它独特而浓郁的草本风味十分突出，适量使用可以为鸡尾酒增添极致风味。如果你想再增加一种朗姆酒的话，可以尝试加入一种牙买加朗姆酒。

品鉴一： 莫吉托

我们从未遇到过不喜欢的莫吉托，这次品鉴也不例外。用西班牙风格的白朗姆酒调制的莫吉托正是我们夏日里渴望的莫吉托，这是一款会在几分钟内喝完的鸡尾酒。这款鸡尾酒的重点实际上是青柠和薄荷，而朗姆酒则更多地起到了基底的作用。虽然它轻微的草本风味可被人察觉，但西班牙式朗姆酒给它带来了丰富的层次，让青柠和薄荷的清新能够充分展现出来。

陈酿朗姆酒的木质调性并没有破坏莫吉托的整体风味，但它确实改变了鸡尾酒的重心，从青柠和薄荷的清新转向了朗姆酒的浓郁感。这款鸡尾酒仍然令人耳目一新，但它的风味更加复杂。经过橡木桶陈年的陈酿朗姆酒为这款鸡尾酒增添了额外的风味。

用法式朗姆酒调制的莫吉托就有些相形见绌了。它虽然也能入口，但整体不太平衡。虽然法式朗姆酒的独特草本风味与青柠和薄荷相当契合，但它确实也让这两者的风味显得不那么突出。

通过这一堂课，我们希望你能体验到朗姆酒的陈酿程度和复杂度在它与其他风味成分互动时的显著影响。当一款鸡尾酒的重心在于新鲜草本风味时，我们更倾向于选择较清淡的朗姆酒；当一款鸡尾酒需要变得稍微浓郁一些或包含一些风味强烈的成分时，我们可能会选择陈酿朗姆酒。

品鉴二： 迈泰鸡尾酒

如果你发现自己反复回味用法式朗姆酒调制的莫吉托——无论你是喜欢它的风味还是只是出于好奇——那你并非个例。法式朗姆酒是迷人的：单独饮用时，它炽烈、奔放，可能有些令人难以接受，但在鸡尾酒中，它的活力会通过复杂的草本风味和独特的香气展现出来。

展示一款极具个性的朗姆酒的一种方法，是将它与较柔和的朗姆酒混合，以形成新的风味特征。在热带鸡尾酒中，这种混合多种朗姆酒的做法比较常见。在这款鸡尾酒中，我们将探索如何以不同方式混合朗姆酒使经典的迈泰鸡尾酒呈现出不同的风味。

我们希望每一个版本的迈泰鸡尾酒都能向你展示不同风格的朗姆酒以不同比例混合时是如何影响鸡尾酒风味的。例如，第一个版本保持了经典迈泰鸡尾酒清新、集中的特点，但增加了一些丰富感和独特的复杂度——陈酿朗姆酒和法式朗姆酒增强了这些风味，而不是占据主导地位。第二款迈泰鸡尾酒则颇具厚重感，法式朗姆酒的味道突显了陈酿朗姆酒的特性，而西班牙式白朗姆酒则恰如其分地让这些风味变得更绵长，使橙花糖浆的杏仁和橙子味得以显现。最后一款迈泰鸡尾酒则以独特的方式大获成功：法式朗姆酒带有强烈的草本味道，陈酿朗姆酒则起到了类似于苦精的作用，提升了鸡尾酒的口感，而白朗姆酒则使法式朗姆酒的味道变得更绵长，也使得鸡尾酒的风味更加复杂。

品鉴一

莫吉托

2 盎司朗姆酒

薄荷叶和薄荷枝

¾ 盎司单糖浆

1 盎司新鲜青柠汁

品鉴物料

- 3种不同的朗姆酒、量酒器、3个两段式摇酒壶、捣棒、碎冰、3个加大古典杯、吧勺、吸管。

说明

- 将3种朗姆酒分别倒入3个摇酒壶中，闻一闻，注意它们香气上的差异。
- 将薄荷叶均等地放入各个摇酒壶中，然后加入单糖浆。使用捣棒轻轻按压摇酒壶中的薄荷叶，不要将薄荷叶捣碎或磨碎。
- 加入青柠汁。
- 向每个摇酒壶中加入约5块碎冰，密封并摇动摇酒壶，直到听不到碎冰撞击的声音。
- 打开摇酒壶，将鸡尾酒倒入加大古典杯中。使用吧勺将黏在摇酒壶内壁的薄荷叶刮入杯中。
- 在加大古典杯中加入碎冰，然后给每杯鸡尾酒装饰两小枝薄荷并插上吸管。

品鉴二

迈泰鸡尾酒 1

1¼ 盎司西班牙式白朗姆酒

½ 盎司西班牙式陈酿朗姆酒

¼ 盎司法式白朗姆酒

迈泰鸡尾酒 2

½ 盎司西班牙式白朗姆酒

1¼ 盎司西班牙式陈酿朗姆酒

¼ 盎司法式白朗姆酒

迈泰鸡尾酒 3

½ 盎司西班牙式白朗姆酒

¼ 盎司西班牙式陈酿朗姆酒

1¼ 盎司法式白朗姆酒

品鉴物料

- 3种不同的朗姆酒（如左侧所述）、量酒器、薄荷叶和薄荷枝、捣棒、3个两段式摇酒壶、碎冰、3个加大古典杯，以及每杯鸡尾酒需要2盎司单糖浆、1盎司新鲜青柠汁、¾盎司杏仁糖浆和3滴安高天娜苦精。

说明

- 根据配方，将3种朗姆酒分别倒入3个摇酒壶中，闻一闻，注意它们香气上的差异。
- 将薄荷叶均等地放入各个摇酒壶中。
- 加入杏仁糖浆和单糖浆。使用捣棒轻轻按压摇酒壶中的薄荷叶，不要将薄荷叶捣碎或磨碎。加入青柠汁和安高天娜苦精。
- 每个摇酒壶中加入约5块碎冰，密封并摇动摇酒壶，直到听不到碎冰撞击的声音。
- 打开摇酒壶，将鸡尾酒倒入加大古典杯中。使用吧勺将黏在摇酒壶内壁的薄荷叶刮入杯中。
- 在加大古典杯中加入碎冰，然后给每杯鸡尾酒装饰两小枝薄荷并插上吸管。

吉姆·布里格斯（Jim Briggs）

吉姆·布里格斯是纽约市亨特公司金融信托
（Hunt Companies Finance Trust）的首席财务官。

我经常在家调制鸡尾酒，这份兴趣爱好源于我购买了至死相伴酒吧创始人编撰的书，那是我第一本鸡尾酒书。作为一名刚涉足该领域的鸡尾酒爱好者，我立刻被书中调制鸡尾酒的技巧所吸引，那本书成为我打造家庭酒吧的指南。

尽管我一直在深入研究那本书，但我从未去过至死相伴酒吧，内心一直有种强烈的渴望，想要去造访一下。于是，我特地选择了一个周初的日子，赶在酒吧开门时到达，以确保我能进去。在门口时我便受到了热情的款待，并被安排坐在靠近调酒师工作的吧台边。当时贾里德·魏甘德（Jarred Weigand）正在调酒，他真诚好客、无所不答，满足了我对鸡尾酒的所有好奇心，这样的热情款待使我感到温暖如春。时至今日，我仍然记得那个晚上我点的鸡尾酒。当晚，我点的最后一杯鸡尾酒是"一些奇怪的罪恶"（Some Weird Sin），我完全被这杯酒迷住了（它就像是一个水晶球，预示着我将爱上烈酒和风味酒）。

几个月之后，我又去了一次这家酒吧，贾里德刚好在吧台后调酒，他依然记得我的名字，就像我从未离开过一样。这真正体现了这家酒吧的好客之道。在至死相伴酒吧团队的引领下，我的鸡尾酒之旅收获颇丰。每次离开酒吧，我都满心期待着下一次造访。我的冰箱里现在已经装满了搅拌杯、尼克诺拉杯、碟形杯、古典杯和上好的冰块，冰箱门内侧则摆满了苦精、雪莉酒和几种自制糖浆。

尽管人们经常说至死相伴酒吧的鸡尾酒成分复杂，但这家酒吧里很少有不能在家里调制的鸡尾酒。其中一款让我印象深刻的鸡尾酒是"战士诗人"（Warrior Poet，见第355页）。这款鸡尾酒已经有很长一段时间没有出现在酒单上了，但当我要求"来一杯棕色的且需要搅拌的鸡尾酒"时，调酒师呈上了这款鸡尾酒，这让我惊叹不已。那时候，调酒师们对我的口味已经有所了解，但他们也知道如何稍微拓展一下，以更加符合我的口味。如果说他们会想"嘿，吉姆在家里也会调这款酒"的话，我也不会感到惊讶。"战士诗人"是一款非常简单的鸡尾酒，它不含任何冷门原料或风味酒。第二天，我就去买了阿夸维特（Aquavit）和卡拉尼

（Kalani），从那时起，它们就成了我的家庭酒吧的常备品。

对我来说，至死相伴酒吧早已成为且始终是这样一个特殊的地方：在这里，如我这样的鸡尾酒爱好者可以度过一个个美妙的夜晚，并能继续这趟令人愉快的鸡尾酒之旅。而与我相伴的是了不起的酒吧员工，以及与我一样对鸡尾酒充满热情的人。

一些奇怪的罪恶

阿尔·索塔克，2017 年

¾ 盎司老祖父 114 波本威士忌（Old Grand-Dad 114 Bourbon）

½ 盎司史密斯与克罗斯牙买加朗姆酒（Smith & Cross Jamaica Rum）

½ 盎司萨卡帕 23 朗姆酒

¼ 盎司阿玛卓阿玛罗（Amaro Ramazzotti）

¼ 盎司卢世涛佩德罗·希梅内斯雪莉酒（Lustau Pedro Ximénez Sherry）

1 茶匙肉桂糖浆（见第 369 页）

1 滴比特终点摩洛哥苦精（Bitter End Moroccan Bitter）

装饰：1 个橙皮卷

将除橙皮卷之外的所有原料加入搅拌杯中，加冰块搅拌后滤入装有大方冰的加大古典杯中。在鸡尾酒上方挤出橙皮卷的皮油，然后将其放入鸡尾酒中。

在我们的酒架上

柔和

水牛足迹波本威士忌（Buffalo Trace Bourbon）

爱利加波本威士忌（Elijah Craig Bourbon）

老福里斯特经典波本威士忌（Old Forester Signature Bourbon）

老奥弗沃特黑麦威士忌（Old Overholt Rye）

罗素珍藏10年波本威士忌（Russell's Reserve 10-year Bourbon）

老祖父 114 波本威士忌

威凤凰黑麦威士忌（Wild Turkey Rye）

瑞顿房黑麦威士忌（Rittenhouse Rye）

乔治迪克黑麦威士忌（George Dickel Rye）

派菲黑麦威士忌（Pikesville Rye）

辛辣

美国威士忌

原料

原料包括玉米、黑麦和小麦等谷物，偶尔也会使用发芽大麦。

产地

尽管大多数美国威士忌产自美国南部，但美国其他地方也可以生产这种酒。

类别

波本威士忌： 至少以51%的玉米为原料制成，通常具有甜美的风味特征和浓郁的口感。

黑麦威士忌： 至少以51%的黑麦为原料制成，通常具有更清爽、更辛辣的风味特征，以及比波本威士忌更轻盈的口感。

田纳西威士忌： 以51%~79%的玉米为原料制成，并在陈酿之前经过枫糖木炭过滤，这一工序被称为"林肯县工艺"（Lincoln County Process）。

加拿大威士忌： 通常以玉米为主要原料，加入少量的小麦和黑麦酿制而成。

陈酿

波本威士忌、黑麦威士忌和田纳西威士忌： 在全新炙烤的美国白橡木桶中陈酿。

加拿大威士忌： 在橡木桶中至少陈酿3年。

在鸡尾酒中的运用

在选择用于调制鸡尾酒的威士忌时，我们通常会在两种风格之间进行选择——波本威士忌和黑麦威士忌。我们很少在鸡尾酒中使用田纳西威士忌，这并不是因为我们不喜欢它，而是因为它很难在鸡尾酒中突显出来，但我们会使用田纳西的乔治迪克黑麦威士忌，用以调制"巴尔的摩勋爵"（Lord Baltimore，见第301页）。我们通常也不太使用加拿大威士忌，虽然其中有一些我们喜欢的品牌，如福特溪（Forty Creek），但加拿大威士忌在鸡尾酒中的味道不如波本威士忌那么突出。我们更青睐波本威士忌，因为它的风味、价格都更具优势，而且也更容易买到。因此，我们在选择用于调制鸡尾酒的威士忌时会问自己：我们想要波本威士忌的甜美风味和丰富口感，还是黑麦威士忌更尖锐、更辛辣的风味呢？接下来，我们会考虑酒精度，并决定我们是需要酒精度较低的威士忌，还是需要有质感的保税威士忌（至少陈酿4年，酒精度为50%），抑或介于两者之间的威士忌。

美国威士忌

波本威士忌和黑麦威士忌是两种主流的美国威士忌，但新酒厂在美国如雨后春笋般涌现，越来越多酒厂开始探索全新的风格。其中一些更接近经典的波本威士忌或黑麦威士忌的风格；而另一些则继承了苏格兰威士忌的某些特质，如克利尔溪的麦卡锡单一麦芽威士忌（McCarthy's Single Malt）；还有一些摒弃了传统，简简单单地酿造出优质的威士忌，如尼尔斯特叔叔（Uncle Nearest）。这些酒厂摆脱了所有单一类别的严格限制，酿造出了无法归属于目前已有分类的威士忌。一些波本威士忌和黑麦威士忌的生产商通过使用独特的橡木桶来陈酿威士忌，如兔子洞（Rabbit Hole）的佩惠罗·希梅内斯桶陈波本威士忌；还有一些生产商将传统波本威士忌与其他风格相结合，如每威斯特酒厂（High West Distillery）的营火威士忌（Campfire），为其产品增添了额外的魅力。也就是说，美国威士忌是一个宽泛且不断变化的类别。

在这次品鉴体验中，我们将从传统的美国威士忌开始：小麦风格波本威士忌、黑麦风格波本威士忌和珍藏黑麦威士忌。关于小麦风格波本威士忌，我们可以选择韦勒（W.L. Weller）、美格（Maker's Mark）、古典菲仕杰鲁德（Old Fitzgerald）和锐博野（Rebel Yell）。而黑麦风格波本威士忌，我们可以选择老祖父、四玫瑰（Four Roses）、水牛足迹和老福里斯特。至于珍藏黑麦威士忌，我们可以选择嵩顿房黑麦威士忌、罗素珍藏黑麦威士忌和老鹰弗沃特黑麦威士忌。所有这些威士忌都容易买到、价格合理且品质上乘。

品鉴一： 老式鸡尾酒

老式鸡尾酒的配方没有什么可以隐藏的，就是简简单单地将威士忌、苦精和少许糖浆混合，因此威士忌的个性至关重要。我们要充分利用这次品鉴体验来关注细节。由于其

他配料用量极少，因此需要精确测量。虽然我们偏好在老式鸡尾酒中加入少许比特储斯（Bitter Truth）芳香苦精以增加鸡尾酒的复杂性，但在这里我们仅使用安高天娜苦精，以保证威士忌的风味更加突出。

对我们来说，用小麦风格波本威士忌调制的老式鸡尾酒味道柔和、温顺，黑麦风格波本威士忌则为老式鸡尾酒增加了复杂性，而珍藏黑麦威士忌版本的老式鸡尾酒充满了厚重的泥土气息和香料味。通过这种方式，你在单独品鉴各款威士忌时所闻到的香气和尝到的味道，在老式鸡尾酒中都被放大了。

我们还对在每款老式鸡尾酒中逐步加入柑橘皮所带来的风味变化感到着迷。挤入柠檬皮油后，威士忌在橡木桶中陈酿多年所带来的木质调性被激发出来；挤入橙皮油后，威士忌谷物原料的个性则突显出来——第一款和第二款为玉米的甜味，第三款为黑麦的辛香。

品鉴二： 威士忌酸酒

这个品鉴的重点是突显美国威士忌与柠檬汁的契合度，以及柠檬汁如何突显出每种威士忌的独特个性。为了达到这个目的，我们摒弃传统做法，采用简化版的威士忌酸酒配方，不添加传统做法中所使用的蛋清。

对我们来说，波本威士忌和柠檬汁的组合总能唤起我们对儿时棒棒糖的味觉记忆。这种效果在小麦风格波本威士忌酸酒中最为明显，在黑麦风格波本威士忌酸酒中稍微减弱，而在珍藏黑麦威士忌酸酒中则几乎完全消失了。虽然棒棒糖的味道是我们的主观感受，但不可否认的是，在柠檬汁的影响下，威士忌风格会以不同的方式表现出来：用比较柔和的威士忌来调制的话，威士忌酸酒的风味比较平衡，没有任何单一元素占据主导地位；而用珍藏黑麦威士忌调制的威士忌酸酒，则显得不那么协调。

那么，我们的结论是什么呢？如果你想调制的柑橘类威士忌鸡尾酒是走直接明了路线的，那么你可以选择使用波本威士忌。如果你想要调制的鸡尾酒配方比较复杂，比如需要添加带了点苦味的果汁，或者浓烈的风味酒，你就要考虑使用珍藏黑麦威士忌，它的风味足够强劲，可以避免威士忌的味道被掩盖

品鉴一

老式鸡尾酒

2 盎司美国威士忌

1 茶匙德梅拉拉糖浆
（Demerara Syrup，
见第 369 页）

2 滴安高天娜苦精

装饰：1 个柠檬皮卷和
1 个橙皮卷

品鉴物料

- 3种不同的美国威士忌、量酒器、3个搅拌杯、冰块、吧勺、茱莉普
  过滤器、3个加大古典杯、3块大方冰。

说明

- 将3种威士忌分别倒入3个搅拌杯中，并闻一闻，注意它们香气上的
  差异。
- 将德梅拉拉糖浆和安高天娜苦精分别加入每个搅拌杯中，然后加入
  冰块至杯沿。
- 插入吧勺，从左到右操作，每杯鸡尾酒搅拌5秒，重复搅拌2次。
- 将老式威士忌分别滤入装有大方冰的加大古典杯中。
- 先不要加装饰；嗅闻和品尝每种鸡尾酒，注意3个版本之间的
  差异。
- 在老式鸡尾酒上方分别挤出柠檬皮卷的皮油，并将其放入杯中，
  嗅闻和品尝每种鸡尾酒。然后，在鸡尾酒上方分别挤出橙皮卷的皮
  油，并将其放入杯中，嗅闻和品尝每种鸡尾酒。

品鉴二

威士忌酸酒

2 盎司美国威士忌

¾ 盎司新鲜柠檬汁

¾ 盎司单糖浆

品鉴物料

- 3种不同的美国威士忌、量酒器、3个摇酒壶、冰块、霍桑过滤
  器、3个加大古典杯。

说明

- 将3种威士忌分别倒入3个摇酒壶中，闻一闻，注意它们香气上的
  差异。
- 在每个摇酒壶中分别加入柠檬汁和单糖浆。
- 加入冰块并盖好摇酒壶。从左到右操作，每种鸡尾酒摇5秒，之后
  再重复摇1次。
- 迅速将每种鸡尾酒滤入加大古典杯。
- 嗅闻和品尝每种鸡尾酒。

在我们的酒架上

清淡

泰康奈尔（Tyconnel）

金猴苏格兰调和麦芽威士忌（Monkey Shoulder Blended Malt）

国王街苏格兰调和威士忌（Great King St. Glasgow Blend）

知更鸟12年（Redbreast 12-year）

云顶10年（Spring Bank 10 - year）

可蓝12年（Kilkerran 12 - year）

高原骑士12年

康尼马拉泥煤（Connemara Peated）

波摩12年（Bowmore 12 - year）

拉弗格10年（Laphroaig 10 - year）

浓郁

苏格兰威士忌和爱尔兰威士忌

原料

　　原料主要为发芽大麦，偶尔使用玉米或小麦等谷物。

产地

　　分别来自苏格兰和爱尔兰。

类别

苏格兰威士忌

　　单一麦芽威士忌：由单一蒸馏厂生产，以100%发芽大麦作为原料经壶式蒸馏而成。

　　单一谷物威士忌：以100%玉米或小麦作为原料经柱式连续蒸馏而成，主要用于调和威士忌。

　　调和麦芽威士忌：由两个或多个蒸馏厂生产的单一麦芽威士忌调和而成。

　　调和威士忌：由单一麦芽威士忌和谷物威士忌调和而成。

爱尔兰威士忌

　　单一麦芽威士忌：由单一蒸馏厂生产，以100%发芽大麦作为原料经壶式蒸馏而成。

　　谷物威士忌：以不超过30%的大麦麦芽与其他未发芽谷物（包括大麦、小麦或玉米）作为原料，经柱式连续蒸馏而成。

　　调和威士忌：由单一麦芽威士忌和谷物威士忌调和而成。

　　单一壶式蒸馏威士忌：以100%大麦（包括发芽大麦和未发芽大麦）作为原料，经壶式蒸馏而成。

陈酿

　　由于波本威士忌生产商被要求使用全新炙烤的橡木桶进行陈酿，仅使用过一次的波本桶数量相当充足，因此这类橡木桶成为陈酿苏格兰威士忌和爱尔兰威士忌时最常用的容器。近年来，苏格兰和爱尔兰的酿酒厂正在尝试使用雪莉桶、波特桶、马德拉桶和其他类型的葡萄酒桶来陈酿威士忌。苏格兰威士忌和爱尔兰威士忌都必须陈酿3年以上。

在鸡尾酒中的运用

　　我们将大部分上等苏格兰威士忌用于纯饮。在调制鸡尾酒时，我们通常会选用苏格兰调和威士忌（或者将调和麦芽威士忌与少量单一麦芽威士忌混合）。带有泥煤味的苏格兰威士忌，特别是来自艾莱岛的威士忌，非常适合在鸡尾酒中少量使用，其特有的烟熏味能为鸡尾酒增添别样的风味。在选择爱尔兰威士忌时，我们会选用一些较为清淡的调和威士忌，就像我们在选择波本威士忌时一样。如果想要突出威士忌的风味特征，将其作为某款鸡尾酒的主要风味，则选用经壶式蒸馏的爱尔兰威士忌。

苏格兰威士忌和爱尔兰威士忌

在这次品鉴体验中，我们建议选择3款不同风格的苏格兰威士忌：苏格兰调和威士忌、柔和的单一麦芽威士忌和强劲的烟熏泥煤单一麦芽威士忌。苏格兰调和威士忌并不一定比单一麦芽威士忌的风味逊色，而且通常它们比单一麦芽威士忌更实惠，口感更柔和。你可以选择威雀（Famous Grouse）或罗盘针国王街（Compass Box Great King Street）这样的威士忌品牌。此外，如果你能找到的话，普玛斯街（Street Pumas）的苏格兰调和威士忌也是不错的选择。单一麦芽威士忌并没有所谓的柔和系，但我们认为某些品牌的单一麦芽威士忌比其他品牌的更适用于调制鸡尾酒。你可以选择高原骑士12年、格兰威特12年（The Glenlivet 12-year）、欧肯特轩三桶（Auchentoshan Three Wood）、百富12年双桶（The Balvenie 12-year Double Wood）等。在选择强劲的威士忌时，当然要选择以泥煤麦芽作为原料制成的带有烟熏味的单一麦芽威士忌，而其中烟熏味最重的当数艾莱岛的单一麦芽威士忌。你可以留意卡尔里拉12年（Caol Ila 12-year）、阿贝乌干达（Ardbeg Uigeadail）、拉弗格四分之一桶（Laphroaig Quarter Cask）或波摩12年这样的威士忌。

品鉴一：晨光菲兹

在那些不了解苦艾酒的人看来，这款宿醉之后的"还魂"鸡尾酒似乎有些令人望而却步，但事实上它非常爽口，并展示了苏格兰威士忌在鸡尾酒中的多样性。在这次品鉴中，我们希望你看到，当和苦艾酒这样具有强烈风味的基酒搭配时，每种苏格兰威士忌由于复杂度不同会呈现出截然不同的效果。

我们惊讶地发现，这3种鸡尾酒，从苏格兰调和威士忌的清爽口感和草本味，到柔和的单一麦芽威士忌的些许烟熏味和谷物芬芳，再到泥煤烟熏苏格兰威士忌对感官的强烈刺激，可谓变化多端。

毫无疑问，在调制晨光菲兹（Morning Glory Fizz）这样的鸡尾酒时，我们更喜欢使用柔和型的苏格兰威士忌。在品尝到柑橘味的同时，你的味蕾会渴望更多的清爽感，晨光菲兹的基酒威士忌应该满足这一要求。诚然，相比苏格兰调和威士忌，柔和的单一麦芽威士忌明显更具复杂度，但考虑到这种威士忌昂贵的价格，其复杂度是否物有所值是一件需要做出判断的事。而泥煤烟熏苏格兰威士忌那过于侵略性的味道盖过了整杯鸡尾酒的风味，且又与苦艾酒的风味相冲突，对我们来说，它太重口了，用它来调制晨光菲兹一点都不协调，完全不成功。

品鉴二：罗布罗伊

这次体验探索了苏格兰威士忌和味美思的搭配。在这里，我们建议选择一种既不太苦也不太清爽的意大利味美思。较为浓郁的甜味美思，如卡帕诺·安提卡（Carpano Antica），可能更适合搭配浓郁风格的威士忌；较为清爽的味美思，如杜凌红味美思，可能更适合搭配调和威士忌。

在这个版本的鸡尾酒中，甜味美思浓郁而苦涩的基调激发了每种威士忌中更为微妙的风味。在苏格兰调和威士忌版本中，味美思的苦涩味道略微掩盖了威士忌的个性。柔和的单一麦芽威士忌版本则非常芬芳，威士忌的花香与味美思的草本气息相辅相成。在烟熏版本中，泥煤威士忌的烟熏味被巧妙平衡，借由味美思的调和，其口感得以软化且层次更为丰富。

这次品鉴体验给我们展示了一个重要的考量因素，那就是在调制鸡尾酒时，如果基酒威士忌比较柔和，那么味美思这样风味浓郁的成分就很容易盖过它。根据威士忌的用量来调整味美思的用量，可以解决这一问题。或者，就像我们经常做的那样，将较柔和的苏格兰威士忌用于调制柑橘调性的鸡尾酒，如"伏都教的梦想"（Voodoo Dreams，见第286页）、"电

品鉴一

晨光菲兹

2 盎司苏格兰威士忌

¾ 盎司新鲜柠檬汁

¾ 盎司单糖浆

3 滴苦艾酒

1 个蛋清

2 盎司冰镇气泡水

品鉴物料

- 3种不同的苏格兰或爱尔兰威士忌、量酒器、3个摇酒壶、冰块、霍桑过滤器、3个菲兹杯、滤网。

说明

- 将3种威士忌分别倒入3个摇酒壶中，闻一闻，并注意它们香气上的差异。
- 在每个摇酒壶中加入柠檬汁、单糖浆和苦艾酒，然后加入蛋清。
- 不加冰块，密封摇酒壶，摇制5秒。
- 打开摇酒壶，加入冰块，再次密封。
- 在每个菲兹杯中倒入1盎司气泡水。
- 从左到右依次用力摇晃每款鸡尾酒10秒，再重复1遍。
- 将鸡尾酒分别双重滤入菲兹杯中，再倒入剩余的1盎司气泡水。
- 嗅闻并品尝每款鸡尾酒。

品鉴二

罗布罗伊

2 盎司苏格兰威士忌或爱尔兰威士忌

1 盎司甜味美思，最好是好奇都灵味美思

2 滴安高天娜苦精

品鉴物料

- 3种不同的苏格兰威士忌或爱尔兰威士忌、量酒器、3个搅拌杯、冰块、吧勺、茱莉普过滤器、3个鸡尾酒杯。

说明

- 将3种威士忌分别倒入3个搅拌杯中，闻一闻，注意它们香气上的差异。
- 加入甜味美思和安高天娜苦精，然后加入冰块至杯沿。
- 插入吧勺，从左到右操作，每种鸡尾酒搅拌5秒，之后再重复搅拌2次。
- 将3种鸡尾酒分别滤入鸡尾酒杯，嗅闻和品尝每种鸡尾酒。

　　爱尔兰威士忌体验：这两个品鉴体验都以苏格兰威士忌作为主角，但你也可以用爱尔兰威士忌来替代。虽然结果明显不同，但爱尔兰威士忌的多样性使其呈现出与苏格兰威士忌相似的风味：挑选一瓶轻盈的、果香风格的爱尔兰威士忌，如泰康奈尔；一瓶壶式蒸馏爱尔兰威士忌，如知更鸟12年；一瓶爱尔兰泥煤威士忌，如康尼马拉泥煤。

台传单"（Radio Flyer，见第280页）、"行星商队"
（Planet Caravan，见第280页）。

在调制高酒精度的鸡尾酒时，可以选用柔和的苏格兰威士忌，就像在调制"我反对我"（I Against I，见第299页）和"不可饶恕"（Unforgiven，见第312页）时那样。类似的搭配逻辑还有柔和的单一麦芽威士忌可以与其他烈酒基酒搭配，或是作为烈酒基酒的一种，如"她的名字是乔伊"（Her Name is Joy，见第298页），或是作为另一种主要烈酒基酒的补充，如"幻影心情"（Phantom Mood，见第307页），或是作为鸡尾酒的主角，如"双重特技"（Stunt Double，见第253页）。

我们很少将烟熏泥煤苏格兰威士忌用作主要成分。就像这次罗布罗伊品鉴体验所证明的那样，如果烟熏泥煤威士忌在鸡尾酒中所占的比例较高，那么啜饮这杯鸡尾酒与抽烟几乎没有什么区别（除非那是你喜欢的口味）。我们倾向于在鸡尾酒中添加少许这种风味强烈的威士忌来调味。

日本威士忌

世界其他地区的威士忌酒厂深受苏格兰单一麦芽威士忌的影响。在美国就有以酿造苏格兰威士忌而闻名的酒厂，如圣乔治和韦斯特沃德（Westward）；在中国台湾省有噶玛兰（Kavalan）；在印度有阿目（Amrut）和兰普尔（Rampur）。

近年来，日本威士忌的人气正在迅速攀升。由于调酒师和威士忌爱好者的狂热追捧，日本威士忌出现了供不应求的局面，价格也在飙升。我们曾经是最早使用日本威士忌调酒的酒吧之一，在我们的第一本书《至死相伴酒吧：现代经典鸡尾酒》中就出现了一些如今极为热门、紧俏且不太容易找到的威士忌，比如山崎12年（Yamazaki 12-year）。曾几何时，戴夫要求用山崎18年来调制罗布罗伊而无人觉得不妥。哦，如果能再年轻一次该有多好！

如今，我们认为在鸡尾酒中使用这些昂贵的威士忌已变得不太现实。因此，通常情况下，我们倾向于将日本威士忌与其他性价比更高的基酒搭配使用，这不仅是为了分摊成本，还因为这些威士忌与其他类型的基酒搭配效果极佳。

在过去，许多人认为日本威士忌与苏格兰威士忌非常相似。虽然我们使用的一些瓶装酒确实如此，比如"威士忌协议"（The Whiskey Agreement，见第316页）中的响12年（Hibiki 12-year）、"糟糕运动鞋"（Bad Sneakers，见第359页）中的三得利季（Suntory Toki），以及"无能为力"（Shoganai，见第227页）中的响和风醇勁（Hibiki Harmony），但也有一些日本威士忌偏离了传统的苏格兰威士忌风格，譬如一甲科菲谷物威士忌（Nikka Coffey Grain）在原料成分和蒸馏技术方面更接近美国威士忌，但它仍保持了日本威士忌的优雅，你可以在"大丽花"（Dahlia，见第237页）、"用心棒"（Yojimbo）和"佐佐木花园"（Sasaki Garden，见第309页）中找到它。

在我们的酒架上

浓醇

雷塞特鲍尔胡萝卜白兰地（Reisetbauer Carrot Eau-de-vie）

莱茵霍尔杧果白兰地（Rhine Hall Mango Brandy）

克利尔溪蓝莓白兰地（Clear Creek Blue Plum Brandy）

克利尔溪道格拉斯冷杉白兰地（Clear Creek Douglas Fireau-de-vie）

圣乔治罗勒白兰地（St. George Aqua Perfecta Basil Eau-de-vie）

眼镜蛇之火葡萄干白兰地（Cobrafire Eau-de-vie de Raisin）

西里尔·赞斯苹果白兰地

克利尔溪梨子白兰地（Clear Creek Pear Brandy）

卡普若·阿卡拉多皮斯科（Capurro Acholado Pisco）

圣乔治覆盆子白兰地（St. George Framboise Eau-de-vie）

芬芳

未陈酿白兰地

原料

白兰地通常由发酵水果（有时也会用蔬菜）蒸馏而成，通常会使用口感饱满、果味浓郁的水果。一些大胆的蒸馏酒厂还尝试将罗勒、鹅肝，甚至是螃蟹等非水果原料蒸馏成白兰地。

产地

世界各地都可以生产白兰地，最知名的水果白兰地主要产自法国，以及东欧、太平洋西北地区和美国的新英格兰等地。

类别

皮斯科（Pisco）：一种由葡萄酒蒸馏而成的白兰地，主要产自秘鲁和智利。秘鲁皮斯科的酿酒葡萄品种包括特浓迪（Torontel）、麝香葡萄（Moscatel）、酷斑妲（Quebranta）、意塔利（Italia）、阿比洛（Albillo）、乌妮瓦（Uvina）和黑克里昂特（Negra Corriente）。智利皮斯科的酿酒葡萄品种包括马斯卡特（Muscat）、佩德罗·希梅内斯和托朗特尔（Torontel）。秘鲁皮斯科通常采用壶式蒸馏，而智利皮斯科则采用柱式连续蒸馏。

格拉帕（Grappa）：意大利烈酒，以葡萄的果皮、籽和果梗作为原料经壶式蒸馏而成，在传统做法中，这些原料来自酿造葡萄酒的残渣。格拉帕起源于意大利，北美地区也生产出了一些优质的格拉帕。

马克（Marc）：与格拉帕非常相似，法国的马克白兰地也是以葡萄的果皮、籽和果梗作为原料经壶式蒸馏而成。

白色雅文邑（Blanche Armagnac）：与更为著名的且经过陈酿的雅文邑白兰地相比，清爽、芬芳的未陈酿雅文邑有着独特的风味，可用于调制鸡尾酒。

水果白兰地或水果烈酒：包括梨子白兰地、樱桃白兰地、苹果白兰地、覆盆子白兰地和李子白兰地。

辛加尼（Singani）：玻利维亚生产的白兰地，同样以葡萄为原料蒸馏（既有壶式蒸馏，也有柱式连续蒸馏）而成。

陈酿

未经陈酿，但有些水果白兰地会在中性储存罐中存放一段时间。有些白兰地会在橡木桶中进行较短时间的陈酿，比如珍藏级格拉帕或某些皮斯科。一般来说，本节提到的白兰地（尤其是用于调制鸡尾酒的白兰地）都是未经陈酿的。

在鸡尾酒中的运用

未陈酿的水果白兰地亦被称为"生命之水"，源自蒸馏技术的起源——人们通过蒸馏技术萃取液体精华，"生命之水"这一称呼是当时的人们对水果白兰地的赞颂。与其他风格的白兰地相比，"生命之水"的标志性特征在于，它是对所用原料风味的最纯粹的表达。在鸡尾酒中，"生命之水"可以极大地提升其他新鲜原料的风味。例如，维罗纳寇伯乐（Verona Cobbler，见第314页），添加¼盎司的樱桃白兰地可以为其增添深度和复杂性。由于"生命之水"的风味非常浓郁，因此我们在调制鸡尾酒时最好适量使用，过量使用很容易掩盖其他配料的风味。

未陈酿白兰地

在接下来的品酒体验中，我们将通过3种不同风格的未陈酿白兰地——梨子白兰地、皮斯科（辛加尼）和格拉帕——来展示这些白兰地在2种不同风格的鸡尾酒中的多样性：一种是起泡鸡尾酒，另一种是马天尼的改编版。

我们是梨子白兰地的超级粉丝，我们认为它是评判未陈酿白兰地的基准。在这次品鉴中，我们将选择遵循阿尔萨斯（Alsatian）传统工艺酿造的农香型梨子白兰地：克利尔溪梨子白兰地、圣乔治梨子白兰地和玛斯尼梨子白兰地。值得一提的是，要确保你选择的不是梨子利口酒或人工调味的梨子烈酒。

与用于调制干邑的基酒白兰地不同，南美以葡萄为原料蒸馏的白兰地芬芳且味道浓郁。在智利和秘鲁，这些白兰地被称为皮斯科；在玻利维亚，它们被称为辛加尼。这些白兰地大都选用芳香型葡萄品种作为原料，经过蒸馏酿造而成。关于皮斯科，你可以选择巴索尔阿卡拉多（Barsol Acholado）、卡普若·阿卡拉多和玛楚（Macchu）等品牌。至于辛加尼，则可以选择辛加尼63。

格拉帕是以酿造葡萄酒剩余的残渣作为原料蒸馏而成的，对初学者来说，它闻起来可能有些刺鼻。但随着时间的推移，在深入品鉴之后，你就会发现那些令人厌恶的味道开始显露出令人难以置信的复杂性。我们建议你寻找一些性价比较高的酒款来尝试，比如产自意大利的贾克柏波利（Jacopo Poli）或诺妮（Nonino），或者产自美国俄勒冈州的克利尔溪。虽然我们不经常使用格拉帕，但它偶尔（并且是极少量地使用）也会出现在我们的鸡尾酒中，比如在"田园诗"（Idyllwild，见第334页）、"中继器"（Repeater，见第225页）和"黛西·贝尔"（Daisy Bell，见第265页）中。

品鉴体验一：常规起泡鸡尾酒

未陈酿的白兰地突出了其原料水果的个性——没有额外添加草本植物或是经人工调味，也

没有经过橡木桶陈酿。这些烈酒个性鲜明，能够在鸡尾酒中大放异彩，有时烈酒的味道可能有些霸道，只添加一点点就足够了。

虽然我们喜欢这些烈酒的独特个性，但在起泡鸡尾酒中，白兰地的作用是增强味美思的特性。除展示未陈酿水果白兰地的风味外，我们还能在这次品鉴中体验到每种水果白兰地的酒体质感——一种能够增加鸡尾酒复杂度和层次感的特质。用梨子白兰地调制的起泡鸡尾酒能够让人想起咬下一口梨的感觉，而在皮斯科版本中，我们几乎可以感受到葡萄皮带来的单宁感。

品鉴体验二

类似于第90页的梅斯卡尔品鉴，调制一杯等份配比的马天尼鸡尾酒，是探索未陈酿白兰地在简单烈酒鸡尾酒中如何表现的绝佳方式。通过这种方法，我们可以体验未陈酿白兰地的特性，以及它如何与口感较为和谐的白味美思融合——这是一种区别于传统的运用干味美思的马天尼配方，因为干味美思的风味很容易被这些未陈酿白兰地所掩盖。

在接下来的3款马天尼中，我们通过调整配方中各种不同未陈酿白兰地的比例来展示它们如何与其他原料相互融合，并观察它们如何展现各自的特性。

关于马天尼这一主题，有许多不同的鸡尾酒改编版可供探索，但我们认为以下3种配方能够很好地展示如何将各种强烈风味结合在一起，从而创造出全新的风味。换句话说，我们正在为各款马天尼创造全新的核心风味。"三等份马天尼"展示了当所有未陈酿白兰地与其他原料近乎等比例混合时，它们之间如何争夺主导地位。在近乎等量的情况下，即使只加入盎司的格拉帕，它的风味也会过于突出，从而掩盖其他成分的风味。

接下来的两款配方则将重点分别放在梨子白兰地和皮斯科上，同时将格拉帕的用量降低至1茶匙。这样一来，鸡尾酒的风味就变得更加清晰了。梨子味突出的马天尼受益于皮斯科或辛加尼的花香调性，而格拉帕则为鸡尾酒增添了复杂性。皮斯科风味突出的马天尼则更偏向花香调性，皮斯科的香气明显增强，而梨子白兰地的香气也随之提升，但并不会显得过于突兀。每款都有其独特的风味，每款都值得品尝。

品鉴一

常规起泡鸡尾酒

½ 盎司未陈酿白兰地

1½ 盎司白味美思，最好是杜凌白味美思

¼ 盎司新鲜柠檬汁

2 盎司冰镇气泡水

品鉴物料

- 3种不同的未陈酿白兰地、量酒器、3个葡萄酒杯、冰块、吧勺。

说明

- 将白兰地分别倒入3个葡萄酒杯中，闻一闻，注意它们香气上的差异。
- 将白味美思和柠檬汁分别加入每个酒杯中，然后加入冰块至酒杯¾满。
- 搅拌，直到酒杯外侧变冷，每杯搅拌约10秒。
- 向每个酒杯中加入气泡水，轻轻搅拌使其混合均匀。
- 嗅闻和品尝每种鸡尾酒。

品鉴二

三等份马天尼

¾ 盎司梨子白兰地

¾ 盎司皮斯科（辛加尼）

½ 盎司格拉帕

1 盎司杜凌白味美思

以梨子白兰地为主的天马尼

1½ 盎司梨子白兰地

½ 盎司皮斯科（辛加尼）

1 茶匙格拉帕

1 盎司杜凌白味美思

以皮斯科为主的马天尼

½ 盎司梨子白兰地

1½ 盎司皮斯科（辛加尼）

1 茶匙格拉帕

1 盎司杜凌白味美思

品鉴物料

- 1瓶梨子白兰地、1瓶皮斯科、1瓶格拉帕、量酒器、3个搅拌杯、冰块、吧勺、茉莉普过滤器、3个鸡尾酒杯。

说明

- 根据不同的配方，将3种白兰地分别倒入3个搅拌杯（或其他品尝杯）中，然后闻一闻，注意它们香气上的差异。
- 分别在3个搅拌杯中调制鸡尾酒，然后加入冰块，搅拌至酒液冷却并适当稀释。
- 将每种鸡尾酒滤入鸡尾酒杯，嗅闻和品尝每种鸡尾酒。

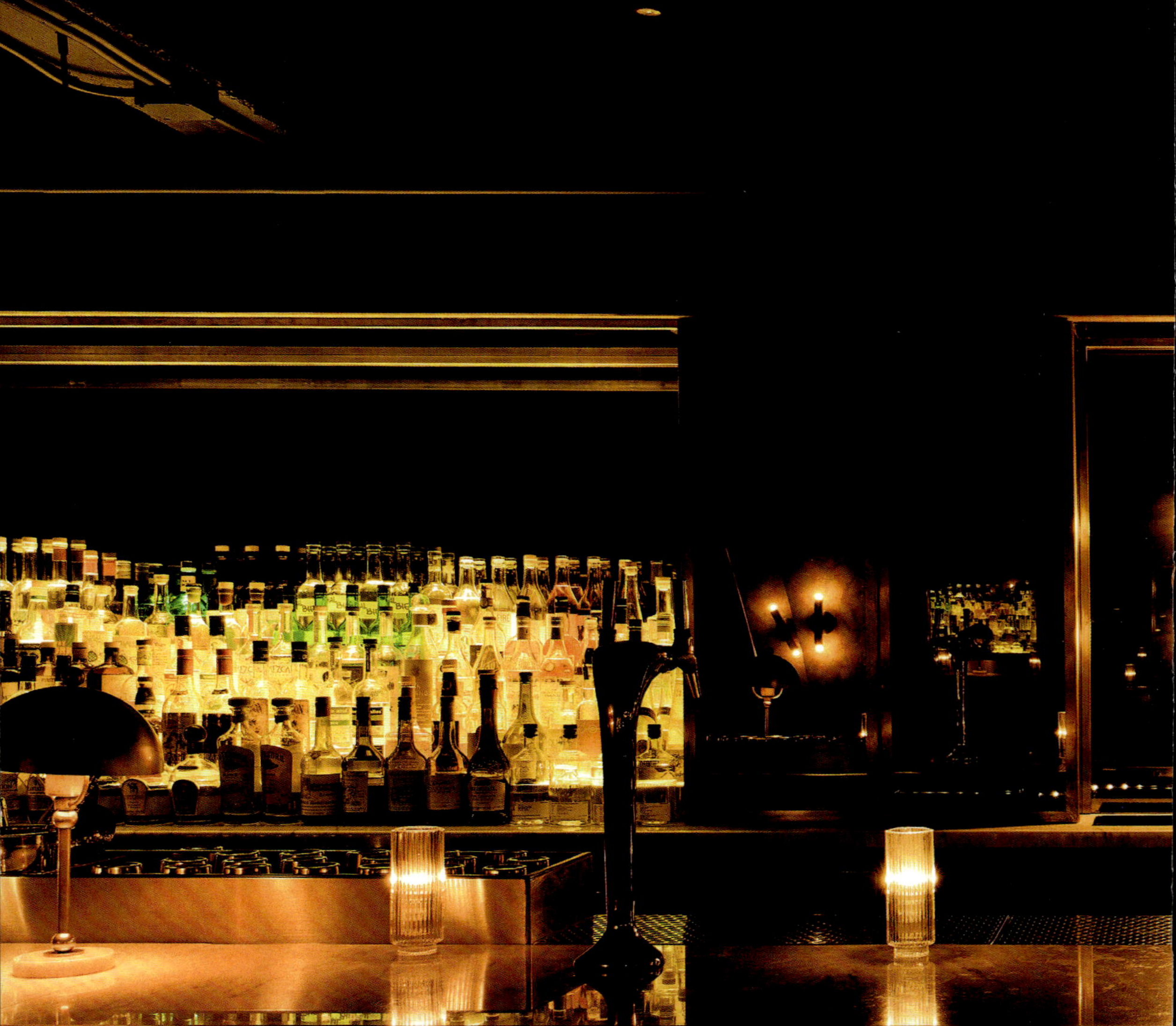

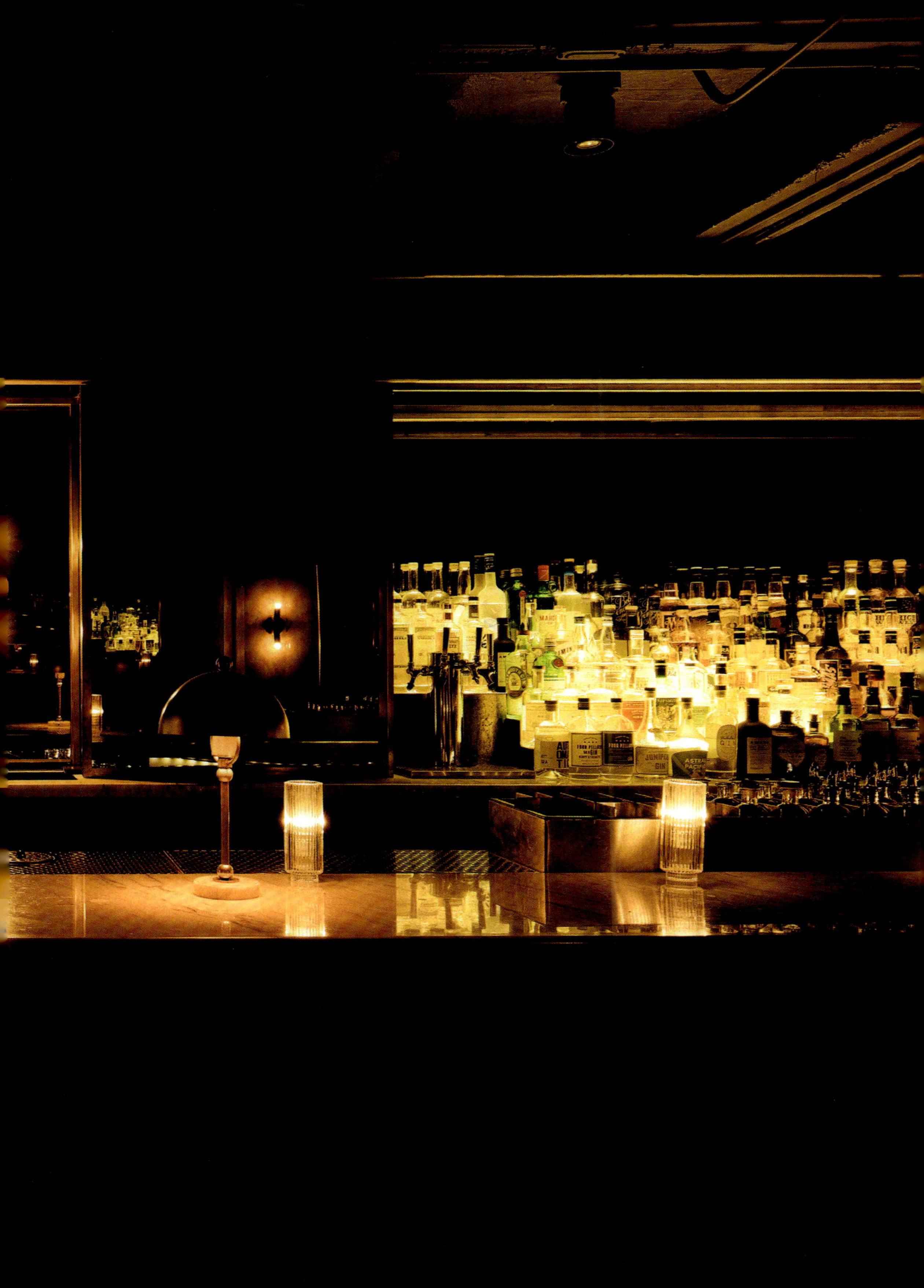

在我们的酒架上

清淡

贝尔图白兰地（Bertoux Brandy）

克利尔溪2年苹果白兰地（Clear Creek 2-year Apple Brandy）

吉隆潘提劳VSOP干邑（Guillon-Painuraud VSOP Cognac）

勒莫顿精选卡尔瓦多斯多弗朗泰斯（Lemorton Selection Calvados Domfrontais）

日耳曼罗宾美国白兰地（Germain-Robin Alambic American Brandy）

路易斯·罗克·拉维耶西梅白兰地（Louis Roque La Vielle Prune Eau-de-vie）

蒙特勒伊庄园精选卡尔瓦多斯（Domaine du Manoir de Montreuil Reserve Calvados）

御鹿VSOP干邑（Hine H VSOP Cognac）

皮姆雅文邑（PM Spirits Bas Armagnac）

卢世涛索莱拉珍藏白兰地（Lustau Solera Reserva Brandy）

皮埃尔·费朗1840干邑（Pierre Ferrand 1840 Cognac）

古里·德·查德维尔干邑（Gourry de Chadville Cognac）

莱尔德保税苹果白兰地（Lairds Bonded Apple Brandy）

浓郁

烈酒概述
陈酿白兰地

原料

原料为水果，最常用的是葡萄和苹果，具体品种会在下面的"类别"中列出。

产地

世界上著名的陈酿白兰地产地主要有法国、意大利，以及美洲地区。

类别

干邑白兰地： 以白玉霓（Ugni Blanc）、白福儿（Folle Blanche）和鸽笼白（Colombard）3种葡萄作为原料，经过2次蒸馏，并用利穆赞（Limousin）橡木桶进行陈酿。只有法国科尼亚克生产的白兰地才能称为干邑白兰地。

雅文邑白兰地： 以白玉霓葡萄为主要原料，经过柱式蒸馏和壶式蒸馏之后再在橡木桶中进行陈酿，产自法国的阿马尼亚克。

雪莉白兰地： 产自西班牙南部安达卢西亚的赫雷斯市，以较为清新的葡萄品种阿依伦（Airen）为原料蒸馏而成，再以酿制雪莉酒的索莱拉工艺进行陈酿。

卡尔瓦多斯： 法国的苹果白兰地，其生产和陈酿规定与干邑白兰地和雅文邑白兰地相似。卡尔瓦多斯具有清爽的苹果味，伴随着独特的谷仓气息。虽然大多数卡尔瓦多斯仅由苹果酿造，但有些卡尔瓦多斯也含有少量由梨子蒸馏而成的酒液，法国诺曼底的唐夫朗特产区所产的卡尔瓦多斯中，就有30%的酒液由梨子蒸馏而成。

纯正苹果白兰地： 这是一种产自美国的苹果白兰地。莱尔德公司的保税苹果白兰地遵循与美国保税威士忌相同的生产标准，生产出一种极富香料气息、别具陈酿风味的苹果白兰地。美国另一家主要的苹果白兰地生产商克利尔溪酒厂所酿造的2年陈酿和8年陈酿的苹果白兰地，都具有清爽、明亮的苹果气息，更像卡尔瓦多斯，但没有过于浓重的泥土和谷仓气息。

其他陈酿苹果白兰地： 世界其他地区的很多生产商也在用苹果作为原料来酿造白兰地。不同的酒厂生产的白兰地的风格或与卡尔瓦多斯相似，或与纯正苹果白兰地相似，或介于两者之间。

在鸡尾酒中的运用

在白兰地的世界中，烈酒的种类如此之多，我们很难用此前的办法对它们进行简单的归纳分类。然而，在选择调制柑橘风味的边车和萨泽拉克的改编版所用的陈酿白兰地时，我们通常会选择VS或VSOP干邑白兰地，或与其他基酒混合使用。而当我们想要展现特定的酒款时，我们会选择使用雅文邑白兰地。在选择用于调制鸡尾酒的苹果白兰地时，我们会问自己，是想要纯正苹果白兰地（如莱尔德保税苹果白兰地）那浓郁、辛辣的味道，还是想要卡尔瓦多斯那清新的苹果味和独特的发酵香气。如果要用卡尔瓦多斯，那么VSOP级别的复杂风味就已经适用于调制大多数鸡尾酒。如果要用纯正苹果白兰地，则选择陈酿3年左右的酒款，它将为鸡尾酒带来烘烤橡木味和香草味，并与其他陈酿烈酒搭配得很好。

陈酿白兰地

我们钟爱未陈酿白兰地的纯净，以及它们所展现的独特个性。但这次品鉴旨在探索陈酿白兰地如何将水果固有的风味塑造成自然界中未曾有过的独特风味。在这里，我们会品鉴3种陈酿白兰地：干邑、卡尔瓦多斯和美国纯正苹果白兰地。

关于干邑，我们倾向于选择那些风味足够复杂但不至于太昂贵的酒款，以VSOP级别为主，可以选择皮埃尔·费朗琥珀（Pierre Ferrand Ambré）干邑、皮埃尔·费朗1840干邑、帕克（Park）VSOP干邑或御鹿VSOP干邑。

与以葡萄为原料的干邑一样，以苹果为原料的卡尔瓦多斯也变得越来越昂贵，而价格适中、可用于调制鸡尾酒的品牌往往太年轻且不够复杂。因此，我们推荐几款VSOP级别的卡尔瓦多斯：布斯奈（Busnel）VSOP、布拉德（Boulard）VSOP、佩尔·马格洛尔（Pere Magloire）VSOP或罗杰·格鲁尔特3年陈酿（Roger Groult Reserve 3 Ans）。

代表着法式风味的卡尔瓦多斯，因在重复使用的法国橡木桶中长期陈酿而展现出令人惊叹的美妙风味。而美国酒厂运用全新炙烤的橡木桶进行陈酿的传统，也孕育衍生出了一种美国风格的苹果白兰地——纯正苹果白兰地。这种辛辣、复杂的白兰地很像美国威士忌和卡尔瓦多斯的结合。我们的黄金标准就是莱尔德保税苹果白兰地（也是美国最古老的烈酒），另外也有几款值得注意的新品牌，如黑土酒厂（Black Dirt Distillery）的杰克苹果白兰地（Apple Jack，令人困惑的是，严格来说这款酒并不是杰克苹果白兰地，而是纯正苹果白兰地），或者铜与国王（Copper & Kings）的美国苹果白兰地。

品鉴一：边车

清爽，酸涩，复杂，边车是探索陈酿白

三地的绝佳选择。君度酒的清新柑橘风味与复杂层次突显了3种白兰地（干邑、卡尔瓦多斯和美国纯正苹果白兰地）的果味特征，柠檬汁的酸度与君度酒的甜度相得益彰，使得这款鸡尾酒更易于饮用。

虽然这3种鸡尾酒都令人感到清爽，但它们的风味大不相同。以干邑为基酒的边车是经典之选。卡尔瓦多斯则将本就优雅的边车转变为更柔和、更精致的鸡尾酒。虽然这款鸡尾酒中没有添加任何肉桂或丁香，但你可能会产生错觉，误以为自己感觉到了这些香辛料的气息——这款边车的改编版在某种程度上具有深层次的张力，就像节日的香料一样。而以纯正苹果白兰地为基酒的鸡尾酒则走向了辛辣的方向，使得鸡尾酒更加粗犷且具有木质调性，基酒的风味也更为突出。

选择哪一种风味取决于你的个人喜好：你是想要柔和、细腻的风味，还是浓郁、强烈的风味？

品鉴二：美式三部曲

通过这次品鉴，你可以体验到白兰地在与其他成分（这里是美国威士忌）搭配时所展现出的各种不同风味。

对老式鸡尾酒的爱好者来说，美式三部曲是一款令人惊艳的改编版鸡尾酒，这3个版本都没有让人失望，但它们的风味又截然不同。以干邑为基酒的版本浓郁而令人感到舒缓，干邑所带来的葡萄干风味与黑麦威士忌的辛辣相得益彰。用卡尔瓦多斯代替干邑，则会让鸡尾酒变得如同奶油般柔顺丝滑，黑麦威士忌的风味比白兰地更加突出，但整体上还是要比美国纯正苹果白兰地版本更轻盈。在第3个版本中，纯正苹果白兰地的刺激感与黑麦威士忌相得益彰，这种辛辣的组合能带给人很强的冲击力。

我们发现，这次品鉴对指导我们何时使用何种风格来达到特定效果非常有价值。如果我们的目标是调制一款口感浓郁、圆润的鸡尾酒，那么干邑将是最佳选择；如果我们寻求轻快、微妙的口感，那么卡尔瓦多斯肯定能够胜任；如果我们追求的是辛辣、刺激的感受，那么莱尔德保税苹果白兰地（或类似风格的美国苹果白兰地）将是正确的选择。

品鉴一

边车

1½ 盎司陈酿白兰地
¾ 盎司新鲜柠檬汁
1 茶匙单糖浆
¾ 盎司君度酒
装饰：1 个橙皮卷

品鉴物料

- 3种不同的陈酿白兰地、量酒器、3套摇酒壶、霍桑过滤器、冰块、3个蝶形杯。

说明

- 将3种白兰地分别倒入3个摇酒壶中，闻一闻，注意它们香气上的差异。
- 将柠檬汁、单糖浆和君度酒分别倒入不同的摇酒壶中。
- 分别加入冰块并密封摇酒壶。
- 从左到右，将每种鸡尾酒用力摇10秒，之后再重复摇1次。
- 快速将每种鸡尾酒分别滤入碟形杯，用橙皮卷装饰。
- 嗅闻并品尝每种鸡尾酒。

品鉴二

美式三部曲

1 盎司陈酿白兰地
1 盎司黑麦威士忌
1 茶匙德梅拉拉糖浆
1 滴安高天娜苦精
1 滴安高天娜橙味苦精

品鉴物料

- 3种不同的陈酿白兰地、量酒器、3个搅拌杯、冰块、吧勺、茱莉普过滤器、3个古典杯、3块大方冰。

说明

- 将陈酿白兰地和黑麦威士忌分别倒入3个搅拌杯中，闻一闻，注意它们香气上的差异。
- 将德梅拉拉糖浆和安高天娜苦精、安高天娜橙味苦精分别加入搅拌杯中。
- 在搅拌杯中加入冰块，搅拌至酒液冷却并适当稀释。
- 将鸡尾酒分别滤入装有一块大方冰的古典杯中。

调味剂

我们长期以来对"调味剂"的定义是：任何在鸡尾酒中起到辅助作用的酒精成分。正如你在前面所学到的，烈酒也可以扮演调味剂的角色，而许多通常用作调味剂的成分也可以成为主要基酒。

因此，调味剂覆盖的范围非常广，我们在之前的书中已经介绍了数十种我们最喜欢的品牌。为了帮助你探索适合你的酒吧或调酒工作的调味剂，我们将调味剂分为3类：利口酒、阿玛罗和加烈葡萄酒。然后，我们根据酒的风格、风味特征和酒精度，将这些子类别进一步细分，这有助于你根据自己的需求进行选择或替换。

利口酒

一般来说，利口酒酒精度适中（通常为20%~40%），能为鸡尾酒增添特定的风味，如橙味（君度酒）、薄荷味（薄荷利口酒）或葡萄柚味（粉红葡萄柚利口酒），或者使鸡尾酒呈现出复杂的风味，如查特酒或廊酒。后文列出了至死相伴酒吧经常使用的利口酒的酒精度和相对甜度（见第122~123页）。

阿玛罗

阿玛罗是一种难以归类的调味剂。我们认为这种主要产自意大利、普遍苦涩（程度不同）且大多拥有浓郁甜味的品类，是一种介于利口酒和加烈葡萄酒之间的酒。和利口酒一样，大多数阿玛罗以烈酒作为基酒（通常是葡萄白兰地或谷物中性烈酒，很少以加烈葡萄酒作为基酒），并且具有不同程度的甜味。阿玛罗也含有与加烈葡萄酒，尤其是甜味美思（起源于意大利）相似的植物成分（通常是树皮、草药和柑橘皮等苦味成分）。阿玛罗的酒精度范围很广，但大部分在20%~30%之间，也有一些阿玛罗的酒精度接近烈酒水平。

在鸡尾酒中，我们会使用不同剂量和不同风味的阿玛罗，或将其作为基酒大量加入，如"初心不改，勿忘奋斗"（见第324页），或是用作调味剂少量使用以取代苦精，如"夜贼"（Thieves in the Night，见第311页）。由于每种阿玛罗都是独一无二的，因此要在鸡尾酒中替换掉原本的阿玛罗可能会影响鸡尾酒的酒精度、甜味和风味特征。在这里，我们将阿玛罗按从最清淡的（开胃酒）到最浓烈的顺序分为几个类别。

开胃酒

阿佩罗（Aperol）、金巴利、苏姿（Suze）。

清淡阿玛罗

梅乐蒂阿玛罗（Amaro Meletti）、阿玛罗·蒙特内罗（Amaro Montenegro）、诺妮酒庄美丽花语阿玛罗（Amaro Nonino Quintessentia）、洛法龙胆阿玛罗（Lo-Fi Gentian Amaro）。

平衡阿玛罗

雅凡娜阿玛罗酒（Amaro Averna）、西奥恰罗阿玛罗（Amaro CioCiaro）、比格蕾吉娜（Bigallet China-China Amer）、西娜尔利口酒（Cynar）、阿玛卓阿玛罗、卡佩莱蒂帕苏比奥阿玛罗（Cappelletti Pasubio Vino Amaro）、安高天娜阿玛罗（Amaro di Angostura）、布劳利阿玛罗（Braulio Amaro）、纳迪尼阿玛罗。

浓郁阿玛罗

菲奈特·布兰卡（Fernet-Branca）、路萨朵阿玛罗（Luxardo Amaro Abano）、卡佩莱蒂斯弗马托阿玛罗（Capalleti Amaro Sfumato）、弗萨夫马赛阿玛罗（Forthave Spirits Marseille Amaro）、菲奈特瓦雷特（Fernet-Vallet）。

加烈葡萄酒

这个类别包括最常用的调味剂，如味美思、雪莉酒、马德拉酒和开胃酒。每个类别的酒精度都相对稳定（通常在15%~18%之间），甜度的变化幅度不会像利口酒那么大。当寻找替代品时，你要先在同一个风格组（比如甜味美思或菲诺雪莉酒）内进行选择，然后考虑你正在使用的调味剂的独特风味，并尝试寻找类似风味的产品，或者在风味上进行有意识地改变。

苦精

苦精在鸡尾酒中的用量极少，但这种味道浓郁的调味成分可以对鸡尾酒的整体风味产生重要的影响。根据鸡尾酒中其他成分的不同，苦精可以发挥几种不同的作用。首先，它们可以增强鸡尾酒中已有的风味。例如，添加一点橙味苦精，就可以提升并烘托出金酒马天尼中的柑橘风味。其次，苦精也可以为鸡尾酒增添原本不存在的风味，比如安高天娜苦精所带来的丁香和肉桂味。最后，在将鸡尾酒倒入酒杯后，你可以在酒液表面洒上几滴苦精，作为芳香装饰，这也是你把酒杯送到唇边品尝时最先感受到的风味。

由于苦精酒精度高且风味浓郁，因此单独品尝一滴苦精很难辨别其风味。我们建议将几滴苦精加入一杯冰镇气泡水中，这样可以最大限度地呈现出苦精的风味，使其更容易辨别，同时气泡会将香气从液体中释放出来，进入你的鼻腔。如果时间有限（或者没有气泡水），你也可以在手掌上洒几滴苦精，搓搓手，然后深吸一口气来感受其风味。

假设你想按照书中的配方调制一款鸡尾酒，但手头没有配方所指定的苦精，别一怒之下就扔掉手中的摇酒壶（或急匆匆地跑去酒类专卖店采购）！

至死相伴酒吧最爱用的调味剂

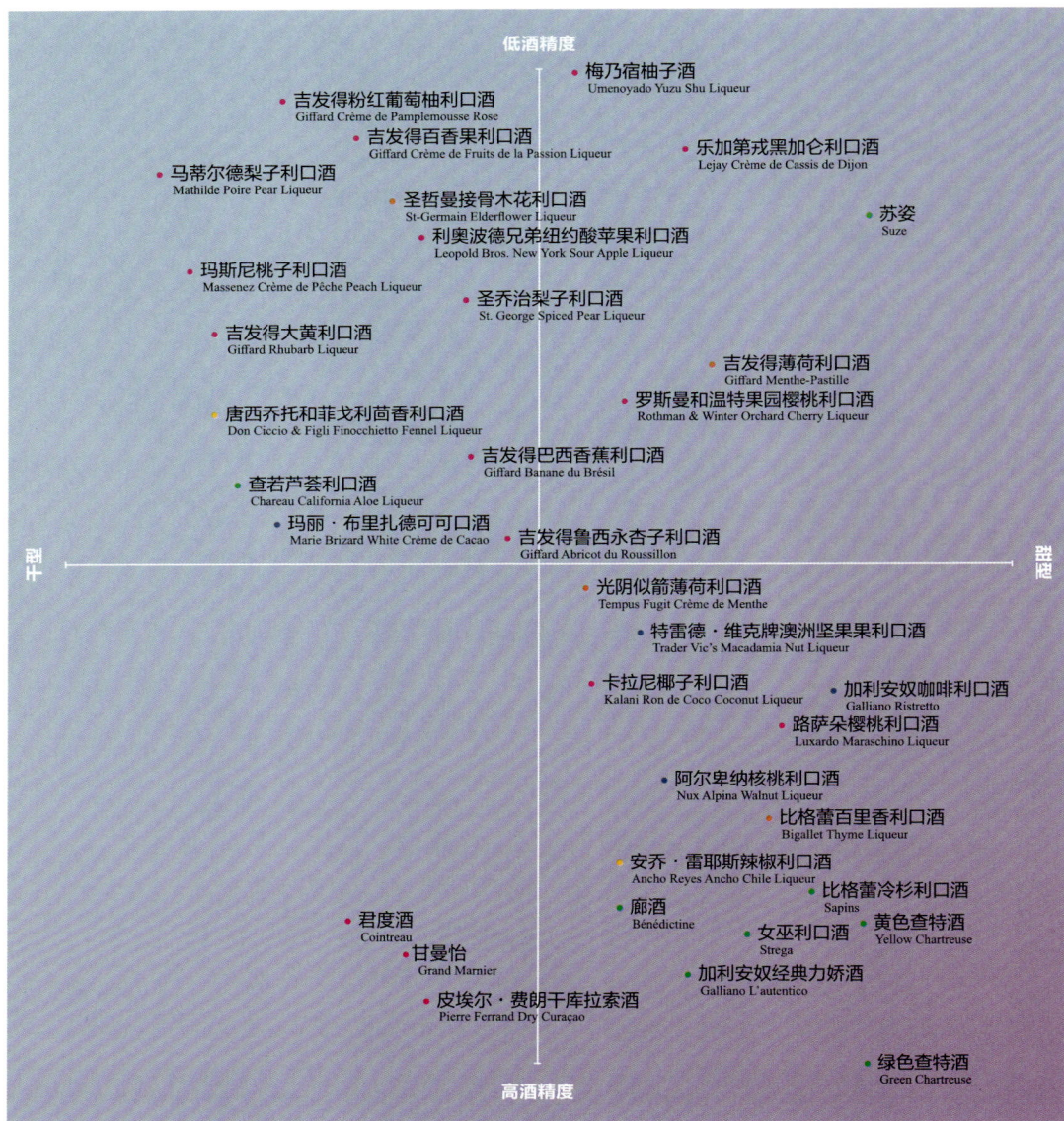

低酒精度

梅乃宿柚子酒
Umenoyado Yuzu Shu Liqueur

吉发得粉红葡萄柚利口酒
Giffard Crème de Pamplemousse Rose

吉发得百香果利口酒
Giffard Crème de Fruits de la Passion Liqueur

乐加第戎黑加仑利口酒
Lejay Crème de Cassis de Dijon

马蒂尔德梨子利口酒
Mathilde Poire Pear Liqueur

圣哲曼接骨木花利口酒
St-Germain Elderflower Liqueur

苏姿
Suze

利奥波德兄弟纽约酸苹果利口酒
Leopold Bros. New York Sour Apple Liqueur

玛斯尼桃子利口酒
Massenez Crème de Pêche Peach Liqueur

圣乔治梨子利口酒
St. George Spiced Pear Liqueur

吉发得大黄利口酒
Giffard Rhubarb Liqueur

吉发得薄荷利口酒
Giffard Menthe-Pastille

罗斯曼和温特果园樱桃利口酒
Rothman & Winter Orchard Cherry Liqueur

唐西乔托和菲戈利茴香利口酒
Don Ciccio & Figli Finocchietto Fennel Liqueur

吉发得巴西香蕉利口酒
Giffard Banane du Brésil

查若芦荟利口酒
Chareau California Aloe Liqueur

玛丽·布里扎德可可口酒
Marie Brizard White Crème de Cacao

吉发得鲁西永杏子利口酒
Giffard Abricot du Roussillon

干型 | | 甜型

光阴似箭薄荷利口酒
Tempus Fugit Crème de Menthe

特雷德·维克牌澳洲坚果利口酒
Trader Vic's Macadamia Nut Liqueur

卡拉尼椰子利口酒
Kalani Ron de Coco Coconut Liqueur

加利安奴咖啡利口酒
Galliano Ristretto

路萨朵樱桃利口酒
Luxardo Maraschino Liqueur

阿尔卑纳核桃利口酒
Nux Alpina Walnut Liqueur

比格蕾百里香利口酒
Bigallet Thyme Liqueur

安乔·雷耶斯辣椒利口酒
Ancho Reyes Ancho Chile Liqueur

比格蕾冷杉利口酒
Sapins

君度酒
Cointreau

廊酒
Bénédictine

女巫利口酒
Strega

黄色查特酒
Yellow Chartreuse

甘曼怡
Grand Marnier

加利安奴经典力娇酒
Galliano L'autentico

皮埃尔·费朗干库拉索酒
Pierre Ferrand Dry Curaçao

绿色查特酒
Green Chartreuse

高酒精度

● 草本利口酒　　● 以花卉和草本植物为原料的利口酒　　● 水果利口酒　　● 浓郁型利口酒　　● 植物利口酒

至死相伴酒吧最爱用的加烈酒

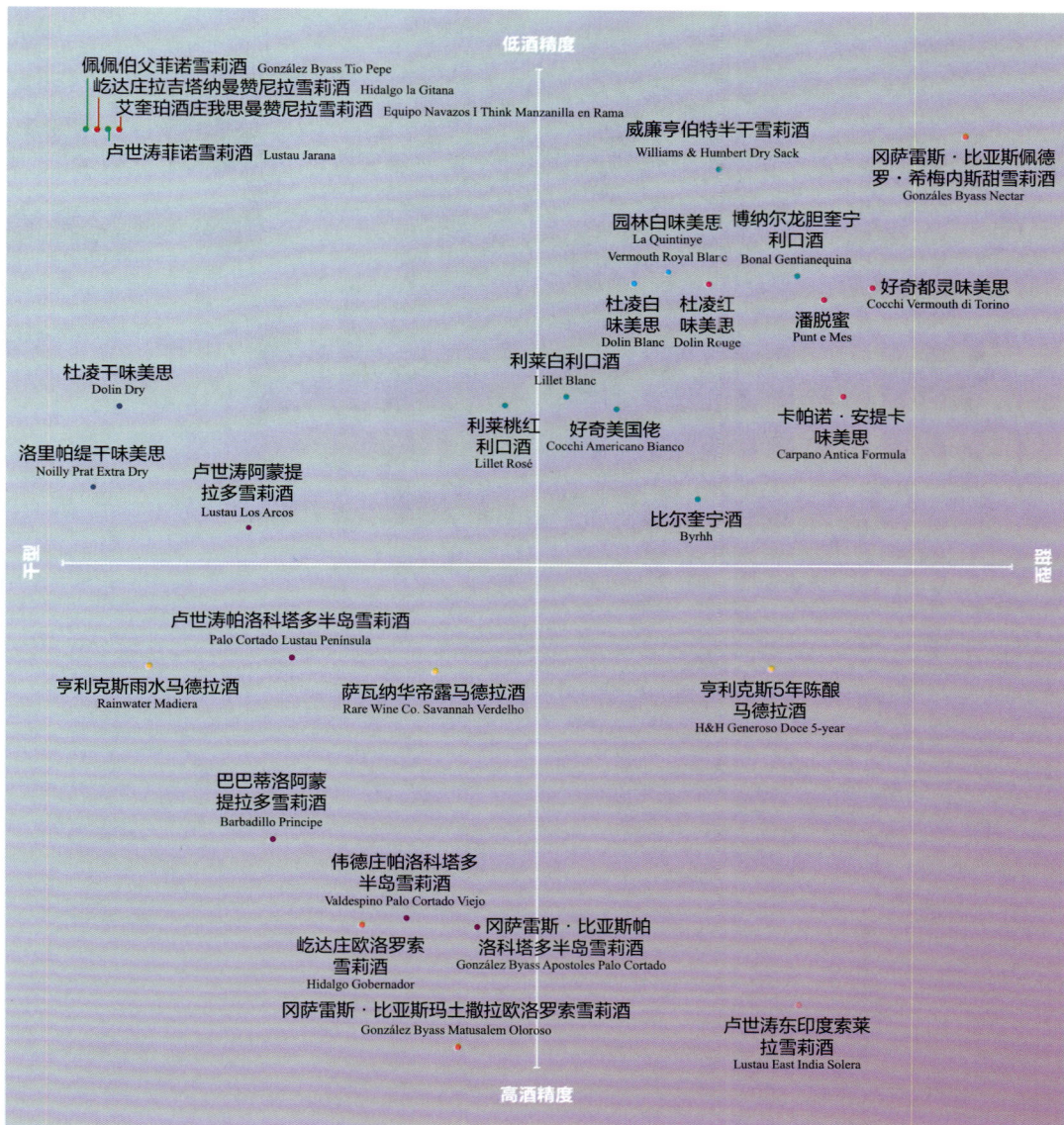

低酒精度

佩佩伯父菲诺雪莉酒 González Byass Tio Pepe
屹达庄拉吉塔纳曼赞尼拉雪莉酒 Hidalgo la Gitana
艾奎珀酒庄我思曼赞尼拉雪莉酒 Equipo Navazos I Think Manzanilla en Rama

卢世涛菲诺雪莉酒 Lustau Jarana

威廉亨伯特半干雪莉酒
Williams & Humbert Dry Sack

冈萨雷斯·比亚斯佩德
罗·希梅内斯甜雪莉酒
Gonzáles Byass Nectar

园林白味美思
La Quintinye
Vermouth Royal Blanc

博纳尔龙胆奎宁
利口酒
Bonal Gentianequina

杜凌白
味美思
Dolin Blanc

杜凌红
味美思
Dolin Rouge

潘脱蜜
Punt e Mes

好奇都灵味美思
Cocchi Vermouth di Torino

利莱白利口酒
Lillet Blanc

杜凌干味美思
Dolin Dry

利莱桃红
利口酒
Lillet Rosé

好奇美国佬
Cocchi Americano Bianco

卡帕诺·安提卡
味美思
Carpano Antica Formula

洛里帕缇干味美思
Noilly Prat Extra Dry

卢世涛阿蒙提
拉多雪莉酒
Lustau Los Arcos

比尔奎宁酒
Byrhh

干型 ——————————————————————————————————— 甜型

卢世涛帕洛科塔多半岛雪莉酒
Palo Cortado Lustau Península

亨利克斯雨水马德拉酒
Rainwater Madiera

萨瓦纳华帝露马德拉酒
Rare Wine Co. Savannah Verdelho

亨利克斯5年陈酿
马德拉酒
H&H Generoso Doce 5-year

巴巴蒂洛阿蒙
提拉多雪莉酒
Barbadillo Principe

伟德庄帕洛科塔多
半岛雪莉酒
Valdespino Palo Cortado Viejo

屹达庄欧洛罗索
雪莉酒
Hidalgo Gobernador

冈萨雷斯·比亚斯帕
洛科塔多半岛雪莉酒
González Byass Apostoles Palo Cortado

冈萨雷斯·比亚斯玛土撒拉欧洛罗索雪莉酒
González Byass Matusalem Oloroso

卢世涛东印度索莱
拉雪莉酒
Lustau East India Solera

高酒精度

- 甜味美思   • 干味美思   • 白味美思   • 马德拉酒
• 菲诺雪莉酒   • 曼赞尼拉雪莉酒   • 阿蒙提拉多雪莉酒   • 奶油雪莉酒   • 欧洛罗索雪莉酒   • 开胃酒

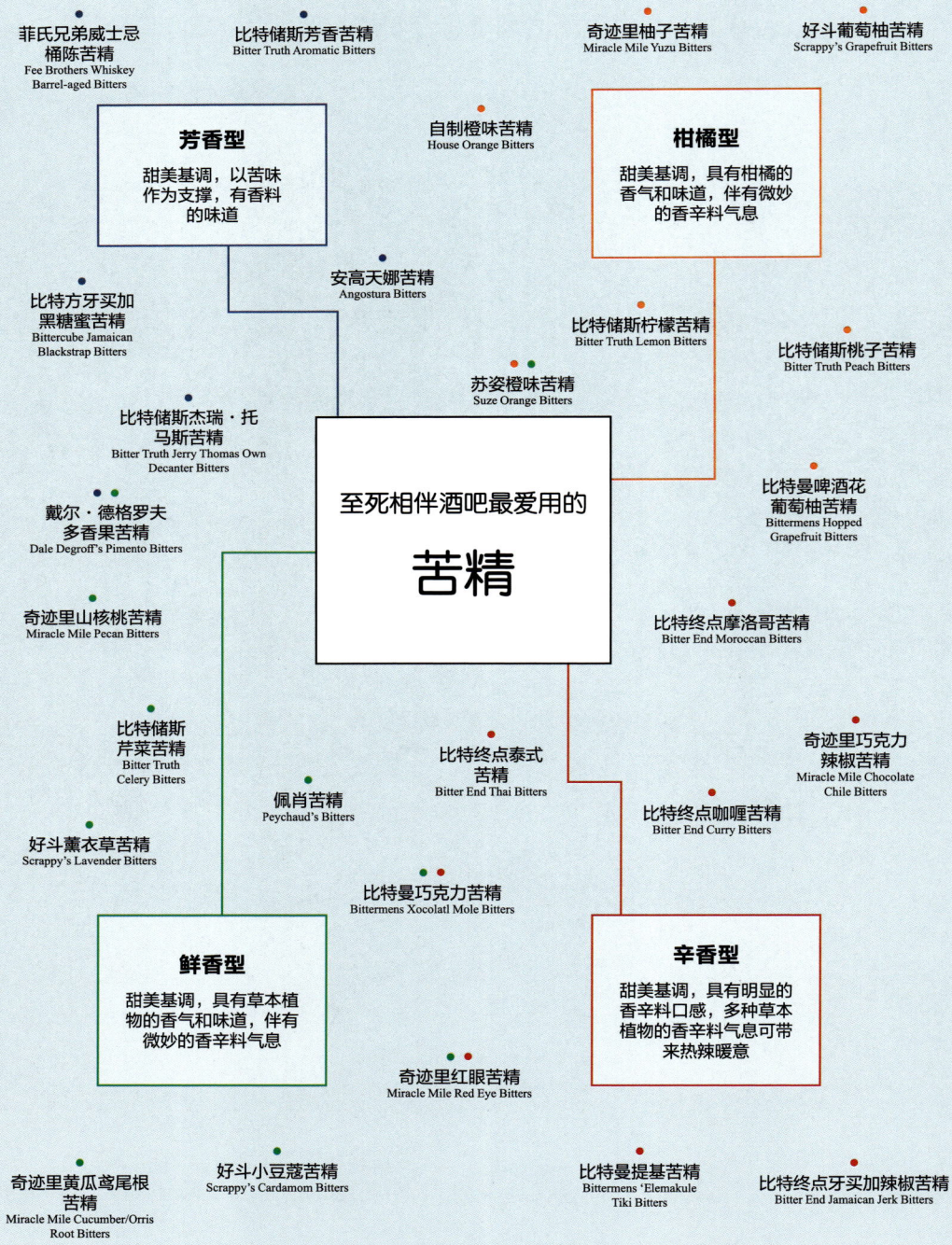

菲氏兄弟威士忌
桶陈苦精
Fee Brothers Whiskey
Barrel-aged Bitters

比特储斯芳香苦精
Bitter Truth Aromatic Bitters

奇迹里柚子苦精
Miracle Mile Yuzu Bitters

好斗葡萄柚苦精
Scrappy's Grapefruit Bitters

芳香型
甜美基调，以苦味
作为支撑，有香料
的味道

自制橙味苦精
House Orange Bitters

柑橘型
甜美基调，具有柑橘的
香气和味道，伴有微妙
的香辛料气息

比特方牙买加
黑糖蜜苦精
Bittercube Jamaican
Blackstrap Bitters

安高天娜苦精
Angostura Bitters

比特储斯柠檬苦精
Bitter Truth Lemon Bitters

比特储斯桃子苦精
Bitter Truth Peach Bitters

比特储斯杰瑞·托
马斯苦精
Bitter Truth Jerry Thomas Own
Decanter Bitters

苏姿橙味苦精
Suze Orange Bitters

至死相伴酒吧最爱用的
苦精

比特曼啤酒花
葡萄柚苦精
Bittermens Hopped
Grapefruit Bitters

戴尔·德格罗夫
多香果苦精
Dale Degroff's Pimento Bitters

奇迹里山核桃苦精
Miracle Mile Pecan Bitters

比特终点摩洛哥苦精
Bitter End Moroccan Bitters

比特储斯
芹菜苦精
Bitter Truth
Celery Bitters

比特终点泰式
苦精
Bitter End Thai Bitters

奇迹里巧克力
辣椒苦精
Miracle Mile Chocolate
Chile Bitters

佩肖苦精
Peychaud's Bitters

比特终点咖喱苦精
Bitter End Curry Bitters

好斗薰衣草苦精
Scrappy's Lavender Bitters

比特曼巧克力苦精
Bittermens Xocolatl Mole Bitters

鲜香型
甜美基调，具有草本植
物的香气和味道，伴有
微妙的香辛料气息

辛香型
甜美基调，具有明显的
香辛料口感，多种草本
植物的香辛料气息可带
来热辣暖意

奇迹里红眼苦精
Miracle Mile Red Eye Bitters

奇迹里黄瓜鸢尾根
苦精
Miracle Mile Cucumber/Orris
Root Bitters

好斗小豆蔻苦精
Scrappy's Cardamom Bitters

比特曼提基苦精
Bittermens 'Elemakule
Tiki Bitters

比特终点牙买加辣椒苦精
Bitter End Jamaican Jerk Bitters

虽然大多数苦精都是独特的产品，具有特定的风味特征，但你仍然可以找到替代产品。

例如，柠檬苦精和葡萄柚苦精在风味上与橙味苦精较为接近，因此可以在马天尼鸡尾酒中进行对比实验（用柠檬苦精或葡萄柚苦精替换配方中的橙味苦精），看看这些强烈的风味成分如何影响鸡尾酒的整体口感。此外，还有一些风味较为清淡的苦精也值得尝试，比如比特储斯的芹菜苦精或桃子苦精。

在上页图中，我们根据常见的风味类别对苦精进行了分类：芳香型、柑橘型、鲜香型和辛香型（即能为鸡尾酒增添一丝热辣风味的苦精）。同时，我们还尝试按照苦精的复杂度进行排列——很多苦精的风味都十分复杂，有些包含十几种甚至更多的植物成分，而有些则只包含寥寥几种。

更换苦精简便易行，它能让你在不囤积大量调酒原料的情况下微调鸡尾酒的风味，甚至还可能优化配方，使其更符合个人口味。例如，如果某款鸡尾酒的配方使用了经典的安高天娜苦精，你可以用类似的苦精进行实验，比如比特储斯芳香苦精、比特储斯杰瑞·托马斯苦精或菲氏兄弟威士忌桶陈苦精。如果你想进一步探索相似的复杂风味，则可以尝试比特终点牙买加辣椒苦精或摩洛哥苦精。

还有一种选择是在已含苦精的鸡尾酒中加入第二种风味苦精。最典型的例子是老式鸡尾酒，通常在使用安高天娜苦精的情况下，你还可以搭配其他风味的苦精进行互补，如比特曼巧克力苦精、奇迹里山核桃苦精或好斗小豆蔻苦精，以打造更为丰富的层次感。

天然风味提取物

天然风味的美妙和纯粹是无可比拟的，无论是新鲜压榨的果汁还是直接从花园中采摘的花朵。多亏了人类的聪明才智，这些天然风味中的化学成分可以被提取出来并经过人工合成。但对我们来说，这些经过人工合成的各种添加剂根本不能与大吉利中鲜榨的青柠汁相媲美。请称我们为浪漫主义者吧！

但有些风味和成分，如桦树皮提取物或桉树提取物，由于其稀有性和提取难度大，很难分离和获取。这时，天然风味提取物就派上用场了，这是可溶于水或者食用酒精的高度浓缩的天然风味物质。这并不是我们通常所说的浸泡液，而是通过先进的提取方法生产出来的高度浓缩的风味提取物，仅用几滴就足够了。风味提取物也不同于精油，我们在调制鸡尾酒时会避免使用精油（除非将它们喷洒在鸡尾酒表面作为芳香装饰），因为精油不会均匀地溶解在液体中。

天然风味提取物和人工合成的风味提取物在食品制造业中得到了广泛应用。它们在日常生活中随处可见——你购买的绝大多数加工食品中都含有这些成分。尽管我们在调制鸡尾酒时很少会用到这些风味提取物，但它们在鸡尾酒行业中的作用与在其他行业中的类似：增加香气和味道的层次，带来天然原料所不具备的风味，以及使鸡尾酒呈现出在没有专业设备或原料不足的情况下难以呈现的风味。

我们第一次接触天然风味提取物，是在试图重现我们在哥本哈根旅行中尝到的桉树苦精时。那段记忆一直萦绕在心头，所以我们找到了一种替代品。我们从泰拉香料公司（Terra Spice）订购了一瓶桉树提取物，它的风味之强烈、浓郁让我们感到震惊——只是打开瓶盖就能让整个房间充满香气。经过多次试验，我们找到了在鸡尾酒中使用少量天然风味提取物来重现我们在哥本哈根品尝到的桉树苦精的方法，从此之后，我们便对使用风味提取物乐此不疲。

如今，我们用天然风味提取物为鸡尾酒调味，为糖浆增添层次，或者在短时间内对整瓶酒进行风味浸泡。我们鼓励你探索使用天然风味提取物来调制鸡尾酒。但要了解它们在鸡尾酒中的运用，我们建议你进行两个简单的品鉴体验。我们认为，无论在家庭酒吧还是专业酒吧，你都应该尝试一下使用天然风味提取物，但使用时要非常小心，因为一点点天然风味提取物就能发挥巨大的作用。建议你购买一台微量天平（又名药品天平）来量取原料。

品鉴体验1：丰富多彩的柠檬味

在这次品鉴中，我们将探索如何通过增加风味提取物的用量来提升鸡尾酒

的风味。你需要准备柠檬提取物和经典汤姆柯林斯的原料（见第81页）。我们建议你购买高品质的天然柠檬提取物（不是柠檬油），推荐泰拉香料公司的产品（参见第396页"我们的供应商"）。

首先，打开柠檬提取物的瓶盖，小心地靠近瓶子，注意不要靠得太近，因为风味提取物的香气具有很强的冲击力。调制一杯汤姆柯林斯，闻一闻并尝一尝，注意鸡尾酒中柠檬汁的风味。

接下来，小心地向鸡尾酒中加一滴柠檬提取物，并轻轻搅拌。再次闻一闻并尝一尝，你是否注意到有什么不同？鸡尾酒保持了较好的平衡感，但柠檬汁的味道更为明显了一些。接着，再向鸡尾酒中加一滴柠檬提取物。突然间，柠檬汁的味道跃出酒杯，整杯鸡尾酒呈现出更具活力的状态。继续逐滴添加并依次品尝，一直添加到5滴为止。此时，所添加的柠檬提取物的量可能已经超过了合适的范围，从而让这杯鸡尾酒变成了一颗"柠檬炸弹"。

类似这样的品鉴体验还有很多，它们可以展示如何通过微量添加调味剂来增强鸡尾酒中某一成分的集中度。例如，在玛格丽特中添加一滴橙子提取物可以增强君度酒的存在感，或者在大吉利中添加一滴青柠提取物可以使鸡尾酒更具活力。

品鉴体验2：增加层次

显然，我们都喜欢马天尼，尤其是当一款改编鸡尾酒既保留了经典马天尼

细腻和微妙的口感，又对其稍微加以改变时。风味提取物已经成为许多改编鸡尾酒的成分之一，例如，"电报"（Telegraph，见第351页）和"提线木偶"（Marionette，见第248页）中都用到了桉树提取物。

和上面的品鉴体验一样，这次品鉴体验也是以一款经典鸡尾酒为基础，逐渐向其中添加风味提取物，以展示从微妙的点缀到添加过量的渐变过程。你需要准备经典马天尼（见第91页）的配料和工具，以及桉树提取物。调制一杯马天尼，但不要用柠檬皮卷装饰。先尝一尝，然后小心地加一滴桉树提取物。突然间，马天尼中味美思的草本风味变得明显起来。再加一滴，马天尼就全是桉树的味道了，这也是关于控制风味提取物用量的重要一课。

酒单研发

当你坐在酒吧里拿起酒单时，你可知道手里握着的是调酒师、酒吧经理和设计师们数百个小时工作的成果。能够将一家酒吧的文化精髓和想要表达的东西浓缩成几页并清晰地呈现出来，就是好的酒单。诚然，在客人拿起酒单之前，我们就有很多机会与他们进行互动。以至死相伴酒吧为例，客人可以通过我们的网站、社交媒体和书来与我们进行互动。但是，递给客人酒单的那一刻，是吸引他们，将他们带入我们的世界，并与他们展开对话的最初时刻。因此，我们认为，酒单不仅仅是一份清单，更是一种待客之道，是一件引人入胜的艺术品，也是表达我们所关注事物的机会，它能够以一种微妙的方式来表达我们的价值观。因此，酒单是体现酒吧方方面面成果的结晶。接下来，我们将介绍酒单研发的全过程，从定义酒单的范围和架构开始，概述调酒师之间合作创作鸡尾酒的过程，然后到精细地调整细节，最后将其落地呈现。

概念构思

在考虑创作一款鸡尾酒之前，我们需要就酒单达成一个清晰且一致的设想。虽然客人可能会选择那些吸引他们的单款鸡尾酒，但我们的目标远不止于此：鸡尾酒酒单是一种整体构思，我们认为它应该是协调一致的，鸡尾酒之间既能相互辅衬，又能形成对比，引人注目。

这就是为什么我们在任何开发过程中都会从确立意图开始。我们会先构思出一个框架，勾勒出大致的想法，然后研究如何实现这个设想，最后再组合和微调鸡尾酒。完成这些后，我们会重新整理酒单，确保它符合我们最初的意图。同时，我们还会问自己一些关键性问题：我们能否合理地执行这份酒单（无论是在准备阶段还是服务阶段）？这个鸡尾酒系列能否吸引广泛受众？这些鸡尾酒是否都好喝？

在推出新酒单时，我们会召集团队成员进行一次长时间的头脑风暴会议，以明确总体的目标和意图。在这次会议中，我们会确定酒单的结构构成（包括鸡尾酒的总款数和它们的组织方式，以及酒单本身的尺寸、形状和材质）、酒单的内容构成（包括酒单的总体叙述、文案的基调、布局和设计的创意方向），以及我们希望通过酒单向客人传达的信息。只有当我们对各个方面都感到满意时，我们才会开始开发新酒单。

确定酒单结构

至死相伴酒吧的每一家分店都有其独特的叙述视角，反映了它们所在社区的独特性、物理空间的设计感，以及酒吧团队的特色。我们旨在将酒吧打造成一个摆脱外界喧嚣的避风港，但同时它也映衬着外面的世界。

尽管如此，至死相伴酒吧每家分店的酒单结构都大同小异。在《鸡尾酒法典》中，我们通常会在探索核心鸡尾酒的基础上，将酒单分为6个类别：清新活泼型，如高球和汽酒（Spritz）的改编；轻盈欢快型，如大吉利等简单的酸酒；明亮张扬型，如加入利口酒的复杂酸酒（边车和玛格丽特的改编）；醇厚浓烈型，如老式鸡尾酒及其多种改编；优雅经典型，这是最受喜爱的类别，包括马天尼、曼哈顿和内格罗尼的改编；丰富易饮型，如以弗利普和椰林飘香（Piña Colada）为特色的鸡尾酒的改编。这也是我们在"配方"部分组织所有鸡尾酒配方的方式。

这种结构是我们的起点，我们会根据每家酒吧的需求进行调整。例如，对于丹佛至死相伴酒吧的2019年秋季酒单，我们决定不设置"丰富易饮型"部分，而是用"盛大庆祝"部分替代。丹佛至死相伴酒吧是朋友和家人聚会的热闹之地，我们发现在这种欢乐的氛围中非常适合供应潘趣酒等适合聚会时饮用的鸡尾酒。这种根据客人的需求调整酒单结构的行为，本身就是一种热情好客的表现。

总而言之，酒单结构必须能够反映出客人的偏好和需求。过去，我们按照鸡尾酒的类型和风格（如"威士忌+摇制"或"金酒+搅拌"）来组织酒单。这符合当时客人的期望：他们可能会根据基酒是清爽型（摇制）还是浓烈型（搅拌）来选择自己想要的鸡尾酒。随着客人对鸡尾酒的了解越来越深入，以及他们对自己饮酒偏好的认识已超越了这些狭窄的范畴，我们对酒单进行了相应的改进。如今，我们的鸡尾酒中通常会使用多种基酒，因此我们不再关注单一基酒成分，而是将目光转向上述6种基础风格。

我们调整酒单结构的另一种方式，是确保每个部分都包含无酒精和低酒精鸡尾酒，以照顾到那些希望在一次聚会中品尝多款鸡尾酒或偏好低酒精度（或无酒精）鸡尾酒的客人的需求。此外，酒单中每个部分的鸡尾酒都按照酒精度从低到高排列。这对客人和我们的团队来说是一个强大的导航工具：只需问几个简单的问题，我们就可以引导客人找到酒单上的大致区域，进而帮助他们选择符合他们偏好的鸡尾酒。喜欢大吉利？那就看看"轻盈欢快型"部分，尝试一下"大西洋太平洋"（Atlantic Pacific，见第234页）。是内格罗尼的爱好者？那"优雅经典型"部分的"皮克斯佩卡拉"（Pixee Pecala，见第342页）正是你的选择。

守旧与创新：我们的进化之路

在至死相伴酒吧创立初期，我们通常是各自独立地开发酒单。在日常工作中，调酒师们会把脑海中浮现的创意付诸实践，彼此分享尚处于雏形阶段的鸡尾酒配方（偶尔也会让值得信赖的业内朋友品鉴）。最终，我们会聚在一起进行团队品鉴，并打磨这些配方。通过这种方式，我们确实打造了一系列很棒的鸡尾酒（也为客人带来了微醺的下午时光），但随着时间的推移，我们意识到自己陷入了"回音室效应"。大家在长时间并肩工作之后，味觉和创意开始逐渐趋同，以至于在品鉴会上，大家所创造出的配方经常会出现风格过于雷同的情况。

如今，我们的做法有所不同。我们不再凭空创造全新的鸡尾酒，而是在一开始就设定好框架，比如：这份酒单包含多少款鸡尾酒？涵盖哪些风格？只有在确定了这些基本方向之后，我们才开始研发具体的酒款。我们发现，这种"在框架内创作，同时允许跳出框架"的方式，有助于打造出更出色的酒单和鸡尾酒。

我们将酒单的开发过程分为3个阶段：

概念研发——在脑海中进行构思，在纸上勾勒想法，对新的调酒技术和原料进行研究。

测试配方——付诸实践以检验创意，尝试使用不同糖浆和浸泡液，进行团队品鉴并调整配方。

最终定稿——整合酒单中的所有元素，准备新原料，订购产品，并规划酒单的实际呈现方式。

这种方法让我们的创作更加系统化，同时也为创新留出了空间。

酒单线框图

在我们探索过的所有有助于酒单开发的工具中，最有帮助的无疑是我们称之为"线框图"的工具，即酒单结构的简单草图——不包含具体的鸡尾酒——这有助于我们保持酒单的秩序和平衡。

我们先确定酒单分为几个部分、鸡尾酒的总款数以及每个部分的鸡尾酒类型，然后开始制作线框图。接下来，我们在电子表格中列出每一部分，并在每个部分下列出相应的鸡尾酒。然后，我们添加各列栏目："风格""风味特征""装饰""酒杯""调酒师"（即这款鸡尾酒的创作者），以及最后一项"冰块"。

在召集团队成员之后，我们开始进行头脑风暴，集思广益。首先，当前酒单上是否有我们想要保留到新酒单中的鸡尾酒？虽然我们并不经常这么做，但有时候我们确实不想放弃那些深受欢迎的鸡尾酒。如果有的话，我们会把它们列入新酒单。

然后，我们开始填写线框图的"风格"栏目，以确保不同类型的鸡尾酒能够均衡组合。接着，团队成员将开始构思创意。这可以在一次会议中完成，也可以由调酒师选择某些部分进行开发。

在接下来的几周内，通过独立工作或团队协作，调酒师会将自己的创意填充到线框图中，包括每款鸡尾酒的研发方向，以及初创的、未经测试的鸡尾酒配方。凭借经验和对预期风格的清晰设想，调酒师通常能在实际调制之前将配方调整至接近最终状态。调酒师会对原料和新技术进行调研，品尝新酒款，从而开发出潜在的全新鸡尾酒配方。

　　在进入酒单研发的实践阶段之前，我们会先从这些精彩的创意中抽身出来，审视全局。此时，我们需要保持理智。过去很多时候，我们曾热衷于追求那些需要过多前期准备工作、使用过于昂贵的设备或者根本不切实际的酒单。虽然用澄清果汁调制的6款鸡尾酒可以使酒单看起来很酷，但遗憾的是我们根本没有那么多离心机。我们必须确保酒单具有足够的多样性：不同的基酒（不要整本酒单都以梅斯卡尔为基酒，那是给鸡尾酒极客们喝的）、不同的酒杯（如果酒单上所有的鸡尾酒都需要用到碟形杯，那洗杯和冻杯将会变成调酒师的噩梦），以及不同的风格（不是所有鸡尾酒都应该是内格罗尼的改编）。

　　在团队成员对整个酒单进行最终审查后，调酒师就可以开始调制鸡尾酒了。当我们再次聚在一起分享进展（和反馈）时，整个过程会更有针对性，因为每个人都清楚自己的目标。这样一来，在品鉴完新酒单上的酒款后，大家也不会喝得醉醺醺的。

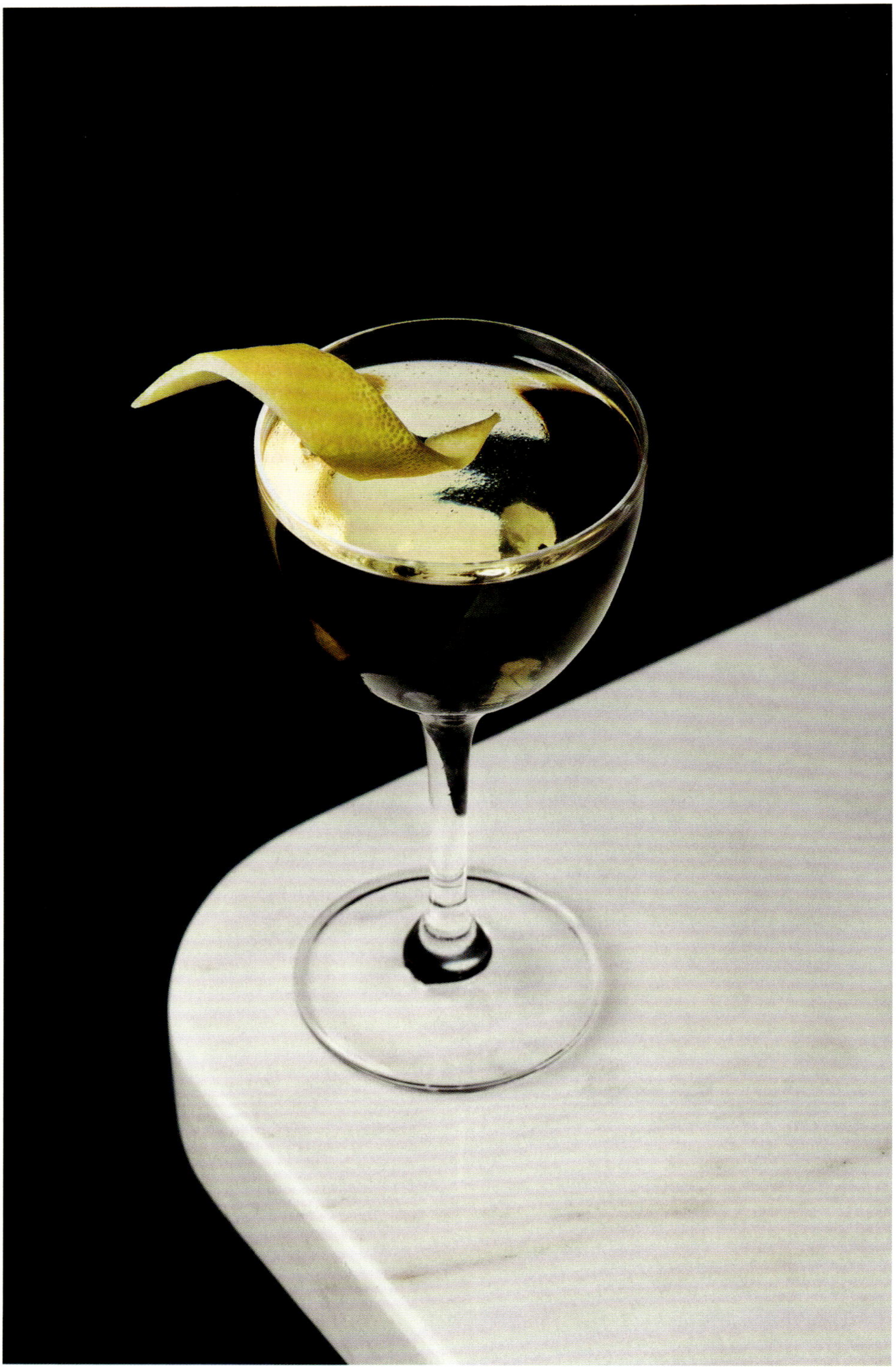

阿迪勒·卡恩（Adeel Khan）和凯吉·阿莫斯（Keji Amos）

阿迪勒·卡恩是丹佛一所高中的创始人和校长。

凯吉·阿莫斯是一名软件工程师。

阿迪勒：我和我的朋友凯吉都很喜欢鸡尾酒，也知道至死相伴酒吧，但当丹佛至死相伴酒吧开业时，我们对它并不了解。第一次去这家酒吧的那晚，我们坐在吧台旁，旁边有一对可爱的夫妇，他们对这家酒吧非常了解，他们推荐我们品尝了许多不同的金酒。

凯吉：几周后，我们在早午餐时间又去了这家酒吧，真是太棒了！我们在那里待了五六个小时，至少喝了酒单上一半的鸡尾酒。

阿迪勒：我们请服务员带领我们开展一次小型的鸡尾酒之旅，他们确实做到了。我对他们的培训和对待这份工作的认真程度感到非常好奇。他们所做的一切都非常有目的性。我在工作中也很注重细节，所以我很欣赏这一点，从那时起，我们真的爱上了这家酒吧。

凯吉：在那里，我喝过的最难忘的鸡尾酒之一是"艾莱岛正在消亡"（As Islay Dying）。它闻起来像雪茄，我当时就想问"你刚刚给我喝的是什么？"。这里的调酒师总喜欢把我们的味蕾推向未知的领域。

阿迪勒：它的味道像香烟，但真是太好喝了。

凯吉：遇到真正想了解你的调酒师，会让你感觉很好，因为他们不只是问你"你

艾莱岛正在消亡

马特·亨特（Matt Hunt），2018 年

¾ 盎司拉弗格 10 年苏格兰单一麦芽威士忌

¾ 盎司植物学家金酒（The Botanist Gin）

¾ 盎司杜凌白味美思

¾ 盎司杜凌干味美思

1 茶匙杜凌龙蒿利口酒（Dolin Génépy des Alpes Liqueur）

2 滴苦艾酒

装饰：1 个柠檬皮卷

将所有配料加冰搅拌，然后滤入冰好的尼克诺拉杯。挤压柠檬皮卷以释放皮油，然后将其放入鸡尾酒中。

想喝什么？"。至死相伴酒吧的所有员工都热情而温暖。每次见到他们，他们都会用灿烂的笑容和温暖的拥抱迎接我们。他们很高兴见到我们，我们也很高兴见到他们。

阿迪勒：他们做得特别好的一件事就是，即使酒吧客满，他们也从不拒绝我们。我们会挤在吧台一个没有椅子的小角落里，或者偷偷上楼到6A包间和酒吧团队成员一起喝一小杯梨子白兰地。这种感觉就好像和熟识的朋友们不必相约就能欢聚一堂，因为我们知道他们总会在这家酒吧等着我们。

凯吉：我们喜欢和不同的调酒师聊天，聊一些在酒吧里通常不会聊的话题。他们很兴奋，因为我们是两个"鸡尾酒怪咖"。

阿迪勒：即使他们非常忙，也会耐心地回答我们的问题："为什么用那款酒杯？为什么要把冰块敲碎？"他们做的每件事背后都有原因，每次去那里我们都会学到新东西。

鸡尾酒研发的新策略

在第一本书《至死相伴酒吧：现代经典鸡尾酒》中，我们分享了开发全新鸡尾酒时使用的几种策略。这些策略中有："蛋头先生"（Mr. Potato Head），即用一种（或多种）元素替换经典鸡尾酒中的某种元素，从而创作出全新的鸡尾酒；"装扮裸饮"（Dressing Up Naked Drinks），即通过浸泡或加入风味强烈的调味剂，为

原本较为简单的配方添加复杂度和层次感；"吹毛求疵"（Splitting Hairs），即以多种烈酒为基酒创作出鸡尾酒；以及"概念鸡尾酒"（Concept Drinks），这是一个统称，指那些仅仅有概念和想法还未付诸实践的鸡尾酒。

多年来，我们用这些策略研发了数百款鸡尾酒，以至于我们现在几乎意识不到它们的存在——它们已经融入我们研发鸡尾酒的过程中了。如今，我们还确立了一些常用于研发新酒款的新策略，并将它们命名如下。

批量预调型（The Batchelor）

我们的许多鸡尾酒中都含有多种少量的成分，我们会将这些成分预先加入透明玻璃瓶中混合均匀，作为批量制作的预调成分，这样可以加快出酒速度。其中一些预调成分的品质非常好（或者因为制作得过多了），调酒师会用这些预调成分来调制其他鸡尾酒。同样，某些成分的组合搭配会碰撞出新的火花，以至于它们会在之后研发的鸡尾酒中得到更新换代。

示例：诺斯探长（Inspector Norse，见第243页）、火药房菲兹（Powder House Fizz，见第251页）、回音泉（Echo Spring，见第363页）、荒地（Badlands，见第260页）、丛林地带（Jungleland，见第276页）、高度计茱莉普（Altimeter Julep，见第290页）、免费款待（Get Free，见第295页）、法外之地（Outlaw Country，见第306

页）、濒危语言（Dead Language，见第323页）、太空牛仔（Space Cowboy，见第366页）、点唱机英雄（Juke Box Hero，见第244页）、日舞小子（Sundance Kid，见第366页）、姜人（Ginger Man，见第240页）。

新潮型（New Toy）

现在，发现其他酒吧或者我们的很多客人（多亏了互联网）还没注意到的新款酒饮或调味剂越来越难了。然而，我们偶尔也会遇到一款非常新颖或卓越的上市新品，以至于我们业内会竞相使用。

示例：金发姑娘（Goldilocks，见第296页）、跑冰茉莉普（Ice Run Julep，见第299页）、石化的爱情（Stoned Love，见第310页）、胜利圈（Victory Lap，见第315页）、20/20（见第318页）、日舞小子（见第366页）、阿尔塔内格罗尼（Alta Negroni，见第319页）、这里是地球（This Island Earth，见第255页）、心魔博士（Doctor Mindbender，见第213页）、九重天（Cloud Nine，见第213页）。

液体午餐型（Liquid Lunch）

我们的调酒师在构思新鸡尾酒时经常受到烹饪界的启发。有些鸡尾酒的灵感来自让人意想不到的菜肴，无论是街头的墨西哥塔可（Taco）还是泰式浓汤。

示例：班科的幽灵（Banquo's Ghost，见第209页）、IDA意味着商业（IDA Means Business，见第243页）、布科琴蕾（Buko Gimlet，见第235页）、混凝土丛林（Concrete Jungle，见第235页）、鹦鹉螺（Nautilus，见第248页）、奇遇记（Strange Encounters，见第253页）、蜻蜓（Dragonfly，见第268页）、行星商队（见第280页）、斗牛士（Recortador，见第308页）、卷尾猴（Capuchin，见第322页）、眼科（Oculus，见第339页）、麦克的回归（Return of the Mac，见第344页）、南方的夜晚（Southern Nights，见第365页）、狡猾的道奇（Artful Dodger，见第290页）、喧嚣与骚动（Sound and

Fury，见第229页）。

超级蛋头先生型（Super Mr. Potato Head）

多年来，我们已经从旧版的"蛋头先生"那里获得了很多灵感，以至于我们现在几乎不可能再用它来重新构思经典鸡尾酒了。于是，"超级蛋头先生"登场了，它是一种自我参照的方式，即我们不再以经典鸡尾酒为出发点，而是以我们酒吧过去的鸡尾酒为出发点进行改编，从原始的配方中替换掉多种成分。

示例：轻微风暴（Slightly Stormy，见第228页）、柯蒂斯公园斯维泽（Curtis Park Swizzle，见第237页）、国王棕榈（King Palm，见第245页）、满帆（Full Sail，见第272页）、瓦科小子（Waco Kid，见第286页）、绝命大煞星（True Romance，见第353页）、哈莉奎因（Harlequin，见第217页）、武士道（Bushido，见第263页）、满满的爱（Whole Lotta Love，见第257页）、仙女座（Andromeda，见第319页）、电报（见第351页）、提线木偶（见第248页）、飓风袭击（Hurricane Kick，见第275页）、了不起的盖茨比（Good Enough Gatsby，见第240页）、乡村摇滚（Rockabilly，见第281页）。

炫富型（Fancy Flex）

我们很幸运在吧台后存了一些独特、昂贵且稀有的藏酒。但问题是，它们太昂贵了，无法用作鸡尾酒的基酒（至少不能用作主要基酒）。几年前，我们决定对此做些改变。我们想出了一个天才般的解决方案：将鸡尾酒的售价翻倍（甚至更多）！现在，我们所有的酒单上都有"奢华"鸡尾酒部分，这些鸡尾酒都是用非常昂贵的酒作为基酒来调制的。我们将这些鸡尾酒的配方尽可能地简化，以便让我们的客人充分体验到这些奢华鸡尾酒是多么物有所值。

示例：九重天（见第213页）、隐藏的世界（Hidden World，见第242页）、王者基多拉（King Ghidora，见第244页）、提线木偶（见第248页）、织布

工（The Weaver，见第257页）、卡里普索国王（Calypso King，见第292页）、密码（Cipher，见第293页）、我反对我（见第299页）、暗箱（Shadow Box，见第310页）、珠宝窃贼（Jewel Thief，见第336页）、避雷针（Lightning Rod，见第337页）、存在的科学（Science of Being，见第346页）、奇怪的宗教（Strange Religion，见第350页）、盾徽（Coat of Arms，见第322页）、点唱机英雄（见第244页）。

来杯啤酒型（I'll Just Have a Beer）

我们大部分清醒的时间里都在构思和调制鸡尾酒，所以下班后，我们最想喝的往往是冰镇啤酒。有时，我们对啤酒的热爱会渗透到鸡尾酒的创作过程中，我们会专门研发出某些尝起来像某种啤酒、西打或其他酒精度较低的酒饮的鸡尾酒。目前看来，专业的啤酒酿造师也有类似的渴望（他们想酿造出尝起来像鸡尾酒的啤酒），因此我们曾与当地酿酒厂合作，创作出几款模仿至死相伴酒吧鸡尾酒风味的啤酒。在纽约州比肯市的哈得孙谷酿酒厂（Hudson Valley Brewery），出于对迈泰的热爱，我们让酿酒厂自由发挥，用烤杏仁、青柠和橙子创作出一款迈泰风味的双倍印度淡色艾尔，它模糊了啤酒和鸡尾酒之间的界限。而科罗拉多州布鲁姆菲尔德的四鼻酿酒厂（Four Noses），则根据我们的猴拳（Monkey's Fist，见第248页）配方，着重突出该款鸡尾酒的百香果、胡萝卜和椰子风味，创作出一款深受鸡尾酒和啤酒爱好者喜爱的艾尔啤酒。

示例：幽灵颜色（Ghost Colors，见第216页）、卡马戈（Camargo，见第212页）、月之魔法（Moon Magic，见第223页）、猩红比蓝雀（Scarlet Tanager，见第227页）、孤星（Lone Star，见第301页）、牛头犬正面（见第212页）。

预备队员型（Prep School Standout）

由于我们改进了鸡尾酒的研发流程，因此大部分创意工作在实际调制鸡尾酒之前就已经完成了，这使得我们可以在厨房这个实验室里进行更多的实验，无论是开发新型浸泡液或调味糖浆，还是找个理由拿出离心机或其他专业设备进行探索。这是一种逆向研发的过程，即调酒师先构思需要事先准备的原料（糖浆、浸泡液等），再思考如何围绕它们来创作一款鸡尾酒。

示例：侘寂（Wabi-Sabi，见第256页）、埃尔托波（El Topo，见第214页）、光晕效应（Halo Effect，见第217页）、牛仔（Vaquero，见第314页）、查理曼（Charlemagne，见第212页）、灯塔酒店（Lamplighter Inn，见第364页）、猩红比蓝雀（见第227页）、纸片酒店（Paper Thin Hotel，见第306页）。

未知探索型（Uncharted Territory）

有些鸡尾酒的诞生源于调酒师经常思考的一些问题："如果……这杯酒会变得很酷吗？"或者"如果……这杯酒会是什么味道？"尽管这看起来已经有人尝试过了，但我们的调酒师还是会不断地给自己提出新的挑战，无论是把一些奇怪的配料和谐地融合在一起，还是将一款鸡尾酒从一种改编形式变成另一种改编形式（通常是将摇制类鸡尾酒变成搅拌类鸡尾酒，反之亦然）。

示例：双人跳伞（见第230页）、姜人（见第240页）、卡里普索（Calypso，见第263页）、金牙（Golden Fang，见第273页）、猛禽（Birds of Prey，见第291页）、双龙（Double Dragon，见第294页）、黑洞表面（Event Horizon，见第295页）、对握茱莉普（Match Grip Julep，见第302页）、纸牌游戏（Strip Solitaire，见第310页）、威士忌协议（见第316页）、绊网（Tripwire，见第312页）、神秘山谷（Uncanny Valley，见第312页）、富力金（Fuligin，见第328页）、新节拍（New Beat，见第338页）、寻宝假期（No Paddle，见第338页）、单臂剪刀（One Armed Scissor，见第340页）、满足的野兔（Satisfied Hare，见第346页）、午夜姐妹（Sister Midnight，见第347页）、信任度下降（Trust Fall，见第353页）。

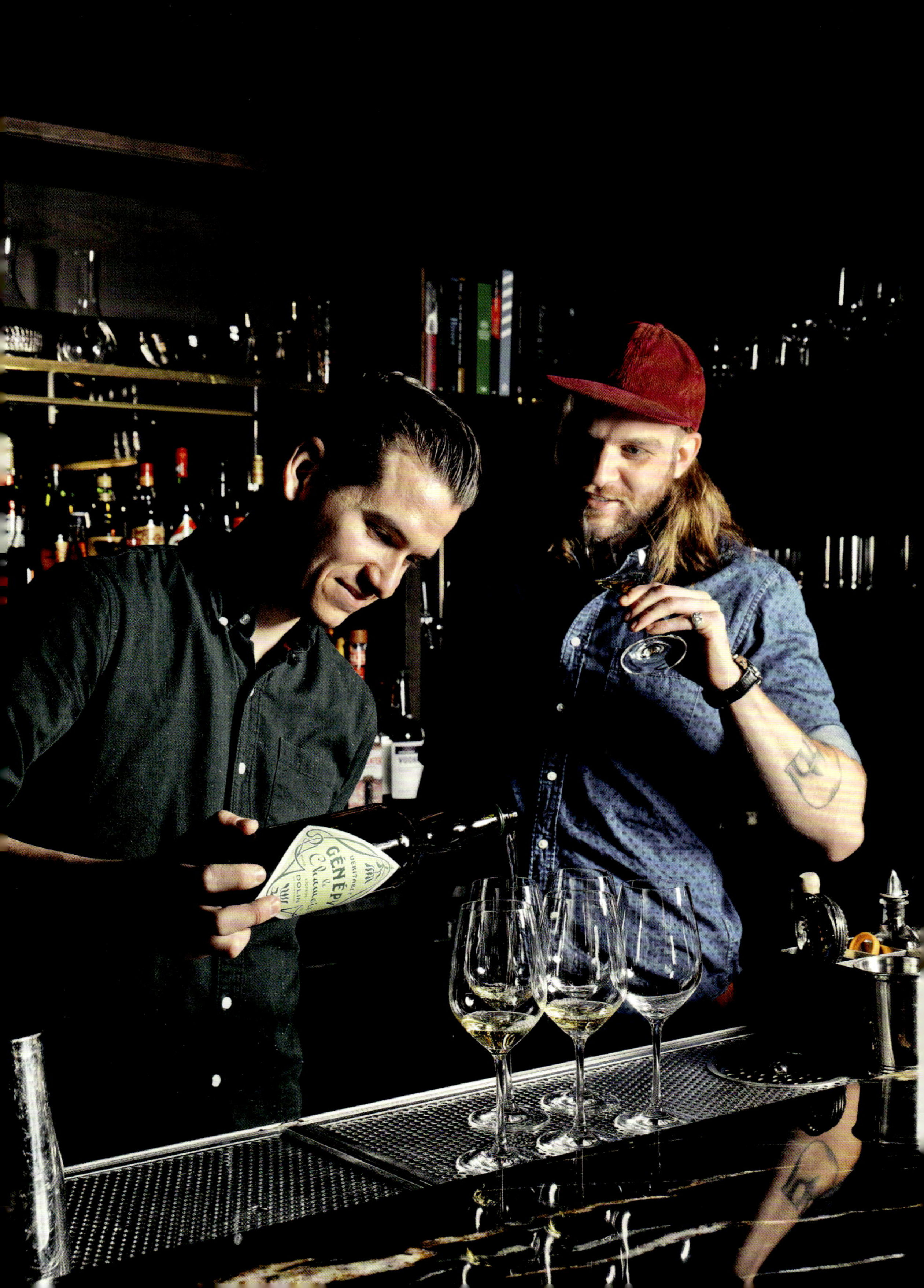
GÉNÉPY
DOLIN

风味逻辑

在构思鸡尾酒的潜在风味组合时，我们经常会翻阅《风味圣经》（The Flavor Bible）或其他类似的烹饪参考书。然而，只用"芹菜＋苹果""葡萄柚＋肉桂"或"香草＋菠萝"等常见组合，会显得千篇一律、乏味无趣。你如果发现自己陷入类似的困境，可以尝试我们最喜欢的新技巧之一，我们称之为"风味三段论"。

这个练习的方法是这样的：选择一种风味（风味Ａ），将其与一种常见的亲和风味（风味Ｂ）相匹配。然后，将风味Ｂ与其常见的一种亲和风味（风味Ｃ）相匹配。接下来，运用演绎推理来进行实践，看看这样做出来的酒饮是否可口：如果风味Ａ和风味Ｂ结合得很好，而风味Ｂ和风味Ｃ也很搭，那么风味Ｃ和风味Ａ是否也能搭配得很好呢？当然，答案并不总是肯定的，但这可能会帮助你发现一些令人惊喜的风味组合。在此基础上，你可以以一款基础鸡尾酒或经典鸡尾酒作为出发点，勾勒出大致的想法。以下是一些示例。

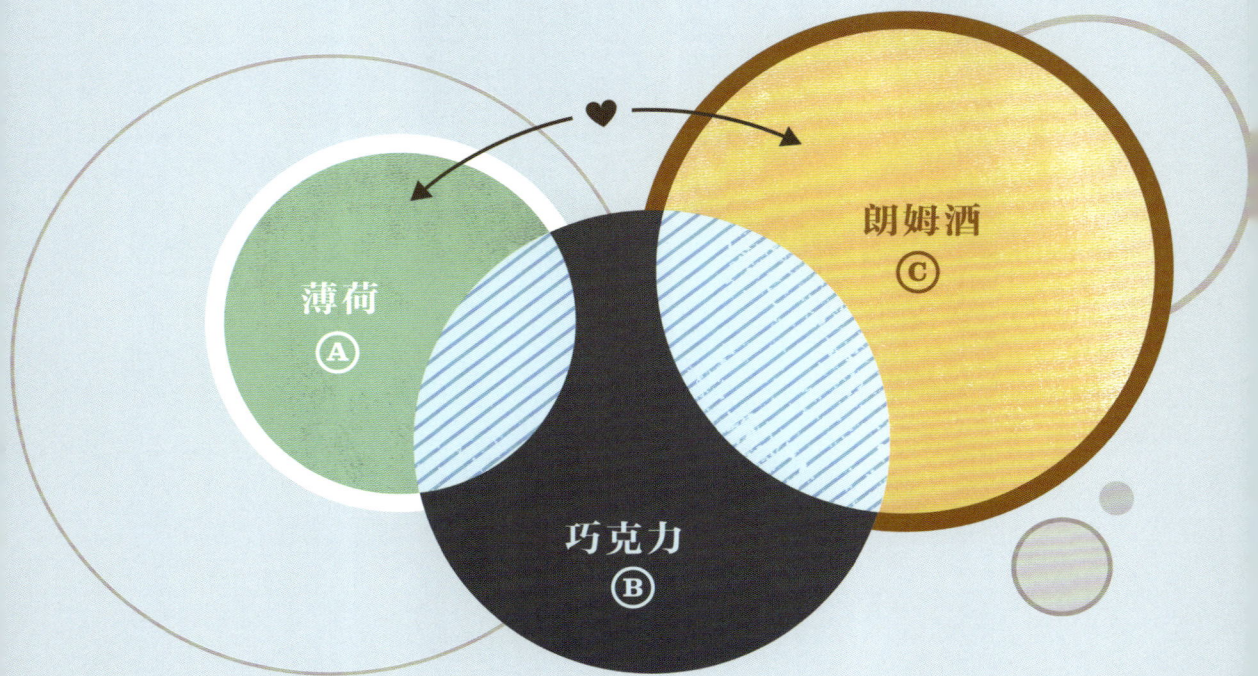

薄荷
Ⓐ

巧克力
Ⓑ

朗姆酒
Ⓒ

A	B	C	鸡尾酒头脑风暴
苹果	核桃	蜂蜜	柯林斯改编：苹果白兰地、阿蒙提拉多雪莉酒（Amontillado Sherry）、柠檬、蜂蜜、核桃利口酒、气泡水
梨	杏仁	黄油	迈泰改编：棕色黄油洗朗姆酒、梨子白兰地、杏仁糖浆、柠檬汁、安高天娜苦精
菠萝	香蕉	雅文邑	老式鸡尾酒改编：蔗园菠萝朗姆酒、白色雅文邑、吉发得巴西香蕉利口酒、安高天娜苦精
姜	孜然	咖喱叶	巴克（Buck）改编：金酒、姜味孜然糖浆、柠檬汁、气泡水、咖喱叶
薄荷	巧克力	朗姆酒	曼哈顿鸡尾酒改编：陈酿朗姆酒、波本威士忌、甜味美思、吉发得薄荷利口酒、比特曼巧克力苦精
坚果	肉桂	红葡萄酒	卡里莫索（Kalimotxo，西班牙传统鸡尾酒，由红葡萄酒加可乐调制而成）改编：红葡萄酒、阿瓦安布拉纳桶陈卡莎萨（Avuá Amburana Cachaça，肉桂般的风味）、可乐、奇迹里山核桃苦精
香草	薰衣草	桃子	马天尼改编：伏特加、白味美思、加利安奴经典力娇酒（香草味浓郁）、桃子利口酒（Massenez Crème de Pêche）
肉桂	姜	西柚	边车改编：干邑白兰地、吉发得葡萄柚利口酒（Giffard Crème de Pamplemousse）、吉发得印度姜味利口酒（Giffard Ginger of the Indies Liqueur）、肉桂糖浆、柠檬汁
巧克力	樱桃	橙子	萨泽拉克改编：黑麦威士忌、干邑白兰地、库拉索、樱桃白兰地润杯
烟熏	茶	柠檬	热托蒂改编：梅斯卡尔、乌龙茶、柠檬皮、肉桂糖浆
青柠	芫荽	辣椒	莫吉托改编：塞拉诺辣椒（Serrano Pepper）浸泡的金酒、青柠汁、捣碎的锯齿芫荽叶（泰国香菜）和黄瓜、碎冰、芫荽叶装饰
柠檬	开心果	杏子	日式鸡尾酒改编：干邑白兰地、开心果杏仁糖浆、杏子利口酒、柠檬汁
橙子	罗勒	西瓜	咖啡公园斯维泽（Coffee Park Swizzle）改编：白朗姆酒、阿蒙提拉多雪莉酒、西瓜糖浆、罗勒利口酒（Massenez Garden Party Basil Liqueur）、柠檬汁、碎冰、罗勒装饰
芹菜	白胡椒	苹果	翠竹鸡尾酒（Bamboo）改编：芹菜浸泡的曼赞尼拉雪莉酒、白味美思、未陈酿的苹果白兰地、白胡椒酊剂（喷洒在酒液表面，作为芳香装饰）

研发无酒精鸡尾酒

无论是出于健康、保持清醒还是其他原因的考虑，越来越多的客人开始点低酒精度或无酒精鸡尾酒。我们发现这两者于酒吧而言是很好的商机，这可以让客人在头脑清醒的情况下享受更多鸡尾酒。过去，调酒师调制无酒精鸡尾酒的方式相当简单（甚至有些敷衍）：做一些酸酒的改编，加入一些新鲜蔬果（比如草莓、覆盆子或黄瓜，通常被用作无酒精鸡尾酒的装饰）或草本植物（薄荷、罗勒等），然后就完成了。而且，这类无酒精鸡尾酒是为了满足客人的特殊要求临时调制的。但最近几年，我们改变了调制无酒精鸡尾酒的方法和目标，我们认为应该像对待所有含酒精鸡尾酒那样对待每一款无酒精鸡尾酒。这里需要注意的是，酒精是鸡尾酒中至关重要的元素，在去掉酒精后，鸡尾酒就会失去酒体，而酒体决定了鸡尾酒的饱满度，正是高浓度酒精赋予鸡尾酒质地和架构。从那些最初的"无酒精仿鸡尾酒"（Mocktails，我们一直避免使用这个词，因为它意味着只有含酒精的饮品才是真正的鸡尾酒）中，我们得到了这样一个教训：如果去掉汤姆柯林斯中的金酒，那么剩下的就只是柠檬汁和糖浆的混合物，再加上气泡水，就只会得到一杯口感非常稀薄的饮品，即稀释后的柠檬汽水。为了弥补这一点，你必须将柠檬汁和糖浆的用量加倍，从而增加饮品的复杂性和质感。在至死相伴酒吧，我们总结出了4种策略来弥补不含酒精的鸡尾酒所失去的酒体，从而打造出更具复杂度的无酒精鸡尾酒，而不仅仅是加了料的柠檬汽水。

策略一：以果泥作为基础原料

果泥有浓郁的味道和厚重的质地，是为无酒精鸡尾酒带来浓郁口感的理想成分。戴夫·安德森（Dave Anderson）的"水管梦"（Pipe Dream，见第251页）就是一个很好的示例，它是热带蛋奶油的改编，口感复杂、果味浓郁、非常清新。这款鸡尾酒的成功要归功于猕猴桃果泥，它为鸡尾酒增添了一种浓郁的味道，再加上鲜榨的柠檬汁和浓郁的椰浆，辅以香草调味，最后加入气泡水，使其变得清新活泼。

策略二：万能的酸葡萄汁

酸葡萄汁一直是我们调制含酒精鸡尾酒时喜欢用的原料。这种酸性的葡萄汁是调制搅拌类酸酒的理想成分，如"瘦白公爵"（Thin White Duke，见第351页）。我们还发现，在无酒精鸡尾酒中，它既可以作为基础成分，也可以起到平衡作用。乔恩·福尔桑格（Jon

卡玛之箭（Kama's Arrow）

Feuersanger）的"拉卢兹"（La Luz，见第245页）以酸葡萄汁为基础成分，再加入菠萝果肉糖浆（见第373页），辅以少量百香果果泥以增添风味（和质感），再用新鲜柠檬汁平衡口感，最后加入一点橙花水调味，这样就可以打造出一款极具复杂度的无酒精鸡尾酒。

策略三：无酒精烈酒

市面上越来越多精心制作的无酒精烈酒替代品的供应——比如希蒂力（Seedlip）的无酒精烈酒和吉发得开胃糖浆——为调酒师们提供了令人兴奋的机会，让他们能够以前所未有的方式来创作无酒精鸡尾酒，比如马天尼和老式鸡尾酒的改编。乔恩·马蒂尔（Jon Mateer）的"商务休闲"（Business Casual，见第322页）就是一个很好的示例，展示了无酒精鸡尾酒如何被推向全新的创意领域。他制作的这款复杂的内格罗尼改编完全不含酒精，以吉发得开胃糖浆为基底，加入红茶（代替金酒中的杜松子）以增加复杂性，再用红酸葡萄汁来平衡口感。这里所用的红酸葡萄汁不仅带来了酸度，更赋予鸡尾酒丰富的层次感。

策略四：无酒精牛奶潘趣

牛奶潘趣在鸡尾酒的世界中有着悠久的历史。将烈酒、牛奶、糖浆和柑橘类果汁混合后静置，牛奶会在柑橘类果汁中酸性物质的作用下凝固，经过过滤后会得到一种近乎透明的液体，同时还

能保留牛奶的丰富口感。同样的制作方法也可以应用于无酒精鸡尾酒，比如马修·加西亚（Matthew Garcia）的"骗子的策略"（Liar's Gambit）。这款鸡尾酒以香料茶混合物（茶叶、肉桂、肉豆蔻和多香果）、希蒂力的香料94无酒精烈酒、牛奶以及少量菠萝糖浆和新鲜柠檬汁调制而成，颇具老式鸡尾酒的复杂度和质感。我们将这些成分混合、静置、澄清并装瓶，在客人点单后，将瓶装的混合物倒入加大古典杯中。

研发低酒精度鸡尾酒

对"低酒精度鸡尾酒"的确切定义在很大程度上颇具主观性。但无论如何，我们的目的是创作出一种比标准鸡尾酒酒精含量低的酒饮——大致是标准鸡尾酒酒精含量的一半——以低酒精度酒（而非烈酒）作为鸡尾酒的核心成分。虽然关于低酒精度鸡尾酒尚无明确的酒精度标准，但我们通常以加烈葡萄酒为基础成分，使用非常少量的烈酒作为调味剂。以下这些策略可以帮助你平衡和调整鸡尾酒中的各种元素，以保持酒体质感，从而成功创作出一款低酒精度鸡尾酒。

策略一：分割基酒

创作低酒精度鸡尾酒最简单的方法之一，就是用几种低酒精度成分来替代原配方中的基酒。例如，布赖恩·怀纳（Brian Wyner）的"富尔顿街菲兹"（Fulton St. Fizz，见第240页）就是通

过减少经典的银色金菲兹中的金酒用量，并加入干味美思和樱桃白兰地改编而成的。由于干味美思的质感不像金酒那么浓郁，该配方通过加入1盎司甜味剂（杏仁糖浆）来达到理想的平衡状态，这是一种将烈酒基酒分割为低度酒的常见策略。类似地，"科曼公园斯维泽"（Common's Park Swizzle，见第264页）将鸡尾酒的核心成分分别用干邑白兰地、苏玳葡萄酒和马德拉酒来代替，然后通过加入香蕉利口酒和杏仁糖浆来增加鸡尾酒的复杂度。

策略二：翻转腾挪

奥斯汀·奈特（Austin Knight）的"原罪"（Original Sin，见第340页）采用了另一种调制低酒精度鸡尾酒的常用策略：在曼哈顿或马天尼配方的基础上，对调基酒和味美思的比例。在这款鸡尾酒中，核心成分变成了西班牙甜味美思和欧洛罗索雪莉酒（Oloroso Sherry）的组合，再辅以陈酿朗姆酒，并用核桃利口酒调味。就像前文提到的分割基酒策略一样，降低酒精度后，需要通过添加其他成分来增强酒体。

策略三：温故创新

在鸡尾酒历史中，有很多以葡萄酒为基酒的鸡尾酒，其中最著名的就是雪莉寇伯乐。这些鸡尾酒的配方大多非常简单：少量糖、几片捣碎的水果、碎冰，以及大量豪华的装饰品（我们亲切地称之为"寇伯乐垃圾"）。在戴夫·安德森的"空巢老人"（Empty Nester，见第294页）中，这一理念得到了扩展，他用博纳尔龙胆奎宁利口酒来部分替代传统的雪莉酒，并用阿玛罗、苹果白兰地和肉桂糖浆进行调味。尽管丹佛至死相伴酒吧2019年秋季酒单上没有这款饮品，我们仍热衷于对经典的翠竹鸡尾酒进行改编。传统上，这是一款由雪莉酒、味美思和苦精调制而成的鸡尾酒，可以像曼哈顿鸡尾酒一样享用。翠竹鸡尾酒的酒精含量不高，但风味相当浓郁。如今，随着加烈葡萄酒、调味葡萄酒、味美思和苦精的种类日益丰富，翠竹鸡尾酒的改编酒款已经成为我们酒吧所供应的低酒精度鸡尾酒中的主打酒饮，如"贵族一号"（Noble One，见第304页）、"天梯"（Sky Ladder，见第347页）和"渍物"（Tsukemono，见第353页）。

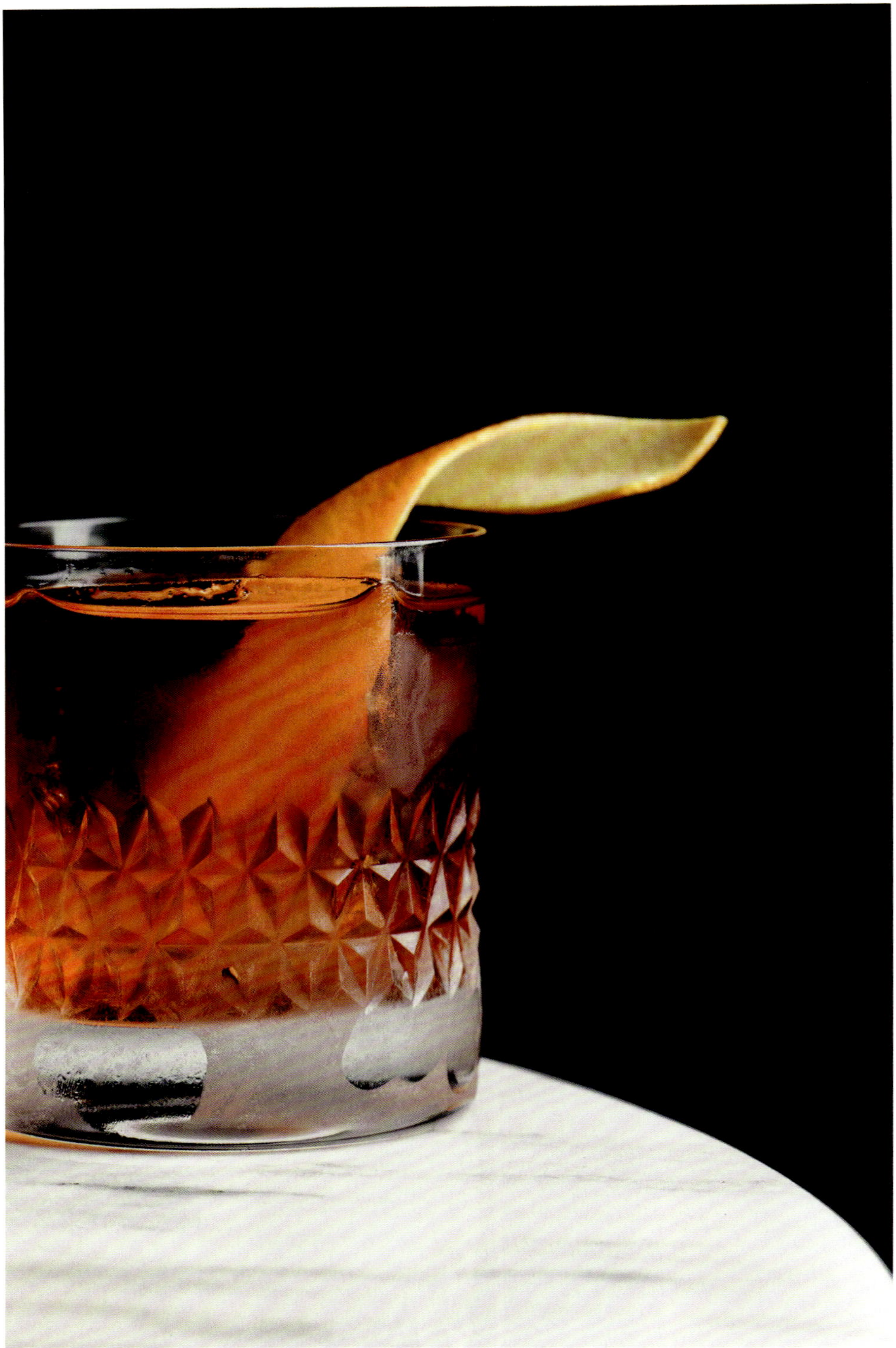

洛蕾·迈因霍尔德
（Lorez Meinhold）

洛蕾·迈因霍尔德是丹佛关怀基金会（Caring for Denver）的执行董事。

我管理着一个名为"丹佛关怀基金会"的非营利组织，我基本上是在至死相伴酒吧创立了这家基金会。我就住在这家酒吧对面，所以很多时候我的一天都是从这家酒吧开始的，通常也在那里结束。白天的时候，那里就是我的办公室，我会在那里开会，或者带着笔记本电脑在那里工作。我的早餐通常是香蕉面包配印度拉茶。到了晚上，我会点一杯内格罗尼或者其他以威士忌为基酒的搅拌类鸡尾酒，现在我最喜欢的是萨泽拉克。我在酒吧花在食物和咖啡上的钱可能和花在鸡尾酒上的一样多。

我依然记得我第一次来到至死相伴酒吧是在酒吧开业后不久，这里让我感到非常舒适。我坐在靠窗的一把棕色皮革椅子上（这里后来成了我的专属座位）。我记得自己点了一杯"吠月"（Bark at the Moon），那杯棕色黄油洗朗姆酒带给我一种永远无法忘怀的温暖。我还记得有很多次，我坐在这把椅子上，端着一杯冰镇鸡尾酒，和朋友们聊着天。这里的一切都让我如此沉醉。

我经常在至死相伴酒吧与许多人会面，他们中的很多人不饮酒，所以我很高兴这里有非常多的无酒精鸡尾酒可供选择。我也很赞赏这里设置的无障碍设施：酒吧里有一个区域可

吠月

特迪·勒蒙塔涅（Teddy Lemontagne），2018 年

1 盎司棕色黄油浸泡巴拿马太平洋朗姆酒（Brown Butter-Infused Panama Pacific Rum，见第 379 页）
½ 盎司瑞顿房黑麦威士忌
¼ 盎司雅凡娜阿玛罗酒
¼ 盎司冈萨雷斯·比亚斯佩德罗·希梅内斯雪莉酒
1 茶匙肉桂糖浆
2 滴比特储斯芳香苦精
装饰：1 个橙皮卷

将所有原料混合在一起，加冰搅拌，然后滤入装有一块大方冰的古典杯。在鸡尾酒上方挤出橙皮卷的皮油，然后将其放入鸡尾酒中。

以降下来，以方便轮椅进出。在丹佛，很少有餐厅和酒吧提供这些便利设施。这里营造出一种人与人之间相互支持、彼此体谅的友好氛围，无论是不饮酒的人、残障人士还是其他有不愉快生活经历的人，甚至整个社区的人，都能在这里得到放松和慰藉。

实质研发

一旦有了明确的计划和完整的线框图，我们的调酒师就会通过一系列品鉴来测试和调整鸡尾酒配方。

测试配方

和其他所有酒吧一样，任何工作都需要做好充分的准备，而测试配方的第一步就是准备物料。我们的鸡尾酒配方可能相当复杂，所需的原料相当多样化，许多创意的核心都来自独特的自制糖浆或浸泡液所带来的特殊风味。这些物料必须事先准备好，我们通常还需要进行更多的探讨和研判，为储藏室补充新原料，有时还需要购买新设备。当初我们就是这样购买了第一台离心机。

所有原料准备就绪后，我们需要遵循鸡尾酒配方研发的必要准则。由于每款鸡尾酒在酒单线框图中都有特定的位置，因此在将原料倒入搅拌杯或摇酒壶之前，我们已经对这款鸡尾酒的基本结构和成分比例有了大致的了解。例如，乔恩·福尔桑格想为我们最爱的早晨提神鸡尾酒——浓缩咖啡加汤力水——创

作一款改编。要想实现这个目标，乔恩知道他应该以高球鸡尾酒为基础，将其作为"长除法"（Long Division，见第222页）这款酒的起点。但是，有了这种预见性并不意味着鸡尾酒就接近完成了。从理论到现实的转变过程中，我们的每一个创意几乎都需要进行调整——这个成分多加一些，那个成分少加一些，力求做到精益求精。

我们坚决遵循的另一条准则就是"5次即止准则"：如果一款鸡尾酒在尝试了4个版本之后，第5版仍然不成功，那么我们就会改变方向。这条准则使我们能够重新调整或重组配方，或者在某些情况下完全放弃这个想法。被迫放弃我们非常喜爱的创意是一个挑战，但这样做可以避免我们陷入无休止的迭代旋涡中。

品鉴

在酒单发布前7周，我们会召集酒吧团队，品鉴鸡尾酒。即使在纽约至死相伴酒吧经营的早期阶段，以及在一些非常混乱的开发过程中，同事们的反馈一直是每款鸡尾酒成功的关键。我们品鉴的目的不是简单地对这些处于研发中的鸡尾酒给予肯定或否定的评价（尽管有时某款鸡尾酒如此完美根本无须调整，或者某款鸡尾酒非常糟糕以致被直接淘汰），相反，这类团队品鉴是为了营造一种互相协作的氛围，每个人都可以为鸡尾酒的创作提供全新的视角。

有时，鸡尾酒在品鉴过程中会被彻底改造，或者某种在这款鸡尾酒中不合

适的风味会在另一款鸡尾酒中找到属于自己的位置。通常在第一次品鉴后，我们会给团队成员布置一些任务，有时还需要做更多的工作。更常见的是，一些配方会被确定下来，而另一些则被搁置或放弃，这时我们会再次参考线框图，找出整体酒单构成中的空缺部分。随后，调酒师们会填补这些空缺部分，配方研发过程重新开始。

一两周后，我们会重新聚在一起，进行第二次（也希望是最后一次）品鉴，酒单开始真正成形。然而，几乎总会有一些空缺部分需要填补，这时首席调酒师会站出来，通过一番创意协作来确定最终的酒单。

最终确定

一旦酒单最终确定，人们很容易认为酒单研发过程已经结束，酒单可以随时发布，但事实上并非如此。接下来，我们需要花费大量时间为每款鸡尾酒想出一个完美的名字，并为它们撰写相应的描述性文字，以确保每款鸡尾酒的创意概念都能够清晰地呈现给我们的客人。

酒款命名

一旦一款新鸡尾酒得到团队的认可且确定了最终配方，它的创作者就要负责给它命名。在某些情况下，或者对某些调酒师来说，这是鸡尾酒创作过程中最简单的部分。但对我们大多数人来说，这是最令人烦心的步骤之一。在至死相伴酒吧创立的最初十年里，我们对鸡尾酒命名非常随意。我们的鸡尾酒名称常常受到我们喜欢的书、电影或音乐的启发；有些则是向经典鸡尾酒、业内同行或员工之间的"文化梗"的致敬。哦，还有很多双关语。在许多情况下，在新酒单发布前几天，我们的首席调酒师会被要求给尚未命名的鸡尾酒命名，于是就诞生了一些让人听了之后忍不住翻白眼的酒名。

如今，我们在为鸡尾酒命名时采取了更具意图性（"意图"这个词又出现了！）的方法。我们希望尽可能让客人通过酒名联想到鸡尾酒的个性，无论是通过引用经典鸡尾酒的名称，如"阿尔塔内格罗尼"（见第319页），还是在酒名中暗示其风味特征，如"波本和桦木"（Bourbon and Birch，见第211页），抑或是通过酒名来表达鸡尾酒可能带来的感觉，如"夏威夷特警"（Hawaii Five-O，见第242页）。除此之外，我们还尽量保持鸡尾酒命名简洁明了，通常使用两三个词，以确保酒单上的酒款名字保持一致的韵律感。

保证鸡尾酒命名规范的任务落在一个"守门人"身上——鸡尾酒总监泰森·布勒（Tyson Buhler）。泰森不喜欢双关语，所以我们最近的酒单上很少出现这类酒名。尽管我们采取了更严谨的鸡尾酒命名方法，但从中我们仍能发现一些在为鸡尾酒命名时通用的主题和策略。

荒野主题（Get Outta Dodge）

用西部电影命名以威士忌为基酒的鸡尾酒是泰森开创的传统，并且它被延续了下来。

示例：西尔弗赫尔斯（Silverheels）、瓦科小子、劫匪（Highwayman）、不可饶恕、用心棒、寂寞拥挤的西部（The Lonesome Crowded West）、埃尔托波、荒野大镖客（Fistful of Dollars）、豪勇七蛟龙（The Magnificent Seven）、正午时分（High Noon）。

硬核主题（That's So Hardcore）

我们的一些调酒师和前员工——尤其是马修·贝朗格（Matthew Belanger）和阿尔·索塔克——是朋克和硬核音乐的爱好者，这在他们的鸡尾酒创作中体现得淋漓尽致。

示例：牛头犬正面、中继器、全面披露（Full Disclosure）、争论（The Argument）、墨水与匕首（Ink & Dagger）、露比姐妹（Sister Ruby）、教母（Comadre）、比基尼杀手（Bikini Kill）、锚端（Anchor End）、濒危语言、隐藏的世界、我反对我、跳鲨（Jumping the Shark）、单臂剪刀、棕榈之梦（Palm Dreams）。

博士、医生主题（Is the Doctor In?）

我们有一个传统，即将提基风格的鸡尾酒以虚构的医生或博士命名。

示例：心魔博士、日瓦戈医生（Doctor Zhivago）、奇爱博士（Doctor Strangelove）、芹泽博士（Serizawa）。

纪念主题（BRUUUCE!）

来自新泽西州的贾里德·魏甘德总是将碎冰鸡尾酒以他家乡的英雄命名。

示例：像我们这样的流浪汉（Tramps Like Us）、光辉岁月（Glory Days）、丛林地带。

别告诉泰森（Don't Tell Tyson）

试图让不合规的鸡尾酒名字通过泰森的审核，已经成为调酒师们想要挑战的事。偶尔，调酒师们起的这些酒名会成功通过审核。

示例：蹦床（Trampoline）、霰弹枪威利（Shotgun Willie）、困倦加里菲兹（Sleepy Gary Fizz）。

撰写酒单文案

酒单文案既要体现出鸡尾酒的个性和风格，也要言简意赅地表达出具体信息。你的文案风格很可能与我们的截然不同，但我们发现了一些非常棒的实践方法，可以帮助客人根据自己的心情选择合适的鸡尾酒，以便让他们拥有更愉快的体验。

对于每款鸡尾酒，我们当然可以简单列出它的所有成分。但问题是，我们如何在描述性文字中列出它的所有成分，以帮助客人了解这款鸡尾酒是否符合他们的期望。以"磨磨叽叽"（Dilly Dally）为例，这是一款马天尼的低酒精度改编版，由大量干味美思、布伦尼文阿夸维特（Brennivin Aquavit）、苦艾酒、莳萝和黄瓜调制而成。以下我们以3种不同的描述方式来呈现同一款鸡尾酒的成分，但这3种描述方式可能会让人感觉这是3种完全不同的鸡尾酒。

　　磨磨叽叽：布伦尼文阿夸维特、干味美思、苦艾酒、莳萝、黄瓜。

　　磨磨叽叽：黄瓜、莳萝、布伦尼文阿夸维特、干味美思、苦艾酒。

　　磨磨叽叽：干味美思、布伦尼文阿夸维特、苦艾酒、莳萝、黄瓜。

　　第一种描述方式遵循了客人在评估鸡尾酒成分时通常先考虑主要烈酒的原则，但把金酒排列在前的话，会给人一种这款鸡尾酒中布伦尼文阿夸维特的含量更高的暗示，让客人产生误解。第二种则将鸡尾酒中的新鲜成分列在前面，但这样做会过于强调黄瓜的主角地位，给人一种这款鸡尾酒很轻盈且偏向蔬果、草本风味的暗示。最后一种则将鸡尾酒中的成分按含量多少顺次排列，从而更准确地向客人展示这款鸡尾酒的风味：以干味美思为主，辅以布伦尼文阿夸维特，再以苦艾酒、莳萝和黄瓜调味。目前，我们在描述鸡尾酒时几乎都采用这种方式。但有时为了向客人传达特定的信息，我们在描述某些鸡尾酒时也会做一些变通。

　　在信息过度传达和信息传达不足之间找到平衡点，意味着除了要让客人关注到鸡尾酒中那些可能引起他们注意（或激发他们兴趣！）的成分外，还要让他们关注到鸡尾酒中的其他成分。同

其他更专注于鸡尾酒美学的酒吧相比，我们可能更倾向于极简主义，只列出风味概况或主要成分，省略糖浆，以免引发客人对糖的偏见（温馨提示：几乎每种鸡尾酒中都含有糖）。有些酒吧则描述得非常具体且详尽。我们介于两者之间，追求的是一切恰到好处。我们列出特定成分是为了展现它们在这款鸡尾酒中所起到的作用，并且我们认为列出产品品牌这一点也是有意义的，以此向客人传达更精确的信息。例如，我们可以用3种不同的方式列出经典的老式鸡尾酒的组成成分。

过于详尽的老式鸡尾酒描述：

　　来自肯塔基州的爱利加波本威士忌、低温慢煮的德梅拉拉糖浆、安高天娜芳香苦精、比特储斯德国芳香苦精、柠檬皮卷和橙支卷。

极简的老式鸡尾酒描述：

　　波本威士忌和苦精。

至死相伴酒吧的老式鸡尾酒描述：

　　爱利加波本威士忌、德梅拉拉糖浆、安高天娜苦精、比特储斯芳香苦精。

　　这3种描述方式在客观上并没有优劣之分，只是不同的酒吧描述风格不同而已。

　　鸡尾酒的文字描述可以帮助客人更清晰地了解鸡尾酒并建立预期。例如，自由尾翼（Free Ta:l，见第215页）是一款以特

其拉为基酒的柯林斯改编鸡尾酒，加入了利莱桃红利口酒、菲诺雪莉酒、唐的混合液（Donn's Mix）、青柠和气泡水。唐的混合液是一种提基风格的混合液，由肉桂糖浆和葡萄柚汁组成。直接列出这些成分可能会描述得更具体，但我们将其称为"唐的混合液"，是为了向热带风格鸡尾酒致敬（唐·海滩流浪者酒吧是提基鸡尾酒风格的先驱）。

做好所有准备工作

我们早已从准备工作不充分这类事中吸取了深刻的教训。如今，我们将大量时间投入酒单发布所需的所有物料的准备工作上，这样团队就可以专注于熟悉配方，为客人提供非凡的体验。

我们的第一步是将所有配方，包括鸡尾酒配方和其他任何特殊成分的配方（糖浆和浸泡液）以统一的格式进行速记。

原罪

- 1.25 盎司卢世涛味美思（Lustau Vermut Rojo）
- 0.75 盎司萨卡帕 23 朗姆酒
- 0.75 盎司卢世涛唐努诺欧洛罗索雪莉酒
- 0.25 盎司唐西乔托和菲戈利诺奇诺绿核桃利口酒（Don Ciccio & Figli Nocino）
- 1 茶匙德梅拉拉糖浆

调制方法：搅拌 / 过滤
酒杯：尼克诺拉杯

装饰：橙皮卷
出处：奥斯汀·奈特，丹佛至死相伴酒吧，2019 年

读者可能会注意到，这与我们在本书中采用的配方格式不同，书中我们会将小数转换为分数，并写出具体的操作步骤。而以上这种配方格式在酒吧忙碌的服务过程中最方便记忆：配方中从多到少的成分排列能够让调酒师一目了然；调制方法、所用酒杯、装饰和创作者始终按这样的顺序排列；并且我们会确保每款鸡尾酒的名称在整个数据库中保持精确且一致。

配方一旦最终确定，就会被收录进"至死相伴酒吧当前酒单"目录下的一个新文件夹中，而之前酒单上的鸡尾酒则会被移到"至死相伴酒吧大师概要"目录下，这是一个不断扩大的合集，收录了我们酒吧所有的原创鸡尾酒。

成本核算

在研发过程中，调酒师们已经估算了每款鸡尾酒的成本，但在实际成本核算阶段，所有鸡尾酒的成本都要经过精确的计算，以确保每款鸡尾酒都能有合理的利润空间。如果利润不足，我们就会探索替代方案。例如，"绝命大煞星"（见第353页）最初选用了单一品种的梅斯卡尔——这是一种品质出色但成本较高的产品。创作者凯里·詹金斯（Carey Jenkins）、首席调酒师亚历克斯·江普（Alex Jump）和酒吧经理乔恩·福尔桑格共同进行了替代品的筛

选，最终选定了德玛盖维达梅斯卡尔。在替换成新的梅斯卡尔并稍微调整配方后，这款鸡尾酒最终被确定下来并被认为具有可行性。

批量预调和工作台示意图

在所有鸡尾酒的配方都确定之后，我们会做一些简单但至关重要的事情：

我们会制作一份长长的配料表，其中列出新酒单上每款鸡尾酒所需的所有配料。我们还会列出制作普通鸡尾酒和至死相伴酒吧经典鸡尾酒所需的其他配料。

在新酒单发布之前，我们还要再审查一遍配方，以确定哪些成分可以进行批量预调，在保证品质的基础上提升工作效率。批量预调的一个额外好处是，

可以增强某些易变质原料的稳定性。例如，在调制"空巢老人"（见第294页）时，将细腻的卢世涛曼赞尼拉雪莉酒（Lustau Papirusa Manzanilla Sherry）和博纳尔龙胆奎宁利口酒，与配方中的诺妮阿玛罗（增加糖分和酒精含量）和西里尔·赞斯苹果白兰地（增加酒精含量）混合在一起，可以增加前两者的稳定性。

然后，我们重新编排物料表，添加批量预调项，并去除批量预调所覆盖的单独原料（如有必要）。我们还在表中物料列的右侧添加若干列，以记录该原料的使用次数及存放位置。在该表格的底部，我们还会列出每款鸡尾酒所对应的杯型，并统计每种酒杯的使用次数。

基于这份表格，我们会创建一些文档。使用标准化模板，我们会创建物料准备清单，整合所有需要准备的原料，并估算每日和每周的备料需求。这有助于团队规划他们的日常工作，确定每日优先事项，包括榨汁、调制糖浆、浸泡、批量预调和准备装饰等。

这份清单还能够帮助我们绘制详细的"工作台示意图"，即每个酒吧工作台中每种原料的可视化布局。这张示意图将涵盖以下这些位置的布局：置酒架，也称为快速取酒架，是挂在吧台冰箱上的不锈钢酒瓶隔架；小巧盒，即一组摆在吧台上的定制金属盒，用于放置装有糖浆、批量预调品和其他少量使用的原料的小瓶子；苦精瓶架，一个专门用于放置苦精瓶和喷雾器的金属架；装饰盒，一个用于存放新鲜装饰品的具有冷藏功能的容器；冷冻柜，用于存放冰块、酒杯和需要冷冻的批量预调品；以及冷藏柜，用于存放使用频率较低的果汁和起泡酒。

为每种原料找到合适的存放位置犹如在玩令人抓狂的俄罗斯方块游戏，而制订详细而全面的准备计划本身也是一项十分繁重的任务，但一旦这两项工作完成，我们就能对酒单中的每个元素都有一个清晰且有针对性的计划。根据制订好的准备计划，我们就可以订购新产品、准备原料、进行批量预调，并在新酒单发布当天清楚地知道每样东西的存放位置。

疯狂贴标签和万能的标签打印机

我们将所有不在客人视线范围内的东西都贴上标签。比如，置酒架上的玻璃瓶、果汁瓶、批量预调瓶、糖浆瓶以及装有工具和原料的收纳盒。我们甚至给心爱的标签打印机也贴上了标签，以此感激它为我们在一片混乱中带来秩序。

标签能够帮助调酒师很快熟悉新酒单。例如，在完成批量预调后，我们会在置酒架和酒瓶上都贴上标签，标明配方中所需的批量预调液的用量，如"夜骑士"（Night Rider）——2盎司。这种简单的做法有助于调酒师更好地记住配方，这在他们调制新鸡尾酒时非常有用。

新酒单发布

我们的酒吧每周营业 7 天,所以每次新酒单发布都是一个相当煎熬的过程。通常前一天晚上打烊很晚,第二天一早我们就要来到酒吧,煮上一杯浓咖啡,然后重新布置整个酒吧。虽然有些酒瓶在每次酒单更换时都保持在同一位置,但酒吧的大多数布局都会重新进行调整。以下是我们新酒单发布的时间安排表。

凌晨 3:00 在酒吧打烊和打扫清理完之后,从吧台取下所有酒瓶,放回酒架。仔细检查第二天新酒单发布所需的原料和产品是否都已准备好。

凌晨 3:30 来一杯卡尔瓦多斯苹果白兰地,然后打车回家。

上午 10:00 抵达酒吧,喝杯浓咖啡。

上午 10:15 清洁吧台和工作台,从冰箱中取出所有物料,将酒杯从冷冻柜中取出。

上午 10:30 早餐时间,来份墨西哥卷饼,继续清洁。

中午 12:00 取出新酒单发布所需的所有物料,整理工作台:贴标签、进行批量预调、准备新酒品。

下午 1:00 根据示意图布置第一个工作台。逐一审阅新酒单上的每款鸡尾酒,检查每种原料:它们是否摆放在合理的位置,是否方便拿取?如果不是的话,就进行调整。除此之外,再检查一遍自己有没有忘记什么事。

下午 2:00 布置剩余的工作台,补充冰箱内的物料。

下午 2:30 准备每日的新鲜果汁和鸡尾酒装饰。

下午 3:00 跑去酒类专卖店买一瓶酒,它在 3 种新鸡尾酒中都会用到,但我们完全忘记从经销商那里订购了。

下午 3:15 来一杯阿蒙提拉多雪莉酒壮壮胆。

下午 4:00 调酒师们集体商议谁负责吧台工作(新酒单发布期间所有调酒师都想在吧台调酒),谁负责点单,以便向客人解释新鸡尾酒的概念。

下午 4:50 享用员工餐,穿好制服,准备上班前的会议。

下午 4:55 偷偷来一杯梨子白兰地(提高专注力)。

下午 5:00 开始营业!

下午 5:05 第一杯鸡尾酒上桌;调酒师感觉自己就像是第一次站在吧台后,刚开始时感觉有些窒息。

下午 6:00 随着调制的鸡尾酒越来越多,调酒师开始适应工作节奏,感到自在。

晚上 7:00 有一桌都是业内同行,他们点了酒单上的每一款鸡尾酒;而得意的外场服务调酒师则完全沉浸在自己的解说中。

晚上 7:30 经理开始留意出单时间,告诉接待员放缓客人入座的节奏。

晚上 9:00 一轮又一轮的鸡尾酒上桌;调酒师们对新酒单越来越熟悉。

凌晨 0:00 给所有人来杯大吉利!(派对大吉利时间)

凌晨 1:45 最后点单时刻,感恩。

凌晨 2:00 最后一位客人离开,锁上酒吧门。

凌晨 2:05 在做清洁工作的同时进行回顾,总结这一整天的成功之处、挑战和机会,然后喝一杯啤酒犒劳一下自己,味道好极了。

凌晨 2:30 讨论我们究竟是如何把所有东西都塞进冰箱的。

凌晨 3:00 完成清洁整理工作。

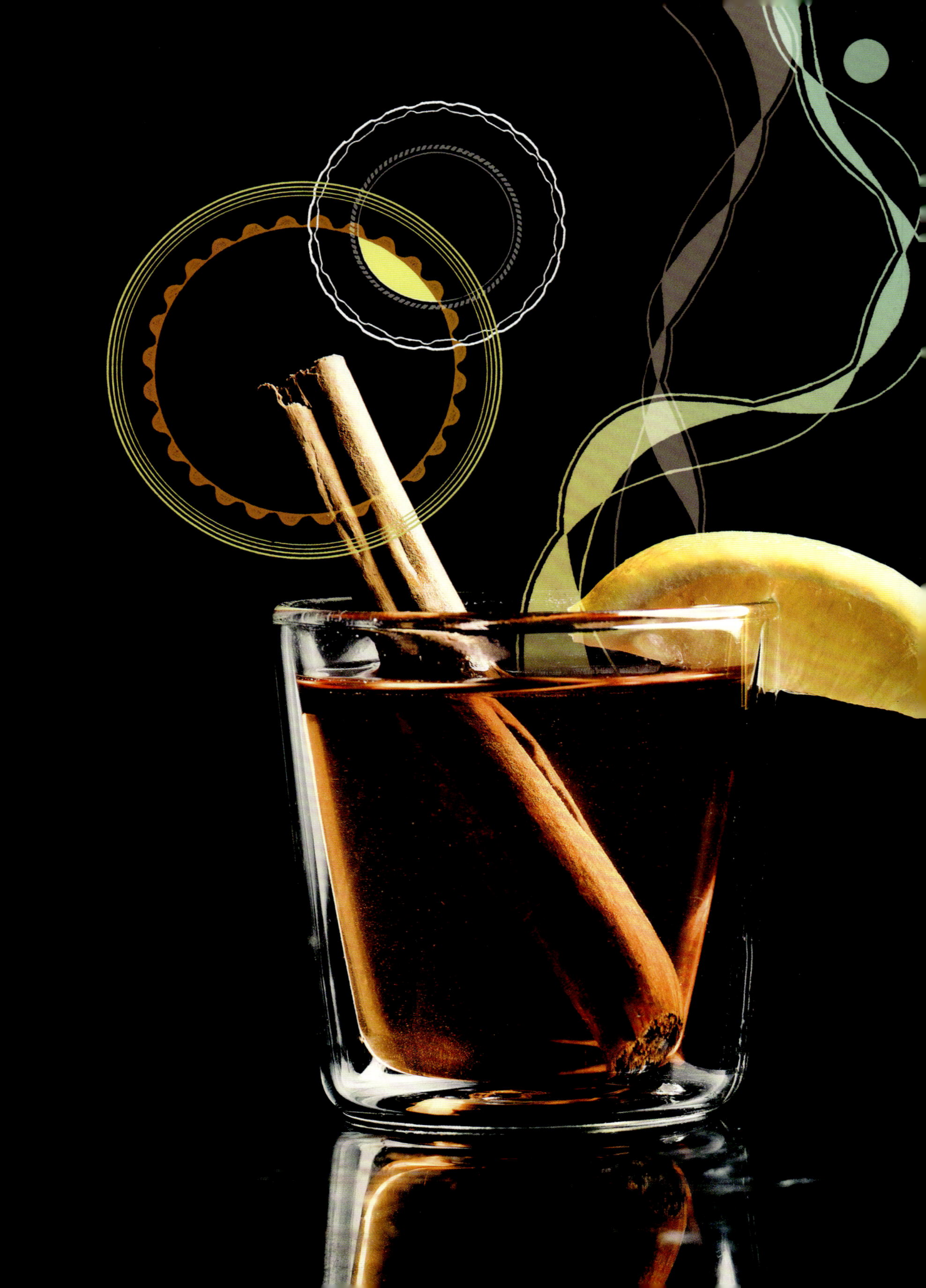

在家调制鸡尾酒

客人经常问我们，如何在家里复制至死相伴酒吧的鸡尾酒。虽然我们已经出版了3本书（而且还将继续）来帮助大家解决这个问题，但事实上我们还是认为，只有酒吧才能够提供一种在家中难以复制的体验。这并不是因为我们害怕别人窃取配方或是其他商业机密——毕竟，我们已经分享了1000多种鸡尾酒配方。但如果在家里就能轻松复制至死相伴酒吧的体验，那我们在酒吧里或许就再也见不到你了。我们会想念你的。

我们的酒吧有一些优势是在家里调酒无法比拟的：数不尽的各种酒、高度专业化和昂贵的设备，以及全体员工——这些聪明、敬业的专业人员的本职工作就是让你在这里度过愉快的时光，并且始终为你提供新奇有趣的体验。这并不意味着我们供应的鸡尾酒比你在家里调制的更好，我们只是提供了一种不同的体验（而且在酒吧喝酒，你不需要自己动手！）。

在接下来的部分，我们将帮助你打造属于你自己的独特鸡尾酒和待客氛围，而不是复制我们的。我们将精心挑选一系列适合家庭酒吧的酒款，指导你如何选购烈酒以满足自身的需求和口味，如何充分利用家里的每一瓶酒来调制鸡尾酒，以及如何使用你为了调制我们第一本书《至死相伴酒吧：当代经典鸡尾酒》中奇怪的鸡尾酒而购买的剩余原料。对此我们深感抱歉。

在你准备好调制鸡尾酒之后，我们将针对你的意图和具体场景来探讨一些在家调制鸡尾酒的方法，无论是晚餐前的独饮，还是举办一场鸡尾酒派对。我们还将分享一些有趣的家庭调酒技巧和诀窍，以便让你调制鸡尾酒的过程变得更简单、方便。当然，如果你愿意的话，也可以挑战更复杂的酒款。

打造家庭酒吧吧台

打造一个家庭酒吧（或升级你目前的家庭酒吧）可能会让你望而却步，特别是当你拿起一本要求准备许多特殊原料的鸡尾酒书时。即使对我们这样喜欢购买和尝试全新鸡尾酒原料的人来说，这也可能成为一个问题：你可能一开始只有几瓶酒，但在不知不觉中你就染上了"收藏癖"，你的个人爱好就会演变成一场库存过多且耗资不菲的收藏危机。

那么，好消息是什么？只要在家庭酒吧里储存一些应用范围广且价格实惠的基酒，你就可以调制出许多知名的鸡尾酒，而且你还能够拥有一个研发数不尽新创意的鸡尾酒平台。相信我们，因为我们自己也正是如此：尽管我们的酒吧存放了数百种品牌的酒，但在家里，我们仍保持着简约的态度。在这里，我们精选了十几种烈酒和调味剂，并筛选出50款可用它们调制的鸡尾酒（再加上柑橘、甜味剂和苦精，以及日常厨房必备品）。我们的选择不仅基于品质，还基于价格和可获得性——每一种都是容易买到且价格实惠的。虽然你不需要储备以下列出的每一种酒（或特定品牌），但这12种酒所涵盖的范围将为你提供一个广泛的风味基础，供你尝试。

12 种酒 = 50 款鸡尾酒

- ◆ 金酒：必富达
- ◆ 白朗姆酒：甘蔗花 4 年
- ◆ 银色特其拉：特索罗
- ◆ 苏格兰调和威士忌：威雀
- ◆ 波本威士忌：爱利加 12 年
- ◆ 苹果白兰地：布斯奈 VSOP 卡尔瓦多斯
- ◆ 葡萄白兰地：保罗博 VS 干邑（Paul Beau VS Cognac）
- ◆ 开胃酒：金巴利
- ◆ 阿玛罗：雅凡娜
- ◆ 橙味酒：君度酒
- ◆ 甜味美思：好奇都灵味美思
- ◆ 干味美思：杜凌干味美思

额外原料

基本苦精： 安高天娜苦精、佩肖苦精、橙味苦精

基本糖浆： 单糖浆、德梅拉拉糖浆、蜂蜜等

气泡水： 汽水、干型起泡酒

新鲜柑橘

厨房必备品： 鸡蛋、乳制品、香料

永远从一杯大吉利开始

大吉利

亲密关系	航空邮件	美国佬	出类拔萃	脚踏车	闪灯	浪子
早餐马天尼	布朗·德比	三叶草俱乐部	死而复生1号	多维尔	高杯	菲仕杰鲁德
法兰西75	螺丝锥	淘金热	哈佛	杰克玫瑰	日式鸡尾酒	卢西恩高丹
玛朱泰勒	曼哈顿	玛格丽特	马天尼	墨西哥行刑队	薄荷茱莉普	莫吉托
晨光菲兹	内格罗尼	另类内格罗尼	讣告鸡尾酒	老式鸡尾酒	老友	止痛药
椰林飘香	粉红佳人	处方茱莉普	女王公园斯维泽	罗布罗伊	边车	午后宁静时光
瞌睡虫	南区	星探	汤姆柯林斯	威士忌高球	威士忌酸酒	白色佳人

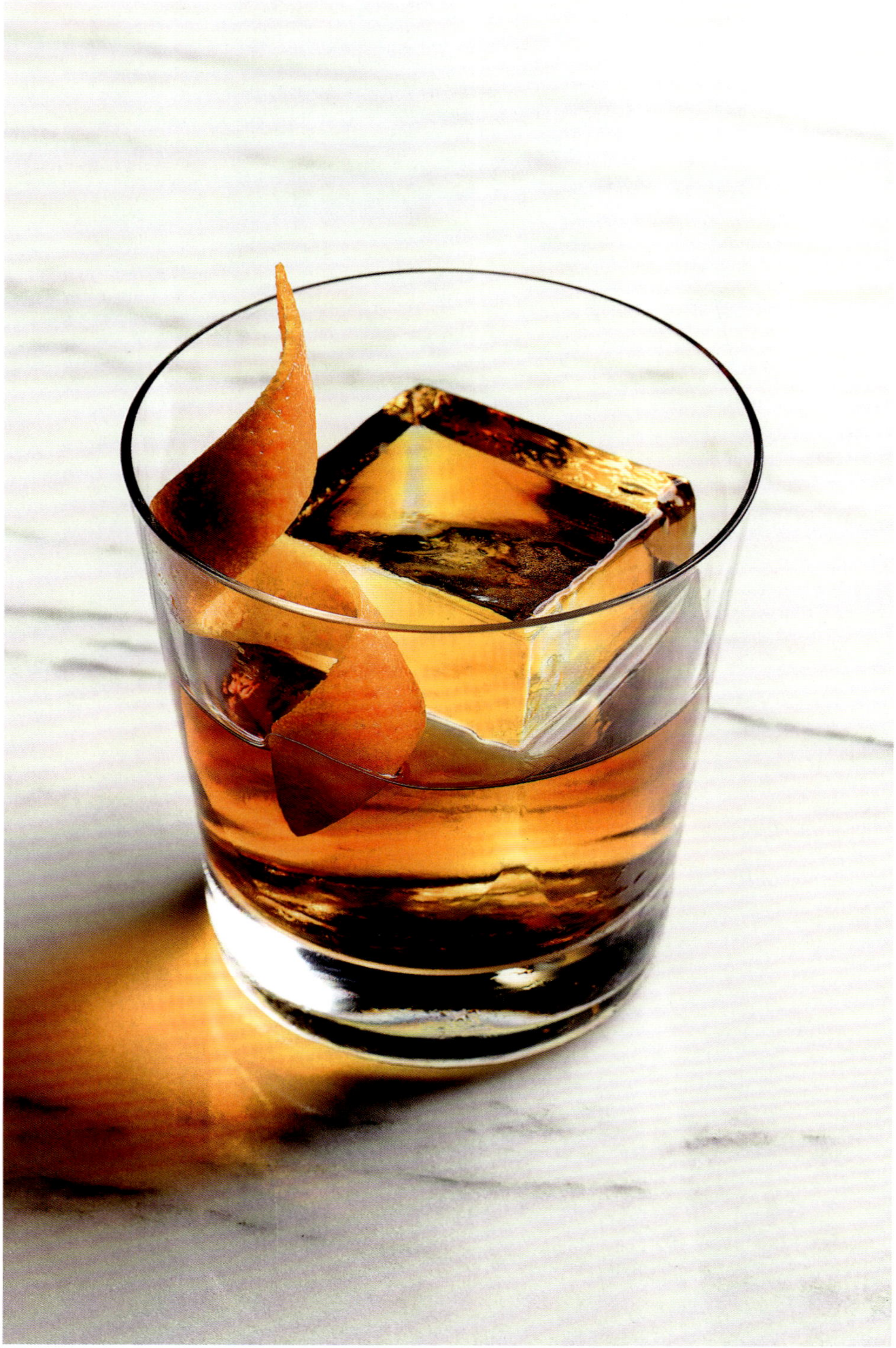

阿林娜·马特尔
（Alina Martell）

阿林娜·马特尔是一位居住在丹佛的烘焙师。

在我和我丈夫搬到丹佛之前，我们曾在纽约东村生活了几年，离纽约至死相伴酒吧不远。在我和我丈夫初次相遇后的几年里，我们在纽约的这家酒吧留下了无数美好的回忆。那里是我们的"干杯酒吧"（Cheers，美剧《老友记》中的酒吧）：下班后，或者深夜结束厨房工作后，我总会走进那家酒吧，在那里总能碰到一两位朋友。调酒师知道我想要什么，我经常点一杯黑麦威士忌版本的老式鸡尾酒，一边在吧台旁慢慢品味，一边等待我丈夫。等到我丈夫来到酒吧后，我们会换成大吉利。有些夜晚，一杯大吉利会变成两杯，我们会一直逗留到酒吧打烊，我们喜欢与酒吧工作人员聊天，品尝他们创作的新款鸡尾酒。

我们搬到科罗拉多州大约一年之后，丹佛至死相伴酒吧开业了，我们恰好住在与漫步酒店和新酒吧同一街区的地方。丹佛至死相伴酒吧在建筑格局上与纽约的非常不同——高耸的天花板、宽敞的开放式桌子、宽敞的雅座——但不知何故，依然保持了同样友善、专业的氛围，让人感觉它一直就是这样的。我们会去那里喝一杯相熟的调酒师调制的鸡尾酒——作为一名烘焙师，我打心底里喜欢可可利口酒和玉米皮浸泡梅斯卡尔的组合——并与我们信任和喜欢的酒吧员工聊天。我们偶尔也会坐在角落的

牛仔

泰森·布勒，2017 年

1½ 盎司玉米皮浸泡德玛盖奇奇卡帕梅斯卡尔（见第 380 页）
½ 盎司卡莱 23 金色特其拉
1 茶匙德梅拉拉糖浆
½ 茶匙玛丽·布里扎德可可利口酒
装饰：1 个橙皮卷

将除橙皮卷外的所有原料加冰搅拌，然后滤入装有一块大方冰的加大古典杯中。在鸡尾酒上方挤出橙皮卷的皮油，然后将其放入鸡尾酒中。

雅座上，透过窗户看着这座城市，周末早上也会去那里喝咖啡——这是我们在纽约至死相伴酒吧没做过的两件事。尽管这两家酒吧之间存在差异，但它们在我们心中都像家一样温暖。它们不仅仅给我们带来了家的温暖，还有同样的社区归属感。

尘封的酒瓶

尽管我们已经尽最大的努力来保持家庭酒吧的简约风格，但我们还是常常发现自己拥有一些很少用到的独特烈酒和调味剂。如果你翻阅过我们的其他书，并尝试过各种调配，我们猜你也收集了不少很少用到的酒。在家里，我们将这些"尘封的酒瓶"视为探索平时那些不太熟悉的配料的机会。我们会尝试将它们大量用于鸡尾酒中，甚至以它们作为基酒来创作鸡尾酒，以便将它们消耗完。我们试图为某款尘封的酒寻找新用途时，会从右侧的5种鸡尾酒概念入手。

◆ **敲门砖鸡尾酒（Gateway Cock-tail）：** 指以这瓶酒作为配方成分、知名度最高的鸡尾酒。例如，金巴利的敲门砖鸡尾酒就是内格罗尼。

◆ **大同小异（Same Same, But Different）：** 在敲门砖鸡尾酒的基础上，进一步探索能用到这瓶酒的其他鸡尾酒配方，这些配方的主线大都十分相似，但会以全新的形式呈现。从内格罗尼出发，你可以探索"老友"（Old Pal）这款鸡尾酒。

◆ **明星主角（Star of the Show）：** 将这瓶酒作为鸡尾酒的核心成分，但通常情况下可能不会将其用作主要基酒。例如，探索以金巴利作为核心成分的鸡尾酒——"脚踏车"（Bicicletta）。

◆ **绝佳配角（Supporting Character）：** 在某款鸡尾酒中，这瓶酒可能不是核心成分，更不是主要基酒，但它无疑改变了整杯鸡尾酒的风味。继续以金巴利作为主题，它会使"午后宁静时光"（La Siesta）这款鸡尾酒变得更复杂、更清爽。

◆ **意外用途（Unexpected Use）：** 指这瓶酒出现在打破传统的或出乎意料的鸡尾酒配方之中。

★ **当代或现代经典鸡尾酒：** 广为人知的鸡尾酒配方，无论是复古经典配方还是现代经典配方。

苦艾酒

酒精含量： 40%~75%。

历史背景： 起源于 19 世纪的瑞士，后来在 19 世纪晚期成为法国巴黎艺术家们钟爱的烈酒。

风味特点： 草本气息浓郁，带有独特的茴香味。

一般用途： 与大量冰水混合（有时加糖）稀释后单独饮用，或者和苦精一样用于调制鸡尾酒。

◆ 萨泽拉克（Sazerac，见第 309 页）★
◆ 移动目标（Moving Target，见第 304 页）
◆ 绿野兽（Green Beast）★
◆ 日瓦戈医生（见第 238 页）
◆ 玫瑰游行（Rose Parade，见第 308 页）

阿佩罗

酒精含量： 11%。

历史背景： 1919 年由巴比耶里公司（Barbieri Company）开发，但直到第二次世界大战之后才流行开来。

风味特点： 苦橙、大黄和葡萄柚味。

一般用途： 用于调制起泡鸡尾酒和其他意大利酒吧所创作的经典鸡尾酒。

◆ 纸飞机（Paper Plane）
◆ 双体船（Catamaran，见第 363 页）
◆ 阿佩罗汽酒（Aperol Spritz）
◆ 发条小鸟（Windup Bird，见第 232 页）
◆ 潜意识刺激（Subliminal Messages，见第 350 页）

阿夸维特

酒精含量： 通常为 40%。

历史背景： 一种来自斯堪的纳维亚地区的烈酒，使用该地区不同的植物酿制而成。根据不同的原产地，可分为陈酿和未陈酿酒款。

风味特点： 以谷物为基酒；加入草本植物，包括葛缕子、茴香和莳萝。

一般用途： 传统上冷冻后饮用。我们会在鸡尾酒中使用少量阿夸维特来增加复杂的香辛料气息。

◆ 三叉戟（Trident）
◆ 断层线（见第 327 页）
◆ 星期三先生（Mr. Wednesday，见第 278 页）
◆ 望远镜（Spyglass，见第 348 页）
◆ 最后的男人（Last Man Standing，见第 300 页）

黑糖蜜朗姆酒

酒精含量： 40%。

历史背景： 陈酿朗姆酒，添加黑糖蜜以增加其色泽和甜味。

风味特点： 苦巧克力、咖啡和甘蔗味。

一般用途： 用于调制迈泰鸡尾酒和其他提基风格的热带鸡尾酒。

◆ 月黑风高（Dark and Stormy）
◆ 轻微风暴（见第 228 页）
◆ 玉米和油（Corn and Oil）★
◆ 忙于赚钱（Busy Earning，见第 292 页）
◆ 夜班列车（Night Train，见第 249 页）

卡莎萨

酒精含量： 约 40%。

历史背景： 一种产自巴西的甘蔗蒸馏酒，通常未经陈酿。

风味特点： 清新草香，类似于白朗姆酒。

一般用途： 用于调制凯普琳尼亚鸡尾酒（Caipirinha）。

◆ 凯普琳尼亚
◆ 戈登杯（Gordons Cup）★
◆ 双人跳伞（见第 230 页）
◆ 钻石抢劫案（见第 267 页）
◆ 猩红比蓝雀（见第 227 页）

查特酒

酒精含量： 黄色查特酒为 40%，绿色查特酒为 55%。

历史背景： 查特酒最初是一种药酒。卡尔托西安（Carthusian）修士长期持有并守护着这款酒的配方，该酒以其所属的修道院所在高山命名。

风味特点： 浓烈复杂的草本风味。

一般用途： 直接饮用或加冰后饮用，或者在鸡尾酒中用作草本调味剂。

◆ 临别一语（Last Word）
◆ 鬣蜥猎人（Iguanero，见第 275 页）
◆ 查特斯维泽（Chartreuse Swizzle）
◆ 新节拍（见第 338 页）
◆ 充气城堡（Bounce House，见第 262 页）

可可利口酒

酒精含量： 25%。

历史背景： 可可利口酒在全球已经流行了数个世纪。

风味特点： 牛奶巧克力和香草味。

一般用途： 我们用它来为各种搅拌类或摇制类鸡尾酒增添丰富的可可风味和香气。

◆ 绿蚱蜢（Grasshopper）★
◆ 白兰地亚历山大（Brandy Alexander）
◆ 20 世纪 ★
◆ 查特亚历山大（Chartreuse Alexander，见第 363 页）
◆ 女王蛇（Queen Snake，见第 308 页）

艾莱岛威士忌

酒精含量： 40%。

历史背景： 产自苏格兰西海岸外的艾莱岛。它最显著的特征是极具穿透力的泥煤气息和口感。

风味特点： 烟熏味，由于靠近海洋，带有一丝海盐味。

一般用途： 直接饮用或加冰后饮用，或者在调制鸡尾酒时用于洗杯或增加鸡尾酒风味。

◆ 盘尼西林（Penicillin）
◆ 姜人（见第 240 页）
◆ 织布工（见第 257 页）
◆ 音墙（Wall of Sound，见第 315 页）
◆ 吸烟夹克（Smoking Jacket，见第 310 页）

卡拉尼椰子利口酒

酒精含量： 30%。

历史背景： 产于墨西哥尤卡坦半岛地区，由新鲜椰浆发酵后与蔗糖浸泡而成。

风味特点： 椰浆和香草味。

一般用途： 我们经常用卡拉尼（很多！）作为调味剂，为各种鸡尾酒增添热带风味。

◆ 糟糕运动鞋（见第 359 页）
◆ 天梯（见第 347 页）
◆ 海上支腿（Sea Legs，见第 309 页）
◆ 布科琴蕾（见第 235 页）
◆ 战士诗人（见第 355 页）

路萨朵樱桃利口酒

酒精含量： 32%。

历史背景： 由药剂师埃米尔·吉劳德（Emile Giraud）于 1885 年发明的一款餐后酒。

风味特点： 坚果味、果味，略带奇特的风味，且带有杏仁糖的香气。

一般用途： 作为鸡尾酒的调味剂，或作为助消化的餐后酒饮用。

◆ 海明威大吉利（Hemingway Daiquiri）
◆ 暹罗猫琴蕾（Siamese Gimlet，见第 282 页）
◆ 自由自在（Fancy Free）
◆ 燕尾服 2 号（Tuxedo #2）
◆ 免费款待（见第 295 页）

薄荷利口酒

酒精含量： 24%。

历史背景： 由药剂师埃米尔·吉劳德于1885 年发明的一款餐后酒。

风味特点： 以薄荷味为主。

一般用途： 与一般的薄荷酒不同，薄荷利口酒清澈透明，可用于调制搅拌类和摇制类鸡尾酒。

- ◆ 史丁格（Stinger）
- ◆ 太空牛仔（见第 366 页）
- ◆ 阿雷丘萨（Arethusa，见第 359 页）
- ◆ 狐步舞（Foxtrot，见第 328 页）
- ◆ 小马文（Junior Marvin，见第 220 页）

梨子白兰地

酒精含量： 40%。

历史背景： 梨子白兰地又称"波亚·威廉姆斯"（Poire Williams），是一种在欧洲高山区极受欢迎的未陈酿水果白兰地。

风味特点： 明亮芬芳，纯净、浓郁的梨子味。

一般用途： 可作为一口杯冻饮，或作为浓郁的果香调味剂用于鸡尾酒中。

- ◆ 海的尽头（Beyond the Sea，见第 210 页）
- ◆ 41 名陌生女子（41 Jane Does）★
- ◆ 一口杯冻饮，配上一杯苹果西打
- ◆ 电报（见第 351 页）
- ◆ 奥维尔吉布森（Orville Gibson，见第 340 页）

皮斯科

酒精含量： 40%。

历史背景： 产自智利和秘鲁的葡萄白兰地。在我们的酒吧中，通常使用的是未陈酿的秘鲁风格皮斯科。

风味特点： 香气浓郁，花香四溢，口感清爽，类似葡萄酒。

一般用途： 通常用于调制柑橘类鸡尾酒。

- ◆ 皮斯科酸酒（Pisco Sour）
- ◆ 城市俱乐部（City Club，见第 235 页）
- ◆ 原型（Prototype，见第 343 页）
- ◆ 罗塞尔起泡酒（Spritz Roselle，见第 229 页）
- ◆ 亲爱的派伯诺（Pablo Honey，见第 278 页）

苏姿

酒精含量： 15%。

历史背景： 1885 年诞生于瑞士的草药酒，以龙胆根为主要原料制成。

风味特点： 略带甜味，具有浓郁的泥土气息，非常苦涩。

一般用途： 加冰或加气泡水和柑橘片享用。可用于调制鸡尾酒，使用方式与金巴利类似。

- ◆ 白色内格罗尼（White Negroni）★
- ◆ 发条橙（A Clockwork Orange，见第 318 页）
- ◆ 高阿特拉斯山脉（High Atlas，见第 274 页）
- ◆ 三体（La Trinité，见第 276 页）
- ◆ 伊普斯威奇（Ipswitch，见第 335 页）

提前计划：你的意图是什么？

理想情况下，无论是在酒吧还是在家中，鸡尾酒时光都是放松身心的绝佳机会。当你邀请朋友来家里时，鸡尾酒是一种情绪催化剂，可以帮助客人放松身心，享受彼此相聚的时光。即使你只是为自己调制一杯鸡尾酒，无论是对你心爱的配方进行微调还是尝试全新的鸡尾酒，调酒的仪式感也能起到让人放松身心的作用。无论是哪种情况，提前做好准备工作至关重要，这样既可以让你免于手忙脚乱，又能让你享受整个居家调酒的过程。

你可能听过法语中的一个厨房术语 "Mise en Place"，意思是 "一切准备就绪"。它的重点在于：提前准备好一切原料，这样在制作一道菜（或一杯鸡尾酒）时，只需快速地将几个组成部分组合在一起即可。这是整个餐饮行业都信奉的一条格言。在任何一家酒吧或餐厅，调酒师或厨师每天都要花费数小时来准备原料、烹饪、浸泡，然后把所有东西都摆放在恰当的位置，等待客人到来。

正如 "始终保持工作环境井井有条" 不仅仅是一种组织方法，更是一种态度一样，"一切准备就绪" 是所有调酒师调酒时的起点，无论是在家里还是在酒吧。"一切准备就绪" 也关乎你的调酒意图，在开始准备工作之前，你需要回答几个问题。你调制鸡尾酒的目的是什么？如果你只是为自己随意调几杯鸡尾酒，那么你的 "一切准备就绪" 可能只需简单地准备好配料、冰块、酒杯和工具，然后开始调制鸡尾酒。但如果你要为一群人调制鸡尾酒，那么计划好要做的事情并提前做好准备，将大大提高整个调酒过程的愉悦度和效率。

当你对这种事先思考的模式越来越熟悉，你会从中受益匪浅，而且伴随着这种成长，你可以逐渐改进自己的调酒技术，提升鸡尾酒的品质。例如，在一个日常的晚间鸡尾酒会上，你准备好所需的工具和原料，然后按照配方调制。渐渐地，你可能会注意到在调制鸡尾酒的过程中，为了拿取原料，你需要跑来跑去，于是你开始重新安排工具和原料的摆放位置，以方便拿取（也许你还会买辆漂亮的酒吧推车来简化你的准备工作）。甚至，你还会事先将几个搅拌杯、一些带脚酒杯和尼克诺拉杯等放在冰箱里冷冻，因为你提前考虑到冰冻过的杯子可以让鸡尾酒的口感变得更好。

在为一群人调制鸡尾酒时，这种思考方式也同样适用：通过不断练习，准备多样、复杂的鸡尾酒将变得更容易、更高效，这将让你有更多时间专注于提升鸡尾酒的品质。而且，重要的是，这能够让你从聚会中获得自己想要的体验，无论是提前完成大部分工作以便尽快加入聚会，还是戴上假胡子和袖箍扮演老派酒保，抑或介于两者之间。本书其他部分的内容也可以应用于在家调制鸡尾酒，但该部分的核心目的是为你提供招待客人的技巧——不仅仅是调制更多的鸡尾酒，还要在享受调酒时光的同时享受与他人共处的美好时刻。

为一群人调制鸡尾酒不仅关乎如何执行，还关乎如何管理期望：首先是你自己的期望，然后是客人的期望。你是想成为站在吧台后整晚调制鸡尾酒的调酒师，还是想成为不受束缚的主人，不被固定在特定的地方，抑或是完全不想参与调制鸡尾酒，只希望与客人一起享受这一切？这取决于你对这次家庭鸡尾酒派对的设想，但无论如何，你的客人都会玩得很开心。

也许你想举办一场以鸡尾酒为焦点的派对。在这种情况下，鸡尾酒和实际的调酒过程就是这场派对的灵魂。准备一份简明扼要的主题酒单（如探索起泡鸡尾酒，见第112页）。在派对中央位置设置一个吧台，准备好所有原料和工具。

如果派对的重点不在于调制鸡尾酒，而在于社交，那么你可以考虑部分或全部使用预调鸡尾酒（见第178页），提前几小时或几天完成大部分准备工作，这样，聚会时你就可以迅速调制鸡尾酒了。

最后，如果你不想参与调制鸡尾酒，而更想让客人自己倒酒，那么你可以尝试百分百批量预调鸡尾酒（见第188页）或利用冷冻柜酒吧（见第192页）。

明确了自己的意图之后，你就可以决定提供什么鸡尾酒了。

特调原料

我们喜欢那可以在整个晚上用于调制多种鸡尾酒的特调原料。以下是一些一定会让人印象深刻的特调鸡尾酒原料。

调味糖浆： 请翻到第368页，我们提供了数十种独特的甜味剂，可以用于各种经典鸡尾酒的改编。即使是我们常用的肉桂糖浆，制作起来也十分简单且用途广泛。

杏仁糖浆： 自制杏仁糖浆是一种有趣的体验，杏仁糖浆可以用于各种热带鸡尾酒中。

茶香烈酒： 任何浸泡烈酒都可以成为一场鸡尾酒派对的主题。我们尤其喜欢茶叶浸泡烈酒，因为它们既可以用于调制清爽的鸡尾酒，也可以用于调制较为浓烈的鸡尾酒。

澄清果汁： 想用一杯晶莹剔透的大吉利来迷住客人吗？按照我们的澄清果汁制作指南（见第386页）来操作就能好好秀一把了。额外好处：你还可以用澄清果汁来调制充气鸡尾酒（见第189页）。

巧妙的装饰： 虽然我们不提倡为了装饰而装饰，但脱水柑橘片（见第393页）确实既有趣又实用。例如，在"狡猾的狐狸"（Sly Fox，见第253页）中，一片烘干橙片为鸡尾酒增添了一种可食用的香脆装饰，不仅带来浓郁的橙味，更与鸡尾酒相得益彰。

时令食材： 选择一种时令水果或蔬菜，并在鸡尾酒中使用它，可用于制作糖浆、浸泡液、果汁或果泥，也可用作装饰。

撰写酒单

就像在酒吧里一样，在家里准备鸡尾酒酒单时，我们需要先对酒单进行构思（也就是决定要调什么鸡尾酒），然后创建一个线框图或者简单的大纲，用来勾勒酒单的范围和架构，这样你就可以确定自己的意图，并为"一切准备就绪"制订计划了。

拿出一张纸，或者和我们一样使用电子表格（我们也用这种方式设计感恩节晚餐菜单）。在左侧列出你计划提供的鸡尾酒数量。要务实一些：通常对家庭鸡尾酒派对而言，酒单上有4款鸡尾酒已经绰绰有余了，也更易于操作。一般来说，我们喜欢在酒单中包含不同风格和酒精度的鸡尾酒，比如，一款起泡鸡尾酒、一款酸酒、一款柯林斯和一款老式鸡尾酒。

在确定具体的鸡尾酒酒款之前，先整理你的思路，列出你想要的鸡尾酒风格，从清淡的到浓烈的。然后，进一步思考：这些风格的鸡尾酒会吸引派对上的所有人吗？它们是不是太过相似了？要尽快做出决定，以避免你在爱上某个具体配方后最终弄出一份酒款过于相似的酒单。

例如，让我们从以下鸡尾酒风格开始。

1. 起泡鸡尾酒。
2. 玛格丽特。
3. 柯林斯。
4. 老式鸡尾酒。

如果你特别想展示某款鸡尾酒，可以把它加入酒单，并使其与其他各款鸡尾酒之间相互补充或形成对比。例如，假设你决定提供一款萨泽拉克改编鸡尾酒——马修·贝朗格的"我反对我"（见第299页），酒单可包括如下几款鸡尾酒。

1. 起泡鸡尾酒。
2. 玛格丽特。
3. 柯林斯。
4. 老式鸡尾酒："我反对我"。

接下来，看看你的酒柜，有没有任何"尘封的酒瓶"（见第166页）能带给你灵感？打开冰箱，看看有没有任何你想在一款或多款鸡尾酒中使用的新鲜食材（水果、蔬菜、草药）？或者翻阅一本鸡尾酒书，挑选与你的风格类别匹配且看起来有吸引力的鸡尾酒。

1. 起泡鸡尾酒："自行车轮"（Bicycle Wheel，见第210页），以气泡水、干型起泡酒、圣乔治布鲁托美国佬（St. George Bruto Americano）、唐西乔托和菲戈利茴香利口酒、吉发得粉红葡萄柚利口酒调制而成。

2. 玛格丽特："护身符"（见第255页），以席安布拉·阿祖尔陈年特其拉（Siembra Azul Añejo Tequila）、席安布拉·瓦列斯手工特其拉（Siembra Valles Ancestral Tequila）、雷塞特鲍尔胡萝卜白兰地、卡拉尼椰子利口酒、新鲜柠檬汁、甘蔗糖浆、比特终点摩洛哥苦精调制而成。

3. 柯林斯："织布工"（见第257页），以冰镇气泡水、竹鹤威士忌（Nikka Taketsuru Whisky）、克利尔溪道格拉斯冷杉白兰地、齐侯门玛吉湾苏格兰单一麦芽威士忌（Kilchoman Machir Bay Single-malt Scotch）、新鲜柠檬汁、自制杏仁糖浆、柚子汁调制而成。

4. 老式鸡尾酒："我反对我"（见第299页），用女巫利口酒洗杯，以牙买加朗姆酒、苏格兰调和威士忌、花蜜糖浆、佩肖苦精、比特终点牙买加辣椒苦精调制而成。

此时，请你停下来思考一下，看看自己将要做什么。这是你采购和准备原料的开始。你是否准备好榨取新鲜果汁、制作风味糖浆，或者寻找一些独特的酒款了？还是说你时间比较紧迫，需要使用现成的原料？最重要的是，你是否对调制这些鸡尾酒感到非常兴奋？

如果以上任何一个问题的答案是"否"，那么你应该尝试另一种方法。我们偏爱的一种方法是选择一两种特调原料（比如，墨西哥辣椒浸泡特其拉和姜味糖浆），并将它们用在多种不同风格的鸡尾酒中。

1. 仙蒂："惊人的速度"（Ludicrous Speed，见第223页），以胜利普拉玛皮尔森啤酒（Victory Prima Pils）、蔗心农业白朗姆酒（La Favorite Rhum Agricole Blanc）、墨西哥辣椒浸泡席安布拉·瓦列斯银色特其拉、新鲜青柠汁、菠萝果胶糖浆（Pineapple Gomme Syrup）、马克鲁特（Makrut）青柠叶调制而成。

2. 斯维泽："柯蒂斯公园斯维泽"（见第237页），以辛加尼63白兰地、阿蒙提拉多雪莉酒、姜味糖浆、新鲜青柠汁、苦艾酒、安高天娜苦精、薄荷调制而成。

3. 酸酒："姜人"（见第240页），以拉弗格10年苏格兰单一麦芽威士忌、新鲜哈密瓜汁和柠檬汁、姜味糖浆、安高天娜苦精调制而成。

4. 马天尼："潜意识刺激"（见第350页），以德玛盖圣多明各阿尔巴拉达斯梅斯卡尔、墨西哥辣椒浸泡席安布拉·瓦列斯银色特其拉、白味美思、吉发得粉红葡萄柚利口酒、阿佩罗调制而成。

你现在处于一个关键时刻。大多数人在这个阶段就开始不假思索地准备采购，并认为自己已经准备好调制鸡尾酒了。但我们恳请你把筹备工作做得再细致一些：写下每款鸡尾酒的配方以及你预计参加派对的人数。根据我们的经验，客人通常每小时大约会喝一杯半鸡尾酒，所以如果你邀请了10位客人，预计派对时间为3小时，那么你最终可能要调制45杯鸡尾酒！当然，你的朋友可能不像我们一样贪杯，但你会发现原料、酒杯和冰块的用量会迅速增加。如果你觉得自己的计划可能出现纰漏，或者现有的原料不足以支撑你的酒单，那么现在就是你调整计划的最后时机。

利用电子表格进行一些简单的计算，以确定所需原料的准确用量。一定要考虑以下几点。

1. 你家里是否有足够的酒杯？你是否有能力或意愿在每轮鸡尾酒喝完之后清洗酒杯？

2. 你是否有足够的冰块？如果不够的话，你需要在派对前几天购买或准备额外的冰块。

3. 如果参加派对的客人超过5位，我们强烈建议你调制一款或多款批量预调鸡尾酒（见第188页），这样可以在派对期间为你节省时间。

4. 多准备一些特调原料，它们总是鸡尾酒派对的焦点。剩下的特调原料可以作为绝佳的伴手礼赠送给客人们。

5. 聚会当天至少拿出1小时来准备新鲜原料（果汁、装饰等），将原料冷藏以保持新鲜。

鸡尾酒与食物的搭配

大多数餐酒搭配的原则是根据食物的风味选择一款酒来配餐。这种餐酒搭配方法非常适合葡萄酒、啤酒和清酒，但鸡尾酒是另一回事。从玛格丽特的强烈酸度到老式鸡尾酒和曼哈顿的强烈酒精冲击，鸡尾酒的强烈风味特征使其很难与食物搭配。这就是为什么我们倾向于颠覆传统，从鸡尾酒的风味开始，寻找合适的食物来进行搭配。

虽然有许多因素需要考虑，但有一个简单的基本原则，就是关注食物的咸味或风味丰富程度。人们对咸味的偏爱有目共睹，因此，你在考虑鸡尾酒和食物的搭配时，应着重关注咸味。柑橘类鸡尾酒和咸味的油炸小吃很搭，比如炸薯条——鸡尾酒明亮的酸度能够穿透油脂和淀粉的厚重感。内格罗尼这样的苦味鸡尾酒天生就能与咸脆的小吃搭配得天衣无缝，比如椒盐脆饼（这是我们最喜欢的组合之一）——咸味能够减轻金巴利的苦味。而一杯足够冰的马天尼搭配海鲜味十足的生蚝（尤其是浇上酸辣汁的生蚝），无疑是让人畅快淋漓的一件事——没错，你刚刚喝了一杯海洋风味的脏马天尼。

奶酪与鸡尾酒也很搭。试试鲜美的布里（Brie）奶酪或其他软奶酪，配以柑橘类鸡尾酒，比如大吉利——柑橘味能中和奶酪的浓厚口感。或者尝试一下硬质咸奶酪，比如佩科里诺（Pecorino）或帕尔玛干酪（Parmesan），配以阿佩罗汽酒或美国佬等苦味鸡尾酒。在你对着冷肉火腿等腌制肉类大快朵颐之后，一杯清爽的起泡鸡尾酒，尤其是汤姆柯林斯或高球鸡尾酒，会让你的味蕾从腌制肉类的浓郁口感中得到舒缓。或者用曼哈顿这样具有浓郁风味的烈性鸡尾酒来衬托食物的丰富口感。

大多数口感丰富、浓郁的甜点是鸡尾酒的理想搭配。你如果在香草冰激凌上滴一点安高天娜苦精，就能够体验一把香料与奶油如天堂般的完美结合，就像喝放了冰激凌球的根汁啤酒一样。这种风味组合也可以通过苦味鸡尾酒来进行探索，比如老式鸡尾酒或它的许多改编版。咬一口优质的黑巧克力，再配上一口曼哈顿，会让你感受到人生中最美妙的时刻——甜味美思的苦涩与黑巧克力相得益彰，而可可脂的味道则缓和了威士忌的辛辣。

你可能已经注意到，以上这些大多是用小食、冷盘和甜点来搭配鸡尾酒，而不是正儿八经的餐食。鸡尾酒带来的是一种随意和短暂的饮用体验，通常喝完一杯鸡尾酒就是几分钟的事儿（至少对我们来说是这样）。因此，在正餐中搭配多种鸡尾酒可能会使味蕾感到疲劳，你可能会过量摄入风味较为强烈、刺激的鸡尾酒，而且鸡尾酒浓郁的风味会掩盖食物本身的味道。这就是为什么我们要在餐前、餐后饮用鸡尾酒，而在用餐期间则以葡萄酒、清酒、西打或啤酒来佐餐。

然而，凡事皆有例外。低酒精度鸡尾酒就可以与正餐搭配得很好，一样能够起到葡萄酒或啤酒那样唤醒味蕾的作用。但要注意佐餐的鸡尾酒风味要足够细腻，以免盖过食物的味道。以翠竹鸡尾酒为例，任何改编版都能完美地保持这一平衡：以最适合佐餐的雪莉酒为基酒，喝起来稍微有点烈，但仍然能够让你品尝到食物的本味。

如果你确实想在正餐中搭配鸡尾酒，我们也不会劝阻你。只是要注意，不要让餐盖过酒，也不要让酒盖过餐。你如果对鸡尾酒配餐很感兴趣，可以制作一套小食，并为每种小食搭配一款特定的鸡尾酒，你可以称之为品鉴酒单。我们曾在至死相伴酒吧尝试推出"六口"酒单——用6道小食分别搭配6款来自不同鸡尾酒家族的酒款；我们还在洛杉矶的沃克客栈探索过完整的鸡尾酒品鉴酒单。这是一项奢侈的尝试，但可以打造出独一无二的鸡尾酒晚宴派对。

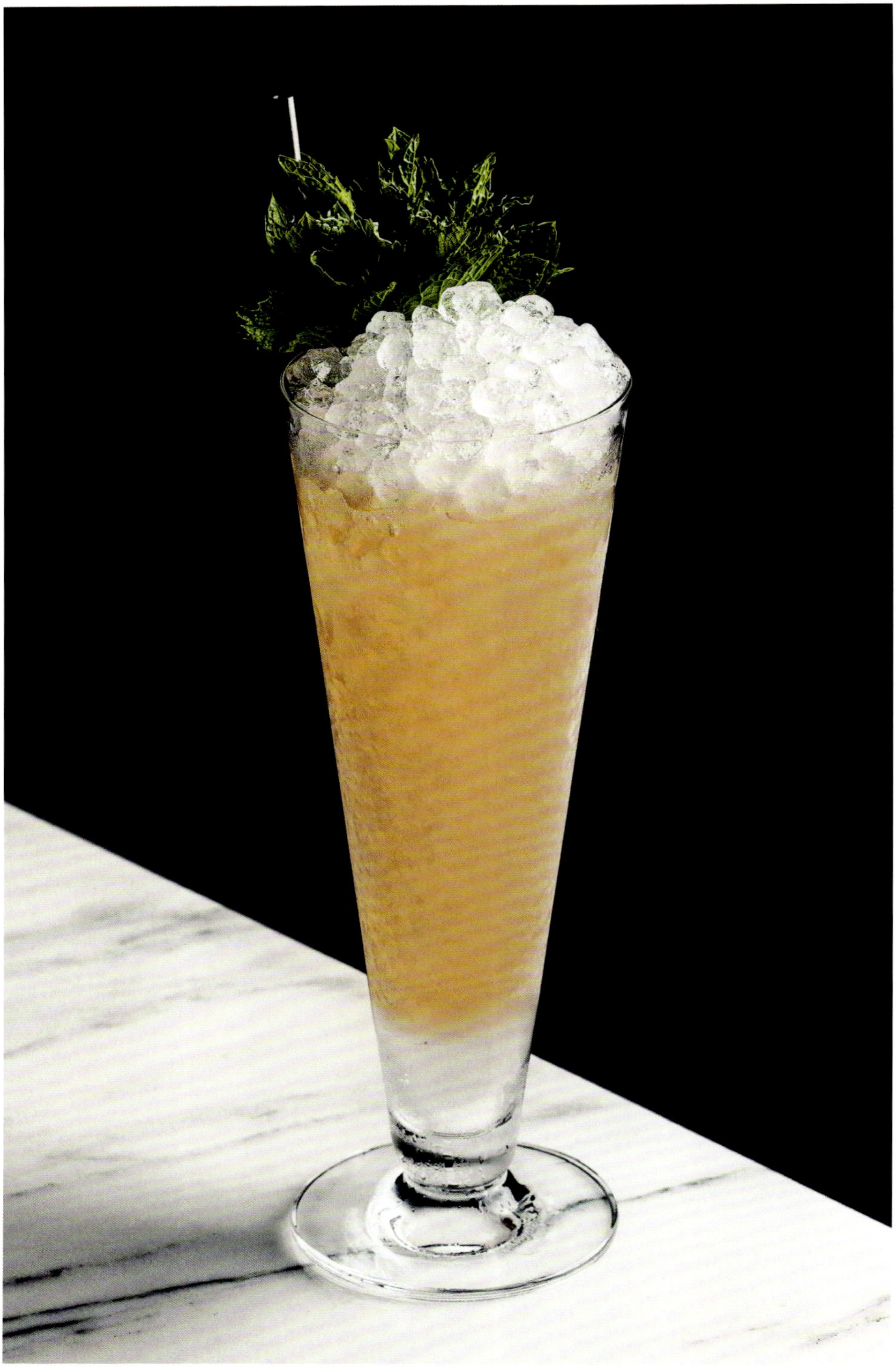

何南（Nam Ho）

何南是健康科学传播公司（Health Science Communications）的资深医疗总监，同时也是纽约市哥伦比亚大学的教师。

我大约从2013年开始就经常去至死相伴酒吧。当时，我是哥伦比亚大学的一名研究生，没有太多钱去外面消费，但这并没有阻止我对鸡尾酒的热爱。为此我还研究过一番——想找到能够满足我合理消费意愿的最佳酒吧，最终我选择了至死相伴酒吧。

走进至死相伴酒吧，就像是与世隔绝了一样，穿过一个挂着窗帘的入口，便进入了另一个维度的空间。我喜欢坐在吧台的尽头，这样就能看见整间酒吧，也能看着调酒师做他们的工作。收银机正好在那里，这意味着调酒师在结账时能有片刻时间跟我快速地聊上几句。这时，我会问吧台下面架子上的透明玻璃瓶里装的是什么特调原料，或者后面的酒架上摆放着什么酒。在家里聚会时，我和朋友们会各自带酒，这让我有机会买一些在至死相伴酒吧里看到的酒，并开始尝试在家自己调制鸡尾酒。

工作后，我开始更频繁地去至死相伴酒吧。我通常会在酒吧刚开门时就到那里，趁着人比较少的时候，与酒吧员工聊聊天。每次发布新酒单时，我

迈泰鸡尾酒（豪华版）

马修·贝朗格，2019 年

1 个青柠角

1½ 盎司维利尔居住区 2007 牙买加沃西公园朗姆酒（Habitation Velier WP 2007 Jamaican Rum）

½ 盎司维利尔居住区 502 57% 牙买加沃西公园朗姆酒

½ 盎司克莱门特克里奥尔朗姆酒（Clément Créole Shrubb）

1 盎司新鲜青柠汁

¾ 盎司自制杏仁糖浆（见第 371 页）

1 滴安高天娜苦精

装饰：1 小枝薄荷、1 朵兰花、肉豆蔻粉

把青柠角的汁液挤入摇酒壶中，然后把青柠角放入其中，加入除装饰品外的剩余配料，再加入冰块快速摇制约 5 秒，然后倒入加大古典杯中。加入碎冰，用薄荷枝和兰花装饰。在鸡尾酒表面撒些肉豆蔻粉，配上吸管即可慢慢享用。

都会把品尝所有搅拌类鸡尾酒作为一项重要任务，通常我会从酒单最后一页开始，一页页往前喝。喝完所有搅拌类鸡尾酒之后，我便开始尝试摇制类鸡尾酒。我认为没有任何一款摇制类鸡尾酒能像至死相伴酒吧在2019年推出的迈泰鸡尾酒那样，它真的让人惊喜。它不仅是我尝过的最好的迈泰鸡尾酒，而且很可能也是我喝过的最棒的鸡尾酒。它完美融合了经典的迈泰风味，但更加复杂且更有层次感。

在其他酒吧，我很少会独自待很长时间，但在这里，我和所有员工都相处得非常融洽，从未感到过孤独。这对我来说实际上是一种放松和治愈，我经常和他们分享自己的生活故事。每当我在生活中遇到新的事情——无论是工作、约会还是家庭方面——我的第一反应总是"我需要去至死相伴酒吧找人倾诉或分享一下"。在纽约，大部分夜晚都是如此安静祥和。但每当生活中发生一些事情，我需要找一个地方倾诉时，我总是会回到至死相伴酒吧，喝着酒，聆听调酒师们的建议。我在其他地方从不会这样做。

适合一群人聚会的鸡尾酒

让我们先确认一件事：在几乎所有的家庭聚会场合，每次都从头开始调制鸡尾酒是一个糟糕的主意。即使你非常想要展示你的调酒技能，然而要为一群人调酒，每杯酒的配料都要单独量取，会给你带来巨大的压力，并且客人在喝完一杯鸡尾酒之后需要等候很长时间才能喝到下一杯，清醒的客人们或许只能尴尬地聊着天，这在任何派对中都是相当尴尬的一件事。我们强烈建议你不要将你的家庭酒吧当作真正的酒吧——有无数鸡尾酒可供选择。毕竟，你也不会给来赴晚宴的客人提供酒单，对吧？

在这一节中，我们列出了一些有效的（而且有趣！）为一群人调制鸡尾酒的方法，根据操作难度从简单到复杂进行介绍。

最简单的批量预调鸡尾酒：各取所爱

如果你不确定客人的鸡尾酒喜好，或者想要让他们自己调制鸡尾酒，那么采用自助式调酒的方式会让客人们感觉新鲜，并且乐此不疲。自助式调酒其实很简单：准备一份基础原料，让每位客人都可以将它与自己喜爱的烈酒进行组合搭配。这种基础原料可以是任何有助于加快鸡尾酒调制过程的东西，但在调酒时仍然需要进行一定的组合搭配：如果鸡尾酒配方需要用到多种果汁和少量的调味剂，那你可以将它们事先混合在一起，如第182页的击掌（High Five）那样，这样可以让客人在调酒过程中更有参与感，但又不用进行过于复杂的操作。以下是4款非常有效的预调基础原料示例：一款浓烈的老式鸡尾酒、一款清爽的开胃鸡尾酒、一款拥有丰富气泡、适合早午餐时饮用的鸡尾酒，以及一款人人都喜爱的血腥玛丽。这些示例列出了具体细节，但你也可以举一反三，用这种方法来准备其他鸡尾酒，我们也为你提供了一些进阶探索的建议。

你如果想让客人自己调制鸡尾酒，可以编写一份简短的调酒指南，帮助他们自主完成调酒。例如，自助调制血腥玛丽的说明应该包括以下几点。

1. 选择烈酒并向酒杯中倒入2盎司。
2. 加入冰块（不要吝啬！）。
3. 在酒杯中加入血腥玛丽预调基础原料，用吸管搅拌几秒。
4. 选择装饰品（根据个人喜好）。

示例1：按照自己的方式调制老式鸡尾酒

老式鸡尾酒的配方非常灵活。虽然经典的老式鸡尾酒是以优质美国威士忌（无论是黑麦威士忌还是波本威士忌）为基酒调制的，但其实任何烈酒都可以作为一杯好喝的老式鸡尾酒的基酒，尽管我们通常（但并不总是）更喜欢用那些在橡木桶中陈酿过的烈酒。如果你和你的朋友是老式鸡尾酒及其众多改编鸡尾酒的粉丝，那么布置一个老式鸡尾酒自助吧台可以让你们选择自己喜欢的基酒，并尝试用不同风格的苦精进行搭配。

在这个示例中，基酒是两种或多种陈酿烈酒，可以是波本威士忌、干邑白兰地或陈酿朗姆酒。

准备工作包括：预调好一批德梅拉拉糖浆，并将其装在方便倒取的小瓶子中，以便精确地量取糖浆；预先切好并处理好橙皮，然后将其放在盖有湿餐巾的酒杯中；在酒杯中装满水，放入一个

吧勺和一个茶匙；为每位客人准备一个古典杯；在冰桶中装满大方冰（确保这些冰块可以装入古典杯中），并配上夹子；准备一个2盎司的量酒器。如果你喜欢，可以为客人准备一张便签卡，附上调酒说明。

请注意，我们不建议客人像我们在酒吧里那样调制鸡尾酒，不用先在搅拌杯中调制鸡尾酒、搅拌之后再倒入装有冰块的古典杯中，而是直接在古典杯中调制，以加快调制过程。

按照自己的方式调制老式鸡尾酒

调制 1 杯

	难度	冰块
	◆ ◇ ◇ ◇	🧊

准备： 德梅拉拉糖浆。

冰块： 一块大方冰或者你手头有的任何冰块。

配料： 至少3种陈酿烈酒，如单一麦芽威士忌、波本威士忌、黑麦威士忌、干邑白兰地、苹果白兰地或陈酿朗姆酒；德梅拉拉糖浆；安高天娜苦精和橙味苦精（至少这两种苦精，你如果想再增添一些乐趣的话，则可以添加其他苦精）。

1 茶匙德梅拉拉糖浆
2 滴苦精
2 盎司个人喜爱的烈酒
装饰：柠檬皮卷或橙皮卷

1. 在古典杯中加入德梅拉拉糖浆。
2. 加入苦精。
3. 加入烈酒。
4. 使用冰夹，小心地将一块大方冰放入酒杯中。
5. 搅拌，直到你可以感觉到酒杯外侧有微微的冰凉感。
6. 用柠檬皮卷或橙皮卷装饰，或者两者兼用。

其他可以用同样方法调制的鸡尾酒

不同基酒组合的老式鸡尾酒： 尝试将不同的基酒以不同的比例混合在一起，注意每杯鸡尾酒中基酒的用量不要超过2盎司。好喝的组合搭配：苏格兰威士忌加黑麦威士忌、陈酿朗姆酒加波本威士忌、苹果白兰地和干邑白兰地与其他所有酒类都可以组合搭配。

茱莉普鸡尾酒： 准备碎冰而不是大方冰，而且你可能需要准备比想象中更多的冰。准备茱莉普杯而不是古典杯。确保准备的薄荷足够多，你要用它来代替苦精，并配备一根捣棒。基酒可以任选。

示例2：击掌和开胃鸡尾酒

葡萄柚汁、柠檬汁和阿佩罗的组合轻盈、清爽、易饮，已被证明是许多鸡尾酒的百搭基底，包括亚历克斯·戴在《鸡尾酒法典》中提到的击掌鸡尾酒。你可以将击掌原配方中的基酒替换掉，得到的依然是一杯非常好喝的鸡尾酒；你也可以通过添加气泡水或起泡酒将其变成一款开胃鸡尾酒。

首先，根据客人数量，按需批量预调击掌基酒。

按照自己的方式调制击掌
调制 1 杯

	难度	冰块
	◆ ◇ ◇ ◇	

1½ 盎司你喜欢的烈酒
3 盎司击掌批量预调酒
冰镇气泡水或起泡酒

将烈酒和击掌批量预调酒倒入葡萄酒杯或柯林斯杯中，加冰块搅拌5秒。然后，加满气泡水或起泡酒，无须装饰。

其他可以用同样方法调制的鸡尾酒

诱饵战术（Bait'N'Switch，见第261页）： 加入安乔·雷耶斯辣椒利口酒、菠萝汁、青柠汁和肉桂糖浆，并用你喜欢的烈酒代替梅斯卡尔。

击掌批量预调酒
调制 12 份

准备： 按需批量预调，准备果汁和单糖浆。
冰块： 大方冰或你手头上有的任何冰块。
配料： 新鲜葡萄柚汁、新鲜青柠汁、阿佩罗、单糖浆、气泡水或香槟，以及各种未陈酿的烈酒，如伏特加、金酒、特其拉、梅斯卡尔、朗姆酒、皮斯科、辛加尼或水果白兰地（如梨子白兰地）。如果你想要调制低酒精度鸡尾酒，可以选择曼赞尼拉雪莉酒。

12 盎司新鲜葡萄柚汁

6 盎司新鲜青柠汁

6 盎司阿佩罗

6 盎司单糖浆

1. 熬制单糖浆，待其冷却。
2. 清洗葡萄柚并榨汁，用细网筛过滤以去除果肉。
3. 将葡萄柚汁、青柠汁、阿佩罗和单糖浆倒入一个大容器中。冷藏备用，最多可提前 6 小时准备。

示例3：含羞草时光

时令水果可以与清爽的起泡酒完美搭配，调制成含羞草类鸡尾酒；你如果想要更讲究一些，则可以选择酒农香槟（我们就是这样做的！）。简单易调制的经典桃子贝里尼（Bellini）或橙子含羞草以及各种改编酒款都是人人喜爱的鸡尾酒，无论是在晨间恢复活力还是在炎热的下午消暑，它们都是完美的选择。你可以只准备一种果汁，但提供多种果汁选择能让客人感觉更有意思，而你所需花费的时间和精力其实很少。调制含羞草的关键在于水果的品质：如果水果本身不够新鲜、不够好，那么用在鸡尾酒中也不会好喝。

准备工作：

1. 清洗水果并榨汁，或者根据需要制成果泥。用细网筛过滤以去除粗纤维果肉。
2. 冷藏备用，最多可提前 2 天制作。
3. 设置一个自助吧台，提供碟形杯、装有果汁和果泥的玻璃瓶、浸在冰桶里的起泡酒，以及切好的柠檬片（放在盖有湿餐巾的酒杯中）。

按照自己的方式调制含羞草或贝里尼

调制 1 杯

难度
◆ ◇ ◇ ◇

准备：混合并过滤。

配料：新鲜的时令水果汁，如葡萄柚、卡拉卡拉橙（Cara Cara Orange）、橘子、橘柚；果泥（草莓、桃子、油桃）和（或）压榨果汁（苹果、梨）；起泡酒。

1 盎司新鲜水果汁或果泥
干型起泡酒，最好是酒农香槟
装饰：1 个柠檬皮卷

1. 将水果汁或果泥加入碟形杯中，小心地倒入起泡酒。
2. 将柠檬皮卷在鸡尾酒上方挤出皮油后放入碟形杯中。

其他可以用同样方法调制的鸡尾酒

阳光枪械俱乐部（Sunshine Gun Club，见第 367 页）：将新鲜橙汁、香草糖浆、食品级磷酸和橙花水批量预调好。加入重奶油和你喜欢的未陈酿烈酒（如金酒、特其拉、皮斯科等）。

示例4：血腥玛丽之旅

假设你正在举办一场早午餐派对，并计划为客人们提供血腥玛丽，你完全可以预调好，但让客人自己选择基酒会让他们觉得更有趣：血腥玛丽的经典改编包括将基酒换成金酒，改编成红鲷鱼（The Red Snapper），或换成特其拉，改编成血腥玛丽亚（Bloody Maria），但我们的思路可以再广一些，不用局限于此。阿蒙提拉多雪莉

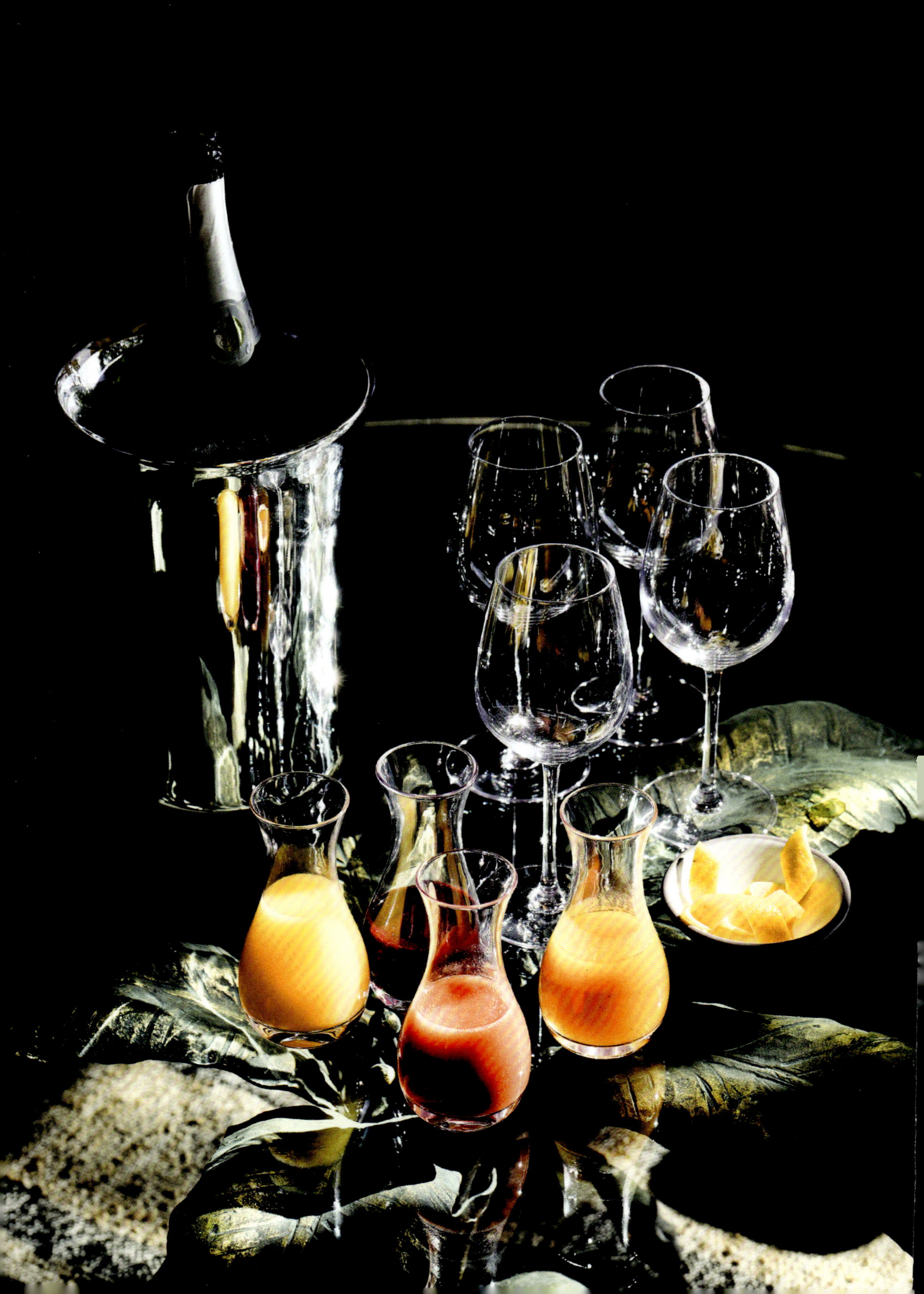

酒是调制好喝且酒精度低的血腥玛丽的绝佳基酒。你也可以使用梅斯卡尔或烟熏风格的苏格兰威士忌来调一杯世界上最狂野的血腥玛丽。

首先，准备一大批血腥玛丽基础混合液。多准备一些，它会消耗得很快（如果是4人份的话，我们建议至少准备2升）。你可以提前一天准备好并冷藏备用。

血腥玛丽基础混合液

2升（可调制4杯鸡尾酒）

难度
◆ ◇ ◇ ◇

冰块

准备： 预先调制、榨汁。

冰块： 大方冰。

配料： 有机番茄汁、辣酱、新鲜柠檬汁和青柠汁，以及各种基酒，如伏特加、金酒、特其拉、梅斯卡尔、苏格兰威士忌或阿蒙提拉多雪莉酒。

装饰： 各种选择，如柠檬角和青柠角、泡菜、芹菜茎、圣女果、用于蘸杯的盐和用于点缀的黑胡椒粉。

1500 克有机番茄汁

225 克伍斯特郡酱（Worcestershire Sauce）

100 克经过滤的新鲜柠檬汁

100 克经过滤的新鲜青柠汁

40 克美极调味汁（Maggi Seasoning）

35 克塔巴蒂奥墨西哥辣酱

在一个大容器中将所有配料混合并搅拌均匀，冷藏备用。

按照自己的方式调制血腥玛丽

调制1杯

关于血腥玛丽的装饰，我们强烈建议你根据个人理解和喜好进行选择。有些人会选择奢华的装饰，包括新鲜蔬菜、泡菜，甚至培根；有些人则会选择简约的装饰，如只放一块柑橘类的水果角，而我们的选择则介于两者之间。爽脆的泡菜（秋葵和青豆是最受欢迎的），加上新鲜的芹菜条、柠檬片和樱桃番茄，是一个不错的组合。

青柠角（可选）

粗盐（可选）

1½ 盎司你喜欢的烈酒

血腥玛丽基础混合液

装饰：随意发挥！

如果要在杯沿蘸盐，就先用青柠角擦拭柯林斯杯杯沿，然后将杯口朝下在盐盘中滚一圈。在酒杯中倒入烈酒并加入冰块。到入血腥玛丽基础混合液，搅拌至酒液冷却。最后，根据个人喜好进行装饰。

我们的测量方法

在调制糖浆、浸泡液和其他鸡尾酒基础配料时，我们通常使用克秤来量取配料。即便使用量酒器，所量取的液体也往往不够准确，而使用克秤则可以做到精确量取。

我们使用两种不同的克秤：一种可以测量较大的重量（最多4千克），另一种可以精确测量极小单位的重量（精确到0.01克）。

部分批量预调鸡尾酒

调制鸡尾酒是一件非常有意思的事，有时你可能并不想为了提高效率而放弃调酒过程中搅拌和摇制的炫技环节。那么，你可以提前数小时甚至数天选择性地预先混合制作好部分配料——我们称之为部分批量预调——这样你既可以在派对上享受摇酒和搅拌的乐趣，同时又可以节省大把时间和精力。基本的操作思路是：将某些成分先混合在一起备用——通常是所有含酒精的成分（如烈酒、葡萄酒和利口酒）——但先不加入新鲜原料（通常是柑橘类果汁）、浓稠的甜味剂（如糖浆）、风味较重的调味剂（如苦精或苦艾酒）和气泡成分（如汽水、起泡酒）。当客人想要一杯鸡尾酒时，你可以将准备好的部分批量预调成分与剩余成分混合在一起，然后根据需求摇制或搅拌。根据我们的经验，用一个摇酒壶最多能摇制两杯鸡尾酒，再多的话，冰块可能就无法充分发挥作用了。

我们经常使用这种简便的方法，特别是当一款鸡尾酒需要用到多种少剂量烈酒和调味剂时。通过运用部分批量预调这种方法，我们每天可以节省数小时的时间。

示例1：需要用到易变质成分的柑橘类鸡尾酒（部分批量预调摇制类鸡尾酒）

一些鸡尾酒配方中含有无法批量预调的成分，尤其是会用到鸡蛋的鸡尾酒，生鸡蛋的蛋清、蛋黄长时间同柑橘和烈酒混合会变"熟"。

在鸡尾酒中，作为蛋白的素食替代品——鹰嘴豆水（制作鹰嘴豆罐头时使用的液体）也同样十分容易变质，无法批量预调。由丹佛至死相伴酒吧的调酒师约翰尼·朗（Jonnie Long）创作的以清酒为基酒的鸡尾酒——卡里普索（见第263页），其中就含有鹰嘴豆水。我们如果计划调制一款卡里普索或任何包含其他易变质成分的鸡尾酒，会使用以下方法部分批量预调鸡尾酒中较为稳定的含酒精成分。

卡里普索

调制 1~10 杯

	难度	冰块
	◆ ◆ ◇ ◇	🧊🧊

提前准备（最多提前 2 天）：批量预调、糖浆制备。

临时准备（最多提前 8 小时）：柑橘榨汁、鹰嘴豆水制备、最终批量预调。

冰块：大方冰，用于摇制和装杯；或根据配方要求准备。

原料：清酒、马德拉酒、香蕉利口酒、鹰嘴豆水、甘蔗糖浆（见第369页）。

2 盎司纯米清酒 → 20 盎司（批量）

½ 盎司查尔斯顿舍西亚拉马德拉酒（Rare Wine Co. Charleston Sercial madeira）→ 5 盎司（批量）

½ 盎司吉发得巴西香蕉利口酒→5 盎司（批量）

¾ 盎司新鲜柠檬汁 → 7½ 盎司（提前准备好并冷藏备用）

½ 盎司鹰嘴豆水 → 5 盎司（提前准备好并冷藏备用）

½ 盎司甘蔗糖浆 → 5 盎司（提前准备好并冷藏备用）

装饰：香蕉叶，切成 1 英寸宽的条状

1. 制作批量预调酒：将清酒、马德拉酒和香蕉利口酒倒入一个容量为 1 升的瓶子里混合均匀，冷藏备用。

2. 准备饮用时，每制作两杯卡里普索，需要在摇酒壶中加入 6 盎司批量预调酒。

3. 加入 1½ 盎司新鲜柠檬汁、1 盎司鹰嘴豆水和 1 盎司甘蔗糖浆。

4. 加冰块摇制，然后滤入盛有一块大方冰的加大古典杯中。用香蕉叶条装饰。

其他可以用同样方法调制的鸡尾酒

缓慢的手（Slow Hand，见第 365 页）：批量预调干邑白兰地、朗姆酒、欧洛罗索雪莉酒、杏仁利口酒。

九重天（见第 213 页）：批量预调苹果白兰地、农业白朗姆酒、苦艾酒、苹果酸溶液。

城市俱乐部（见第 235 页）：批量预调皮斯科、罗勒白兰地、干味美思。

爱情虫（Love Bug，见第 247 页）：批量预调特其拉、梅斯卡尔。

示例2：迎宾香槟（添加气泡）

在客人抵达时用清爽的香槟开胃酒来款待他们是主人的优雅之举，但这也需要精心安排时间。准备好批量预调酒（没有气泡！），这样你就可以快速摇制鸡尾酒（每个摇酒壶最多可容纳 3 杯），并在客人步入前门时向酒杯中加入香槟。这种简单、直接的方法适用于任何需要在鸡尾酒顶层加入气泡成分的鸡尾酒，无论是起泡酒、汽水、西打、汤力水、姜汁啤酒还是其他类似的鸡尾酒。

一个很好的试验对象是"星尘女士"（Lady Stardust，见第 221 页），这是一款清爽而复杂的混合鸡尾酒，由特其拉、阿玛罗、草莓糖浆（见第 375 页）和起泡酒调制而成。你需要的工具和原料包括：摇酒壶、笛形杯、冰块、批量预调酒和香槟（在制作鸡尾酒之前才打开）。与卡里普索不同的是，每个摇酒壶中最多可容纳 3 杯鸡尾酒，因为这款鸡尾酒的大部分酒液来自香槟。你如果使用 2 个摇酒器同时进行摇制，那么就可以同时制作 6 杯鸡尾酒。

星尘女士

调制 1~6 杯

难度	冰块
◆ ◆ ◇ ◇	🧊🧊🧊

提前准备（最多提前 2 天）：批量预调、糖浆制备。

临时准备（最多提前 8 小时）：柑橘榨汁、最终批量预调。

冰块：摇制用冰块。

原料：银色特其拉、祖卡阿玛罗（Amaro Zucca）、草莓糖浆、新鲜柠檬汁、香槟。

1 盎司席安布拉·瓦列斯手工特其拉 → 6 盎司

½ 盎司祖卡阿玛罗 → 3 盎司

¾ 盎司草莓糖浆 → 4½ 盎司（提前准备并冷藏备用）

¾ 盎司新鲜柠檬汁 → 4½ 盎司（提前准备并冷藏备用）

2 盎司冰好的香槟 → 12 盎司

1. 最多提前 2 天进行批量预调：将特其拉、阿玛罗、草莓糖浆和柠檬汁倒入一个容量为 1 升的瓶子中，密封并轻轻摇动以充分混合酒液，冷藏备用。

2. 当准备供应时，每个摇酒壶中加入 9 盎司的批量预调酒。

3. 摇制前，向每个笛形杯中加入 2 盎司香槟。

4. 加冰摇制批量预调酒，并进行双重过滤，将酒液均匀分配到 6 个笛形杯中。

其他可以用同样方法调制的鸡尾酒

巴士底狱（Bastille，见第210页）： 批量预调卡尔瓦多斯、夏朗德皮诺酒（Pineau des Charentes）、苏姿；最后加入新鲜柠檬汁、甘蔗糖浆和苦精。

黑皇后（Black Queen，见第211页）： 批量预调金酒、阿玛罗、好奇美国佬、樱桃利口酒；加入新鲜柠檬汁、单糖浆，最后倒入起泡酒。

卡马戈（见第212页）： 批量预调干邑白兰地、金巴利、孔比耶葡萄柚利口酒（Combier Crème de Rose）和乳酸溶液；最后加入甘蔗糖浆和干型起泡酒。

疯狂的钻石（Crazy Diamond，见第213页）： 批量预调干邑白兰地、榛子白兰地、樱桃利口酒；加入草莓糖浆、新鲜柠檬汁，最后倒入起泡酒。

百分百批量预调鸡尾酒

除了部分预调外，你也可以将鸡尾酒的所有成分事先混合在一起进行百分百批量预调。百分百批量预调的鸡尾酒能够快速调制完成，同时确保每杯鸡尾酒的口味一致。

但是，百分百批量预调的鸡尾酒也存在一些挑战。如果配方中需要用到新鲜的柑橘类果汁、果泥或是一些极易挥发的成分（如曼赞尼拉雪莉酒，它在打开后会很快失去活力），那么批量预调就会影响鸡尾酒的品质。为了让鸡尾酒尽可能地保持新鲜，我们建议在预计饮用时间前6小时内进行预调，并且制作完成后需冷藏备用。

另一个问题是成分分离。新鲜果汁或果泥中的固体成分在静置时会分离并沉淀。

为了解决这个问题，在饮用前要轻轻摇匀预调的鸡尾酒。薄荷或罗勒等草本植物最好在调制鸡尾酒时再使用。就像泡茶一样，草本植物浸泡时间过长会释放出令人不悦的苦味。

示例：为一群人调制水果潘趣

水果潘趣是一种令人愉悦且备受欢迎的鸡尾酒。潘趣中包含柑橘类水果、适量的酒精、一些带有香料味的风味元素和气泡成分。简单来说，水果潘趣就像是超大份的汤姆柯林斯（事实上，汤姆柯林斯很可能源自单人份的潘趣）。在这本书中找不到你喜欢的水果潘趣配方？那就以任何基于柑橘类水果、带有气泡元素的鸡尾酒为起点，放大二者在鸡尾酒中的比例。瞧，水果潘趣就诞生了！

水果潘趣的容器——潘趣碗备受关注，对我们来说，它能够吸引客人的眼球。如今有多种潘趣碗可供选择，但我们偏爱老式的乳白玻璃潘趣碗（网购平台上到处都是），最后别忘了买勺子！当然，如果没有潘趣碗，一个足够深的色拉碗或大水罐也可以用作水果潘趣的容器。

制作水果潘趣的过程可分为两步：准备和供应。水果潘趣中通常会加入许多冰块，还会加入气泡成分，所以它的味道会相对较快地发生变化。为了应对这个问题，我们需要把除气泡成分外的所有原料混合在玻璃罐中，最多提前6小时冷藏备用，当客人到达时就可以加入气泡成分来调制水果潘趣了。此外，我们还建议在水果潘趣中加入大方冰而非碎冰，这样能够保证鸡尾酒足够冰且不被过度稀释，有助于保持水果潘趣的风味。

月光奏鸣曲潘趣（Moonlight Sonata Punch）

调制 4 份

	难度	冰块
	◆ ◆ ◆ ◆	

提前准备（最多提前 2 天）： 糖浆制备。

临时准备（最多提前 6 小时）： 柑橘榨汁、最终混合液。

冰块： 大方冰、块冰。

配料： 泰康奈尔爱尔兰威士忌、西瓜糖浆（见第 377 页）、好奇美国佬、新鲜柠檬汁、樱桃白兰地、自制橙味苦精、苦艾酒、佩肖苦精、干型起泡酒。

7½ 盎司泰康奈尔爱尔兰威士忌

3¾ 盎司西瓜糖浆

3¾ 盎司好奇美国佬

3¾ 盎司新鲜柠檬汁

1¼ 盎司樱桃白兰地

5 滴自制橙味苦精

5 滴苦艾酒

5 滴佩肖苦精

5 盎司干型起泡酒

装饰： 柠檬片

1. 最多提前 6 小时将所有成分（除起泡酒和柠檬片外）倒入一个玻璃罐中混合均匀，冷藏备用。
2. 准备饮用前，将冰块加入玻璃罐，并搅拌均匀。
3. 用大孔滤网滤入装有一块大方冰的潘趣碗中。
4. 加入起泡酒，搅拌一次以混合均匀。用柠檬片装饰。

其他可以用同样方法调制的鸡尾酒

奇克娜平教区潘趣（Chinquapin Parish Purch，见第 264 页）、家庭事务潘趣（Family Affair Punch，见第 269 页）、海盗王拳击（Pirate King Punch，见第 278 页）。

充气鸡尾酒

如果你是一位资深的家庭调酒师，你可能已经掌握了一种在家里为鸡尾酒充气的方法，无论是使用起泡瓶（又称奶油打发器）、台式苏打机，还是使用自制的充气装置。如果你还没有这些设备的话，赶紧准备一下，这将对你的调酒技术大有裨益。在《鸡尾酒法典》一书中，我们展示了如何自己制作强力充气装置（以及如何给整桶鸡尾酒充气！），这些信息在网上也很容易找到，设备零件则可以从当地装备充足的自酿设备店购买。

一旦你装备齐全了，就要做好心理准备，制作充气鸡尾酒比制作水果潘趣需要花费更多工夫。给鸡尾酒充气需要考虑 3 个关键因素：温度、澄清度和稀释度。二氧化碳在温度较高的液体中更容易逸散，因此在制作鸡尾酒之前,尽可能地把所有原料冷藏，这有助于二氧化碳溶解在液体中，这是制作充气鸡尾酒的关键。在我们的酒吧里，我们会将所有需要充气的成分存放在冰箱或冷冻柜中。

二氧化碳对浑浊的原料有一种特殊的亲和力：如果液体中有任何悬浮颗粒，那么二氧化碳将附着在这些小颗粒上，随它们上升到液体表面，并迅速释放到空气中，这会让鸡尾酒变得非常沉闷和平淡。充气鸡尾酒的美妙之处就在于它那清新、明亮的柑橘风

味。于是，这就带来一个问题——新鲜的柑橘类鸡尾酒即使经过精细过滤，也不适合充气，因为二氧化碳会携带这种柑橘类风味并将其快速释放掉。因此，在我们的酒吧里，我们会竭尽所能来澄清那些用于调制充气鸡尾酒的柑橘类果汁。如果你家里没有离心机，而且你也不想经历琼脂澄清的过程（见第 386 页），那么还有其他方法可以提供平衡鸡尾酒所需的明亮酸度。在以下这些原本用于酒头鸡尾酒或瓶装鸡尾酒的配方中，我们使用了多种替代酸来制作充气鸡尾酒：柠檬酸、乳酸、苹果酸和磷酸，以及天然的酸葡萄汁。

稀释度是最后要考虑的因素。虽然每种鸡尾酒略有不同，但有一个基本的经验法则，即每种充气鸡尾酒都应由 50%~60% 的水组成。这可以是摇制或搅拌鸡尾酒时的冰块化水，气泡水、起泡酒、西打和啤酒等其他带气成分也要计算在内。

在派对中，充气鸡尾酒是提供独特品饮体验的绝佳选择——无论是从 3 升的大容量瓶子里倒入酒杯，还是直接喝单人份小瓶装鸡尾酒，后者看起来就像是成年人的汽水鸡尾酒。

示例：预调香槟鸡尾酒

血与黑色蕾丝（Blood & Black Lace）

调制 4 份

难度

◆ ◆ ◆ ◆

提前准备（最多提前 1 周）：香槟酸溶液（浓度为 6%，见第 389 页）。

配料：阿玛卓阿玛罗、老福里斯特波本威士忌、吉发得黑莓味利口酒（Giffard Crème de Mûre）、香草糖浆（见第 377 页）、香槟酸溶液、干型起泡酒、水。

4 盎司阿玛卓阿玛罗

2 盎司老福里斯特波本威士忌

1 盎司吉发得黑莓味利口酒

1 盎司香草糖浆

1 盎司香槟酸溶液

12 盎司干型起泡酒

2 盎司水

装饰：1 串穿在酒签上的黑莓

至少提前 6 小时冷藏每种配料（阿玛罗和威士忌冷冻储藏，其他配料冷藏）。将所有配料倒入起泡瓶中，充入二氧化碳，轻轻摇晃以帮助二氧化碳溶解在液体中。将起泡瓶冷藏至少 20 分钟，最好冷藏 12 小时后再打开。倒入冰好的笛形杯口。

其他可以用同样方法调制的鸡尾酒

看门人（Gatekeeper，见第 215 页）、高球鸡尾酒（站饮区，见第 217 页）、月亮河（见第 223 页）、中继器（见第 225 页）、椰子朗姆酒（Ron Coco，见第 225 页）、猩红比蓝雀（见第 227 页）、北斗星（Ursa Major，见第 230 页）、班科的幽灵（见第 209 页）。

冷冻柜酒吧

鉴于高浓度酒精的抗冻性，我们可以对某些鸡尾酒进行大批量预调，然后用水稀释，装瓶后放入冷冻柜中备用。享用鸡尾酒时，你只需拿出预调酒瓶，倒入酒杯中，加上装饰即可。这种方法仅适用于高酒精度鸡尾酒，也就是不含柑橘类水果配料的鸡尾酒，且酒精浓度需要足够高，以免酒液结冰。如果批量预调鸡尾酒的酒精含量在30%及以上，那么酒液在家用冰箱中通常不会结冰（大多数家用冰箱的冷冻温度约为-18℃）；而酒精度为30%的鸡尾酒冰点为-18.75℃。经典的老式鸡尾酒和马天尼的酒精度通常高于30%，因此非常适合冷冻储藏。但是，如果你只是将鸡尾酒冷冻储藏，而没有在搅拌鸡尾酒时添加一点水（通常在搅拌鸡尾酒时冰块会化水稀释酒液），那么你将得到一杯过于浓烈且不平衡的鸡尾酒。

在那些花费太多时间思考鸡尾酒的人中，关于批量预调和冷冻鸡尾酒的问题一直存在争议。他们分成两个阵营，其中一个阵营——我们称之为经典派——认为批量预调后装瓶鸡尾酒，会使鸡尾酒失去某些难以言喻的微妙风味；而另一个阵营——我们称之为叛逆派——则认为只要精确计量、谨慎稀释，现调的鸡尾酒与批量预调并存放在冷冻柜中的鸡尾酒之间，纯粹只是观念上的差异。

我们在这里不评论谁对谁错，因为每种方法都有其适用的场合，这取决于你个人的意图。无论是你想要从鸡尾酒本身获得什么，还是从亲手调制鸡尾酒的体验中获得什么，我们都予以同等重视。冷冻柜酒吧满足了我们（经常）想要迅速享用一杯完美冰镇鸡尾酒的渴望，但对那些认为鸡尾酒需要现调现饮才具有仪式感的人，我们也给予同样的尊重。

冷冻柜酒吧的基础条件

冷冻柜鸡尾酒的目标是事先完成调制鸡尾酒的全部过程，包括稀释，然后将鸡尾酒存放在冷冻柜中，并在需要饮用时倒入酒杯中。这也让你能够根据自己所需想喝多少就倒多少。例如，你可以直接倒一杯迷你马天尼，而不需要再现调一杯标准分量的马天尼。

对于任何冷冻柜鸡尾酒，我们都必须考虑在搅拌鸡尾酒时所要添加的水。对曼哈顿这样的搅拌类鸡尾酒来说，单杯鸡尾酒的含水量通常为1½~2盎司。然而，将2盎司的水添加到冷冻柜鸡尾酒中会降低整体酒精度，造成鸡尾酒部分结冰。因此，对于含有味美思的鸡尾酒，比如曼哈顿和马天尼（取决于原料的酒精度），我们通常会先添加10%~15%的水，相比现调的鸡尾酒，冷冻柜鸡尾酒的加水量明显减少，平均算下来每杯鸡尾酒需要添加¼~½盎司的水。

对于需要加冰的鸡尾酒，比如内格罗尼、老式鸡尾酒或其改编酒款，由于酒精度较高，你可以多加一点水；对于老式鸡尾酒风格的酒款，我们建议加入

冷冻柜鸡尾酒细节调整

我们的冷冻柜里几乎总备有经典的马天尼鸡尾酒，但有时我们想要一些经典、熟悉却略微不同的鸡尾酒。你可以尝试将 1 盎司风味浓郁的利口酒，如梨子利口酒或桃子利口酒，添加到 750 毫升的冷冻马天尼鸡尾酒中。这一点小小的改动会为马天尼增添一层新颖且微妙的复杂度。戴夫·卡普兰总是喜欢鼓捣他的"厨房水槽马天尼"。他先从 5 份金酒和 1 份干味美思开始，然后添加其他调味剂，通常是梨子白兰地（或梨子利口酒）、苹果白兰地和白味美思的组合。

另外，还可以在批量预调的内格罗尼中添加 ⅓ 盎司可可利口酒和一小撮盐。巧克力的味道与金巴利的苦味相得益彰，使其成为一款令人愉悦的、适合在丰盛的晚餐后饮用以助消化的鸡尾酒，而盐有助于抑制苦味，并突出巧克力的味道。

在探索添加额外风味时，不仅要考虑每种配料的风味亲和力，还要考虑它们如何与一款已经调好的鸡尾酒相匹配。例如，在批量预调的曼哈顿鸡尾酒中添加少量君度酒会让鸡尾酒的风味变得更为明亮。或者，试试在老式鸡尾酒中加入一点经过陈酿的卡莎萨，以给鸡尾酒增添一些肉桂风味。最重要的是，要玩得开心！

约20%的水，也就是每杯鸡尾酒加入约 ½ 盎司的水，根据批量预调的鸡尾酒总量进行适量调整。另外请注意，德梅拉拉糖浆在冷冻储存时可能会分离，所以在倒出前请轻轻摇晃几下瓶子。由于老式鸡尾酒或内格罗尼是加冰饮用的，因此不需要额外加水来稀释批量预调酒，只需在酒杯中加入大方冰，然后倒入酒液静置几分钟（或者通过搅拌约30秒来加速这个过程），即可达到目标稀释度。

然后，我们需要考虑苦精用量。在大批量预调时，苦味会增强（我们不明白为什么，这就像魔法一样）。我们的经验是，如果要制作5杯以上的批量预调酒，则需先将苦精的用量减半，尝尝味道，必要时再继续添加。

最后，我们需要确定即将放入冷冻柜的瓶子的大小。如果瓶子是标准的750毫升（略大于25盎司）酒瓶，那么我们可以根据配方来批量预调鸡尾酒，并在瓶子中留出一点空间，以防酒液膨胀（如果酒精度够高，酒液是不会膨胀的）。

示例：冷冻曼哈顿鸡尾酒

2 盎司瑞顿房黑麦威士忌 → 12 盎司
1 盎司卡帕诺·安提卡甜味美思 → 6 盎司
2 滴安高天娜苦精 → 6 滴
3 盎司纯净水

使用量酒器精确量取所有配料，并倒入瓶子中。密封瓶子，反复摇晃几次以将所有成分混合均匀，再尝一小口。根据需要调整苦精的用量（切记，在大批量预调鸡尾酒时苦味会增强，因此应从标准配方量的一半开始添加）。将酒

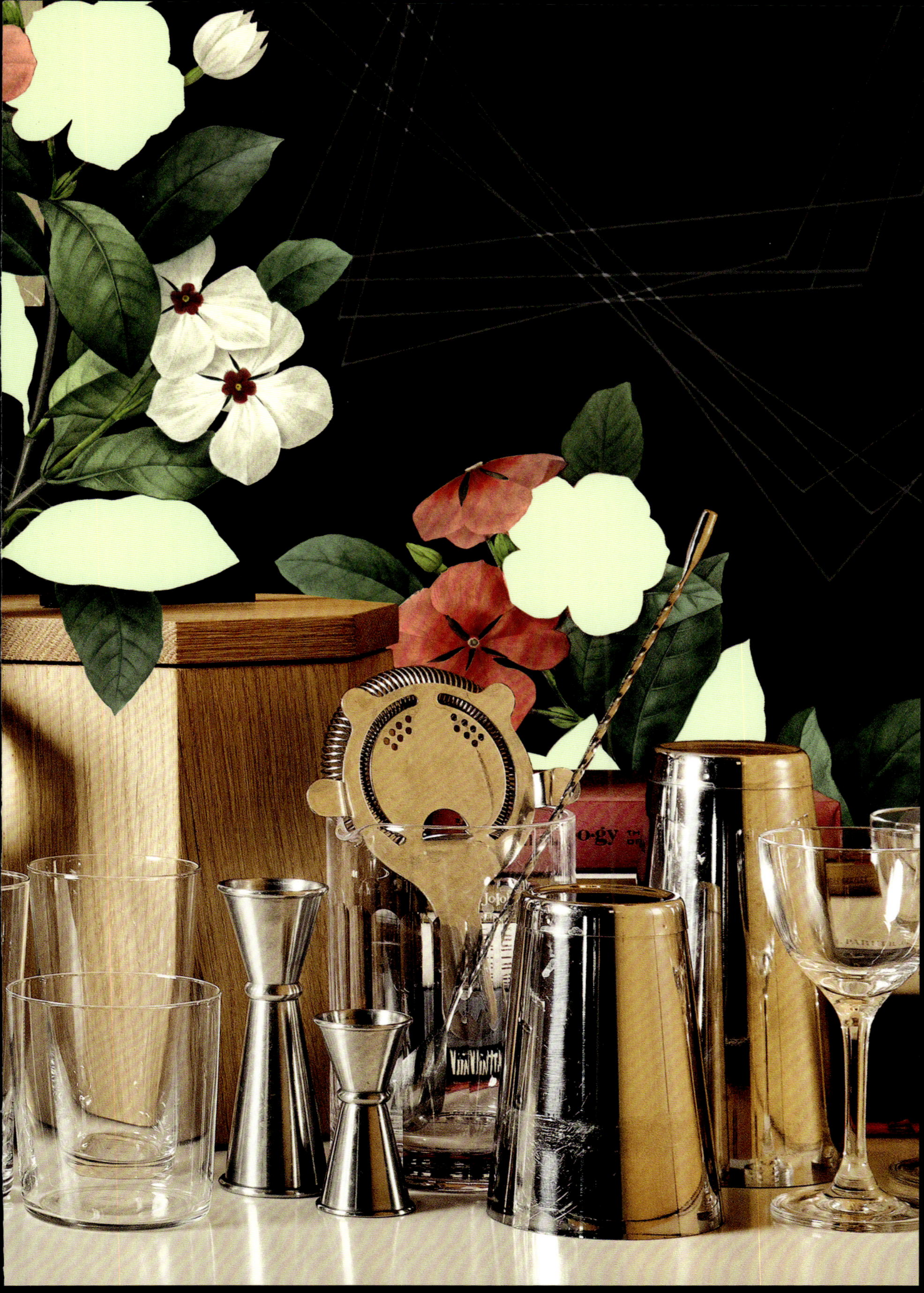

液冷冻至少3小时（现在是冷冻尼克诺拉杯的好时机）。准备饮用前，把装饰准备好，然后将批量预调冷冻鸡尾酒均匀地倒入酒杯中（每杯约4盎司），并加上装饰。

冷冻调酒术：不仅便捷，更是全新探索

冷冻鸡尾酒不仅带来了便利，还提供了一种全新而独特的鸡尾酒创作方法：将完全批量预调冷冻的鸡尾酒作为其他风格鸡尾酒的基酒。在享受过几轮相同的冷冻柜鸡尾酒后，你可能会发现自己对同样的鸡尾酒感到厌倦，就像我们一样。但幸运的是，你还有这样一瓶（基本上是满的）风味多样的酒，它可以用在很多方面，无论是为鸡尾酒增色，还是通过调配批量预调液来制作全新的鸡尾酒。

示例1：冷冻起泡鸡尾酒

将冷冻柜酒吧的内格罗尼、马天尼或其他用未陈酿烈酒制成的批量预调鸡尾酒变为清爽的起泡鸡尾酒。将1½盎司的批量预调鸡尾酒倒入葡萄酒杯中，然后加入¼盎司的新鲜柠檬汁。加入冰块，搅拌至酒液冷却，然后倒入冰镇气泡水，根据不同需求进行装饰。此外，你还可以考虑在每杯酒中加入少量（¼~½盎司）风味利口酒，如阿佩罗、圣哲曼（St-Germain）或柚子利口酒。

示例2：冷冻高球鸡尾酒

任何批量预调冷冻鸡尾酒都可以调制成高球鸡尾酒。在柯林斯杯中，将2盎司批量预调和4盎司冰镇气泡水混合。加入冰块，稍微搅拌一下，并用柠檬角装饰。尝试不同的起泡鸡尾酒：用汤力水搭配马天尼或内格罗尼批量预调酒，或者用姜汁汽水或姜汁啤酒搭配老式鸡尾酒或曼哈顿鸡尾酒。

示例3：冰冻酸酒、菲兹或柯林斯

只需一些新鲜柠檬汁、糖浆和一个摇酒壶，你几乎可以将任何批量预调酒变成清爽的酸酒、菲兹或柯林斯。为了让鸡尾酒达到适当的平衡，你需要考虑批量预调酒的糖分含量。刚开始调制时，先在2盎司的批量预调酒中加入¼盎司糖浆。品尝后，再根据需要继续添加糖浆，最多不超过¾盎司，直到鸡尾酒的口感达到平衡状态为止。

2盎司批量预调冷冻鸡尾酒
¾盎司新鲜柠檬汁
¼~¾盎司单糖浆

传统酸酒： 加冰块摇匀后滤入碟形杯。

菲兹： 加入蛋清干摇，然后加入冰块再次摇匀，滤入菲兹杯，再加气泡水。

柯林斯： 轻摇后滤入柯林斯杯，加入冰块，再加入气泡水。

冷冻鸡尾酒浸泡

任何批量预调冷冻鸡尾酒都需达到特定酒精度标准，以确保充分萃取出风味物质。与其只浸泡一种基础成分，为什么不将整瓶鸡尾酒进行浸泡呢？这里推荐使用加压浸泡法（见第385页），但如果你没有奶油打发器或者不想使用这种方法，那么在大多数情况下，你可以将浸泡成分与批量预调酒倒入密封容器中混合均匀，并在常温下静置24小时，或者直到风味显现。

示例 1：草莓内格罗尼

随着仲夏的到来，草莓又成熟了。使用预先调好的内格罗尼，将 750 毫升的内格罗尼与 200 克清洗干净、去蒂并切片的草莓加入容量为 1 夸脱①的奶油打发器中。使用加压浸泡法进行浸泡。浸泡完成后冰镇，之后即可饮用。也可以将浸泡的鸡尾酒作为清爽的起泡鸡尾酒的基酒：在葡萄酒杯中加入 1½ 盎司草莓内格罗尼、½ 盎司新鲜柠檬汁和 ½ 盎司糖浆，加入冰块并搅拌，然后加入 2 盎司冰好的干型起泡酒。

示例 2：中国柠檬马天尼

冬季是中国柠檬上市的季节，也是这种柠檬处于风味巅峰的时节。中国柠檬的果皮非常芬芳，可以用来改编马天尼。刨制 5 克中国柠檬皮碎。取出冷冻预调好的马天尼，将 750 毫升的马天尼与中国柠檬皮碎加入容量为 1 夸脱的奶油打发器中。使用加压浸泡法进行浸泡。浸泡完成后进行冰镇，之后即可饮用。经过浸泡的马天尼也可以作为其他鸡尾酒的基酒，或者用来代替经典汤姆柯林斯中的金酒，将原本配方中的柠檬汁换成中国柠檬汁——巅峰状态的中国柠檬能够让这款鸡尾酒绽放出别样的光彩！

示例 3：巧克力曼哈顿或内格罗尼

曼哈顿和内格罗尼本身就有淡淡的巧克力味，那我们何不强化这种味道呢？使用冷冻好的预调曼哈顿或内格罗尼，将 750 毫升的冷冻预调酒与 30 克可可豆碎加入容量为 1 夸脱的奶油打发器中。使用加压浸泡法进行浸泡。浸泡完成后进行冰镇，之后即可饮用。

示例 4：芹菜马天尼

这款脏马天尼的改编版舍弃了泡橄榄的汁，转而改用芹菜茎叶来代替。将 125 克芹菜茎和 10 克芹菜叶清洗干净并切碎。使用预先调好的马天尼，将 750 毫升的预调酒与准备好的芹菜茎叶加入容量为 1 夸脱的奶油打发器中。使用加压浸泡法进行浸泡。浸泡完成后进行冰镇，之后即可饮用。如果想要一杯更清爽的鸡尾酒，可以考虑将经过浸泡的马天尼作为高球鸡尾酒的基酒：在高球杯中加入 2 盎司经过浸泡的马天尼，然后加入冰块和冰镇气泡水，最后用一片青柠装饰。

冷冻鸡尾酒分批预调

如果你正在调制一轮搅拌类鸡尾酒，并且你知道大家可能还会再喝一轮，那就拿出一个大搅拌杯（一个水罐也可以）和一个小瓶子或其他可以放进冰箱冷冻的容器。然后，调制 4 杯鸡尾酒而不只是 2 杯。2 杯现喝，多出来的 2 杯倒入瓶中，密封并冷冻，想喝的时候直接倒就行。如果鸡尾酒需要加冰饮用，可以在鸡尾酒中加一块大方冰，或者直接把酒液倒入装有冰块的酒杯中。

---

① 1 夸脱 ≈ 0.95 升。——译注

适合家庭酒吧的鸡尾酒

首先我们要承认，我们酒吧的许多鸡尾酒配方都非常复杂，费时费力，并且还需要用到一些不太容易获得（且通常比较昂贵）的原料。我们这么说并不是为了劝退你，而是恰恰相反！在家里，我们和你们一样：我们的家庭酒吧也没有太多库存原料，我们的冰块也是用冰箱冰格制作的，而且有时候（好吧，是多数情况）在没有合适的工具或原料时，我们也会妥协。

接下来，我们将介绍适合家庭调酒师的调酒法则，概述那些可能会让家庭调酒师望而却步的工具和技术障碍，以及如何解决这些问题。我们也会指出哪些方面是可以妥协的，并给出简化配方的建议，以适应你现有的原料和工具、时间或个人喜好。多年来，我们发现，当一个人选择有限时，他的创意很容易被激发出来，从而创作出一些很酷的鸡尾酒。

适合的量取方法

尽管鸡尾酒配方有非常精确的用量要求，我们也恳请你遵循，但量取的关键在于原料的比例。特别是在大批量预调时，这一点尤为重要：任何比例上的错误在放大后都会更加明显，因此请你仔细检查配方用量是否精准。

没有量酒器或量杯能准确量取原料吗？当然可以，但仅凭目测来准确量取原料需要进行大量练习，所以我们强烈建议使用某种测量工具。如果找不到量酒器，看看厨房里有没有可以测量液体的工具，比如汤匙。一汤匙等于½盎司，你可以用它来调制鸡尾酒。

如果量取原料时出错了——比如在调制大吉利时本应加入¾盎司糖浆，你却加了1盎司——你不需要重新开始（也不需要喝掉那杯稍甜的大吉利）。只需看看糖浆与柑橘类果汁和酒精的比例，然后根据比例将另两种原料也相应地多加一些——再加½盎司朗姆酒和¼盎司新鲜柠檬汁，你就可以享受你的超级大吉利了！此时，我们还要提醒你，先将最便宜的原料加入摇酒壶或搅拌杯中可以避免这个问题。你只需倒掉那点便宜到几乎可以忽略不计的糖浆，就能重新开始调制。

温度调整

在所有鸡尾酒的特性中，温度是调酒师最关注的一个因素。我们花费大量精力和成本来制作或购买适合摇制和搅拌鸡尾酒的冰块，并确保鸡尾酒倒入酒杯后能够保持冰镇状态。我们会专门冷冻搅拌杯和带杯脚的鸡尾酒杯，然后会像芝麻街的布偶那样摇晃身体来摇制鸡尾酒，确保柑橘类鸡尾酒足够冰且充满气泡。

在家里，要达到与专业酒吧相同的低温条件可能是你面临的最大挑战。你可能会发现，当在家里制作搅拌类鸡尾酒时，鸡尾酒在达到目标稀释度时往往不够冰。以下是一些让鸡尾酒变得足够冰的方法。

使用足够多的冰块

无论是搅拌还是摇制，调制鸡尾酒所需的冰块都比你想象的多得多。对于搅拌类鸡尾酒（见第46页），搅拌杯中应该装满冰块，冰块的用量应该比液体多。简言之：如果你在搅拌杯里看到冰块漂浮着，那就再加点冰块！对于摇制类鸡尾酒（见第43页），在较小的摇酒壶中加入酒液后，再用冰块填满它。

这个经验也适用于需要加冰饮用的鸡尾酒：冰块的用量应该比液体多。如果冰块不够多，鸡尾酒就会很快被稀释。

如果你不听从我们的建议，只加几块冰就开始搅拌鸡尾酒会怎样呢？用吧勺品尝一下：它是否味道偏重且几乎不冰，或者味道偏淡但还不够冰？如果是前者，你发现问题的时机还算早，只需再加些冰块，再多搅拌一会儿，然后过滤即可。如果是后者，你应该立刻停止搅拌，向杯中再加几块冰，并把搅拌杯放入冰箱中，等待15分钟，然后再次品尝。多加的冰块应该能够让酒液稀释得恰到好处，鸡尾酒喝起来口感平衡且足够冰。

摇制类鸡尾酒更容易补救。如果你刚开始摇制鸡尾酒就意识到加的冰块不够多，那你可以迅速加入更多冰块并继续摇制。但是，如果你已经摇制好了鸡尾酒，用吸管蘸取品尝后发现加的冰块不够多（鸡尾酒不够冰且稀释不足），那你可以迅速再加几块冰块，并且用力摇晃几秒（若摇制时间再长些，就会导致过度稀释），然后立即滤入酒杯。

灵活运用冰块：切割整块大冰

如今，大多数城市至少有一家商业制冰公司，他们可以制作出较为完美、透明的冰块并销售给酒吧和普通消费者。如果你买不到切好的大方冰，那你总能买到当地制冰厂制造的整块大冰，然后你可以将整块大冰切割成你想要的形状。我们通常在客人到来之前就已经完成冰块切割的工作，然后将切好的冰块存放在冰箱里。如果你愿意花时间自己切割冰块，并且这也可以成为一个炫酷的派对节目，那么请收好这份切割冰块的简要入门指南。

1. 将整块大冰放在带边框的金属烤盘架上，让其在常温下静置几分钟以回温（避免切凿时冰块发生破裂）。

2. 准备一把长锯齿状的厨用刀，最好是你不介意损坏的刀（冰块会磨损刀齿）。一把全新的、干净的锯子也能达到同样的效果。

3. 首先把整块大冰切割成厚厚的冰板，以便进一步将冰板切割成较小的冰块。假设你想制作一些2英寸见方的冰块，用锯子在整块大冰的一侧距离边缘约2英寸处划上一个约⅛英寸深的沟槽，然后翻转冰块并继续在另一侧锯出相同深度的沟槽，直到冰块所有的面上都有一个沟槽。

> 4. 接下来，将带有锯齿的刀刃放入其中一个面的沟槽中，用榔头敲击刀背（锯齿状的刀刃将起到小冰锥的作用）。然后重复此操作，你就可以得到厚度约为2英寸的冰板。之后你可以用同样的方法将冰板切割成一块块2英寸见方的冰块。

所有鸡尾酒杯都需要冰杯

这是在家调酒的整个过程中最难做到的事。我们完全可以理解：你的冰箱冷冻室里塞满了各式各样跟鸡尾酒无关的东西，诸如速冻比萨、没吃完的冰激凌和你自己可能都记不清的瓶瓶罐罐，等等。想象一下把你宝贵的鸡尾酒杯同这些东西塞到一起，这无疑会让人皱眉。然而，只要你亲身体验一次，喝上一杯用冰透了的酒杯盛装的马天尼或大吉利，再品尝一下用常温酒杯盛装的鸡尾酒，比较一下两者，你自然会明白，往冰箱冷冻室里少放一点速冻食品而多放几个酒杯是否值得（或者有条件的话，可以购买一个家用冷冻柜）。冰透的酒杯不仅仅可以让酒液长时间保持冰镇状态，更重要的是，我们端起一杯鸡尾酒时，手中握着冰透的酒杯所带来的独特感官体验，以及在第一口啜饮时嘴唇与冰凉的杯沿接触的刹那那种透心凉的快感——这是一种我们永远也不打算戒掉的鸡尾酒之瘾。即使在酒吧里，我们也没有足够的空间来冷冻所有酒杯，

但我们会确保每种带杯脚的酒杯（碟形杯、尼克诺拉杯或马天尼杯）都有一个冷冻的空间。在家里，你不需要局限于带杯脚的酒杯。如果你的冰箱有足够的空间，那么冷冻古典杯和柯林斯杯的效果也很好。

你甚至不需要为酒杯在冰箱里预留固定的存放位置。只要在使用前将酒杯冷冻约1小时，酒杯就会冻得足够冰。你如果实在找不到冰杯的空间（或者只是忘记冰杯了），也可以在酒杯中加入冰块，加水，让酒杯冰5分钟左右。在使用之前倒掉杯中的水和冰块，或者直接喝掉——在制作和饮用鸡尾酒之前补充水分从来都不是一个坏主意。

鸡尾酒要立即享用

在精心准备好鸡尾酒之后，一定要尽快享用。如果鸡尾酒放置太久，冰块就会融化，酒液会开始升温，对摇制类鸡尾酒来说，口感会大打折扣。赶紧喝掉它吧！

跳过搅拌杯

我们的常规做法是在搅拌杯中加冰调制所有的搅拌类鸡尾酒，然后滤冰后倒入装有大方冰的酒杯中。我们相信在酒吧这样能够调制出最高品质的鸡尾酒。但在家里，用这种方法调酒需要花费很多时间：你需要清洗、擦干并冷冻搅拌杯（至少要冷冻至常温！），还需要准备很多冰块。因此，在家调酒时，你可以不使用搅拌杯，直接在古典杯中

调制鸡尾酒。你可以在古典杯中加一块大方冰（与较小的冰块相比，使用大方冰效果更好）并搅拌，直到你感觉酒杯外侧微微变冰，这样做也不会过多影响鸡尾酒的品质。

不同酒类的替换

现在鸡尾酒配方变得越来越复杂，配料清单变得很长（特别是在我们的酒吧里！），以至于所使用的酒类和其他配料缺一不可，如果你没有特定的基酒，这款鸡尾酒就无法调制。以"糟糕运动鞋"（见第359页）为例，这是一款由三得利季调和日本威士忌、唐的混合液、椰子、青柠汁和少许苏格兰烟熏泥煤威士忌混合而成的鸡尾酒。三得利季调和日本威士忌的味道非常特别，用其他日本威士忌来替代的话，味道可能不完全相同，但调制出的鸡尾酒可能也很好喝。然而，这个配方中有一个关键成分，那就是拉弗格的艾莱岛烟熏泥煤威士忌。如果你没有其他烟熏泥煤风格的艾莱岛威士忌，而用某些苏格兰调和威士忌来替代，比如威雀，那么这款鸡尾酒的风味就会受到影响。因此，在替换配方中的酒时，你必须注意两者的风格是否相同，譬如用其他日本威士忌替换三得利季调和日本威士忌可能没问题，但如果用完全不同风格的苏格兰调和威士忌来替换拉弗格就行不通了。

这并不意味着把配方中的一种基酒替换成另一种酒是不可行的，只是你必须注意要替换的酒类类型以及它与其他成分的亲和性和融合度。以大吉利为例，如果你身边没有朗姆酒，或许可以用银色特其拉、金酒或伏特加替代，这样你也会调制出一款出色的鸡尾酒，但它已经不再是大吉利了。我们再拿威士忌酸酒举例：如果你没有波本威士忌或黑麦威士忌，用其他烈酒来替换或许也很好喝，但如果替换成另一种陈酿烈酒，它会给鸡尾酒额外增色——陈酿烈酒的复杂度将与柠檬汁相得益彰。

在配方中用完全不同风格的酒类进行替代的基本规则是：使用陈酿时间相近（或两者都没有经过陈酿）的酒。理论上，伏特加、金酒、白朗姆、银色特其拉和梅斯卡尔之间可以互换使用，威士忌和陈酿白兰地也可以相互替换。这种替换能始终调制出完美的鸡尾酒吗？也许不能，但它可能会在一定程度上达到你想要的效果。

不同品牌酒类的替换

我们花费极大的心力为我们的鸡尾酒配方选定一些特定的烈酒品牌。每种酒的独特个性使其成为鸡尾酒构成中的核心元素，而且我们在选择烈酒品牌时非常考究，会根据每种烈酒的产地和风味特点进行选择。我们知道你家中可能没有储备这些特定品牌的酒，这完全没问题，让我们来谈谈如何用你现有的酒来代替。

前文我们已经讨论过，在需要时，你可以用不同类型的酒来替换配方中的酒，但如果你要根据你的家庭酒吧来调整本书中的一些配方，我们强烈建议你尽量选择同一类别的酒：用金酒替换金酒，而不是用金酒替换荷兰金酒；用白朗姆酒替换白朗姆酒，而不是用白朗姆酒替换陈酿朗姆酒；用波本威士忌替换波本威士忌（老实说，换成黑麦威士忌其实也行），而不是用波本威士忌替换艾莱岛苏格兰威士忌。这么说你就明白了吧？总的来说，你如果遵循这一原则，就能调出很接近原始配方的鸡尾酒。值得一提的是，你如果偏离这条原则，也可能会在无意之中创作出一款全新的可口鸡尾酒。

不过，也有一些例外。由于手工蒸馏业的爆炸性增长，酒饮类型的边界已经大大拓展。几年前，任何蒸馏金酒的人可能都会遵循一些既定的模式：伦敦干金酒，或至少是在伦敦干金酒的基础上，做一点小小的改变。然后，"离经叛道"的人出现了，他们不再墨守成规，就像圣乔治酒厂的酿酒师那样，他们生产了一系列非常独特的金酒，这些金酒几乎总是能够成为任何鸡尾酒中的主角。以"阿波罗"（Apollo，见第320页）为例，它的基酒是圣乔治干型黑麦陈酿金酒，这是一种非常独特且味美的金酒，风味介于金酒和辛辣的烧酒之间。你家里可能只有一两种金酒，而且它们很可能都是经典的伦敦干金酒风格。用其中一种金酒替换阿波罗中的基酒肯定也会很好喝，但这样调制出来的会是一款完全不同的鸡尾酒。

用现有的冰块调酒

正如我们在前文"温度调整"一节所指出的，保持冰镇状态对鸡尾酒的风味而言至关重要。在鸡尾酒中，也许最吸引人的视觉元素之一便是老式鸡尾酒中放着一块晶莹剔透的大方冰。如今，这在许多酒吧中可能已经很常见了，但不久前它还是一种新奇事物，甚至还受到一些客人的嘲笑，他们认为我们加这么多冰是在给他们的鸡尾酒兑水。用单块大方冰呈现的鸡尾酒不仅看起来很漂亮，而且也有实际的好处：大方冰的表面积相对较小，可以减缓鸡尾酒被稀释的速度，延长鸡尾酒的最佳饮用时间。

如果你的冰箱没有足够的空间来制作大方冰，或者你的大方冰用完了，你仍然可以制作出可口的鸡尾酒。一个很好的折中办法是使用略小一点的冰块（约1英寸见方），它们在搅拌、摇制和呈现鸡尾酒时也可以发挥作用。有时，你可能会发现自己陷入一种窘境，那就是身边只有碎冰（我们亲昵地称之为"烂冰"）可用，即使这样你也不必太过担心，只需加大碎冰的用量就行了：在摇酒前将摇酒壶装满冰块，并在鸡尾酒杯中加入冰块至杯沿。

有些鸡尾酒配方要求使用碎冰以确保酒液足够冰。你可能不会特意购买专业的机器来制作碎冰，但你可以用足够重的勺子的背面来砸冰块以制作碎冰。虽然一开始碎冰的大小可能不一，但通过练习，你将能够快速地准备足够多且差不多大小的碎冰。将碎冰加入杯中时，要保证碎冰装填得比较密实，倒入鸡尾酒后再加入更多碎冰。

你只需给我们一个小小的但非常重要的承诺：永远不要把鸡尾酒盛装在刚从洗碗机中拿出来的温热酒杯里，这绝对是对鸡尾酒最大的亵渎。

酒杯的替换

诚然，鸡尾酒杯的选择很重要，但只是在一定程度上。即使我们坚持认为大吉利始终应该盛装在碟形杯中，马天尼应该盛装在马天尼杯中，但如果你用其他酒杯来盛装这些鸡尾酒，那你的愉悦感也只会稍微减少一点而已。简言之：你不需要备齐一整套鸡尾酒杯（见第24页）。即便用古典杯来盛装大吉利，它仍然很好喝。你没有准备柯林斯杯？那就用高球杯或家里最高、最细长的饮酒杯来代替。葡萄酒杯可以用于盛装摇制类鸡尾酒或加冰饮用的鸡尾酒。而且，你不需要同时拥有马天尼杯和尼克诺拉杯。如果你必须在这两者中选择一个，那么从长远来看，后者会更加实用。

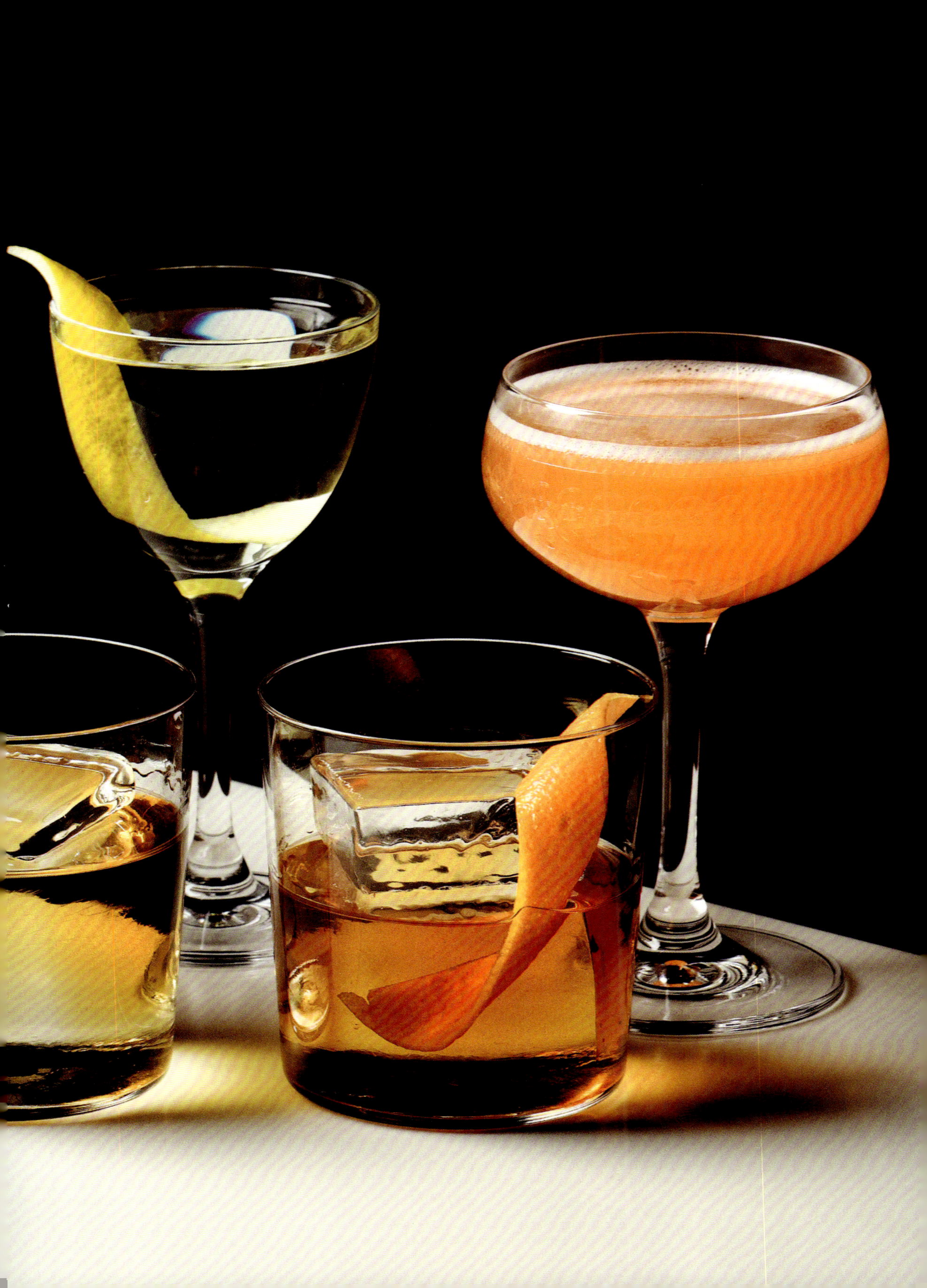

配方

自从我们的第一本书——《至死相伴酒吧：现代经典鸡尾酒》出版以来，我们的酒吧已经创作了近1000款鸡尾酒！虽然我们很想与你分享我们的每一款鸡尾酒配方，但由于篇幅所限，我们实在无法涵盖所有配方。因此，我们费尽心思（几近痛苦）地将这份清单精简到了几百款我们最喜欢的鸡尾酒，主要聚焦于那些我们认为在家里也能轻松制作的鸡尾酒。我们按照现在设计酒单的结构方式来组织这些鸡尾酒——将鸡尾酒分成几大描述性类别，这些类别与《鸡尾酒法典》中探讨的核心鸡尾酒相匹配。其中包括：清新活泼型（高球和起泡类鸡尾酒）、轻盈欢快型（简单的酸酒）、明亮张扬型（复杂的酸酒）、醇厚浓烈型（老式鸡尾酒及其众多改编酒款）、优雅经典型（马天尼、曼哈顿和内格罗尼的改编酒款）、丰富易饮型（弗利普和其他奢华、丰富的鸡尾酒）。我们一如既往地鼓励你根据自己的喜好来调整配方，无论是替换配料、调整分量，还是尝试使用其他冰块或装饰，等等。最后，关于苦精的一点提醒：在该部分收录的配方中，苦精的用量是以滴数计量的，前提是你使用的是原装苦精瓶。如果你已将苦精转移到精致的滴瓶中，那请将配方中要求的苦精用量翻倍。

清新活泼型

◉ 低酒精度鸡尾酒　🚫 无酒精鸡尾酒　❄ 冷冻柜鸡尾酒　⏳ 批量预调鸡尾酒　⚜ 准备工作较少的鸡尾酒

阿喀琉斯之踵 ✽✽

（Achilles' Heel）

马修·贝朗格，2018 年

2 盎司冰镇气泡水

1 盎司勒莫顿精选卡尔瓦多斯多弗朗泰斯

½ 盎司阿目桶强印度单一麦芽威士忌
（Amrut Cask-strength Single Malt Indian Whisky）

½ 盎司亨利克斯雨水马德拉酒

¼ 盎司乐加第戎黑加仑利口酒

¾ 盎司新鲜柠檬汁

½ 盎司德梅拉拉糖浆

2 滴奇迹里红眼苦精

装饰：1 片柠檬片和 1 颗咖啡豆

将气泡水倒入柯林斯杯中。将除装饰外的剩余配料加入摇酒壶中，加冰块快速摇制约 5 秒，然后滤入柯林斯杯。加入冰块，以柠檬片装饰，并在鸡尾酒表面撒上一些咖啡豆粉。

阿尔卑斯山辉 ⊘

（Alpenglow）

泰森·布勒，2018 年

对于这款不含酒精的高球鸡尾酒，我想用咸中带有果味的甘露糖浆来调制，然后用茶来平衡甜度，并利用茶的单宁口感和苦味来达到平衡。新鲜月桂叶与立顿（Lipton）冰红茶的风味非常相似，因此它与红茶非常搭。——泰森·布勒

2 盎司冰镇气泡水

4 盎司阿尔卑斯山辉甘露糖浆（Alpenglow Cordial，见第 368 页）

½ 盎司新鲜青柠汁

装饰：1 片新鲜月桂叶

将气泡水倒入柯林斯杯中。将除装饰外的所有配料加入摇酒壶中，加冰块快速摇制约 5 秒，然后滤入柯林斯杯。加入冰块，并以月桂叶装饰。

班科的幽灵

〔Banquo's Ghost〕

马修·贝朗格，2019 年

我从烹饪中获得了许多灵感。阿莱尼（Alinea，芝加哥米其林三星餐厅）烹饪书中有一个食谱用到了玉米、椰子和辣椒，所以我想围绕这些味道制作一款高球鸡尾酒。梅斯卡尔瓦戈埃洛特（Mezcal Vago Elote）是一款用玉米浸泡、经过三重蒸馏的梅斯卡尔，它尝起来有点像煮熟的玉米。——马修·贝朗格

1 盎司罗盘针国王街苏格兰调和威士忌
（Compass Box Great King Street Glasgow Blend Scotch）

1 盎司梅斯卡尔瓦戈埃洛特

1 茶匙甘蔗糖浆

½ 茶匙乳糖酒石酸

½ 滴比特终点摩洛哥苦精

4 盎司无害收获牌（Harmless Harvest）椰子水

装饰：1 个葡萄柚皮卷

将所有配料冷藏。将除装饰外的配料倒入起泡瓶中，充入二氧化碳，轻轻摇晃以使二氧化碳溶解在液体中（详见第 189 页）。将起泡瓶冷藏至少 20 分钟，最好冷藏 12 小时后再打开。将酒液倒入菲兹杯中，并加入冰块。将葡萄柚皮卷置于鸡尾酒上方挤出皮油，然后放入鸡尾酒中。

巴士底狱 ✿
（Bastille）

泰森·布勒，2017 年

我创作这款鸡尾酒的目的是发明一款精致且真正以法国原料为主的鸡尾酒。它充满了苹果和葡萄的味道，而添加少量芹菜苦精则有助于平衡所有水果味，并与带有苦味的苏姿相得益彰。——泰森·布勒

2 盎司干型起泡酒

1½ 盎司蒙特勒伊庄园卡尔瓦多斯（Domaine du Manoir de Montreuil Calvados）

¾ 盎司新鲜柠檬汁

½ 盎司让－吕克·帕斯奎夏朗德皮诺酒（Jean-Luc Pasquet Pineau des Charentes）

½ 盎司苏姿

½ 盎司甘蔗糖浆

1 滴比特储斯芹菜苦精

将起泡酒倒入冰好的笛形杯中。将剩余配料加入摇酒壶中，加冰块摇匀，然后双重滤入笛形杯。不加装饰。

海的尽头
（Beyond the Sea）

马修·贝朗格，2016 年

我在设计我的第一份至死相伴酒吧酒单时创作了这款鸡尾酒。当时时间紧迫，我们需要一款起泡鸡尾酒。玫瑰水和香槟是经典的风味组合。许多鸡尾酒都需要经过多次调整才能达到理想的效果。这款鸡尾酒配方是我的得意之作，它一次就通过了，获得了大伙的一致认可并被列入酒单。这对我来说是建立自信的重要时刻。——马修·贝朗格

2 盎司干型起泡酒

1 片黄瓜

1¼ 盎司魅力之境芳香皮斯科（Campo de Encanto Acholado Pisco）

¼ 盎司克利尔溪梨子白兰地

¾ 盎司葡萄柚甘露糖浆（见第 370 页）

½ 盎司新鲜柠檬汁

3 滴玫瑰水

将起泡酒倒入冰好的笛形杯中。将黄瓜放在摇酒壶中，轻轻捣几下。加入剩余的配料，加冰块摇匀，然后双重滤入笛形杯。不加装饰。

自行车轮 ✿
（Bicycle Wheel）

马修·贝朗格，2019 年

这款鸡尾酒基于经典的酒饮"脚踏车"调制而成。茴香和柑橘是常见的风味组合，这次则以鸡尾酒的形式呈现，而将唐西乔托和菲戈利茴香利口酒用在鸡尾酒中是一种有趣的尝试。——马修·贝朗格

1 盎司冰镇气泡水
2 盎司干型起泡酒
1¼ 盎司圣乔治布鲁托美国佬
½ 盎司唐西乔托和菲戈利茴香利口酒
1 茶匙吉发得粉红葡萄柚利口酒
装饰：半片葡萄柚片

将气泡水倒入装有冰块的葡萄酒杯中。加入除装饰外的剩余配料，轻轻搅拌均匀。以半片葡萄柚片装饰。

黑色贵宾犬 ⊙
（Black Poodle）

阿曼达·哈伯（Amanda Harbour），
2018 年

在创作新的鸡尾酒时，我通常从一两种风味开始，然后拓展。这次，我对 3 种风味的结合感到兴奋：夏朗德皮诺酒、威士忌和阿玛罗。——阿曼达·哈伯

2 盎司冰镇气泡水

1 盎司黄瓜糖浆（见第 369 页）

1 盎司纳瓦尔夏朗德皮诺酒（J. Navarre Vieux Pineau des Charentes）

¾ 盎司泰康奈尔爱尔兰单一麦芽威士忌（Tyrconnell Single-malt Irish Whiskey）

¼ 盎司阿玛罗·蒙特内罗

½ 茶匙查若芦荟利口酒

装饰：1 片黄瓜

将气泡水倒入菲兹杯中。在搅拌杯中加入冰块，加入除装饰外的剩余配料，搅拌均匀后滤入菲兹杯。加入冰块，并以黄瓜片装饰。

黑皇后 ✹
（Black Queen）

阿尔·索塔克，2014 年

1½ 盎司干型起泡酒

¾ 盎司福特金酒

¾ 盎司梅乐蒂阿玛罗

½ 盎司好奇美国佬

¾ 盎司新鲜柠檬汁

¼ 盎司单糖浆

½ 茶匙罗斯曼和温特果园樱桃利口酒

装饰：1 个柠檬皮卷和 1 颗鸡尾酒樱桃

将起泡酒倒入冰好的笛形杯中。将除装饰外的剩余配料加入摇酒壶中，加冰块摇匀，然后双重滤入笛形杯。以柠檬皮卷和鸡尾酒樱桃装饰。

血与黑色蕾丝 ⧗
（Blood & Black Lace）

香农·特贝，2018 年

我为冬季酒单创作了这款冬日鸡尾酒，用更加深邃的阿玛罗替换了阿佩罗，并加入了波本威士忌。你如果不想给鸡尾酒充气，也可以将其搅拌均匀后滤入装有起泡酒的酒杯中。——香农·特贝

1 盎司阿玛卓阿玛罗

½ 盎司老福里斯特 100 波本威士忌（Old Forester 100 Bourbon）

¼ 盎司吉发得黑莓味利口酒

¼ 盎司香草糖浆

¼ 盎司香槟酸溶液

3 盎司干型起泡酒

½ 盎司水

将所有配料冷藏。将配料倒入起泡瓶中，充入二氧化碳，轻轻摇晃瓶子以使二氧化碳溶解在液体中。将起泡瓶冷藏至少 20 分钟，最好冷藏 12 小时后再打开，倒入冰好的笛形杯中。

波本和桦木
（Bourbon and Birch）

乔恩·阿姆斯特朗（Jon Armstrong），2016 年

1 盎司冰镇气泡水

1½ 盎司老祖父 114 波本威士忌

½ 盎司雅凡娜阿玛罗酒

¾ 盎司新鲜柠檬汁

½ 盎司自制美味糖浆（见第 371 页）

¼ 盎司肉桂糖浆

2 滴泰拉香料公司桦木提取物

将气泡水倒入柯林斯杯中。将剩余的配料加入摇酒壶中，加冰块快速摇制约 5 秒，然后滤入柯林斯杯。加入冰块，不加装饰。

牛头犬正面 ✣
（Bulldog Front）

马修·贝朗格，2017 年

我绞尽脑汁才创作出这款仙蒂风格的鸡尾酒，但第一次尝试就成功了。它是以弗格齐（Fugazi）乐队的一首歌命名的。用他们的作品来命名鸡尾酒，可能不太符合我的一贯作风。——马修·贝朗格

1½ 盎司威斯布鲁克古斯啤酒（Westbrook Gose Beer）

1 盎司必富达金酒

½ 盎司克罗格斯塔德阿夸维特（Krogstad Aquavit）

½ 盎司吉发得粉红葡萄柚利口酒

1 茶匙金巴利

¾ 盎司新鲜柠檬汁

½ 盎司甘蔗糖浆

装饰：1 片柠檬片

将啤酒倒入皮尔森啤酒杯中。将除装饰外的剩余配料加入摇酒壶，加冰块快速摇制约 5 秒，然后滤入啤酒杯。加入冰块，并以柠檬片装饰。

卡马戈
（Camargo）

马修·贝朗格，2017 年

这款鸡尾酒的创作灵感来自覆盆子兰比克啤酒，我想在鸡尾酒中重现那种风味。帕斯奎玛丽覆盆子利口酒（Pasquet Marie Framboise）是一款加了覆盆子的夏朗德皮诺酒，这也是整杯鸡尾酒的核心成分。——马修·贝朗格

2½ 盎司干型起泡酒

1 盎司帕斯奎玛丽覆盆子利口酒

½ 盎司保罗博 VS 干邑

¼ 盎司金巴利

¼ 盎司孔比耶葡萄柚利口酒

¼ 盎司甘蔗糖浆

1 茶匙乳酸溶液（见第 390 页）

将起泡酒倒入冰好的笛形杯中。将剩余的配料加入搅拌杯中，加冰块搅拌均匀，然后双重滤入笛形杯。不加装饰。

查理曼
（Charlemagne）

泰森·布勒，2018 年

我为丹佛至死相伴酒吧的第一份酒单创作了这款鸡尾酒。在尝试了许多复杂的高酒精度鸡尾酒后，我需要一款清淡、易饮的酒饮。尽管用黄瓜作为鸡尾酒配料已不新奇，但它与未陈酿烈酒搭配起来效果非常棒，充满了夏日气息。——泰森·布勒

1½ 盎司普玛斯街苏格兰调和威士忌

¾ 盎司黄瓜糖浆

4 盎司冰镇气泡水

将苏格兰调和威士忌和黄瓜糖浆倒入柯林斯杯中，加入冰块至杯满，然后倒入适量气泡水。不加装饰。

九重天
（Cloud Nine）

泰森·布勒，2017 年

这款鸡尾酒是我们酒单首个"奢华"板块中的一款，其中大多数鸡尾酒都是以陈酿烈酒为基酒的浓烈型鸡尾酒。因此，我想创作一款鸡尾酒用以充分展现西里尔·赞斯苹果白兰地那种独特而又令人惊艳的美妙风味。农业朗姆酒为这款鸡尾酒增添了青草的香气，整款鸡尾酒尝起来就像咬了一口味道超级浓郁的澳洲青苹果。——泰森·布勒

2 盎司冰镇气泡水

1½ 盎司西里尔·赞斯苹果白兰地

½ 盎司蔗心农业白朗姆酒

¾ 盎司新鲜青柠汁

½ 盎司甘蔗糖浆

2 滴苦艾酒

1 滴苹果酸溶液（见第 390 页）

1 个蛋清

将气泡水倒入冰好的菲兹杯中。将剩余的配料加入摇酒壶中干摇，然后加冰再次摇匀。双重滤入菲兹杯。不加装饰。

疯狂的钻石
（Crazy Diamond）

泰森·布勒，2017 年

雷塞特鲍尔白兰地虽然价格高昂，但它的风味独特且富有表现力，品尝它无疑是一种享受。"坚果与浆果"鸡尾酒（Nuts &

Berries）是诞生于 20 世纪 80 年代的一款鸡尾酒，用榛子利口酒和香博利口酒（Chambord）调制而成，而这款"疯狂的钻石"鸡尾酒是我能想到的对它最优雅的改编。——泰森·布勒

2 盎司干型起泡酒

1 盎司保罗博 VS 干邑

½ 盎司霍塞特鲍尔榛子白兰地（Reisetbauer Hazelnut Eau-de-vie）

¾ 盎司草莓糖浆

½ 盎司新鲜柠檬汁

1 茶匙路萨朵樱桃利口酒

将起泡酒倒入冰好的笛形杯中。将剩余配料加入摇酒壶中，加冰块摇匀，然后双重滤入笛形杯。不加装饰。

心魔博士
（Doctor Mindbender）

马修·贝朗格，2019 年

总部位于哥本哈根的安装丽克公司（Empirical Spirits）生产了一款非常酷的蒸馏酒，它具有哈瓦那辣椒（Habanero Chiles）的香气，但一点也不辣。这让我想起了番石榴，所以我以经典墨西哥鸡尾酒"行刑队"（Firing Squad）的配方为基础，用哈瓦那辣椒酒代替特其拉，用番石榴糖浆（见第 370 页）代替石榴糖浆。在传统提基鸡尾酒中，有以博士或者医生命名鸡尾酒的传统。这款鸡尾酒以游戏《特种部队》（G.I. Joe）中的一位反派人物命名。——马修·贝朗格

1 盎司塔巴蒂奥 110 特其拉（Tapatío Blanco 110 Tequila）

½ 盎司塔巴蒂奥银色特其拉

½ 盎司安裴丽克哈瓦那辣椒蒸馏酒（Empirical Spirits Habanero Spirit）

¾ 盎司新鲜青柠汁

¾ 盎司番石榴糖浆

2 滴安高天娜苦精

装饰：1 片青柠片

将除装饰外的所有配料加入摇酒壶，加冰块快速摇制约 5 秒，然后滤入装有碎冰的柯林斯杯中。用青柠片装饰。

戏剧女王 ✲✲
（Drama Queen）

阿尔·索塔克，2015 年

2 盎司干型起泡酒

2 片青苹果片

1 盎司添加利金酒

½ 盎司萨勒龙胆味利口酒（Salers Gentien Aperitif）

¾ 盎司新鲜柠檬汁

¾ 盎司花蜜糖浆（见第 371 页）

2 滴比特储斯芹菜苦精

一小撮盐

将起泡酒倒入冰好的笛形杯中。将苹果片加入摇酒壶中并轻轻捣碎。将剩余的配料加入摇酒壶，加冰摇匀。双重滤入笛形杯。不加装饰。

落针 ☉
（Drop Stitch）

萨姆·约翰逊（Sam Johnson），2018 年

我刚开始在至死相伴酒吧工作时，酒吧里几乎没有真正的低酒精度鸡尾酒。于是，我围绕梨和芹菜这对组合创作出了这款

鸡尾酒，这是对梨和芹菜这一组合的全新阐释，我们在酒吧里经常演绎这一风味组合。——萨姆·约翰逊

1½ 盎司冰镇气泡水

1½ 盎司卢世涛曼赞尼拉雪莉酒

¾ 盎司佩里海军金酒（Perry's Tot Navy Strength Gin）

½ 盎司唐西乔托和菲戈利茴香利口酒

¼ 盎司克利尔溪梨子白兰地

¾ 盎司新鲜柠檬汁

½ 盎司单糖浆

1 滴苦艾酒

装饰：1 束薄荷

将气泡水倒入柯林斯杯中。将除装饰外的剩余配料加入摇酒壶，加冰块快速摇制约 5 秒，然后滤入柯林斯杯。加入冰块，并用薄荷束装饰。

埃尔托波
（El Topo）

马修·贝朗格，2017 年

这款鸡尾酒是对"嗡嗡嗡"高球鸡尾酒（Bizzy Izzy Highball，一款诞生于 100 多年前的经典鸡尾酒）的改编，它的关键成分是墨西哥菠萝啤酒（见第 389 页）——一种由轻度发酵的菠萝制成的酒饮。我们用榨汁后剩下的菠萝皮和果肉来制作墨西哥菠萝啤酒，这是循环利用剩余原料的好方法。——马修·贝朗格

1 盎司冰镇气泡水

1½ 盎司卢世涛阿蒙提拉多雪莉酒

1 盎司罗盘针国王街苏格兰调和威士忌

2 盎司墨西哥菠萝啤酒

1 茶匙食品级磷酸

½ 茶匙柠檬酸溶液（见第 389 页）

1 滴安高天娜苦精

装饰：2 片菠萝叶

将气泡水倒入柯林斯杯中。将除装饰外的剩余配料加入摇酒壶，加冰块快速摇制约 5 秒，然后滤入柯林斯杯。加入冰块，并用菠萝叶装饰。

秋千上的跳蚤第一卷 ⊙

（Fleas on Trapeze Vol. 1）

阿曼达·哈伯，2019 年

我们酒吧的每个人都喜欢克利尔溪梨子白兰地，对我来说它尤其特别。记得我第一次在工作中受伤（用果蔬削皮器时削到了手指），我在护理伤口时，亚历克斯·戴给了我一杯克利尔溪梨子白兰地，让我振作起来。就在那时，我爱上了它。我以梨和茴香这个风味组合为基础调制出这款低酒精度鸡尾酒。所有成分都恰到好处，它们一起成就了一杯出色的高球鸡尾酒。——阿曼达·哈伯

¾ 盎司普利茅斯海军金酒

¾ 盎司克利尔溪梨子白兰地

½ 盎司唐西乔托和菲戈利茴香利口酒

½ 盎司新鲜青柠汁

½ 盎司甘蔗糖浆

2 滴苦艾酒

装饰：茴香叶

将除装饰外的所有配料加入摇酒壶中，加冰块快速摇制约 5 秒，然后滤入装有冰块的柯林斯杯中。用茴香叶装饰。

自由尾翼

（Free Tail）

亚当·格里格斯，2019 年

这款对经典"嗡嗡嗡"高球鸡尾酒的改编突出了席安布拉·瓦列斯手工特其拉的风味，它是对特其拉古老风格的致敬。这款特其拉是完全遵照特其拉现代化生产之前的标准酿造的，其复杂的风味更接近梅斯卡尔，而不是我们今天喝的特其拉，所以我添加了利莱桃红利口酒和菲诺雪莉酒来增加平衡感和轻盈感。——亚当·格里格斯

1 盎司冰镇气泡水

1 盎司席安布拉·瓦列斯手工特其拉

½ 盎司利莱桃红利口酒

½ 盎司佩佩伯父菲诺雪莉酒

1 盎司唐的混合液 1 号（见第 388 页）

½ 盎司新鲜青柠汁

1 茶匙甘蔗糖浆

1 滴比特曼巧克力苦精

装饰：1 个葡萄柚皮卷

将气泡水倒入柯林斯杯中。将除装饰外的剩余配料加入摇酒壶，加冰块快速摇制约 5 秒，然后滤入柯林斯杯。加入冰块，并用葡萄柚皮卷装饰。

看门人 ⌛

（Gatekeeper）

香农·特贝，2019 年

我们的门卫乔希每次下班后都会点一杯金酒起泡鸡尾酒，但这并不属于鸡尾酒。其实他想要的是金酒加气泡水，以此品尝我们吧台后的所有金酒。所以，我想为我们的看门人调制一款真正的鸡尾酒。这款鸡

尾酒不需要充气，而是搅拌后滤入起泡酒中。——香农·特贝

> 1 盎司老拉什 110 干金酒（Old Raj 110-Proof Dry Gin）
> ½ 盎司科西嘉白葡萄酒（Cap Corse Blanc Quinquina）
> 1 茶匙西里尔·赞斯苹果白兰地
> ½ 盎司芹菜糖浆（见第 369 页）
> ½ 茶匙苹果酸溶液
> 3 盎司干型起泡酒
> 装饰：1 片苹果片

将所有配料冷藏。将除装饰外的配料倒入起泡瓶中，充入二氧化碳，轻轻摇晃瓶子以使二氧化碳溶解在液体中。将起泡瓶冷藏至少 20 分钟，最好冷藏 12 小时后再打开。倒入冰好的笛形杯中，并用苹果片装饰。

幽灵颜色
（Ghost Colors）

杰里米·奥特尔（Jeremy Oertel），2017 年

在果汁感十足的"水果炸弹"——印度淡色艾尔这款啤酒最受欢迎的时候，我创作了这款鸡尾酒。我试图重现那些风味，创作出一款类似于提基风格鸡尾酒"眼镜蛇之牙"（Cobra's Fang）的酒款，但它是以金酒为基酒的，而不是朗姆酒。——杰里米·奥特尔

> 1½ 盎司格林霍克金酒工匠老汤姆金酒（Greenhook Ginsmiths Old Tom Gin）
> ¾ 盎司新鲜青柠汁
> ½ 盎司新鲜葡萄柚汁
> ¼ 盎司玛斯尼桃子利口酒
> ¼ 盎司自制姜味糖浆

> ¼ 盎司肉桂糖浆
> 1 滴安高天娜苦精
> 2 盎司斯蒂尔沃特印度淡色艾尔啤酒（Stillwater Nu-Tropic IPA）
> 装饰：1 片青柠片

将除啤酒和青柠片外的所有配料加入摇酒壶，加冰块摇匀，然后滤入柯林斯杯中。加入冰块，倒入啤酒，用青柠片装饰。

格拉梅西即兴演奏
（Gramercy Riffs）

亚历克斯·江普和乔恩·福尔桑格，
2019 年

起泡鸡尾酒通常被局限在苦味、果味和起泡酒的固定模式中，所以乔恩和我想展示起泡鸡尾酒的另一面。我们也非常想将雷司令融入鸡尾酒中，所以我们添加了斯沃尔瑞典风格阿夸维特（Svöl Swedish Style Aquavit，莳萝味十足）来放大雷司令中微妙的莳萝味。最后，我们添加了利奥波德兄弟的苹果酸利口酒，为鸡尾酒增添了特有的酸苹果风味。——亚历克斯·江普

> 1 盎司干型起泡酒
> 1 盎司春天 44 伏特加（Spring 44 Vodka）
> ½ 盎司斯沃尔瑞典风格阿夸维特
> ½ 盎司好奇美国佬
> ½ 盎司利奥波德兄弟纽约酸苹果利口酒
> ½ 盎司干雷司令
> ½ 盎司甘蔗糖浆
> ½ 盎司新鲜柠檬汁
> 装饰：1 片柠檬片和 1 片苹果片

将起泡酒倒入冰好的葡萄酒杯中。将除装饰外的剩余配料加入摇酒壶，加冰块快速摇制约 5 秒，然后双重滤入葡萄酒杯中。

加入冰块，并以柠檬片和苹果片装饰。

光晕效应
（Halo Effect）

泰森·布勒，2018 年

在丹佛至死相伴酒吧推出的第一份花园主题酒单中，有大量的瓶装鸡尾酒，而这一款真的非常出色。我们把榨苹果汁后剩下的果肉做成甘露糖浆，然后搭配其他原料调制成这款"光晕效应"鸡尾酒——一款大家可以围坐在一起分享的鸡尾酒。——泰森·布勒

3 盎司冰镇气泡水
1 盎司春天 44 伏特加
¾ 盎司白波特酒
¼ 盎司萨勒龙胆味利口酒
1 盎司苹果甘露糖浆（见第 368 页）
装饰：1 束薄荷

将气泡水倒入柯林斯杯中。将除装饰外的剩余配料加入摇酒壶中，加冰块快速摇制约 5 秒，然后滤入柯林斯杯。加入冰块，以薄荷枝装饰，配上一根吸管即可享用。

哈莉奎因
（Harlequin）

马修·贝朗格，2018 年

弗萨夫马赛阿玛罗是一种极其苦涩的苦酒，口感类似于大黄和桉树。这款冬日鸡尾酒的创作灵感源于阿尔·索塔克的"毒藤女"（Poison Ivy）鸡尾酒，为了与之相呼应，我将这款鸡尾酒命名为"哈莉奎因"，以漫画中的一位女性反派角色命名。——马修·贝朗格

1½ 盎司芬味树汤力水（Fever-Tree Tonic）
1½ 盎司博纳尔龙胆奎宁利口酒
1 盎司蒙特勒伊庄园卡尔瓦多斯
½ 茶匙弗萨夫马赛阿玛罗
¼ 盎司花蜜糖浆
1 茶匙食品级磷酸
装饰：1 束薄荷和 1 片柠檬片

将汤力水倒入葡萄酒杯中。将除装饰外的剩余配料加入摇酒壶中，加冰块摇匀，然后滤入葡萄酒杯。加入冰块，并以薄荷束和柠檬片装饰。

高球鸡尾酒（站饮区） ⧗

马修·贝朗格，2019 年

这款添加了紫苏和梨味酒的鸡尾酒比标准的日式高球鸡尾酒更有趣。你如果不想用搅拌器充气，可以把所有东西都冷冻起来，但不要加入气泡水。享用时再加入气泡水即可。——马修·贝朗格

4½ 盎司冰镇气泡水
1½ 盎司三得利季调和日本威士忌
½ 盎司温室紫苏白兰地（Glasshouse Shiso Brandy）
¼ 盎司马蒂尔德梨子利口酒
1 茶匙克利尔溪梨子白兰地
¼ 盎司单糖浆
½ 茶匙苹果酸溶液
装饰：1 片紫苏叶

将所有原料冷藏。将除装饰外的原料倒入起泡瓶中，充入二氧化碳，轻轻摇晃瓶子，以使二氧化碳溶解在液体中。将起泡瓶冷藏至少 20 分钟，最好冷藏 12 小时后再打开。倒入柯林斯杯中，加入冰块，以紫苏叶装饰。

格拉梅西即兴演奏

正午时分 ✲
（High Noon）

泰森·布勒，2016 年

1½ 盎司冰镇气泡水

1½ 盎司罗盘针国王街苏格兰调和威士忌

½ 盎司莱尔德保税苹果白兰地

¾ 盎司新鲜柠檬汁

½ 盎司诺妮阿玛罗

½ 盎司德梅拉拉糖浆

1 滴奇迹里红眼苦精

装饰：1 片脱水柠檬片

将气泡水倒入柯林斯杯中。将除装饰外的剩余配料加入摇酒壶中，加冰块快速摇制约 5 秒，然后滤入柯林斯杯。加入冰块，并以脱水柠檬片装饰。

演讲
（High Speech）

马修·贝朗格，2016 年

我想制作一款以百里香和甜椒为主要风味的柯林斯鸡尾酒。——马修·贝朗格

1 个青柠角

阿勒颇盐（Aleppo Salt，由等量阿勒颇胡椒和粗盐制成）

1 盎司冰镇气泡水

1½ 盎司添加利金酒

½ 盎司埃米尔潘诺特松脂利口酒（Emile Pernot Liqueur de Sapin）

1 茶匙比格蕾百里香利口酒

¾ 盎司新鲜柠檬汁

½ 盎司新鲜黄椒汁

½ 盎司甘蔗糖浆

装饰：1 片脱水柠檬片

用青柠角擦拭杯沿，再滚半圈盐边。将气泡水倒入柯林斯杯中。将除装饰外的剩余配料加入摇酒壶中，加冰块快速摇制约 5 秒，然后滤入柯林斯杯。加入冰块，并用脱水柠檬片装饰。

热门八卦 ✲
（Hot Gossip）

乔恩·阿姆斯特朗，2017 年

这是一种升级版的金汤力，加入了海明威大吉利中的葡萄柚和路萨朵樱桃利口酒，以及一些道格拉斯冷杉白兰地来增加松香味。在酒吧里，我们制作这款鸡尾酒时都会在充气后装瓶，这真是件麻烦事。但正如客人们所说，这款鸡尾酒就算不充气也很不错，所以用柯林斯杯来调制这款酒更有意义。——乔恩·阿姆斯特朗

1½ 盎司普利茅斯海军金酒

2 茶匙吉发得粉红葡萄柚利口酒

½ 茶匙路萨朵樱桃利口酒

½ 茶匙克利尔溪道格拉斯冷杉白兰地

5 盎司芬味树汤力水

装饰：1 个青柠角

将除汤力水和青柠角外的所有配料加入柯林斯杯中。加冰块，倒入汤力水，轻轻搅拌。用青柠角装饰。

草裙舞藏身之处 ◉
（Hula Hula Hideout）

泰森·布勒，2018 年

这是来自丹佛至死相伴酒吧的另一款瓶装鸡尾酒。这款由椰林飘香改编的低酒精度鸡尾酒用到了曼赞尼拉雪莉酒。我们整个

夏天都把曼赞尼拉雪莉酒存放在生啤桶里。在炎热的夏天，曼赞尼拉雪莉酒真的消耗得很快。——泰森·布勒

1 盎司冰镇气泡水

1½ 盎司尤斯特·奥罗拉曼赞尼拉雪莉酒（Bodegas Yuste Aurora Manzanilla Sherry）

½ 盎司嘉冕 100 农业白朗姆酒

½ 盎司菠萝果胶糖浆（见第 373 页）

2½ 盎司无害收获牌椰子水

½ 盎司新鲜青柠汁

装饰：1 片菠萝叶

将气泡水倒入柯林斯杯中。将除装饰外的剩余配料加入摇酒壶中，加冰块快速摇制约 5 秒，然后滤入柯林斯杯。加入冰块，并用菠萝叶装饰。

小马文 **

（Junior Marvin）

乔恩·阿姆斯特朗，2015 年

这是对经典鸡尾酒"老古巴人"（Old Cuban）的即兴改编。虽然大多数"老古巴人"都是用深色朗姆酒调制而成的，但我想要尝试使用未经陈酿的朗姆酒，最后选择了白朗姆酒。这使得这款鸡尾酒更为清爽易饮，绝对会受到大众的喜爱。我希望更多的人能像使用苦艾酒那样使用薄荷利口酒，仅一点点就足够为一杯鸡尾酒增色不少。——乔恩·阿姆斯特朗

2 盎司干型起泡酒

1½ 盎司杜兰朵 3 年陈酿朗姆酒

1 茶匙卡拉尼椰子利口酒

¾ 盎司新鲜青柠汁

½ 盎司单糖浆

2 滴吉发得薄荷利口酒

将起泡酒倒入冰好的笛形杯中。将剩余配料加入摇酒壶中，加冰块摇匀，然后双重滤入笛形杯。不加装饰。

炸弹小子

（Kid Dynamite）

马修·贝朗格，2019 年

有一款经典鸡尾酒叫作"闪灯"（Blinker），由黑麦威士忌、葡萄柚汁和红石榴糖浆调制而成。闪灯是一款酸酒，但其早期配方看起来更像是一款长饮。你可以用市售的葡萄柚汽水来调制这款鸡尾酒。——马修·贝朗格

1½ 盎司威凤凰 101 黑麦威士忌

½ 盎司安裴丽克哈瓦那辣椒蒸馏酒

¼ 盎司自制红石榴糖浆（见第 371 页）

4 盎司葡萄柚汽水

装饰：1 个青柠角

将除葡萄柚汽水和青柠角外的所有原料倒入加大古典杯中，加入一块大方冰。倒入葡萄柚汽水，轻轻搅拌。用青柠角装饰。

炸弹小子 ⊘

（无酒精版）

马修·贝朗格，2019 年

每当调制一款无酒精鸡尾酒时，我们都希望它的味道能与含酒精鸡尾酒一样棒。我认为这款鸡尾酒做到了。——马修·贝朗格

2 盎司希蒂力橙园 42（Seedlip Grove 42 Citrus）

¼ 盎司自制红石榴糖浆

4 盎司葡萄柚汽水

装饰：1 个青柠角

将除葡萄柚汽水和青柠角外的所有配料倒入加大古典杯中，加入一块大方冰。倒入葡萄柚汽水，轻轻搅拌。用青柠角装饰。

金斯顿美国佬

（Kingston Americano）

泰森·布勒，2019 年

1 盎司乌雷叔侄牙买加朗姆酒

1 盎司金巴利

4 盎司葡萄柚汽水

装饰：一小撮盐和半片葡萄柚片

将朗姆酒和金巴利倒入柯林斯杯中，加入冰块。倒入葡萄柚汽水，轻轻搅拌。最后在鸡尾酒表面撒上盐，并用半片葡萄柚片装饰。

金塞尔酷乐 ❊❊

（Kinsale Cooler）

埃琳·里斯（Eryn Reece），2014 年

1 盎司冰镇气泡水

1 盎司添加利 10 号金酒

1 盎司卢世涛曼赞尼拉雪莉酒

¾ 盎司新鲜柠檬汁

½ 盎司圣哲曼接骨木花利口酒

½ 盎司苏姿

½ 盎司单糖浆

1 滴好斗芹菜苦精

装饰：1 片柠檬片

把气泡水倒入柯林斯杯中。将除装饰外的剩余原料加入摇酒壶中，加冰块快速摇制约 5 秒，然后滤入柯林斯杯。加入冰块，

并用柠檬片装饰。

星尘女士

（Lady Stardust）

蒂姆·迈纳（Tim Miner），2019 年

2 盎司干型起泡酒

1 盎司席安布拉·瓦列斯手工特其拉

½ 盎司祖卡阿玛罗

¾ 盎司草莓糖浆

¾ 盎司新鲜柠檬汁

将起泡酒倒入冰好的笛形杯中。将剩余配料加入摇酒壶中，加冰块摇匀，然后双重滤入笛形杯。不加装饰。

独自等待的女子

（Left a Woman Waiting）

阿尔·索塔克，2014 年

1 个草莓

1½ 盎司席安布拉·阿祖尔银色特其拉

½ 盎司乌雷叔侄牙买加朗姆酒

¼ 盎司克莱门特克里奥尔朗姆酒

¾ 盎司新鲜青柠汁

¼ 盎司花蜜糖浆

¼ 盎司肉桂糖浆

2 滴佩肖苦精

1½ 盎司干型苹果西打

装饰：1 个草莓和 1 片橙片

将草莓放入摇酒壶中，轻轻捣碎。加入除苹果西打和装饰外的剩余配料，加冰块摇匀。双重滤入柯林斯杯，加入冰块。倒入苹果西打，用草莓和橙片装饰，配上一根吸管即可饮用。

口红时尚 ✲
（Lipstick Vogue）

泰森·布勒，2016 年

2 盎司艾蒂安·杜邦苹果西打（Etienne Dupont Cidre）

1½ 盎司勒莫顿诺曼底卡尔瓦多斯（Le-morton Pommeau de Normandie）

¼ 盎司乐加第戎黑加仑利口酒

½ 盎司波摩 12 年苏格兰威士忌

½ 盎司新鲜柠檬汁

¼ 盎司单糖浆

装饰：1 片脱水苹果片

将苹果西打倒入葡萄酒杯中。将除装饰外的剩余配料加入摇酒壶中，加冰块快速摇制约 5 秒，然后滤入葡萄酒杯。加入冰块，并用脱水苹果片装饰。

长线
（Long Con）

泰森·布勒，2015 年

2 盎司伊塞塔吉西班牙苹果西打（Isastegi Spanish Cider）

1½ 盎司利尼阿夸维特（Linie Aquavit）

½ 盎司莱尔德保税苹果白兰地

¾ 盎司新鲜柠檬汁

½ 盎司德梅拉拉糖浆

¼ 盎司唐的香料酒（见第 388 页）

装饰：苹果片

将苹果西打倒入柯林斯杯中。将除装饰外的剩余配料加入摇酒壶中，加冰块快速摇制约 5 秒，然后滤入柯林斯杯。加入冰块，并用苹果片装饰。

长除法 ✲
（Long Division）

乔恩·福尔桑格，2019 年

这是对浓缩咖啡和汤力水饮品的一款有趣改编，也是我最喜欢的夏日咖啡鸡尾酒。黑糖蜜朗姆酒和浓缩咖啡增强了咖啡的味道，并为鸡尾酒增加了层次感和活力。——乔恩·福尔桑格

2 盎司冰镇汤力水

1 盎司克利尔溪 2 年苹果白兰地

½ 盎司高原骑士 12 年苏格兰威士忌

¼ 盎司克鲁赞黑糖蜜朗姆酒

¼ 盎司加利安奴咖啡利口酒

1 盎司冷萃咖啡

1 茶匙德梅拉拉糖浆

将汤力水倒入装有一块大方冰的加大古典杯中。将剩余的配料加入摇酒壶中，加冰块摇匀，然后缓慢地滤入加大古典杯中，使酒液浮在汤力水上。不加装饰。

失败的事业 ◉
（Lost Cause）

乔恩·阿姆斯特朗，2016 年

我喜欢口感超干、风味十足的诺曼底农场苹果西打，所以我尝试创作一种口感类似的自制苹果西打。将其与起泡酒（尤其是酒农香槟）混合，可以为鸡尾酒增添一些酵母味，梨子利口酒和梨子白兰地的二重奏增强了烘焙香料的味道。在酒吧里，我们会批量预调这款鸡尾酒，并充入二氧化碳。我们发现它的风味会随着时间的推移变得更好。——乔恩·阿姆斯特朗

3 盎司阿瓦尔苹果西打（Aval Cider）

2 盎司干型起泡酒

½ 盎司圣乔治梨子利口酒

1 茶匙香草糖浆

1 茶匙克利尔溪梨子白兰地

将所有配料冷藏。将苹果西打和起泡酒倒入冰好的笛形杯中，然后加入剩余的配料。不加装饰。

惊人的速度
（Ludicrous Speed）

泰森·布勒，2016 年

这款明亮、微辣的仙蒂风格鸡尾酒，在炎热的夜晚总是能让人一饮解暑。毫无疑问，这款鸡尾酒的名字是我从概念鸡尾酒大师布拉德·法伦（Brad Farran）那里"偷"来的。——泰森·布勒

1 个青柠角

粗盐

2 盎司胜利普拉玛皮尔森啤酒

1 盎司蔗心农业朗姆酒

½ 盎司墨西哥辣椒浸泡席安布拉·瓦列斯银色特其拉（见第 381 页）

¾ 盎司新鲜青柠汁

½ 盎司菠萝果胶糖浆

1 片新鲜的马克鲁特（Makrut）青柠叶

装饰：1 个青柠角

用青柠角擦拭杯沿，然后滚半圈盐边。接着将啤酒倒入杯中。将除装饰外的剩余配料加入摇酒壶中，加冰块摇匀，然后滤入酒杯中，再加入冰块。用青柠角装饰。

月之魔法 ☉
（Moon Magic）

亚历克斯·江普和亚历克斯·戴，2018 年

我们开设花园酒吧时，创作了很多款瓶装鸡尾酒。这款鸡尾酒尝起来像一种流行的根汁啤酒。香草和桦木与夏朗德皮诺酒非常搭。夏朗德皮诺酒被广泛用作低酒精度鸡尾酒的基酒，而且这款鸡尾酒让我们有机会与客人谈论他们以前从未尝试过的鸡尾酒成分。——亚历克斯·江普

3 盎司起泡酒

1½ 盎司帕克夏朗德皮诺酒（Park Pineau des Charentes）

¼ 盎司嘉冕 VSOP 农业朗姆酒

1 盎司弗逊白酸葡萄汁（Fusion Verjus Blanc）

¼ 盎司香草糖浆

1 滴泰拉香料公司桦木提取物

装饰：1 朵可食用花

将起泡酒倒入葡萄酒杯中。加入除装饰外的剩余配料，加入冰块，搅拌一次，并以可食用花装饰。

月亮河
（Moon River）

泰森·布勒，2018 年

1½ 盎司利莱白利口酒

1 盎司草莓浸泡普利茅斯金酒（见第 384 页）

½ 盎司阿瓦普拉塔卡莎萨

½ 盎司玛丽·布里扎德可可利口酒

¼ 盎司乳酸溶液

1 茶匙甘蔗糖浆

1 盎司水

将所有原料冷藏。将原料倒入起泡瓶中，充入二氧化碳，轻轻摇晃瓶子，以使二氧化碳溶解在液体中。将起泡瓶冷藏至少 20 分钟，最好冷藏 12 小时后再打开。饮用时倒入冰好的笛形杯中即可。不加装饰。

月球漫步者
（Moonrunner）

亚历克斯·江普和乔恩·福尔桑格，2019 年

这是一款口感浓郁的鸡尾酒，我们在金酒的基础上增加了极富层次感的葡萄柚风味。我们使用剩余的葡萄柚制作葡萄柚甘露糖浆，而吉发得粉红葡萄柚利口酒则为鸡尾酒增添了葡萄柚果脯的香气。——亚历克斯·江普

- ¾ 盎司利莱桃红利口酒
- 1 盎司必富达金酒
- ¼ 盎司吉发得粉红葡萄柚利口酒
- ¾ 盎司葡萄柚甘露糖浆
- ¼ 盎司新鲜柠檬汁
- 1½ 盎司起泡桃红葡萄酒
- 装饰：半片葡萄柚片和一朵紫罗兰

将利莱桃红利口酒倒入柯林斯杯中。将除装饰外的剩余配料加入摇酒壶，加冰块快速摇制约 5 秒，然后滤入柯林斯杯。加入冰块，并用半片葡萄柚片和一朵紫罗兰装饰。

支腿
（Outrigger）

马修·贝朗格，2019 年

有一种经典的特其拉鸡尾酒叫作"巴坦加"（Batanga），据说是由帕洛玛鸡尾酒的发明者创作的。这款鸡尾酒基本上是对"自由古巴"（Cuba Libre）的改编，用特其拉来代替朗姆酒，但我没有使用可乐，而是用阿玛卓阿玛罗、罗望子糖浆和一滴可乐提取物替代，以为这款鸡尾酒增添风味。——马修·贝朗格

- 4 盎司冰镇气泡水
- 1¼ 盎司特索罗金色特其拉
- ½ 盎司阿玛卓阿玛罗
- ¼ 盎司汉密尔顿牙买加壶式蒸馏黑朗姆酒（Hamilton Jamaican Pot Still Black Rum）
- ¾ 盎司罗望子德梅拉拉糖浆（见第 376 页）
- 1 茶匙食品级磷酸
- 1 滴泰拉香料公司可乐提取物
- 装饰：1 个青柠角

将气泡水倒入柯林斯杯中。将除装饰外的剩余配料加入摇酒壶，加冰块快速摇制约 5 秒，然后滤入柯林斯杯。加入冰块，并用青柠角装饰。

支腿 🚫
（无酒精版）

马修·贝朗格，2019 年

调制无酒精鸡尾酒时，人们通常需要加入一些成分替代酒精以提升质感。在这款鸡尾酒中，新鲜菠萝汁中的果胶为这款鸡尾酒增添了许多层次感。——马修·贝朗格

- 3 盎司冰镇气泡水
- 1½ 盎司希蒂力香料 94（Seedlip Spice 94）
- 1½ 盎司新鲜菠萝汁
- ¾ 盎司罗望子德梅拉拉糖浆
- 1 茶匙食品级磷酸
- 1 滴泰拉香料公司可乐提取物

装饰：1 个青柠角

将气泡水倒入柯林斯杯中。将除装饰外的剩余配料加入摇酒壶中，加冰块快速摇制约 5 秒，然后滤入柯林斯杯。加入冰块，并用青柠角装饰。

平行生活 ❄
（Parallel Lives）

马修·贝朗格，2019 年

这是我们员工最喜欢的经典之一——"嗡嗡嗡"高球鸡尾酒的即兴改编酒款，它是一款由陈酿葡萄酒、金酒和菠萝调制而成的高球鸡尾酒。圣乔治这款以黑麦为原料酿制而成的金酒经过陈酿之后，味道几乎和荷兰金酒一样。——马修·贝朗格

1 盎司冰镇气泡水

1½ 盎司亨利克斯雨水马德拉酒

½ 盎司圣乔治干型黑麦陈酿金酒

1 盎司新鲜菠萝汁

¾ 盎司新鲜柠檬汁

½ 盎司单糖浆

1 滴安高天娜苦精

装饰：1 个菠萝角和 1 滴安高天娜苦精

将气泡水倒入柯林斯杯中。将除装饰外的剩余配料加入摇酒壶中，加冰块快速摇制约 5 秒，然后滤入柯林斯杯。加入冰块，用菠萝角装饰，并滴上 1 滴安高天娜苦精。

中继器 ⌛
（Repeater）

马修·贝朗格，2019 年

我根据这款配方调制了几款相似的鸡尾酒（它因此而得名）。这款酒的花香非常浓郁，格拉帕更为它带来了额外的芳香。你如果不想给鸡尾酒充气，可以不加水，直接搅拌后滤入装有起泡酒的酒杯中。——马修·贝朗格

2 盎司干型起泡酒

1¼ 盎司贝尔图白兰地

½ 盎司意塔黎佛手柑利口酒（Italicus Rosolio Bergamot Liqueur）

¼ 盎司克利尔溪麝香葡萄格拉帕

¼ 盎司月桂叶糖浆（见第 368 页）

½ 茶匙柠檬酸溶液

1 盎司水

装饰：1 片月桂叶

将所有原料冷藏。将除装饰外的原料加入起泡瓶中，充入二氧化碳，轻轻摇晃瓶子，以使二氧化碳溶解在液体中。将起泡瓶冷藏至少 20 分钟，最好冷藏 12 小时后再打开。倒入冰好的笛形杯中，并用月桂叶装饰。

椰子朗姆酒
（Ron Coco）

乔治·努涅斯（George Nunez），2019 年

1 盎司杜兰朵 8 年朗姆酒

1 盎司欧洛罗索雪莉酒

4 盎司无害收获牌椰子水

1 茶匙甘蔗糖浆

0.3 克柠檬酸溶液

2 滴安高天娜苦精

装饰：1 个柠檬角

将所有原料冷藏。将除装饰外的原料加入起泡瓶中，充入二氧化碳，并轻轻摇晃以使二氧化碳溶解在液体中。将起泡瓶冷藏至少 20 分钟，最好冷藏 12 小时后再打

金斯顿美国佬

开。倒入装有大方冰的菲兹杯中。用柠檬角装饰。

萨维奇群岛 ⊙
（Savage Islands）

泰森·布勒，2016 年

这是"嗡嗡嗡"高球鸡尾酒的低酒精度版本。我喜欢印度淡色艾尔啤酒的果味，它们与马德拉酒的坚果味相得益彰。——泰森·布勒

2 盎司斯蒂尔沃特印度淡色艾尔啤酒
2 盎司亨利克斯雨水马德拉酒
1 盎司新鲜菠萝汁
½ 盎司新鲜柠檬汁
½ 盎司单糖浆
1 滴安高天娜苦精
装饰：1 片脱水菠萝片

将印度淡色艾尔啤酒倒入皮尔森啤酒杯中。将除装饰外的剩余配料加入摇酒壶中，加冰块快速摇制约 5 秒，然后滤入啤酒杯中。加入冰块，并用脱水菠萝片装饰。

猩红比蓝雀 ⧗
（Scarlet Tanager）

马修·贝朗格，2018 年

这款鸡尾酒的创作灵感来自邪恶双胞胎（Evil Twin）的一款酸啤，这款酸啤是用尼斯（Niçoise）橄榄和草莓调味的。——马修·贝朗格

1 盎司卡佩莱蒂开胃酒（Cappelletti Vino Aperitivo）
½ 盎司尼斯橄榄浸泡亚瓜拉金色卡莎萨（见第 381 页）

½ 盎司草莓糖浆
1 茶匙柠檬酸溶液
1 滴盐溶液
1 盎司水
3 盎司干型起泡酒
装饰：1 串穿在酒签上的橄榄

将所有原料冷藏。将除装饰外的原料加入起泡瓶中，充入二氧化碳，轻轻摇晃以使二氧化碳溶解在液体中。将起泡瓶冷藏至少 20 分钟，最好冷藏 12 小时后再打开。倒入冰好的笛形杯中，并用橄榄装饰。

七年之痒 ✿
（Seven Year Itch）

埃琳·里斯，2014 年

1½ 盎司干型起泡酒
1½ 盎司勒莫顿精选卡尔瓦多斯多弗朗泰斯
½ 盎司黄色查特酒
¾ 盎司新鲜柠檬汁
½ 盎司甘蔗糖浆
1 滴比特储斯芳香苦精

将起泡酒倒入冰好的碟形杯中。将剩余配料加入摇酒壶中，加冰块摇匀，然后双重滤入碟形杯。不加装饰。

无能为力
（Shoganai）

戴夫·安德森（Dave Anderson），2019 年

在居酒屋工作时，我学会了欣赏高球鸡尾酒的简单易饮，所以我想调制一款这种风格的鸡尾酒。实际上，我最先想到的是这款鸡尾酒的名字"Shoganai"，这是日语俚语，在英语中没有对应的词，它的

意思是"没办法"或"无能为力"。颇具讽刺意味的是，这款鸡尾酒的创作是多方合作的成果。用香槟代替气泡水来制作高球鸡尾酒很复杂，因为香槟会带来很多风味。而加入苹果西打也是一种非常偶然的巧合，这是泰森突然的发问"日本威士忌、香槟和苹果西打组合在一起会怎么样？"给我带来的灵感。——戴夫·安德森

1 盎司响和风醇韵日本威士忌

1 茶匙西里尔·赞斯苹果白兰地

1 茶匙甘蔗糖浆

2 滴香槟酸溶液

1½ 盎司阿瓦尔苹果西打

1½ 盎司干型起泡酒

装饰：1 片苹果片

将威士忌、苹果白兰地、甘蔗糖浆和香槟酸溶液加入柯林斯杯中。在酒杯中加入冰块，再倒入苹果西打和起泡酒。以苹果片装饰。

西尔弗赫尔斯 ✿
（Silverheels）

乔恩·福尔桑格，2019 年

泰森喜欢以西部影片命名鸡尾酒，所以这款鸡尾酒的名字是调侃他的这一点小爱好——西尔弗赫尔斯是美剧《独行侠》（*The Lone Ranger*）中扮演通托（Tonto）的演员的姓氏。这是一款啤酒鸡尾酒，用我个人最喜欢的原料制成，菠萝和碎冰增添了提基元素。——乔恩·福尔桑格

2 盎司干型苹果西打

1 盎司海威斯特银燕麦威士忌（High West Silver Oat Whiskey）

1 盎司克利尔溪 2 年苹果白兰地

1 盎司新鲜菠萝汁

½ 盎司甘蔗糖浆

½ 盎司新鲜柠檬汁

2 滴比特曼提基苦精

装饰：1 片苹果片和 1 束薄荷

将苹果西打倒入皮尔森啤酒杯中。将除装饰外的剩余配料加入摇酒壶中，加入少量碎冰，摇晃直至混合均匀。倒入啤酒杯中，再加入碎冰。用苹果片和薄荷束装饰，配上一根吸管即可享用。

协同效应 ✿
（Sinergia）

布兰登·帕克（Brandon Parker），2018 年

¾ 盎司瑞顿房黑麦威士忌

½ 盎司莱尔德保税苹果白兰地

¼ 盎司史密斯与克罗斯牙买加朗姆酒

¼ 盎司圣乔治梨子利口酒

½ 盎司新鲜柠檬汁

½ 盎司甘蔗糖浆

1½ 盎司意大利起泡红酒（Lambrusco）

将除朗姆酒外的所有配料加入摇酒壶中，加冰块摇匀，然后滤入装有一块大方冰的加大古典杯中。沿吧勺背面慢慢倒入朗姆酒，使其浮在鸡尾酒表面。不加装饰。

轻微风暴
（Slightly Stormy）

亚历克斯·江普、戴夫·安德森和乔恩·福尔桑格，2019 年

这款酒其实是对"月黑风高"鸡尾酒的改编，也是向泰森的"海星和咖啡"（Starfish and Coffee，见第 229 页）鸡

尾酒的致敬。在"海星和咖啡"中，汤力水上浮着一层咖啡。——亚历克斯·江普

1 盎司汤力水

1½ 盎司尊美醇爱尔兰威士忌（Jameson Irish Whiskey）

½ 盎司克鲁赞黑糖蜜朗姆酒

½ 盎司新鲜柠檬汁

½ 盎司自制姜味糖浆

¼ 盎司冷萃咖啡

装饰：1 串穿在酒签上的姜糖

将汤力水倒入柯林斯杯中。将除装饰外的剩余配料加入摇酒壶中，加冰块快速摇制约 5 秒，然后滤入柯林斯杯。加入冰块，用姜糖串装饰。

喧嚣与骚动

（Sound and Fury）

泰森·布勒，2015 年

覆盆子和甜红椒的搭配很奇怪，但在这款鸡尾酒里效果却出奇地好，尤其是搭配上卡莱 23 银色特其拉的咸味和香草味。——泰森·布勒

1 个青柠角

阿勒颇盐（由等量阿勒颇胡椒和粗盐制成）

2 盎司卡莱 23 银色特其拉

½ 盎司安乔·雷耶斯辣椒利口酒

¾ 盎司新鲜青柠汁

½ 盎司新鲜甜红椒汁

¾ 盎司覆盆子糖浆（见第 374 页）

装饰：1 片青柠片

用青柠角擦拭柯林斯杯杯沿，然后滚半圈盐边。将除装饰外的剩余配料加入摇酒壶中，加冰块摇匀，然后滤入柯林斯杯。加

入冰块，用青柠片装饰。

罗塞尔起泡酒

（Spritz Roselle）

马修·贝朗格，2019 年

2 盎司干型起泡酒

1 盎司低传真龙胆阿玛罗（Lo-Fi Gentian Amaro）

½ 盎司卡普若·阿卡拉多皮斯科

¼ 盎司苏姿

¼ 盎司吉发得百香果利口酒

¼ 盎司甘蔗糖浆

¼ 茶匙柠檬酸溶液

装饰：1 朵可食用花

将起泡酒倒入葡萄酒杯中。将除装饰外的剩余配料加入搅拌杯中，加冰块搅拌，然后滤入葡萄酒杯。加冰块，用可食用花装饰。

海星和咖啡

（Starfish and Coffee）

泰森·布勒，2016 年

在上班之前，我总是习惯到纽约东村一家很棒的精品咖啡店买杯浓缩咖啡汤力，这款鸡尾酒的创作灵感正源于此。分层不仅让这款鸡尾酒看起来很棒，还能让人在整个品尝过程中感受到不同的风味。我给它取了个名字，源于王子乐队（Prince）的一首歌，我一直想用它来命名一款鸡尾酒，直到这款鸡尾酒的诞生。——泰森·布勒

3 盎司汤力水

1 盎司高斯林黑海豹朗姆酒（Gosling's Black Seal Rum）

1 盎司卡帕诺潘脱蜜

1 盎司冷萃浓缩咖啡

¼ 盎司香草糖浆

将汤力水倒入装有一块大方冰的加大古典杯中。将剩余配料加入摇酒壶中，加冰块摇匀，然后慢慢滤入酒杯中，使鸡尾酒浮在汤力水上。不加装饰。

双人跳伞
（Tandem Jump）

贾里德·魏甘德，2018 年

我一直想尝试一款特其拉起泡鸡尾酒，但未曾如愿。我也从未喝过咖啡味的香槟鸡尾酒，但我知道这两种风味之间有某种联系，就像"黑天鹅绒"（Black Velvet）鸡尾酒一样。阿瓦安布拉纳是一种"肉桂炸弹"，它能将所有风味都完美融合在一起。——贾里德·魏甘德

1½ 盎司干型起泡酒

1 盎司阿瓦安布拉纳桶陈卡莎萨

½ 盎司塔巴蒂奥安尼霍特其拉（Tapatío Anejo Tequila）

¼ 盎司加利安奴咖啡利口酒

½ 盎司冷萃浓缩咖啡

½ 盎司菠萝果胶糖浆

将起泡酒倒入冰好的碟形杯中。将剩余配料加入摇酒壶中，加冰块摇匀，然后双重滤入碟形杯。不加装饰。

微小的财富
（Tiny Fortunes）

肯尼·马丁内斯（Kenny Martinez），2019 年

2 盎司冰镇气泡水

1 盎司伍迪溪伏特加

½ 盎司巴索尔皮斯科

½ 盎司新鲜柠檬汁

¾ 盎司黑莓糖浆（见覆盆子糖浆的制作方法，用黑莓代替覆盆子）

¼ 盎司杜凌龙蒿利口酒

装饰：将 1 片柠檬片和 1 颗黑莓穿在酒签上

将气泡水倒入柯林斯杯中。将除装饰外的剩余配料加入摇酒壶中，加冰块快速摇制约 5 秒，然后滤入柯林斯杯。加入冰块，用柠檬片和黑莓装饰。

北斗星
（Ursa Major）

马修·贝朗格，2019 年

4 盎司冷萃珍稀茶公司玄米茶（Rare Tea Company Genmaicha）

2 盎司圣乔治加利福尼亚州大米烧酒（St. George California Rice Shochu）

¼ 盎司玛丽·布里扎德可可利口酒

½ 盎司香草糖浆

½ 茶匙乳糖酒石酸

装饰：1 片柠檬皮卷

将所有原料冷藏。将除装饰外的原料加入起泡瓶中，充入二氧化碳，轻轻摇晃以使二氧化碳溶解在液体中。将起泡瓶冷藏至少 20 分钟，最好冷藏 12 小时后再打开，饮用时倒入菲兹杯中，加入适量冰块。在鸡尾酒上方挤出柠檬皮卷的皮油，然后将其放入杯中。

天鹅绒圆锯
（Velvet Buzzsaw）

马特·亨特，2019 年

这是金巴利起泡鸡尾酒和"三叶草俱乐部"（Clover Club）的"混血儿"。我们把

这款鸡尾酒充气后装进生啤桶里。员工们都很喜欢这款鸡尾酒，因为它卖得非常好，这为调酒师们节省了大量时间。——马特·亨特

2 盎司冰镇气泡水

1¼ 盎司必富达金酒

½ 盎司吉发得大黄利口酒

¼ 盎司金巴利

¼ 盎司杜凌白味美思

¾ 盎司覆盆子糖浆

½ 盎司新鲜柠檬汁

装饰：1 片柠檬片和 1 朵紫罗兰

将气泡水倒入葡萄酒杯中。将除装饰外的剩余配料加入搅拌杯中，加冰块搅拌，然后滤入葡萄酒杯。加入冰块，并用柠檬片和紫罗兰装饰。

午夜漫步 ⊙
（Walkin' After Midnight）

贾里德·魏甘德，2018 年

在这款柯林斯鸡尾酒中，苏玳白葡萄酒和白兰地的搭配十分巧妙，两种成分的果味完美融合在一起。苏姿为鸡尾酒增添了百香果味和龙胆苦味。——贾里德·魏甘德

2 盎司冰镇气泡水

1 盎司金花堡苏玳葡萄酒（Chateau La Fleur d'Or Sauternes）

1 盎司皮埃尔·费朗琥珀干邑

½ 盎司苏姿

½ 盎司新鲜柠檬汁

½ 盎司百香果糖浆（见第 373 页）

装饰：1 片柠檬片

将气泡水倒入柯林斯杯中。将除装饰外的剩余配料加入摇酒壶中，加冰块快速摇制约 5 秒，然后滤入柯林斯杯。加入冰块，

并用柠檬片装饰。

水虎 ✿✿
（Water-Tiger）

马修·贝朗格，2019 年

2 盎司出羽樱起泡清酒（Dewazikura Tobiroku Sparkling Sake）

1 盎司三得利六金酒（Suntory Roku Gin）

¾ 盎司卡帕诺·安提卡味美思

¼ 盎司查若芦荟利口酒

½ 盎司弗逊白酸葡萄汁

1 滴苦艾酒

装饰：1 片黄瓜片

将清酒倒入冰好的笛形杯中。将除装饰外的剩余配料加入搅拌杯中，加冰块搅拌，然后双重滤入笛形杯。用黄瓜片装饰。

奇异小说 ⊙
（Weird Fiction）

阿尔·索塔克，2014 年

传统的寇伯乐鸡尾酒不含柑橘类成分，因此这里添加食品级磷酸将其调制成一款寇伯乐风格的鸡尾酒，喝起来有点像酸酒。——阿尔·索塔克

1 片橙片

1 盎司拉弗格 10 年苏格兰单一麦芽威士忌

1 盎司红酒

½ 盎司阿蒙提拉多雪莉酒

¼ 盎司黄色查特酒

¼ 盎司诺妮阿玛罗

½ 盎司德梅拉拉糖浆

略少于 1 茶匙的食品级磷酸

装饰：1 片橙片和至少 2 种时令浆果（如覆盆子、黑莓、草莓）

将橙片加入摇酒壶中，轻轻捣几下。将除装饰外的剩余配料加入摇酒壶中，加冰块快速摇制约 5 秒，然后滤入柯林斯杯。加入碎冰，用橙片和浆果装饰。

无论如何 ⊙
（Whateverest）

贾里德·魏甘德，2018 年

每份酒单都需要一款简单、易饮的鸡尾酒。这款鸡尾酒清爽纯净且带有气泡，很有趣味性。莳萝阿夸维特与特其拉的蔬菜味完美融合。——贾里德·魏甘德

2 片黄瓜

1 盎司塔巴蒂奥 110 银色特其拉

1 盎司杜凌干味美思

½ 盎司老颂莳萝阿夸维特（Gamle Ode Dill Aquavit）

¾ 盎司新鲜柠檬汁

½ 盎司单糖浆

1 茶匙自制姜味糖浆

1 滴比特储斯芹菜苦精

装饰：1 片黄瓜

将黄瓜片加入摇酒壶中，轻轻捣几下。将除装饰外的剩余配料加入摇酒壶中，加冰块摇匀。双重滤入柯林斯杯。加入冰块，用黄瓜片装饰。

发条小鸟
（Windup Bird）

泰森·布勒，2014 年

凭借其高酸度和高盐度，古斯啤酒成为一种非常有趣的鸡尾酒原料。在这款鸡尾酒中，它有助于让西瓜糖浆和阿佩罗的甜味与果味完美融合在一起，使得这款鸡尾酒非常受欢迎。——泰森·布勒

1 个柠檬角

粗盐

2 盎司威斯布鲁克古斯啤酒

1 盎司克罗格斯塔德阿夸维特

1 盎司阿佩罗

1 盎司西瓜糖浆

½ 盎司新鲜柠檬汁

½ 盎司查若芦荟利口酒

用柠檬角擦拭柯林斯杯杯沿，然后滚半圈盐边。将古斯啤酒倒入柯林斯杯中。将除装饰外的剩余原料加入摇酒壶中，加冰块摇匀，然后滤入柯林斯杯。加入冰块，不加装饰。

走走
（Zouzou）

泰森·布勒，2017 年

2 盎司冰镇气泡水

1½ 盎司吉隆潘提劳 VSOP 干邑

½ 盎司红鹮特立尼达朗姆酒（Scarlet Ibis Trinidad Rum）

¾ 盎司好奇美国佬

¾ 盎司新鲜柠檬汁

½ 盎司自制姜味糖浆

1 茶匙罗斯曼和温特果园杏子利口酒（Rothman & Winter Orchard Apricot Liqueur）

装饰：半片橙子

将气泡水倒入柯林斯杯中。将除装饰外的剩余配料加入摇酒壶中，加冰块快速摇制约 5 秒，然后滤入柯林斯杯。加入冰块，并用半片橙子装饰。

轻盈欢快型

刮擦艺术
（Art of Scratching）

阿尔·索塔克，2015 年

这款大众喜爱的鸡尾酒融合了"床笫之间"（Between the Sheets）风格的边车与大吉利的特色，和"蹦床"（见第255 页）鸡尾酒一样都使用了草莓罗勒糖浆（见第 375 页）。——阿尔·索塔克

1 盎司皮埃尔·费朗 1840 干邑

1 盎司乌雷叔侄牙买加朗姆酒

1 茶匙克莱门特克里奥尔朗姆酒

1 茶匙玛丽·布里扎德可可利口酒

¾ 盎司草莓罗勒糖浆

½ 盎司新鲜柠檬汁

¼ 盎司新鲜青柠汁

2 滴安高天娜苦精

装饰：1 片柠檬皮卷

将除装饰外的所有配料加入摇酒壶中，加冰块摇匀，然后双重滤入冰好的碟形杯中。在鸡尾酒上方挤出柠檬皮卷的皮油，然后弃之。

大西洋太平洋
（Atlantic Pacific）

马修·贝朗格，2017 年

所有农业朗姆酒都带有一种青草的味道，但蔗心农业白朗姆酒带有一种特殊的海盐味，让我想起了海藻。我想把它用在大吉利鸡尾酒中。这款鸡尾酒中还加入了柚子和海苔的组合。如果你找不到外交官朗姆酒，可以用蔗园三星朗姆酒、诚挚朗姆酒或甘蔗花 4 年朗姆酒代替。——马修·贝朗格

1½ 盎司外交官帕纳斯朗姆酒（Diplomático Planas Rum）

½ 盎司海苔浸泡蔗心农业白朗姆酒（见第383 页）

½ 盎司梅乃宿柚子酒

¾ 盎司新鲜青柠汁

½ 盎司甘蔗糖浆

将所有配料加入摇酒壶中，加冰块摇匀，然后双重滤入冰好的碟形杯中。不加装饰。

哑口无言
（Awkwardly Tongue Tied）

贾里德·魏甘德，2015 年

这是我首次创作并入选至死相伴酒吧新酒单的鸡尾酒，当时我刚刚从酒吧学徒晋升为调酒师。此前，还从未有人实现过这样的转变，这是我调酒生涯中的高光时刻。我喜欢菲奈特·布兰卡与菠萝的搭配，杏仁糖浆和肉桂糖浆让它们的味道更加浓郁。——贾里德·魏甘德

2 盎司福特金酒

1 茶匙菲奈特·布兰卡

½ 盎司新鲜菠萝汁

½ 盎司新鲜青柠汁

¼ 盎司肉桂糖浆

¼ 盎司自制杏仁糖浆

装饰：1 片青柠片

将除装饰外的所有配料加入摇酒壶中，加冰块摇匀，然后双重滤入冰好的碟形杯中。用青柠片装饰。

海滨别墅琴蕾 ♣
（Beach House Gimlet）

香农·庞什（Shannon Ponche），2020 年

- 1¼ 盎司添加利金酒
- ¾ 盎司圣乔治绿辣椒伏特加
- ¾ 盎司新鲜青柠汁
- ½ 盎司甘蔗糖浆
- 1 茶匙吉发得巴西香蕉利口酒
- 1 滴苦艾酒

将所有配料加入摇酒壶中，加冰块摇匀，然后双重滤入冰好的碟形杯中。不加装饰。

布科琴蕾
（Buko Gimlet）

马修·贝朗格，2019 年

在洛杉矶至死相伴酒吧对面，有一家非常出色的名为"龙葵"（Nightshade）的亚裔加利福尼亚州风味餐厅，那里供应一种可口的菲律宾甜品——椰香斑斓布科（Buko Pandan），是用斑斓叶和椰子制成的。我将这些成分重现在一款鸡尾酒中，以指橙风味的柑橘类金酒为基酒。你通常可以在亚洲市场找到冷冻的斑斓叶，或者你也可以在甘蔗糖浆中加入一滴斑斓提取物。——马修·贝朗格

- 1 盎司四柱海军金酒
- ¾ 盎司诺沃佛哥卡莎萨
- ¼ 盎司卡拉尼椰子利口酒
- ¾ 盎司新鲜青柠汁
- ½ 盎司斑斓糖浆（见第 372 页）
- ½ 盎司无害收获牌椰子水
- 装饰：青柠皮碎

将除装饰外的所有配料加入摇酒壶中，加冰块摇匀，然后滤入装有一块大方冰的加大古典杯中。在鸡尾酒表面撒上一些青柠皮碎。

城市俱乐部
（City Club）

马修·贝朗格，2019 年

这是对"三叶草俱乐部"的改编，用草莓和罗勒代替经典配方中的覆盆子。乌雷叔侄牙买加朗姆酒有着极为浓烈的酯类香气，将其加入鸡尾酒中可能掩盖其他精致微妙的风味，所以我选择在鸡尾酒表面喷洒一些。如果你没有喷雾器，可以在鸡尾酒表面滴上一滴。——马修·贝朗格

- 1 盎司卡普若·阿卡拉多皮斯科
- ½ 盎司圣乔治罗勒白兰地
- ½ 盎司杜凌干味美思
- ¾ 盎司新鲜柠檬汁
- ¾ 盎司草莓糖浆
- 1 个蛋清
- 装饰：用喷雾器喷洒少量乌雷叔侄牙买加朗姆酒

将除装饰外的所有配料加入摇酒壶中干摇，然后加冰再摇。双重滤入冰好的碟形杯，并在鸡尾酒表面喷洒少量朗姆酒。

混凝土丛林
（Concrete Jungle）

马修·贝朗格，2017 年

这款鸡尾酒的创作灵感来自街头小吃——撒有辣椒粉和青柠汁的杧果干。它是对斯科特·蒂格（Scott Teague）的"撞针"（Firing Pin，见第 269 页）鸡尾酒的改编，

同样也使用了娇露辣辣椒酱（Cholula Hot Sauce）。——马修·贝朗格

　　1½ 盎司爱利加 12 年波本威士忌

　　½ 盎司亚瓜拉金色卡莎萨

　　1 盎司新鲜柠檬汁

　　½ 盎司自制杏仁糖浆

　　¼ 盎司甘蔗糖浆

　　¼ 盎司完美牌杧果果泥（Perfect Purée Mango Purée）

　　1 茶匙娇露辣辣椒酱

　　装饰：1 朵兰花

　　将除装饰外的所有原料加入摇酒壶中，加碎冰进行摇制。倒入郁金香杯中，加入碎冰。用兰花装饰。

国会公园斯维泽 ☉
（Congress Park Swizzle）

基利·萨瑟兰（Keely Sutherland），2019 年

　　3~5 片薄荷叶

　　1 盎司杜凌白味美思

　　½ 盎司阿普尔顿庄园珍藏牙买加朗姆酒（Appleton Estate Reserve Jamaica Rum）

　　½ 盎司莱茵霍尔杧果白兰地

　　¾ 盎司新鲜青柠汁

　　½ 盎司菠萝果胶糖浆

　　装饰：1 束薄荷和少许佩肖苦精

　　将薄荷叶放入摇酒壶中，轻轻捣几下。加入除装饰外的剩余配料，加少量碎冰进行摇制，直到混合均匀。倒入柯林斯杯中，加入碎冰。以薄荷叶装饰，并在鸡尾酒表面滴上几滴佩肖苦精，配上吸管即可饮用。

刑事侦缉犬
（Crime Dog）

泰森·布勒，2018 年

　　这款鸡尾酒只不过是加了阿佩罗的帕洛玛。在丹佛至死相伴酒吧，我们将这款鸡尾酒装瓶销售，整个夏天它在花园酒吧脱销了。——泰森·布勒

　　3 盎司冰镇气泡水

　　1½ 盎司奥美加阿特兹银色特其拉

　　1 盎司葡萄柚甘露糖浆

　　½ 盎司阿佩罗

　　装饰：1 个葡萄柚皮卷

　　把气泡水倒入柯林斯杯中。将除装饰外的剩余配料加入柯林斯杯中，加冰块。以葡萄柚皮卷装饰。

残忍却善良 ✿
（Cruel to Be Kind）

阿尔·索塔克，2014 年

　　1½ 盎司添加利金酒

　　½ 盎司博纳尔龙胆奎宁利口酒

　　¾ 盎司新鲜青柠汁

　　½ 盎司新鲜葡萄柚汁

　　½ 盎司花蜜糖浆

　　1 滴戴尔·德格罗夫多香果苦精

　　装饰：1 片青柠片

　　将除装饰外的所有配料加入摇酒壶中，加冰块摇匀，然后双重滤入冰好的碟形杯中。用青柠片装饰。

柯蒂斯公园斯维泽
（Curtis Park Swizzle）

泰森·布勒，2018 年

这款鸡尾酒以亚历克斯·戴的"咖啡园"鸡尾酒（Coffey Park Swizzle）为基础，延续了至死相伴酒吧将烈酒基酒分割成部分雪莉酒的低酒精度趋势。这款鸡尾酒使用了来自玻利维亚带有花香的辛加尼 63 白兰地，并以丹佛的柯蒂斯公园命名，这家公园离我们酒吧很近。——泰森·布勒

- 1 盎司辛加尼 63 白兰地
- 1 盎司卢世涛阿蒙提拉多雪莉酒
- ¾ 盎司自制姜味糖浆
- ½ 盎司新鲜青柠汁
- 2 滴苦艾酒
- 装饰：1 束薄荷和少许安高天娜苦精

将除装饰外的所有配料加入摇酒壶中，加冰块快速摇制约 5 秒，然后滤入柯林斯杯。在酒杯中加入碎冰。用薄荷束装饰，并在鸡尾酒表面滴上几滴安高天娜苦精。配上吸管即可饮用。

哈利斯科雏菊
（Daisy De Jalisco）

马修·贝朗格，2019 年

洛杉矶至死相伴酒吧站饮区的鸡尾酒旨在可持续利用我们的厨余物料。因此，我们不使用新鲜的青柠汁，而是制作出一种加了啤酒花的青柠酸——基本上是模仿青柠汁的酸性混合液——并加入西楚（Citra）啤酒花，增添了热带水果的香气。——马修·贝朗格

- 1½ 盎司西马隆金色特其拉（Cimarron Reposado Tequila）
- ½ 盎司布鲁姆·马里伦杏子白兰地（Blume Marillen Apricot Eau-de-vie）
- ¾ 盎司菠萝果胶糖浆
- ¾ 盎司啤酒花青柠酸溶液（见第 390 页）
- 装饰：1 片菠萝片

将除装饰外的所有配料加入摇酒壶中，加冰块摇匀，然后滤入装有一块大方冰的加大古典杯中。以菠萝片装饰。

大丽花
（Dahlia）

泰森·布勒，2017 年

梅乃宿梅酒（Umenoyado Umeshu）与美国大多数梅子利口酒截然不同，其果汁芬芳、浓郁，口感相当完美，不需要太多修饰。在这款鸡尾酒中，我添加了一点威士忌，主要是为了使鸡尾酒更浓郁、干醇。肉桂糖浆和苦精的香味让这款酸酒更加易饮。——泰森·布勒

- 1½ 盎司梅乃宿梅酒
- ¾ 盎司一甲科菲谷物日本威士忌
- ½ 盎司新鲜柠檬汁
- ½ 盎司肉桂糖浆
- 1 滴比特储斯芳香苦精
- 装饰：1 朵可食用花

将除装饰外的所有配料加入摇酒壶中，加冰块摇匀，然后双重滤入冰好的尼克诺拉杯中。用可食用花装饰。

电话情杀案 ✹
（Dial 'M'）

阿尔·索塔克，2014 年

1 盎司莱尔德保税苹果白兰地

1 盎司波士荷兰金酒（Bols Genever）

1 茶匙安高天娜苦精

1 盎司新鲜葡萄柚汁

½ 盎司枫糖浆

装饰：1 个葡萄柚皮卷

将除装饰外的所有配料加入摇酒壶中，加冰块摇匀，然后滤入装有一块大方冰的加大古典杯中。在鸡尾酒上方挤出葡萄柚皮卷的皮油，然后弃之。

日瓦戈医生
（Doctor Zhivago）

马修·贝朗格，2018 年

这是我们以医生命名的提基鸡尾酒系列中的又一款。阿目是一种来自印度的非常好喝、非常浓郁的威士忌，带有热带水果的香气。除此之外，它与 1953 年提基鸡尾酒先驱、海滩流浪汉唐·比奇（Donn Beach）的经典鸡尾酒"放克医生"（Doctor Funk）非常相似。——马修·贝朗格

1 盎司阿目桶强印度单一麦芽威士忌

½ 盎司杜兰朵 15 年德梅拉拉朗姆酒

½ 盎司巴达维亚朗姆酒（Batavia Arrack）

¾ 盎司新鲜青柠汁

¾ 盎司自制红石榴糖浆

6 滴苦艾酒

装饰：1 朵兰花

将除装饰外的所有配料加入摇酒壶中，加冰块快速摇制约 5 秒，然后滤入柯林斯杯。在酒杯中加入碎冰，并用兰花装饰。

邓莫尔 🚫
（Dunmore）

亚当·格里格斯，2019 年

这款无酒精的鸡尾酒采用大吉利风格，以希蒂力香料 94 为基酒。我非常喜欢希蒂力系列的无酒精烈酒，但它们口感较为平淡，所以我加入了大量的菠萝汁来提升口感。——亚当·格里格斯

1½ 盎司希蒂力香料 94

1½ 盎司新鲜菠萝汁

1 盎司新鲜青柠汁

¾ 盎司奎宁糖浆（见第 376 页）

¾ 茶匙完美牌杜果果泥

¾ 茶匙香草糖浆

将所有配料加入摇酒壶中，加冰块摇匀，然后双重滤入冰好的碟形杯中。不加装饰。

中队
（Escadrille）

戴夫·安德森，2018 年

这是我为至死相伴酒吧开发的第一款鸡尾酒配方，也是我最引以为傲的作品。它以"因凡特"（Infante）这款经典的特其拉鸡尾酒为基础，将特其拉和杏仁糖浆融合在一起。在这款改编鸡尾酒中，我以白兰地和朗姆酒为基酒，为这款原本属于夏季的鸡尾酒增添了秋季的风味。你也可以用眼镜蛇之火葡萄干白兰地代替雅文邑白兰地。——戴夫·安德森

1 盎司埃斯帕杭斯酒庄白雅文邑（Domaine d`Espérance Blanche Armagnac）

¾ 盎司嘉冕农业白朗姆酒

¼ 盎司阿瓦安布拉纳桶陈卡莎萨

1 盎司新鲜青柠汁

¾ 盎司自制杏仁糖浆

4 滴圣伊丽莎白多香果利口酒（St. Elizabeth Allspice Dram）

装饰：肉豆蔻粉

将除装饰外的所有配料加入摇酒壶中，加冰块摇匀，然后滤入装有一块大方冰的加大古典杯中。在鸡尾酒表面撒一些肉豆蔻粉。

虚惊一场
（False Alarm）

马修·贝朗格，2019 年

这款鸡尾酒配方和墨西哥"行刑队"非常相似，不过这里用木瓜糖浆（见第373页）代替了石榴糖浆，类似于"心魔博士"。绿辣椒伏特加带有浓郁的芫荽味。这款鸡尾酒让人联想到青木瓜沙拉的味道：辣椒、青柠、芫荽，伴有一点克莱林朗姆酒的独特奔放风味。——马修·贝朗格

1¼ 盎司特索罗银色特其拉

½ 盎司圣乔治绿辣椒伏特加

¼ 盎司克莱林萨茹朗姆酒（Clairin Sajous Rum）

¾ 盎司新鲜青柠汁

¾ 盎司木瓜糖浆

2 滴比特曼地狱火哈瓦那辣椒苦精（Bittermens Hellfire Habanero Shrub）

装饰：将 1 片青柠片和 1 片干木瓜片穿在酒签上

将除装饰外的所有配料加入摇酒壶中，加入少量碎冰进行摇制。倒入皮尔森啤酒杯中，加入碎冰。用青柠片和干木瓜片装饰，配上一根吸管即可享用。

虚惊一场 ⊙
（低酒精度版）

马修·贝朗格，2019 年

由于这款低酒精度版的"虚惊一场"需要用到的酒种类很多，而且每种用量都不大，在调制这款鸡尾酒时会非常麻烦，因此我们会批量预调这款酒。如果你打算在家里调制很多杯这款鸡尾酒，我建议你采取同样的做法。——马修·贝朗格

2 盎司吉勒斯·布里松夏朗德皮诺酒（Gilles Brisson Pineau des Charentes）

¼ 盎司特索罗银色特其拉

1 茶匙圣乔治绿辣椒伏特加

½ 茶匙克莱林萨茹朗姆酒

¾ 盎司木瓜糖浆

¾ 盎司新鲜青柠汁

2 滴比特曼地狱火哈瓦那辣椒苦精

装饰：将 1 片青柠片和 1 片干木瓜片穿在酒签上

将除装饰外的所有配料加入摇酒壶中，加入少量碎冰，摇晃至酒液充分混合。倒入皮尔森啤酒杯中，再加入适量碎冰。用青柠片和干木瓜片装饰，配上一根吸管即可享用。

最终剪辑
（Final Cut）

泰森·布勒，2016 年

我不确定酒吧团队怎么会允许我在这款果味浓郁的威士忌酸酒中使用酒精度为 55% 的黑麦威士忌和桶强波本威士忌，但我想我会继续这么做，并在酒液表面加一些当下流行且个性奔放的牙买加金朗姆酒作为额外的点缀。——泰森·布勒

1½ 盎司派菲黑麦威士忌

½ 盎司布克桶强波本威士忌（Booker's Bourbon）

1 茶匙金巴利

¾ 盎司新鲜柠檬汁

¾ 盎司覆盆子糖浆

1 茶匙汉密尔顿牙买加壶式蒸馏金朗姆酒

将除朗姆酒外的所有配料加入摇酒壶中，加冰块摇匀，然后滤入装有一块大方冰的加大古典杯中。沿吧勺背面慢慢地将朗姆酒倒入酒杯中，使其浮在鸡尾酒表面。不加装饰。

富尔顿街菲兹
（Fulton St. Fizz）

布赖恩·怀纳，2019 年

1 盎司干型起泡酒

¾ 盎司杜凌干味美思

¾ 盎司必富达金酒

½ 盎司莱茵霍尔樱桃白兰地（Rhine Hall Cherry Brandy）

¾ 盎司新鲜柠檬汁

1 盎司自制杏仁糖浆

1 个蛋清

装饰：佩肖苦精

将起泡酒倒入冰好的菲兹杯中。将除苦精外的剩余配料加入摇酒壶中干摇，然后加冰再次摇匀，双重滤入菲兹杯。在鸡尾酒表面滴上几滴佩肖苦精，并划成一道。

姜人
（Ginger Man）

泰森·布勒，2014 年

我总是会想方设法让所有酒客都能接受那些个性强烈且让人不太能理解的酒，而这款酒就做到了这一点。麦芽威士忌和哈密瓜汁是绝佳的组合，而姜味糖浆辛辣的姜味足以与艾莱岛威士忌的泥煤烟熏味相抗衡，并赋予鸡尾酒一种令人熟悉的风味特征。——泰森·布勒

1½ 盎司拉弗格 10 年苏格兰单一麦芽威士忌

¾ 盎司新鲜哈密瓜汁

¾ 盎司新鲜柠檬汁

½ 盎司自制姜味糖浆

1 滴安高天娜苦精

将所有配料加入摇酒壶中，加冰块摇匀，然后双重滤入冰好的碟形杯中。不加装饰。

了不起的盖茨比
（Good Enough Gatsby）

肖恩·奎因（Sean Quinn），2019 年

1½ 盎司威凤凰 101 黑麦威士忌

½ 盎司克利尔溪梨子白兰地

¾ 盎司肉桂糖浆

¾ 盎司新鲜菠萝汁

½ 盎司新鲜青柠汁

1 茶匙菲奈特·布兰卡

装饰：2 片菠萝叶和 1 根肉桂棒（磨碎）

虚惊一场

将除装饰外的所有配料加入摇酒壶中，加冰块摇匀，然后滤入装有一块大方冰的加大古典杯中。用菠萝叶装饰，并在鸡尾酒表面撒上一些肉桂粉。

留声机
（Gramophone）

泰森·布勒，2018 年

1 盎司洋甘菊浸泡雅文邑（见第 379 页）

1 盎司添加利伦敦干金酒

½ 盎司新鲜菠萝汁

½ 盎司新鲜柠檬汁

½ 盎司肉桂糖浆

¼ 盎司花蜜糖浆

将所有配料加入摇酒壶中，加冰块摇匀，然后双重滤入冰好的碟形杯中。不加装饰。

夏威夷特警
（Hawaii Five-O）

马修·贝朗格，2017 年

金酒和朗姆酒通常不会同时出现在鸡尾酒中，所以我挑战自己，以基于金酒的经典提基鸡尾酒"土星"（Saturn）为基础，以这两种酒为原料，调制出这款鸡尾酒。——马修·贝朗格

1½ 盎司添加利金酒

½ 盎司嘉冕 VSOP 农业朗姆酒

¾ 盎司新鲜青柠汁

½ 盎司杏仁工坊澳洲坚果糖浆（Orgeat Works Macadamia Nut Syrup）

¼ 盎司百香果糖浆

1 茶匙特雷德·维克牌澳洲坚果利口酒

2 滴比特曼啤酒花葡萄柚苦精

装饰：1 束薄荷和肉豆蔻粉

将除装饰外的所有配料加入摇酒壶中，加入少量碎冰，摇晃至酒液充分混合。倒入加大古典杯中，再加入适量碎冰。用薄荷束装饰，并在鸡尾酒表面撒上一些肉豆蔻粉。配上一根吸管即可饮用。

隐藏的世界
（Hidden World）

马修·贝朗格，2019 年

德玛盖的圣多明各阿尔巴拉达斯是一款花香浓郁、精致漂亮的梅斯卡尔，与你通常在鸡尾酒中喝过的烟熏、泥土味的梅斯卡尔大不相同。在这里，我用它调制了一款鸡尾酒，创作灵感源于我在波多黎各度假时吃杧果的经历。——马修·贝朗格

1 盎司德玛盖圣多明各阿尔巴拉达斯梅斯卡尔

1 盎司克罗格斯塔德阿夸维特

¾ 盎司新鲜青柠汁

½ 盎司香草糖浆

2 茶匙完美牌杧果果泥

1 茶匙自制姜味糖浆

1 滴盐溶液

装饰：1 片青柠片

将除装饰外的所有配料加入摇酒壶中，加冰块摇匀，然后滤入装有一块大方冰的加大古典杯中。以青柠片装饰。

喧嚣与咒骂

（Hustle & Cuss）

乔恩·阿姆斯特朗，2016 年

2 盎司水牛足迹波本威士忌

¼ 盎司玛丽·布里扎德可可利口酒

¾ 盎司新鲜柠檬汁

½ 盎司新鲜葡萄柚汁

¼ 盎司肉桂糖浆

¼ 盎司枫糖浆

1 滴比特储斯芳香苦精

装饰：1 个葡萄柚皮卷

将除装饰外的所有配料加入摇酒壶中，加冰块摇匀，然后双重滤入冰好的碟形杯中。将葡萄柚皮卷在鸡尾酒上方挤出皮油，然后放入鸡尾酒中。

IDA 意味着商业

（IDA Means Business）

香农·庞什，2020 年

我创作的很多鸡尾酒都偏咸鲜味，因为我从食物中获得了许多灵感。这款鸡尾酒具有泰式椰浆咖喱的味道，以辛辣、泥土味的特其拉和克莱林朗姆酒为基酒，搭配卡拉尼的椰子味，并用高良姜、香茅和青柠的苦味来填补空白。芹菜是我最喜欢的用于调制鲜味鸡尾酒的成分之一，它清新爽口，可以搭配鲜味和辣味的成分。——香农·庞什

1¾ 盎司席安布拉·瓦列斯银色特其拉

¼ 盎司海地克莱林瓦尔朗姆酒（Clairin Vaval Haitian Rum）

¾ 盎司新鲜青柠汁

¾ 盎司芹菜糖浆

2 茶匙卡拉尼椰子利口酒

1 滴比特终点泰式苦精

将所有配料加入摇酒壶中，加冰块摇匀，然后双重滤入冰好的碟形杯中。不加装饰。

诺斯探长

（Inspector Norse）

贾里德·魏甘德，2018 年

人们都说有些最好的歌曲是在 5 分钟内写成的。同样，这款鸡尾酒配方基本上是我在地铁上完成的。我们的朋友娜塔莎·戴维（Natasha David）在她的"夜光酒吧"（Nitecap）调制了一款以飘仙 1 号（Pimm's No.1）和胡萝卜为基础成分的鸡尾酒，名为"野猫"（Wildcat）。我借鉴了她的配方，并添加了具有莳萝味的阿夸维特。这款亮橙色的鸡尾酒看起来很漂亮，加上薄荷装饰，很像一根胡萝卜。——贾里德·魏甘德

1 盎司飘仙 1 号

¾ 盎司添加利金酒

¼ 盎司老颂莳萝阿夸维特

1 盎司新鲜胡萝卜汁

¾ 盎司新鲜柠檬汁

2 茶匙杏仁工坊澳洲坚果糖浆

1 茶匙特雷德·维克牌澳洲坚果利口酒

1 茶匙自制姜味糖浆

装饰：1 束薄荷

将除装饰外的所有配料加入摇酒壶中，加冰块快速摇制约 5 秒，然后滤入皮尔森啤酒杯。加入碎冰，以薄荷束装饰，配上一根吸管即可饮用。

点唱机英雄
（Juke Box Hero）

泰森·布勒，2017 年

这是我第一次品尝巴雷尔蒸馏厂
（Barrell Craft Spirits）生产的威士忌，
它让我十分惊艳。他们将这款威士忌陈酿了
十多年，然后在牙买加朗姆酒桶中完成二次
陈酿，从而赋予它独特的风味和香气。虽然
这款威士忌价格昂贵且难以获得，但它让我
们有机会向客人展示他们很可能从未品尝
过的全新鸡尾酒。——泰森·布勒

1½ 盎司巴雷尔威士忌批次 004（Barrell
Whiskey Batch 004）

¼ 盎司雷塞特鲍尔胡萝卜白兰地

¾ 盎司新鲜柠檬汁

¼ 盎司香草糖浆

2 茶匙杏仁工坊澳洲坚果糖浆

1 茶匙特雷德·维克牌澳洲坚果利口酒

1 滴安高天娜苦精

将所有配料加入摇酒壶中，加冰块摇匀，
然后双重滤入冰好的碟形杯中。不加装饰。

卡玛之箭 ⊙
（Kama's Arrow）

泰森·布勒，2018 年

若不加苦精，这款充满热带风情的低
酒精度起泡鸡尾酒就变成了一款真正的无
酒精鸡尾酒。——泰森·布勒

2 盎司冰镇气泡水

1 盎司完美牌杧果果泥

½ 盎司新鲜柠檬汁

1 盎司香草糖浆

½ 盎司可可洛佩兹椰浆（Coco López
Cream of Coconut）

1 滴好斗肉豆蔻苦精

装饰：开心果碎

将气泡水倒入冰好的菲兹杯中。将除
装饰外的剩余配料加入摇酒壶中，加冰块摇
匀，然后双重滤入菲兹杯。在鸡尾酒表面撒
上一些开心果碎。

王国密钥 ⁂
（Kingdom Keys）

香农·特贝，2018 年

1½ 盎司克纳普格城堡 12 年爱尔兰威士
忌（Knappogue Castle 12-year Irish
Whiskey）

½ 盎司雷塞特鲍尔榛子白兰地

¼ 盎司马蒂尔德梨子利口酒

¾ 盎司新鲜柠檬汁

½ 盎司甘蔗糖浆

½ 滴好斗薰衣草苦精

将所有配料加入摇酒壶中，加冰块摇
匀，然后滤入装有一块大方冰的加大古典
杯中。不加装饰。

王者基多拉
（King Ghidora）

马修·贝朗格，2016 年

这款奢华的提基风格鸡尾酒需要用到
山崎 12 年，现在这款威士忌越来越难买到
了。如果你能找到的话，那非常幸运，你可
以通过调制这款鸡尾酒来庆祝一番。如果你
找不到，则可以用响和风醇韵或一甲科菲谷
物威士忌代替。——马修·贝朗格

1 盎司山崎 12 年威士忌

1 盎司班克斯 7 年黄金时代朗姆酒（Banks 7 Golden Age Rum）

¾ 盎司新鲜青柠汁

½ 盎司甘蔗糖浆

½ 盎司完美牌木瓜果泥

1 茶匙玛丽·布里扎德可可利口酒

1 滴戴尔·德格罗夫多香果苦精

装饰：1 把小伞

将除装饰外的所有配料倒入摇酒壶中，加入少量碎冰进行摇制。倒入加大古典杯中，加碎冰。用小伞装饰，配上一根吸管即可享用。

国王棕榈 ⊘

（King Palm）

泰森·布勒，2018 年

这是我们为丹佛至死相伴酒吧创作的一款无酒精鸡尾酒。它是我们酒吧以前的两款鸡尾酒——皇后棕榈（Queen Palm）和椰林飘香改编版的混合体。乳清为鸡尾酒提供了足够的酸度和层次感，你甚至可能会认为酒里加了朗姆酒。——泰森·布勒

1½ 盎司开菲尔乳清（由开菲尔发酵乳通过铺有粗棉布的筛网过滤而成）

1½ 盎司无害收获牌椰子水

1 茶匙菠萝果胶糖浆

1 茶匙肉桂糖浆

装饰：1 片新鲜月桂叶

将除装饰外的所有配料加入搅拌杯中，加冰块搅拌，然后滤入冰好的尼克诺拉杯中。用月桂叶装饰。

拉卢兹 ⊘

（La Luz）

乔恩·福尔桑格，2019 年

创作无酒精鸡尾酒可能具有挑战性。原料在无酒精鸡尾酒中的相互作用与在含酒精鸡尾酒中的截然不同。这款夏季鸡尾酒的灵感源于夏威夷。菠萝果肉糖浆的酸味与百香果果泥的酸甜味交织融合，赋予了这款鸡尾酒类似于螺丝锥或边车鸡尾酒的浓郁口感。它看起来很甜，但实际上入口十分清爽。——乔恩·福尔桑格

1¾ 盎司弗逊白酸葡萄汁

1 盎司菠萝果肉糖浆

½ 盎司完美牌百香果果泥

¼ 盎司新鲜青柠汁

1 滴橙花水

装饰：1 个青柠角

将除装饰外的所有配料加入摇酒壶中，加冰块摇匀，然后双重滤入冰好的尼克诺拉杯中。用青柠角装饰。

洛根的奔跑 ✳✳

（Logan's Run）

埃琳·里斯，2015 年

1½ 盎司卢世涛阿蒙提拉多雪莉酒

½ 盎司孤独圣母梅斯卡尔

¾ 盎司新鲜柠檬汁

½ 盎司甘蔗糖浆

1 茶匙吉发得卢瓦尔莓果利口酒（Giffard Muroise du Val de Loire）

将所有配料加入摇酒壶中，加冰块摇匀，然后双重滤入冰好的尼克诺拉杯中。不加装饰。

爱情虫
(Love Bug)

萨姆·潘顿（Sam Penton），2019 年

如今，人人都喜欢特其拉鸡尾酒，所以我想推出一款最受欢迎的特其拉鸡尾酒。这款鸡尾酒是对大吉利的改编，亦是向"三叶草俱乐部"致敬，但它不添加任何调味剂，以使其更加纯净、直接且易于复制。"爱情虫"是我对伴侣的昵称，但其他人并不知道，所以这是我献给她的秘密礼物。——萨姆·潘顿

- 1½ 盎司奥美加阿特兹银色特其拉
- ½ 盎司德玛盖维达梅斯卡尔
- ½ 盎司新鲜青柠汁
- ½ 盎司新鲜菠萝汁
- ½ 盎司覆盆子糖浆
- 1 个蛋清
- 装饰：佩肖苦精

将除装饰外的所有原料加入摇酒壶中，加冰块摇匀，然后双重滤入冰好的碟形杯中。在鸡尾酒表面滴上几滴佩肖苦精，并划成一道。

爱情之枪
(Love Gun)

斯科特·蒂格，2015 年

我只是想调制一杯好喝的鸡尾酒。一天晚上，大卫·卡普兰和我们的厨师朋友菲利普·基尔申－克拉克（Phillip Kirschen-Clark）来了。于是，我把我正在调制的这款鸡尾酒端给他们品尝，他们给了我一些改进意见。最终，我们决定加一块大方冰，再加入一些气泡水，这让这款鸡尾酒产生了一种气泡的杀口感，最终它也被列入至死相伴酒单。——斯科特·蒂格

- 2 盎司蔗园三星白朗姆酒
- ¾ 盎司新鲜柠檬汁
- ½ 盎司覆盆子糖浆
- ½ 盎司单糖浆
- 1 茶匙圣伊丽莎白多香果利口酒
- 1½ 盎司冰镇气泡水
- 装饰：1 片柠檬片

将除气泡水和柠檬片外的所有原料加入摇酒壶中，加冰块摇匀，然后滤入装有一块大方冰的加大古典杯中。倒入气泡水，并用柠檬片装饰。

豪勇七蛟龙
(The Magnificent Seven)

马修·贝朗格，2015 年

- 1½ 盎司老奥弗沃特黑麦威士忌
- ¾ 盎司卢世涛曼赞尼拉雪莉酒
- ½ 盎司达莫索 VSOP 朗姆酒（Damoiseau VSOP Rhum）
- 1 盎司新鲜青苹果汁
- ¾ 盎司新鲜青柠汁
- ½ 盎司自制杏仁糖浆
- 1 片紫苏叶

将所有配料加入摇酒壶中，加冰块摇匀，然后双重滤入冰好的碟形杯中。不加装饰。

提线木偶
（Marionette）

香农・特贝，2018 年

这是一款奢华版的"法兰西75"（French 75）鸡尾酒，配以可口的梨汁。——香农・特贝

- 2 盎司埃里克・博尔德莱纯正梨子西打
- ¾ 盎司塔希克 15 年陈酿雅文邑（Château du Tariquet 15-year Armagnac）
- ½ 盎司雷塞特鲍尔榛子白兰地
- ¼ 盎司克利尔溪梨子白兰地
- ¾ 盎司新鲜柠檬汁
- ½ 盎司香草糖浆
- 1 滴泰拉香料公司桉树提取物

将梨子西打倒入冰好的菲兹杯中。将剩余配料加入摇酒壶中，加冰块摇匀，然后双重滤入菲兹杯。不加装饰。

海市蜃楼
（Mirage）

香农・特贝，2018 年

每年夏天，我们都会为"谁来创作西瓜鸡尾酒？"而争论不休，因为我们知道它将大受欢迎。在这款酒里，我使用了将玉米浸泡后蒸馏而成的梅斯卡尔，再添加番茄和西瓜风味元素，它就像是一份带着气泡的液体蔬果沙拉。——香农・特贝

- 1½ 盎司冰镇气泡水
- 1 盎司梅斯卡尔瓦戈埃洛特
- ½ 盎司席安布拉・瓦列斯银色特其拉
- ½ 盎司卡佐特 72 番茄利口酒（Laurent Cazottes 72 Tomatoes）
- 1½ 盎司西瓜糖浆
- 1 茶匙食品级磷酸
- ½ 茶匙柠檬酸溶液
- 1 滴盐溶液

将气泡水倒入菲兹杯中。将剩余配料加入摇酒壶中，加 3 块冰块，快速摇制约 5 秒，然后滤入菲兹杯。加入冰块，不加装饰。

猴拳
（Monkey's Fist）

加勒布・拉塞尔（Caleb Russell），2019 年

- 1½ 盎司猴腺 47 黑森林干金酒
- ¼ 盎司雷塞特鲍尔胡萝卜白兰地
- ½ 盎司可可佩兹椰浆
- ½ 盎司新鲜柠檬汁
- ¼ 盎司百香果糖浆
- 1 茶匙甘蔗糖浆

将所有配料加入摇酒壶中，加入少量碎冰进行摇制。倒入郁金香杯中，加入碎冰。不加装饰。

鹦鹉螺 ⁂
（Nautilus）

香农・特贝，2019 年

我想用椰浆和香茅来重现泰式冬阴功汤的味道。烧酒为这款鸡尾酒增添了米香，使其更具东南亚特色。——香农・特贝

- 1½ 盎司金太郎百仙麦烧酒（Kintaro Baisen Mugi Shochu）
- ½ 盎司嘉冕 100 农业白朗姆酒
- 1 盎司可可洛佩兹椰浆
- ½ 盎司新鲜青柠汁

1 滴好斗芹菜苦精

½ 滴泰拉香料公司香茅提取物

装饰：1 束薄荷

将除装饰外的所有配料加入摇酒壶中，加碎冰进行摇制。倒入提基杯中，再加入碎冰。用薄荷束装饰，配上一根吸管即可享用。

霓虹月亮 ⊘

(Neon Moon)

亚历克斯·江普，2018 年

泰森以"布鲁克斯与邓恩"（Brooks & Dunn）乐队的一首歌为我命名了这款无酒精鸡尾酒。当时，泰森并不知道"布鲁克斯与邓恩"是我祖父最喜欢的乐队，而"霓虹月亮"正是他最喜欢的歌曲。而且，我祖父不喝酒！——亚历克斯·江普

1½ 盎司冰镇气泡水

1½ 盎司青柠叶香茅紫苏糖浆（见第 372 页）

1 盎司新鲜青柠汁

¾ 盎司希蒂力香料 94

1 盎司开菲尔乳清（由开菲尔发酵乳通过铺有粗棉布的筛网过滤而成）

1 个蛋清

装饰：1 颗八角

将气泡水倒入冰好的菲兹杯中。将除装饰外的剩余配料干摇，然后加冰再次摇匀。双重滤入菲兹杯。用八角装饰。

龙葵

(Nightshade)

泰森·布勒，2016 年

这可能是我调制过的最奇怪的鸡尾酒了。它又辣又香，还带着热带风味。我不确定自己是否会再次尝试这种组合，但这款鸡尾酒的各种风味倒是搭配得相当不错。——泰森·布勒

1½ 盎司布伦尼文阿夸维特

1 盎司奥尔良波本曼赞尼拉雪莉酒（Orleans Borbon Manzanilla Sherry）

1 盎司新鲜番茄汁

½ 盎司新鲜红甜椒汁

½ 盎司新鲜柠檬汁

½ 盎司自制杏仁糖浆

1 茶匙娇露辣辣椒酱

装饰：1 朵兰花和 1 片柠檬片

将除装饰外的所有配料加入摇酒壶中，加入少量碎冰进行摇制。倒入皮尔森啤酒杯中，加入碎冰。用兰花和柠檬片装饰，配上一根吸管即可享用。

夜班列车 ✲✲

(Night Train)

杰夫·黑兹尔（Jeff Hazell），2014 年

2 盎司干型起泡酒

1¼ 盎司阿普尔顿庄园 V/X 朗姆酒

½ 盎司祖巴兰奶油雪莉酒（Zurbaran Cream Sherry）

½ 盎司新鲜菠萝汁

½ 盎司甘蔗糖浆

½ 茶匙克鲁赞黑糖蜜朗姆酒

将起泡酒倒入冰好的笛形杯中。将除朗姆酒外的剩余配料倒入摇酒壶中，加冰摇制，然后双重滤入笛形杯。沿着吧勺背面慢慢地将朗姆酒倒入酒杯，使其浮在鸡尾酒表面。不加装饰。

奥尔布尔
(Ole Bull)

泰森·布勒，2018 年

1½ 盎司利尼阿夸维特

½ 盎司高斯林黑海豹朗姆酒

¾ 盎司新鲜柠檬汁

¼ 盎司肉桂糖浆

¼ 盎司玛丽·布里扎德可可利口酒

¼ 盎司枫糖浆

1 个蛋清

将所有配料加入摇酒壶中干摇，然后再加冰摇制。双重滤入冰好的碟形杯。不加装饰。

棕榈之梦 ✿
(Palm Dreams)

马修·贝朗格，2017 年

这几乎就是经典鸡尾酒"金银花"（Honeysuckle）的改编，但在这款配方中，我将基酒拆分重组，并加入了卡拉曼橘果泥。巴达维亚朗姆酒产自印度尼西亚，卡拉曼橘是当地常见的柑橘类水果。朗姆酒的独特风味有助于提升这种味道。——马修·贝朗格

1 盎司杜兰朵 8 年朗姆酒

½ 盎司蔗园 2000 牙买加朗姆酒

½ 盎司巴达维亚朗姆酒

¾ 盎司新鲜青柠汁

¾ 盎司花蜜糖浆

1 茶匙保虹卡拉曼橘果泥（Boiron Kalamansi Purée）

2 滴安高天娜苦精

装饰：1 个橙皮卷

将除装饰外的所有配料加入摇酒壶中，加冰块摇匀，然后双重滤入冰好的碟形杯中。在鸡尾酒上方挤出橙皮卷的皮油，然后弃之。

降落伞 ✿
（Parachute）

泰森·布勒，2017 年

这款鸡尾酒是对经典的白波特酒和汤力水组合的改编，我添加了萨勒龙胆味利口酒来增加复杂度，但它依然是一款开胃鸡尾酒。——泰森·布勒

2 盎司汤力水

1 盎司尹帆塔多酒庄白波特酒（Quinta do Infantado White Porto）

1 盎司萨勒龙胆味利口酒

1 盎司新鲜柠檬汁

¾ 盎司单糖浆

2 滴佩肖苦精

装饰：半片葡萄柚片

将汤力水倒入柯林斯杯中。将除装饰外的剩余配料加入摇酒壶中，加冰块快速摇制约 5 秒，然后滤入柯林斯杯。加入冰块，并用半片葡萄柚片装饰。

水管梦 🚫
(Pipe Dream)

戴夫·安德森，2019 年

我非常喜欢调制无酒精鸡尾酒。我们酒吧在丹佛，这里海拔超过 5000 英尺①，对那些不习惯在高海拔地方饮酒的人而言，我想无酒精鸡尾酒更为合适。这款浓稠、带着气泡的鸡尾酒因其与《超级马里奥兄弟》（Super Mario Bros.）游戏中的水管相似而得名。——戴夫·安德森

2 盎司冰镇气泡水

1 盎司完美牌猕猴桃果泥

1 盎司香草糖浆

¾ 盎司可可洛佩兹椰浆

¾ 盎司新鲜青柠汁

装饰：穿在酒签上的鸡尾酒樱桃

将气泡水倒入冰好的菲兹杯中。将除装饰外的剩余配料加入摇酒壶中，加冰块快速摇制约 5 秒，然后双重滤入菲兹杯。用鸡尾酒樱桃装饰。

火药房菲兹
(Powder House Fizz)

马修·贝朗格，2019 年

我想创作一款"拉莫斯金菲兹"（Ramos Gin Fizz）那样的起泡鸡尾酒，所以我调整了一下手法和原料，用改良版栀子花混合液（见第 388 页）来代替重奶油。所有调酒师都讨厌重奶油，因为它含有黄油，会让摇酒壶变得油腻腻的，所以我调整了配方，在栀子花混合液中添加复合增稠剂，以使摇酒壶更容易清洗。——马修·贝朗格

1 盎司冰镇气泡水

1½ 盎司四柱海军金酒

1 盎司改良版栀子花混合液

¾ 盎司新鲜青柠汁

¾ 盎司香草糖浆

1 个蛋清

装饰：青柠皮碎

将气泡水倒入冰好的菲兹杯中。将除装饰外的剩余配料加入摇酒壶中，加冰块摇匀，然后双重滤入菲兹杯。在鸡尾酒表面撒一些青柠皮碎。

赎金通知书 ❋
(Ransom Note)

杰里米·奥特尔，2015 年

1 盎司瑞顿房黑麦威士忌

1 盎司卢世涛雪莉白兰地（Lustau Brandy de Jerez）

¾ 盎司德尔·普罗费索罗红味美思（Del Professore Vermouth Rosso）

¼ 盎司阿玛卓阿玛罗

1 茶匙吉发得白可可利口酒（Giffard White Crème de Cacao）

1 滴自制橙味苦精

1 滴比特储斯芳香苦精

装饰：1 片柠檬皮卷

将除装饰外的所有配料加入搅拌杯中，加冰块搅拌均匀，然后滤入冰好的尼克诺拉杯中。在鸡尾酒上方挤出柠檬皮卷的皮油，然后将其放入酒杯中。

---

① 1 英尺 ≈ 0.3 米。——译注

渡鸦大师
（Ravenmaster）

泰森·布勒，2015 年

我很喜欢梨子和桉树的组合，我在"电报"（见第 351 页）中也使用了这种组合。在这里，它有助于提升这款柯林斯改编鸡尾酒的风味。——泰森·布勒

1 盎司冰镇气泡水

1½ 盎司必富达金酒

½ 盎司桉树浸泡亚瓜拉金色卡莎萨（见第 381 页）

¾ 盎司新鲜青柠汁

½ 盎司甘蔗糖浆

¼ 盎司马蒂尔德梨子利口酒

装饰：1 束薄荷

将气泡水倒入柯林斯杯中。将除装饰外的剩余配料加入摇酒壶中，加冰块快速摇制约 5 秒，然后滤入柯林斯杯。加入冰块，并用薄荷束装饰。

农业朗姆酸酒（站饮区）
（Rhum Sour）

马修·贝朗格，2019 年

在海地，人们称大吉利为"朗姆酸酒"，尤其是用克莱林朗姆酒调制时。克莱林朗姆酒是海地本土朗姆酒，其风格与农业朗姆酒相似。海地的墨西哥青柠与普通青柠的味道很接近，而托比那多糖浆（Turbinado Syrup，见第 376 页）则复制了海地粗制蔗糖的风味。——马修·贝朗格

1 盎司诚挚白朗姆酒

½ 盎司克莱林萨茹朗姆酒

½ 盎司青柠甜酒

½ 盎司托比那多糖浆

¼ 盎司新鲜青柠汁

装饰：1 个青柠角

将除装饰外的所有配料加入摇酒壶中，加冰块摇匀，然后双重滤入冰好的碟形杯中。用青柠角装饰。

谣言工厂 ✶✶
（Rumor Mill）

贾里德·魏甘德，2016 年

芹菜汁赋予了这款大吉利改编鸡尾酒独特的口感。在我刚开始调制这款鸡尾酒时，它的味道有些混沌，所以我加了一些干味美思进行调节，使其变得纯净。真的令人感到不可思议，一点点干味美思就能让整杯鸡尾酒变得如此美妙。——贾里德·魏甘德

1½ 盎司干型起泡酒

1 盎司蔗心农业白朗姆酒

½ 盎司杜凌干味美思

½ 盎司甘蔗糖浆

½ 盎司新鲜芹菜汁

½ 盎司新鲜青柠汁

1 滴苦艾酒

将起泡酒倒入冰好的笛形杯中。将剩余配料加入摇酒壶中，加冰块摇匀，然后双重滤入笛形杯。不加装饰。

零钱英雄
（Short Change Hero）

乔恩·阿姆斯特朗，2015 年

2 盎司玉米穗浸泡爱利加波本威士忌（见第 380 页）

¾ 盎司新鲜柠檬汁

¾ 盎司单糖浆

1 吧勺胡椒酱

1 个蛋清

将所有配料加入摇酒壶中干摇，再加冰摇制，然后滤入装有一块大方冰的加大古典杯中。不加装饰。

狡猾的狐狸 ⧗
（Sly Fox）

泰森·布勒，2017 年

我们用装饰用的橙皮和新鲜橙汁制作了可循环柑橘甘露糖浆（见第 374 页）。在这款鸡尾酒中，它与其他成分相得益彰。——泰森·布勒

1½ 盎司佩里海军金酒

½ 盎司克利尔溪李子白兰地

1½ 盎司可循环柑橘甘露糖浆

2 滴苏姿橙味苦精

装饰：1 片脱水橙片

将除装饰外的所有配料加入摇酒壶中，加入少量碎冰进行摇制。倒入加大古典杯中，再加入碎冰。用脱水橙片装饰，配上吸管即可饮用。

奇遇记 ⧗
（Strange Encounters）

贾里德·魏甘德，2016 年

这款鸡尾酒在 2018 年的雪莉酒比赛中获胜，并让我有机会去了一趟西班牙。它喝起来就像是烤胡萝卜的味道。烤过的胡萝卜带有坚果味，所以我加了杏仁糖浆，并添加了散发着浓郁葛缕子气息的阿夸维特。——贾里德·魏甘德

1½ 盎司卢世涛阿蒙提拉多雪莉酒

½ 盎司利尼阿夸维特

½ 盎司雷塞特鲍尔胡萝卜白兰地

¾ 盎司新鲜柠檬汁

¼ 盎司自制杏仁糖浆

¼ 盎司花蜜糖浆

¼ 盎司自制姜味糖浆

1 滴比特储斯芳香苦精

将所有原料加入摇酒壶中，加冰块摇匀，然后双重滤入冰好的碟形杯中。不加装饰。

双重特技
（Stunt Double）

贾维尔·塔夫脱（Javelle Taft），2019 年

这款盘尼西林改编鸡尾酒的配方看起来有点像苏格兰老式鸡尾酒，但是酸涩的狝猴桃糖浆（见第 372 页）和女巫利口酒的组合才是它的风味来源。——贾维尔·塔夫脱

1 盎司国王街苏格兰调和威士忌

¾ 盎司可蓝 12 年苏格兰单一麦芽威士忌

¼ 盎司乌雷叔侄牙买加朗姆酒

狡猾的狐狸

1 茶匙女巫利口酒

¾ 盎司新鲜柠檬汁

¾ 盎司猕猴桃糖浆

装饰：1 片猕猴桃片

将除装饰外的所有配料加入摇酒壶中，加冰块摇匀，然后滤入装有一块大方冰的加大古典杯中。用猕猴桃片装饰。

冲浪
（Surf's Up）

泰森·布勒，2018 年

1¾ 盎司蔗园三星白朗姆酒

¼ 盎司蔗心农业白朗姆酒

1½ 盎司菠萝果肉糖浆

装饰：1 个青柠角

将除装饰外的所有配料加入摇酒壶中，加冰块摇制，然后滤入冰好的碟形杯中。用青柠角装饰。

护身符 **
（Talisman）

香农·特贝，2018 年

我们都喜欢雷塞特鲍尔胡萝卜白兰地，大伙总是抢着用它来调制鸡尾酒。椰子也是我最喜欢的，它与胡萝卜搭配起来出人意料地可口，于是就有了这款烟熏玛格丽特的改编鸡尾酒。——香农·特贝

1 盎司席安布拉·阿祖尔陈年特其拉

¾ 盎司席安布拉·瓦列斯手工特其拉

¼ 盎司雷塞特鲍尔胡萝卜白兰地

1 茶匙卡拉尼椰子利口酒

¾ 盎司新鲜柠檬汁

½ 盎司甘蔗糖浆

2 滴比特终点摩洛哥苦精

将所有配料加入摇酒壶中，加冰块摇匀，滤入装有一块大方冰的古典杯中，不加装饰。

这里是地球
（This Island Earth）

马修·贝朗格，2018 年

干邑和朗姆酒经常搭配在一起，打造出一杯杯极具异域风情的朗姆鸡尾酒。在这款鸡尾酒中，我将它们结合在一起，基本上就是一杯木瓜味的大吉利。——马修·贝朗格

1½ 盎司保罗博 VS 干邑

½ 盎司克莱林萨茹朗姆酒

1 盎司木瓜混合液（见第 389 页）

¾ 盎司新鲜青柠汁

2 滴安高天娜苦精

将所有配料加入摇酒壶中，加冰块摇匀，然后滤入冰好的碟形杯中。不加装饰。

蹦床
（Trampoline）

阿尔·索塔克，2014 年

每天晚上都会有许多客人点这款鸡尾酒，这可能是因为它的配料比较常见，而且它喝起来也相当不错。我之所以用"蹦床"来命名它，是因为玩蹦床真的很有趣。——阿尔·索塔克

1½ 盎司必富达金酒

¾ 盎司利莱白利口酒

1 盎司新鲜菠萝汁

¾ 盎司草莓罗勒糖浆

¾ 盎司新鲜青柠汁

2½ 滴苦艾酒

2 滴佩肖苦精

装饰：1 片青柠片和 1 个草莓

将除装饰外的所有配料加入摇酒壶中，加冰块摇匀，然后滤入加大古典杯，加入碎冰。用青柠片和草莓装饰。

侘寂

（Wabi-Sabi）

奥德丽·拉德拉姆（Audrey Ludlam），
2019 年

我在日本住了 8 个月，其间我吃到了一块令人难忘的巧克力，里面夹着芥末酱和糖渍姜片。令人终生难忘的味道激发了我自制白巧克力芥末糖浆（见第 377 页）的灵感，它使得这款鸡尾酒超级顺滑，就像椰林飘香一样。——奥德丽·拉德拉姆

1½ 盎司海威斯特银燕麦威士忌

½ 盎司三得利六金酒

1 盎司白巧克力芥末糖浆

¼ 盎司甘蔗糖浆

¾ 盎司新鲜柠檬汁

装饰：1 片脱水柠檬片和 1 束薄荷

将除装饰外的所有配料加入摇酒壶中，加入少量碎冰进行摇制。倒入郁金香杯中，加入碎冰。用脱水柠檬片和薄荷束装饰，配上吸管即可饮用。

残月

（Waning Moon）

泰森·布勒，2015 年

1½ 盎司勒莫顿精选卡尔瓦多斯多弗朗泰斯

½ 盎司克利尔溪道格拉斯冷杉白兰地

¾ 盎司新鲜柠檬汁

½ 盎司自制杏仁糖浆

1 茶匙枫糖浆

1 滴安高天娜苦精

将所有配料加入摇酒壶中，加冰块摇匀，然后双重滤入冰好的碟形杯中，不加装饰。

水蝮蛇 ❀

（Water Moccasin）

萨姆·约翰逊，2019 年

有时，你可以在鸡尾酒中分辨出两种不同成分的味道；有时，它们会融合成一种全新的独特风味。柚子和葡萄柚组合在一起，会产生一种独特而复杂的柑橘味，非常可口，且与椰子味相得益彰，由此我创作出了这款螺丝锥的改编鸡尾酒。——萨姆·约翰逊

1½ 盎司比米尼金酒

½ 盎司西卡柚子酒（Saika Yuzu Shu Sake）

1 茶匙卡拉尼椰子利口酒

¾ 盎司新鲜葡萄柚汁

½ 盎司新鲜柠檬汁

¼ 盎司甘蔗糖浆

将所有配料加入摇酒壶中，加冰块摇匀，然后双重滤入冰好的碟形杯中。不加装饰。

织布工
(The Weaver)

萨姆·约翰逊，2018 年

柚子具有强烈的酸度和令人难以置信的鲜味，而且非常芬芳。有时，创作可以从尝试填补空白开始。至死相伴酒吧并没有推出很多款柚子鸡尾酒。我试图尽量简化这款"奢华"鸡尾酒的配方，以突出烈酒原本的风味——竹鹤威士忌带有一种坚果味。我又加入了杏仁糖浆，这使得威士忌的坚果味更加突出。这款酒的命名灵感来自纳瓦霍人编织地毯的过程。织工们故意把拥有美丽、复杂图案的地毯的某一处弄错，因为他们认为残缺的美才更鲜活。对我来说，每一款鸡尾酒都是不完美的，这意味着我们总是可以重新审视和反思我们的工作。——萨姆·约翰逊

1½ 盎司冰镇气泡水

1¼ 盎司竹鹤威士忌

½ 盎司克利尔溪道格拉斯冷杉白兰地

¼ 盎司齐侯门玛吉湾苏格兰单一麦芽威士忌

¾ 盎司新鲜柠檬汁

½ 盎司自制杏仁糖浆

1 茶匙新鲜柚子汁

将气泡水倒入柯林斯杯中。将剩余的配料加入摇酒壶中，加冰块快速摇制约 5 秒，然后滤入柯林斯杯。加入冰块，不加装饰。

满满的爱
(Whole Lotta Love)

马修·贝朗格，2016 年

泰森用爱尔兰威士忌和好奇美国佬调制了一款类似的潘趣鸡尾酒，但几乎没有什么人点。于是，我把它改编成一款单杯鸡尾酒，使用了当时大家都非常感兴趣的原料，并且以我能想到的最温和无害的一首摇滚歌曲来命名它。结果，它一下子成为当时酒单上最受欢迎的鸡尾酒。——马修·贝朗格

1 盎司威凤凰 101 黑麦威士忌

1 盎司利莱桃红利口酒

½ 盎司德玛盖奇奇卡帕梅斯卡尔

1 盎司西瓜糖浆

¾ 盎司新鲜柠檬汁

1 滴佩肖苦精

少许盐

将所有配料加入摇酒壶中，加冰块摇制，然后双重滤入冰好的碟形杯中。不加装饰。

邪恶游戏 ⊙
(Wicked Game)

香农·特贝，2019 年

阿布圣陶苦艾葡萄酒（Absentroux）是我带到酒吧的一款新产品。这是一种芳香型草本葡萄酒，在酿造过程中使用了制作苦艾酒时经常使月的传统草本成分，但它以葡萄酒为基酒，因此更为易饮，就像味美思一样。——香农·特贝

3 片黄瓜片

1 盎司阿布圣陶苦艾葡萄酒

¾ 盎司普利茅斯金酒

¼ 盎司克利尔溪梨子白兰地

¾ 盎司新鲜柠檬汁

¾ 盎司单糖浆

装饰：1 片黄瓜片

将黄瓜片放入摇酒壶中，轻轻捣几下。
加入除装饰外的剩余配料，加冰摇匀。然后，
双重滤入装有一块大方冰的加大古典杯中。
用黄瓜片装饰。

祈祷的翅膀

（Wing and a Prayer）

杰里米·奥特尔，2017 年

1½ 盎司让－吕克·帕斯奎夏朗德皮诺酒

¾ 盎司佩里海军金酒

¾ 盎司新鲜柠檬汁

¾ 盎司唐的混合液 1 号

1 滴安高天娜苦精

1 滴苦艾酒

将所有配料加入摇酒壶中，加冰摇制，
然后双重滤入冰好的碟形杯中。不加装饰。

明亮张扬型

15 分钟的成名
（15 Minutes of Fame）

埃琳·里斯，2014 年

3 个覆盆子
1 盎司塔巴蒂奥 110 特其拉
1 盎司克罗格斯塔德阿夸维特
½ 盎司普利茅斯黑刺李金酒（Plymouth Sole Gin）
¾ 盎司新鲜柠檬汁
½ 盎司甘蔗糖浆
1 茶匙自制姜味糖浆
装饰：1 个覆盆子和 1 束薄荷

将覆盆子加入摇酒壶中，轻轻捣几下。加入除装饰外的剩余原料，加冰块摇匀。双重滤入白兰地杯，加入碎冰。用覆盆子和薄荷束装饰。

协助和教唆 ✿
（Aid and Abet）

埃琳·里斯，2015 年

1½ 盎司比格蕾吉娜利口酒
½ 盎司添加利马六甲金酒（Tanqueray Malacca Gin）
¾ 盎司新鲜柠檬汁
¼ 盎司单糖浆
3 滴橙花水
1 个蛋清

将所有配料加入摇酒壶中干摇，再加冰摇制。双重滤入冰好的碟形杯中。不加装饰。

争论
（The Argument）

马修·贝朗格，2016 年

我以弗格齐（Fugazi）乐队的歌曲命名了许多款鸡尾酒，而这是其中的第一款。这是我对泰森创作的"荒野大镖客"（见第 270 页）的即兴改编，不同的是，这款鸡尾酒中加入了黑莓。——马修·贝朗格

1½ 盎司卢世涛索莱拉珍藏白兰地
½ 盎司史密斯与克罗斯牙买加朗姆酒
1 盎司唐的混合液 1 号
½ 盎司新鲜青柠汁
¼ 盎司香草糖浆
¼ 盎司金巴利
3 颗黑莓

将所有配料加入摇酒壶中，加冰块摇匀，然后双重滤入冰好的碟形杯中。不加装饰。

荒地
（Badlands）

泰森·布勒，2018 年

这绝对是一款果汁吧鸡尾酒。我在布鲁克林的乐延达（Leyenda）酒吧尝过香农·庞什的木瓜胡萝卜桑格丽塔（sangrita），那种组合简直太棒了，它也是这款鸡尾酒的灵感来源。——泰森·布勒

1 盎司奥美加阿特兹银色特其拉
1 盎司安乔·雷耶斯辣椒利口酒
½ 盎司新鲜青柠汁
½ 盎司完美牌木瓜果泥
½ 盎司新鲜胡萝卜汁

½ 盎司新鲜橙汁

½ 盎司甘蔗糖浆

装饰：夏日皇家茶（Summer Royal Tea）和 1 朵兰花

将除装饰外的所有配料加入摇酒壶中，加入少量碎冰进行摇制。然后，滤入加大古典杯，加入碎冰。在鸡尾酒表面撒些茶叶，用兰花装饰，配上一根吸管即可享用。

诱饵战术
（Bait 'N' Switch）

杰里米·奥特尔，2014 年

1½ 盎司索姆布拉梅斯卡尔（Sombra Mezcal）

½ 盎司安乔·雷耶斯辣椒利口酒

½ 盎司新鲜青柠汁

½ 盎司新鲜菠萝汁

½ 盎司肉桂糖浆

将所有配料加入摇酒壶中，加冰块摇匀，然后双重滤入冰好的碟形杯中。不加装饰。

海滩哥特人 ✲
（Beach Goth）

阿尔·索塔克，2014 年

1½ 盎司老福里斯特 100 波本威士忌

1 盎司阿玛卓阿玛罗

¾ 盎司吉发得巴西香蕉利口酒

1 茶匙吉发得白可可利口酒

¾ 盎司新鲜柠檬汁

½ 盎司新鲜菠萝汁

装饰：1 个喷洒了吉发得巴西香蕉利口酒的菠萝角

将除装饰外的所有配料加入摇酒壶中，加冰块摇匀，然后滤入提基杯，加入碎冰。以菠萝角装饰，配上一根吸管即可饮用。

贝尼西亚公园斯维泽
（Benicia Park Swizzle）

埃琳·里斯，2014 年

1 盎司高原骑士 12 年苏格兰单一麦芽威士忌

1 盎司卢世涛阿蒙提拉多雪莉酒

¾ 盎司新鲜柠檬汁

½ 盎司自制姜味糖浆

½ 盎司天鹅绒法勒纳姆酒（Velvet Falernum）

¼ 盎司吉发得卢瓦尔莓果利口酒

装饰：1 片薄荷叶

将威士忌、雪莉酒、柠檬汁、姜味糖浆和法勒纳姆酒倒入摇酒壶中，加入少量碎冰进行摇制，再倒入皮尔森啤酒杯中，并加入碎冰至酒杯约 80% 满。搅拌几秒，然后继续加碎冰至高出杯沿。将莓果利口酒沿着吧勺背面缓缓倒入，使其浮在鸡尾酒表面。用薄荷叶装饰，配上一根吸管即可享用。

青一块紫一块
（Black and Blue）

马修·贝朗格，2017 年

这款鸡尾酒是基于威士忌酸酒改编而成的，名字听起来很强硬，爱喝威士忌酸酒的人会觉得这名字听起来很顺耳。配方中的波特酒糖浆（见第 374 页）果味很浓，所以我加了点阿玛罗来平衡一下。这样的话，这款鸡尾酒就不会变成"水果炸弹"了。——马修·贝朗格

1 盎司金猴苏格兰调和麦芽威士忌

½ 盎司怀俄明威士忌（Wyoming Whis-key）

½ 盎司克利尔溪蓝莓白兰地

¾ 盎司新鲜柠檬汁

¾ 盎司波特酒糖浆

1 茶匙路萨朵阿玛罗

将所有配料加入摇酒壶中，加冰块摇匀，然后滤入装有一块大方冰的加大古典杯中。不加装饰。

血月

（Blood Moon）

蒂姆·迈纳，2019 年

1 盎司水牛足迹波本威士忌

¾ 盎司莱尔德保税苹果白兰地

¼ 盎司玛斯尼覆盆子白兰地（Massenez Framboise Eau-de-vie）

¾ 盎司新鲜柠檬汁

½ 盎司覆盆子糖浆

½ 盎司可尔必思（Calpico，一种在亚洲市场出售的浓缩酸奶饮料）

将所有配料加入摇酒壶中，加冰块摇匀，然后双重滤入冰好的碟形杯中。不加装饰。

大摇大摆

（Boom Swagger）

阿尔·索塔克，2014 年

¾ 盎司阿普尔顿 V/X 牙买加朗姆酒

¾ 盎司威凤凰 101 黑麦威士忌

¼ 盎司柠檬哈特 151 朗姆酒（Lemon Hart 151 Rum）

¼ 盎司卢世涛阿蒙提拉多雪莉酒

¾ 盎司新鲜柠檬汁

½ 盎司新鲜菠萝汁

¼ 盎司甘蔗糖浆

¼ 盎司自制姜味糖浆

¼ 盎司肉桂糖浆

装饰：安高天娜苦精和佩肖苦精，以及 1 个菠萝角

将除装饰外的所有配料倒入摇酒壶中，加入少量碎冰摇匀。倒入皮尔森啤酒杯中，加入碎冰至酒杯约 80% 满。搅拌几秒，然后继续加入碎冰直至高出杯沿。在鸡尾酒表面滴几滴安高天娜苦精，然后在菠萝角上滴几滴佩肖苦精用于装饰。配上一根吸管即可饮用。

充气城堡

（Bounce House）

亚历克斯·江普，2019 年

在为丹佛至死相伴酒吧创作鸡尾酒时，我们发现酒单上缺少伏特加鸡尾酒。但客人总是想点上一杯，所以我们得确保酒单上有这样一款鸡尾酒。这款鸡尾酒是对"蹦床"（见第 255 页）的改编，但其风格更为欢快活泼。——亚历克斯·江普

1 盎司春天 44 伏特加

1 盎司佩佩伯父菲诺雪莉酒

1 茶匙查若芦荟利口酒

1 茶匙黄色查特酒

1 盎司草莓芦荟糖浆（见第 375 页）

¾ 盎司新鲜柠檬汁

1 滴盐溶液

装饰：1 片柠檬片

将除装饰外的所有配料加入摇酒壶中，

加冰块摇匀，然后滤入装有一块大方冰的加大古典杯中。以柠檬片装饰。

武士道
（Bushido）

马修·贝朗格，2017 年

1½ 盎司竹鹤威士忌

2 茶匙卡拉尼椰子利口酒

1 茶匙拉弗格 10 年苏格兰单一麦芽威士忌

1 盎司唐的混合液 1 号

½ 盎司新鲜青柠汁

1 茶匙甘蔗糖浆

1 滴好斗芹菜苦精

将所有配料加入摇酒壶中，加冰块摇匀，然后双重滤入冰好的碟形杯中。不加装饰。

灾星珍妮
（Calamity Jane）

香农·特贝，2018 年

我把这杯鸡尾酒递给马修·贝朗格，他说："哦，这完全是香农的风格。"其中一样，便是苏格兰威士忌和乌雷叔侄朗姆酒的组合，我想把这一组合融入这款威士忌酸酒的改编中。我还想加入草莓和橄榄油，因此我加入了一点大豆卵磷脂，以使油脂悬浮在鸡尾酒表面。如果你没有大豆卵磷脂，可以往鸡尾酒里加蛋清，然后干摇。——香农·特贝

1½ 盎司水牛足迹波本威士忌

¼ 盎司波摩 12 年苏格兰威士忌

1 茶匙乌雷叔侄高强度白朗姆酒

½ 盎司杜凌白味美思

¾ 盎司草莓糖浆

½ 盎司新鲜柠檬汁

1 茶匙特级初榨橄榄油

½ 茶匙大豆卵磷脂

将所有配料加入摇酒壶中，加冰块摇匀，然后双重滤入冰好的碟形杯中。不加装饰。

卡里普索 ⊙
（Calypso）

约翰尼·朗，2019 年

我们有几名员工（还有很多客人）都是素食主义者，所以我想创作一款不含蛋清的鸡尾酒。阿夸法巴（Aquafaba）是一种罐装鹰嘴豆水，它在鸡尾酒中的作用与蛋清非常相似。——约翰尼·朗

2 盎司纯米清酒

½ 盎司查尔斯顿舍西亚尔马德拉酒

½ 盎司吉发得巴西香蕉利口酒

¾ 盎司新鲜柠檬汁

½ 盎司鹰嘴豆水

½ 盎司甘蔗糖浆

装饰：1 片香蕉叶

将除装饰外的所有配料加入摇酒壶中干摇，然后加冰再摇。双重滤入装有一块大方冰的加大古典杯中。用香蕉叶装饰。

转盘
（Carousel）

蒂姆·迈纳，2019 年

1 盎司皮埃尔·费朗琥珀干邑

½ 盎司圣乔治苦艾酒

½ 盎司光阴似箭核桃利口酒（Tempus Fugit Crème de Noyaux）

¾ 盎司新鲜青柠汁

½ 盎司新鲜菠萝汁

½ 盎司甘蔗糖浆

5~6 片薄荷叶

装饰：1 束薄荷

将除装饰外的所有配料放入摇酒壶中，加入少量碎冰进行摇制。倒入郁金香杯中，再加入适量碎冰。用薄荷束装饰，配上一根吸管即可享用。

奇克娜平教区潘趣

（Chinquapin Parish Punch）

埃琳·里斯，2014 年

6 盎司爱威廉斯单桶波本威士忌（Evan Williams Single Barrel Bourbon）

1½ 盎司杜凌白味美思

1½ 盎司吉发得桃子利口酒（Giffard Crème de Pêche）

3 盎司新鲜柠檬汁

1½ 盎司新鲜橙汁

¾ 盎司花蜜糖浆

¾ 盎司单糖浆

3 滴安高天娜苦精

3 滴自制橙味苦精

8 盎司冰镇气泡水

装饰：1 片柠檬片和半片橙片

将除气泡水和装饰外的所有配料倒入潘趣碗中，搅拌均匀。加入冰块，再倒入气泡水。用柠檬片和橙片装饰。

教母 ☀

（Comadre）

马修·贝朗格，2018 年

罗望子利口酒并不经常出现在鸡尾酒中。这基本上是一款带有罗望子和阿玛罗可乐风味的"丛林鸟"（Jungle Bird）鸡尾酒。——马修·贝朗格

1 盎司塔巴蒂奥金色特其拉

1 盎司冯洪堡罗望子利口酒（Von Humboldt's Tamarind Cordial）

¾ 盎司雅凡娜阿玛罗酒

¾ 盎司新鲜菠萝汁

½ 盎司新鲜青柠汁

¼ 盎司德梅拉拉糖浆

2 滴比特曼巧克力苦精

装饰：1 个菠萝角和 1 朵兰花

将除装饰外的所有配料加入摇酒壶中，加冰块摇匀，然后滤入装有一块大方冰的加大古典杯中。用菠萝角和兰花装饰。

科曼公园斯维泽

（Common's Park Swizzle）

加勒布·拉塞尔，2019 年

1 盎司御鹿干邑白兰地

½ 盎司拉博利特酒庄苏玳葡萄酒（Chateau Laribotte Sauternes）

½ 盎司巴尔的摩雨水马德拉

½ 盎司光阴似箭香蕉利口酒

½ 盎司新鲜柠檬汁

¼ 盎司自制杏仁糖浆

5~6 片薄荷叶

装饰：1 束薄荷

将除装饰外的所有配料加入摇酒壶中，加入少量碎冰进行摇制。倒入柯林斯杯中，加入碎冰至酒杯约 80% 满。搅拌几秒，然后继续加入碎冰至高出杯沿。用薄荷束装饰。

绯红三叶草
（Crimson and Clover）

马修·贝朗格，2016 年

1 盎司佩里海军金酒

½ 盎司德玛盖维达梅斯卡尔

½ 盎司杜凌白味美思

½ 盎司新鲜青柠汁

½ 盎司覆盆子糖浆

1 个蛋清

装饰：1 个葡萄柚皮卷

将除装饰外的所有配料加入摇酒壶中干摇，然后加冰再摇。双重滤入冰好的碟形杯中。将葡萄柚皮卷置于鸡尾酒上方挤出皮油，然后弃之。

纵横交错
（Criss Crossed）

杰里米·奥特尔，2017 年

1½ 盎司瑞顿房黑麦威士忌

½ 盎司老颂蒔萝阿夸维特

1 茶匙卡拉尼椰子利口酒

¾ 盎司新鲜柠檬汁

½ 盎司自制姜味糖浆

1 滴比特储斯芳香苦精

将所有配料加入摇酒壶中，加冰块摇匀，然后双重滤入冰好的碟形杯中。不加装饰。

黛西·贝尔
（Daisy Bell）

马修·贝朗格，2017 年

皮斯科通常很受伏特加爱好者的喜爱，所以我们在每份酒单上都会保留一款皮斯科鸡尾酒。这款鸡尾酒是以科幻影片《2001 太空漫游》（*2001: A Space Odyssey*）中的角色哈尔失去计算机思维时哼唱的那首歌命名的，这预示着我们在酒单上推出这款超受欢迎的鸡尾酒时，我们每天都忙疯了。——马修·贝朗格

1½ 盎司魅力之境芳香皮斯科

½ 盎司赎金琼瑶浆格拉帕（Ransom Gewürztraminer Grappa）

¼ 盎司玛丽·布里扎德可可利口酒

¾ 盎司新鲜柠檬汁

½ 盎司覆盆子糖浆

3 滴玫瑰水

将所有配料加入摇酒壶中，加冰块摇匀，然后双重滤入冰好的碟形杯中。不加装饰。

黑暗的狂欢 ✲✲
（Dark's Carnival）

杰里米·奥特尔，2015 年

我以雷·布拉德伯里（Ray Bradbury）的小说《有件邪恶的事》（*Something Wicked This Way Comes*）的背景设定命名这款鸡尾酒。就像这个故事一样，这款鸡尾酒深沉、浓郁，还有点邪恶。——杰里米·奥特尔

1½ 盎司杜兰朵 3 年陈酿朗姆酒

奇爱博士

½ 盎司莫雷尼塔奶油雪莉酒（Morenita Cream Sherry）

½ 盎司玛丽·布里扎德可可利口酒

¼ 盎司汉密尔顿牙买加壶式蒸馏金朗姆酒

¾ 盎司新鲜青柠汁

½ 盎司新鲜菠萝汁

4 滴比特终点牙买加辣椒苦精

装饰：1 片青柠片

将除装饰外的所有配料加入摇酒壶中，加冰块摇匀，然后双重滤入冰好的碟形杯中。以青柠片装饰。

黎明巡逻 ⊙

（Dawn Patrol）

香农·特贝，2018 年

这款鸡尾酒就像是一款低酒精度版的晨光菲兹，其中的苦艾风味源于阿布圣陶苦艾葡萄酒，以此来增强艾莱岛威士忌的烟熏味。新鲜苹果含有大量果胶，会呈现出一种很酷的视觉效果，产生非常绵密的泡沫，看上去就像拉莫斯金菲兹一样。——香农·特贝

1 盎司冰镇气泡水

2 片青苹果片

1½ 盎司阿布圣陶苦艾葡萄酒

¾ 盎司波摩 12 年苏格兰单一麦芽威士忌

¾ 盎司新鲜柠檬汁

½ 盎司单糖浆

1 个蛋清

把气泡水倒入冰好的菲兹杯中。将青苹果片放入摇酒壶中，轻轻捣几下。将剩余配料加入摇酒壶中，加冰摇匀，然后双重滤入菲兹杯。不加装饰。

钻石抢劫案

（Diamond Heist）

泰森·布勒，2014 年

如何将两款风味独特、带有青草味的甘蔗蒸馏酒融入一款易饮的鸡尾酒中？这款酒就是极佳范例。如果把它装进易拉罐里，你可能误把它当作如今市场上众多浑浊印度淡色艾尔啤酒中的一种。——泰森·布勒

1½ 盎司嘉冕农业白朗姆酒

½ 盎司阿瓦安布拉纳桶陈卡莎萨

¼ 盎司吉发得桃子利口酒

1 盎司新鲜青柠汁

¾ 盎司啤酒花菠萝果胶糖浆

装饰：1 束薄荷

将除装饰外的所有配料加入摇酒壶中，加冰块快速摇制约 5 秒，然后滤入加大古典杯中。加入碎冰，用薄荷束装饰。

奇爱博士

（Doctor Strangelove）

马修·贝朗格，2016 年

这是我们首款以虚构的博士命名的提基风格鸡尾酒。我认为芦荟利口酒和猕猴桃会很搭，因为它们都是奇怪的、绿色的且滑溜溜的东西。这款鸡尾酒采用常见的酸酒比例调制，白味美思将风味延展得恰到好处，这样你就能品尝到猕猴桃糖浆的味道了。——马修·贝朗格

1 盎司杜兰朵 3 年朗姆酒

¼ 盎司乌雷叔侄高强度白朗姆酒

¾ 盎司达莫索 110 度朗姆酒

¾ 盎司杜凌白味美思

¼ 盎司查若芦荟利口酒

¾ 盎司新鲜青柠汁

¾ 盎司猕猴桃糖浆

装饰：1 片猕猴桃

将除装饰外的所有原料加入摇酒壶中，加少量冰块快速摇制约 5 秒，然后滤入皮尔森啤酒杯中。加入碎冰，并用猕猴桃片装饰。

蜻蜓

（Dragonfly）

香农·特贝，2018 年

曾同我一起上烘焙学校的一位女性朋友做了道可口的香蕉味噌甜品，于是我跟贾里德说："这听起来可能很疯狂，但我想创作一款融合味噌、香蕉和牙买加朗姆酒的鸡尾酒。"我原以为他会反对，结果他说："泰森已经在'狡猾的道奇'（见第 290 页）这款酒中尝试过了。"他总能先人一步。——香农·特贝

1 盎司阿普尔顿庄园珍藏牙买加朗姆酒

1 盎司味噌浸泡皮埃尔·费朗 1840 干邑（见第 381 页）

1 盎司新鲜柠檬汁

½ 盎司自制杏仁糖浆

¼ 盎司香蕉利口酒

装饰：1 束薄荷

将除装饰外的所有配料加入摇酒壶中，加冰块摇匀，然后滤入柯林斯杯。加入碎冰，并用薄荷束装饰。

埃尔富尔特

（El Fuerte）

泰森·布勒，2015 年

2 盎司老福里斯特波本威士忌

¼ 盎司吉发得桃子利口酒

2 盎司墨西哥菠萝啤酒

½ 盎司新鲜柠檬汁

½ 盎司甘蔗糖浆

1 滴比特曼巧克力苦精

1 滴安高天娜苦精

装饰：1 根肉桂棒（磨碎）

将除装饰外的所有原料加入摇酒壶中，加入少量碎冰摇制均匀。倒入提基杯中，加入碎冰至酒杯约 80% 满。搅拌几秒，然后继续加冰块至高出杯沿。在鸡尾酒表面撒一些肉桂粉，配上一根吸管即可饮用。

褪色的爱情

（Faded Love）

亚历克斯·江普，2018 年

这款鸡尾酒听起来清新自然，就像温泉水，但它带有一种独特的草本植物气息，包含许多不常见的成分。但是，如果让我选一款酸酒鸡尾酒，我宁愿它偏草本风味而非花香。——亚历克斯·江普

½ 盎司辛加尼 63 白兰地

½ 盎司圣乔治绿辣椒伏特加

½ 盎司苏姿

½ 盎司圣哲曼接骨木花利口酒

½ 盎司新鲜青柠汁

¼ 盎司鹦鹉糖浆（见第 373 页）

1 滴盐溶液

装饰：1 颗穿在酒签上的腌制樱桃番茄

将除装饰外的所有配料加入摇酒壶中，加冰块摇匀，然后滤入装有一块大方冰的加大古典杯中。用腌制的樱桃番茄装饰。

家庭事务潘趣
（Family Affair Punch）

杰里米·奥特尔，2014 年

8 盎司佳美红葡萄酒（Gamay Red Wine）

3 盎司格林霍克金酒工匠老汤姆金酒

1 盎司纳迪尼阿玛罗

1 盎司甘曼怡

3 盎司新鲜柠檬汁

2 盎司花蜜糖浆

1 盎司肉桂糖浆

4 滴摩洛哥苦精

8 滴戴尔·德格罗夫多香果苦精

8 盎司冰镇气泡水

装饰：柠檬片

将除气泡水和柠檬片外的所有配料加入潘趣碗中，搅拌均匀。加入冰块，再倒入气泡水。用柠檬片装饰。

狂热梦想
（Fever Dream）

杰里米·奥特尔，2014 年

这是我在至死相伴酒吧创作过的最受欢迎的鸡尾酒——混合了辣椒味梅斯卡尔与圣哲曼，足够多的风味成分显然让它更吸引人。——杰里米·奥特尔

1 片黄瓜

1½ 盎司阿尔博（Arbol）辣椒浸泡德玛盖维达梅斯卡尔（见第 377 页）

½ 盎司苏姿

½ 盎司圣哲曼接骨木花利口酒

¾ 盎司新鲜青柠汁

½ 盎司甘蔗糖浆

1 滴比特储斯芹菜苦精

将黄瓜放入摇酒壶中，轻轻捣几下。加入剩余的原料，加冰块摇匀，双重滤入冰好的碟形杯。不加装饰。

撞针
（Firing Pin）

斯科特·蒂格，2015 年

这款鸡尾酒的独特之处在于其配方的精确度和复杂度。我想通过这款酒让客人拥有全新的味觉体验：甜味、烟熏味、柑橘味、辛辣和苦涩。这就像莫吉托遇到了迈泰，而当浮在酒液表面的金巴利渗入鸡尾酒时，整杯酒又会焕发出新的生命力。——斯科特·蒂格

2 盎司索姆布拉梅斯卡尔

1 盎司新鲜青柠汁

½ 盎司自制杏仁糖浆

¼ 盎司自制姜味糖浆

1 茶匙娇露辣辣椒酱

¼ 盎司金巴利

装饰：1 束薄荷

将除金巴利和薄荷束外的所有原料倒入调酒壶中，加少量碎冰摇匀。倒入皮尔森啤酒杯中，加入碎冰。沿着吧勺背面慢慢倒入金巴利，使其浮在鸡尾酒表面。用薄荷束装饰即可。

荒野大镖客
(Fistful of Dollars)

泰森·布勒，2015 年

这是我们酒单上调酒师最"痛恨"的鸡尾酒款之一，因为几乎每桌客人都会点它。用让客人们很容易看明白的原料调制的威士忌酸酒往往就是这样受欢迎。这是我们以西部影片命名的众多威士忌鸡尾酒中的第一款。——泰森·布勒

1½ 盎司老祖父保税波本威士忌

¼ 盎司君度酒

¼ 盎司金巴利

1 盎司唐的混合液 1 号

¾ 盎司新鲜柠檬汁

1 滴比特储斯芳香苦精

装饰：1 个橙皮卷

将除装饰外的所有配料加入摇酒壶中，加冰块摇匀，然后双重滤入冰好的碟形杯中。将橙皮卷置于鸡尾酒上方挤出皮油，然后放入杯中。

飞行式断头台
(Flying Guillotine)

马修·贝朗格，2017 年

1 盎司杜邦陈年苹果白兰地（Dupont Calvados Hors d'Age）

½ 盎司杜兰朵 15 年朗姆酒

½ 盎司蔗园高强度朗姆酒

1 茶匙唐的香料酒

¾ 盎司新鲜青柠汁

½ 盎司德梅拉拉糖浆

½ 盎司完美牌番石榴果泥

2 滴苦艾酒

1 滴安高天娜苦精

装饰：1 朵兰花

将除装饰外的所有配料加入摇酒壶中，加冰块摇匀，然后滤入柯林斯杯。加入碎冰，用兰花装饰，配上一根吸管即可饮用。

金桔
(Fortunella)

泰森·布勒，2018 年

1¾ 盎司春天 44 伏特加

¼ 盎司克利尔溪梨子白兰地

¾ 盎司新鲜青柠汁

½ 盎司自制杏仁糖浆

½ 盎司克莱门特克里奥尔朗姆酒

1 茶匙保虹卡拉曼橘果泥

装饰：1 片青柠片

将除装饰外的所有配料加入摇酒壶中，加冰块摇匀，然后滤入装有一块大方冰的加大古典杯中。用青柠片装饰。

全面披露
(Full Disclosure)

马修·贝朗格，2019 年

1½ 盎司德玛盖圣多明各阿尔巴拉达斯梅斯卡尔

½ 盎司吉发得大黄利口酒

1 盎司唐的混合液 1 号

¾ 盎司新鲜青柠汁

1 滴比特储斯芳香苦精

装饰：1 个葡萄柚皮卷

将除装饰外的所有配料加入摇酒壶中，加冰块摇匀，然后双重滤入冰好的碟形杯

中。将葡萄柚皮卷置于鸡尾酒上方挤出皮油，然后弃之。

满帆 ⊙
（Full Sail）

贾里德·魏甘德，2018 年

早年间，有人用田园 8 号特其拉和青苹果汁做了杯鸡尾酒，我喜欢这种明亮、清爽的搭配，所以我把它融入了这款低酒精度的大吉利中。——贾里德·魏甘德

1½ 盎司夏朗德皮诺酒

¾ 盎司田园 8 号 2012 银色特其拉

½ 盎司新鲜青苹果汁

½ 盎司新鲜青柠汁

¼ 盎司香草糖浆

1 滴苦艾酒

1 滴安高天娜苦精

装饰：1 片青苹果片

将除装饰外的所有配料加入摇酒壶中，加冰块摇匀，然后双重滤入冰好的碟形杯中。用青苹果片装饰。

伽利略七号
（Galileo Seven）

马修·贝朗格，2018 年

这款酒结合了大吉利 #3（青柠和马拉斯奇诺樱桃）和玛丽·皮克福德（Mary Pickford，菠萝和马拉斯奇诺樱桃）两款鸡尾酒的元素，以杧果白兰地为基酒，使其增添几分热带风情。——马修·贝朗格

1 盎司莱茵霍尔杧果白兰地

¾ 盎司蔗园三星白朗姆酒

¼ 盎司菲奈特·布兰卡

¼ 盎司路萨朵樱桃利口酒

¾ 盎司新鲜青柠汁

½ 盎司菠萝果胶糖浆

2 滴佩肖苦精

将所有配料加入摇酒壶中，加冰块摇匀，然后双重滤入冰好的碟形杯中。不加装饰。

花园公园斯维泽
（Garden Park Swizzle）

乔恩·阿姆斯特朗，2014 年

一旦你在酒吧卖出一杯斯维泽，其他客人就会看到，很快你就会整晚都在调制它。这是我们创作的众多"公园"鸡尾酒之一，是海德公园斯维泽（Hyde Park Swizzle）的改编酒款。我们添加了苦味元素，使其变得更加有趣。——乔恩·阿姆斯特朗

6~8 片薄荷叶

1½ 盎司孟买伦敦干金酒

½ 盎司苏姿

¾ 盎司新鲜柠檬汁

¾ 盎司自制姜味糖浆

¼ 盎司天鹅绒法勒纳姆酒

装饰：安高天娜苦精和佩肖苦精，以及 1 束薄荷

将薄荷叶放入摇酒壶中，轻轻捣几下。加入除装饰外的剩余配料进行干摇，加入冰块再次摇制。然后双重滤入皮尔森啤酒杯中，加入碎冰。在鸡尾酒表面滴几滴安高天娜苦精和佩肖苦精，并用薄荷束装饰。

双子座立交桥
(Gemini Flyover)

马修·贝朗格，2019 年

1½ 盎司贝尔图白兰地

½ 盎司巴达维亚朗姆酒

½ 盎司吉发得巴西香蕉利口酒

¾ 盎司新鲜青柠汁

½ 盎司马德拉斯咖喱糖浆（Madras Curry Syrup，见第 372 页）

1 滴安高天娜苦精

将所有配料加入摇酒壶中，加冰块摇匀，然后双重滤入冰好的碟形杯中。不加装饰。

双子座立交桥 ⊙
(低酒精度版)

马修·贝朗格，2019 年

1 盎司卢世涛阿蒙提拉多雪莉酒

½ 盎司贝尔图白兰地

1 茶匙巴达维亚朗姆酒

1 茶匙吉发得巴西香蕉利口酒

¾ 盎司新鲜青柠汁

½ 盎司马德拉斯咖喱糖浆

1 滴安高天娜苦精

将所有配料加入摇酒壶中，加冰块摇匀，然后双重滤入冰好的碟形杯中。不加装饰。

光辉岁月 ✻
(Glory Days)

贾里德·魏甘德，2019 年

我的很多鸡尾酒都是在之前鸡尾酒中

的某些元素的基础上创作而成的。我以泰森的"路易国王"（King Louie）中香蕉与雪莉酒的风味组合为起点，添加知更鸟威士忌的成熟热带水果风味。我是新泽西人，于是便以布鲁斯·斯普林斯汀（Bruce Springsteen）的歌来命名这款鸡尾酒。——贾里德·魏甘德

1½ 盎司知更鸟 12 年爱尔兰威士忌

½ 盎司卢世涛欧洛罗索雪莉酒（Lustau Oloroso Sherry）

½ 盎司光阴似箭香蕉利口酒

¾ 盎司新鲜柠檬汁

½ 盎司甘蔗糖浆

2 滴泰拉香料公司桦木提取物

6~8 片薄荷叶

装饰：1 束薄荷、少量光阴似箭香蕉利口酒（用喷雾器喷洒）

将除装饰外的所有配料倒入摇酒壶中，加入少量碎冰摇制。双重滤入柯林斯杯，加入碎冰。用薄荷束装饰，并在鸡尾酒表面喷上些香蕉利口酒。

金牙
(Golden Fang)

乔恩·阿姆斯特朗，2016 年

泰森给我们出了一个难题，让我们用橙汁来调制鸡尾酒，因为我们在制作橙皮卷时总会剩下很多橙子。这款酒饮是对经典提基鸡尾酒"眼镜蛇之牙"的即兴改编。——乔恩·阿姆斯特朗

1½ 盎司圣乔治干型黑麦陈酿金酒

½ 盎司佩里海军金酒

¾ 盎司新鲜青柠汁

½ 盎司新鲜橙汁

½ 盎司自制姜味糖浆

¼ 盎司百香果糖浆

¼ 盎司香草糖浆

4 滴好斗肉豆蔻苦精

装饰：1 朵兰花、1 束薄荷、1 根肉桂棒

将除装饰外的所有配料加入摇酒壶中，加冰块快速摇制约 5 秒，然后滤入郁金香杯。加入碎冰，用兰花和薄荷束装饰。将肉桂棒的一端点燃，然后将其插入鸡尾酒中。配上吸管即可饮用。

海地离婚

(Haitian Divorce)

阿尔·索塔克，2014 年

1½ 盎司芭班库 8 年朗姆酒（Barbancourt 8-year Rum）

½ 盎司乌雷叔侄牙买加朗姆酒

1 茶匙甘曼怡

1 盎司新鲜菠萝汁

1 盎司木槿花醋饮（见第 388 页）

¼ 盎司新鲜青柠汁

装饰：1 朵可食用花

将除装饰外的所有配料加入摇酒壶中，加冰块快速摇制约 5 秒，然后滤入皮尔森啤酒杯。加入碎冰，用可食用花装饰，配上吸管即可享用。

港务局长 ✿

(Harbormaster)

蒂姆·迈纳，2019 年

¾ 盎司蔗心琥珀农业朗姆酒

¾ 盎司辛加尼 63 白兰地

¾ 盎司加利安奴经典力娇酒

¼ 盎司吉发得百香果利口酒

¾ 盎司新鲜青柠汁

1 茶匙单糖浆

将所有配料加入摇酒壶中，加冰块摇匀，然后双重滤入冰好的碟形杯中。不加装饰。

心跳

(Heart Throb)

斯科特·蒂格，2014 年

这款鸡尾酒源自我们的"大吉利欢聚时光"……我真的无比怀念那些日子。需要说明的是，当人们把我们随性发起的"大吉利零食"聚会称为"欢聚时光大吉利"时，我坚持认为它应该是"大吉利欢聚时光"。——斯科特·蒂格

2 盎司甘蔗花 4 年陈酿朗姆酒

¾ 盎司新鲜青柠汁

½ 盎司吉发得粉红葡萄柚利口酒

½ 盎司肉桂糖浆

将所有配料加入摇酒壶中，加冰块摇匀，然后双重滤入冰好的碟形杯中。不加装饰。

高阿特拉斯山脉

(High Atlas)

泰森·布勒，2018 年

¾ 盎司德玛盖维达梅斯卡尔

¾ 盎司苏姿

¾ 盎司杜凌干味美思

1½ 盎司可循环柑橘甘露糖浆

装饰：1 片脱水橙片

将除装饰外的所有配料加入摇酒壶中，加少量碎冰进行摇制。倒入加大古典杯中，加入碎冰。用脱水橙片装饰。

加利福尼亚酒店
(Hotel California)

马修·贝朗格，2015 年

1½ 盎司凯珊禧年朗姆酒（Mount Gay Eclipse Rum）

1 盎司夏朗德皮诺酒

½ 盎司乌尾叔侄牙买加朗姆酒

¼ 盎司吉发得鲁西永杏子利口酒

¾ 盎司新鲜青柠汁

½ 盎司肉桂糖浆

1 滴比特终点摩洛哥苦精

将所有配料加入摇酒壶中，加冰块摇匀，然后双重滤入冰好的碟形杯中。不加装饰。

飓风袭击
(Hurricane Kick)

杰里米·奥特尔，2017 年

1 盎司席安布拉·瓦列斯高强度特其拉（Siembra Valles High-Proof Tequila）

1 盎司德玛盖圣多明各阿尔巴拉达斯梅斯卡尔

1 茶匙玛斯尼桃子利口酒

¾ 盎司新鲜青柠汁

¾ 盎司新鲜菠萝汁

½ 盎司百香果糖浆

1 茶匙自制姜味糖浆

装饰：1 束薄荷、1 朵兰花、2 片菠萝叶

将除装饰外的所有配料加入摇酒壶中，加少量碎冰摇晃均匀。倒入柯林斯杯中，加入碎冰。用薄荷束、兰花和菠萝叶装饰，配上吸管即可饮用。

鬣蜥猎人
(Iguanero)

马修·贝朗格，2018 年

我觉得"奇爱博士"（见第 267 页）那款鸡尾酒非常棒，但我想用猕猴桃糖浆来研发一些更有趣的酒款。这款鸡尾酒中，孤独圣母拉奇吉梅斯卡尔具有热带草本植物的芳香，而绿色查特酒则把猕猴桃的风味烘托了出来。在加勒比地区，鬣蜥无处不在，因此当地政府雇用了大量"鬣蜥猎人"以控制鬣蜥的数量。——马修·贝朗格

1 盎司孤独圣母拉奇吉梅斯卡尔

½ 盎司杜兰朵 3 年陈酿朗姆酒

½ 盎司阿瓦普拉塔卡莎萨

½ 盎司绿色查特酒

1 盎司猕猴桃糖浆

¾ 盎司新鲜青柠汁

装饰：2 片猕猴桃

将除装饰外的所有配料加入摇酒壶中，加冰块快速摇制约 5 秒，然后滤入郁金香杯。加入碎冰，用猕猴桃片装饰，配上一根吸管即可饮用。

贾菲·赖德
(Japhy Ryder)

泰森·布勒，2014 年

1 盎司圣乔治风土金酒

1 盎司克利尔溪 8 年苹果白兰地

½ 盎司杜凌龙蒿利口酒

¾ 盎司新鲜柠檬汁

½ 盎司新鲜菠萝汁

½ 盎司自制杏仁糖浆

将所有配料加入摇酒壶中，加冰块摇匀，然后双重滤入冰好的碟形杯中。不加装饰。

跳鲨
(Jumping the Shark)

马修·贝朗格，2015 年

1 盎司嘉冕 100 农业白朗姆酒

¾ 盎司安高天娜阿玛罗

½ 盎司吉发得粉红葡萄柚利口酒

¼ 盎司阿瓦安布拉纳桶陈卡莎萨

1 盎司新鲜青柠汁

½ 盎司自制杏仁糖浆

1 滴安高天娜苦精

装饰：1 根肉桂棒

将除装饰外的所有配料加入摇酒壶中，加入少量碎冰进行摇制。倒入皮尔森啤酒杯中，加入碎冰。用肉桂棒装饰，配上一根吸管即可享用。

丛林地带 ☀
(Jungleland)

贾里德·魏甘德，2017 年

在这款寇伯乐的改编鸡尾酒中，我对阿尔·索塔克的"海滩哥特人"（见第 261 页）中使用的组合——阿玛卓阿玛罗、吉发得巴西香蕉利口酒和老福里斯特——重新进行了探索。我原本想根据约翰·列侬（John Lennon）的专辑名将这款鸡尾酒命名为"双重幻想"（Double Fantasy），但泰森认为这太性感了，所以我继续用斯普林斯汀的经典之作来命名它。——贾里德·魏甘德

1 片橙片

2 盎司卢世涛帕洛科塔多半岛雪莉酒

1 盎司老福里斯特签名款波本威士忌

½ 盎司吉发得巴西香蕉利口酒

¼ 盎司阿玛卓阿玛罗

¼ 盎司德梅拉拉糖浆

装饰：1 小枝薄荷、1 片橙片、黑莓、覆盆子和糖粉

将橙片放入摇酒壶中，轻轻捣几下。加入除装饰外的剩余配料，加入冰块快速摇制约 5 秒，然后双重滤入柯林斯杯。加入碎冰，用薄荷枝、橙片和浆果装饰。在鸡尾酒表面撒上些糖粉，配上一根吸管即可享用。

三体
(La Trinité)

泰森·布勒，2019 年

1 盎司嘉冕 VSOP 农业朗姆酒

½ 盎司克利尔溪 2 年苹果白兰地

½ 盎司苏姿

¾ 盎司新鲜柠檬汁

¾ 盎司花蜜糖浆

½ 滴好斗芹菜苦精

　　将所有配料加入摇酒壶中，加冰块摇匀，然后双重滤入冰好的碟形杯中。不加装饰。

孤岛逃亡

（Marooned）

泰森·布勒，2017 年

1 盎司保罗博 VS 干邑

1 盎司莱尔德保税苹果白兰地

¼ 盎司金巴利

¾ 盎司新鲜青柠汁

½ 盎司完美牌杧果果泥

½ 盎司香草糖浆

装饰：1 片青柠片和 1 束薄荷

　　将除装饰外的所有配料加入摇酒壶中，加入少量碎冰进行摇制。倒入加大古典杯中，加入碎冰。用青柠片和薄荷束装饰，配上一根吸管即可饮用。

蒙德里安

（Mondrian）

泰森·布勒，2018 年

　　我敢肯定，丹佛至死相伴酒吧的调酒师们肯定还在骂我，因为我创作了这款颜值超高但调制起来非常麻烦的鸡尾酒。你如果要制作覆盆子粉用于装饰，只需将冷冻干燥的覆盆子放入搅拌机或食品加工机中打成粉末即可。——泰森·布勒

2 盎司干型起泡酒

1 盎司特索罗白金特其拉

¾ 盎司卡佩莱蒂开胃酒

¼ 盎司圣乔治覆盆子白兰地

¾ 盎司新鲜青柠汁

¾ 盎司覆盆子糖浆

1 个蛋清

装饰：覆盆子粉

　　将起泡酒倒入冰好的菲兹杯中。将除装饰外的剩余配料干摇，然后加冰再次摇匀。双重滤入菲兹杯，并在鸡尾酒表面撒上一些覆盆子粉。

月光奏鸣曲

（Moonlight Sonata）

泰森·布勒，2015 年

　　马修那款"满满的爱"（见第 257 页）就是这款潘趣鸡尾酒的改编，尴尬的是从来没有客人点过这款潘趣。——泰森·布勒

7½ 盎司泰康奈尔爱尔兰单一麦芽威士忌

3¾ 盎司西瓜糖浆

3¾ 盎司好奇美国佬

3¾ 盎司新鲜柠檬汁

1¼ 盎司玛斯尼樱桃白兰地

5 滴自制橙味苦精

5 滴苦艾酒

5 滴佩肖苦精

5 盎司干型起泡酒

装饰：柠檬片

　　将除起泡酒和柠檬片外的所有配料加入潘趣碗中；搅拌均匀。加入冰块，倒入起泡酒。用柠檬片装饰。

星期三先生
（Mr. Wednesday）

马修·贝朗格，2017 年

1¼ 盎司克罗格斯塔德阿夸维特
½ 盎司史密斯与克罗斯牙买加朗姆酒
½ 盎司吉发得巴西香蕉利口酒
¼ 盎司克鲁赞黑糖蜜朗姆酒
1 盎司新鲜柠檬汁
¾ 盎司自制杏仁糖浆
装饰：1 朵兰花

将除装饰外的所有配料加入摇酒壶中，加入少量碎冰进行摇制。倒入郁金香杯中，加入碎冰。用兰花装饰，配上一根吸管即可享用。

亲爱的派伯诺 ✿
（Pablo Honey）

马修·贝朗格，2019 年

圣乔治风土金酒的植物成分中有冷杉，喝起来却有迷迭香的味道。于是，我以它为基础成分创作出了这款金酒酸鸡尾酒。——马修·贝朗格

1 盎司圣乔治风土金酒
1 盎司卡普若·阿卡拉多皮斯科
¼ 盎司杜凌龙蒿利口酒
¾ 盎司新鲜柠檬汁
½ 盎司新鲜葡萄柚汁
½ 盎司花蜜糖浆
装饰：1 片柠檬片

将除装饰外的所有配料加入摇酒壶中，加冰块摇匀，然后双重滤入冰好的碟形杯中。用柠檬片装饰。

失落的天堂
（Paradise Lost）

香农·特贝，2018 年

我大胆地用菠萝果胶糖浆取代了菠萝汁，调制出这款极具放克风格的迈泰鸡尾酒。我告诉马修·贝朗格我想将绿辣椒伏特加与农业白朗姆酒搭配的想法。"这主意听上去太糟糕了。"他回答道，然后就走开了。对爱说反话的马修来说，这简直就是最高赞美。这款鸡尾酒看上去像是热带水果风格，但出乎意料的是，它带有强烈的硫黄味和辛辣的味道，就像在地狱里喝迈泰鸡尾酒。——香农·特贝

1½ 盎司嘉冕 100 农业白朗姆酒
½ 盎司圣乔治绿辣椒伏特加
¼ 盎司黄色查特酒
1 盎司新鲜青柠汁
¾ 盎司菠萝果胶糖浆
装饰：2 片菠萝叶和 1 个干辣椒

将除装饰外的所有配料加入摇酒壶中，加入少量碎冰进行摇制，然后倒入柯林斯杯中，加入碎冰。用菠萝叶和干辣椒装饰，配上一根吸管即可享用。

海盗王拳击
（Pirate King Punch）

泰森·布勒，2015 年

我以酒吧员工最爱看的电视剧《间谍亚契》（Archer）中的角色命名了这款鸡尾酒。它是一款非常经典的提基风格鸡尾酒，用到了那些我们总也榨不完的新鲜橙汁。——泰森·布勒

3 盎司席安布拉·瓦列斯银色特其拉

3 盎司百加得传统朗姆酒（Bacardi Heritage Rum）

2 盎司天鹅绒法勒纳姆酒

1 盎司乌雷叔侄高强度牙买加朗姆酒

¾ 盎司圣伊丽莎白多香果利口酒

3 盎司新鲜青柠汁

2 盎司新鲜橙汁

2 盎司百香果糖浆

10 滴安高天娜苦精

装饰：1 小块浸泡在 151 朗姆酒中的面包、1 个挖空的青柠，以及少量肉桂粉

将除装饰外的所有配料加入潘趣碗中，搅拌均匀，加入碎冰。将用朗姆酒浸泡过的面包块放入挖空的青柠中并点燃，然后将其放在碎冰上，再撒上一些肉桂粉。配上一根吸管即可饮用。

行星商队
（Planet Caravan）

马修·贝朗格，2018 年

我一直认为咖喱和椰子是一个有趣的组合，但我之前从未尝试过在鸡尾酒里这样搭配。用苏格兰威士忌来调制这独特的威士忌酸酒改编版真的非常合适。——马修·贝朗格

1½ 盎司罗盘针国王街苏格兰调和威士忌

½ 盎司巴达维亚朗姆酒

½ 盎司卡拉尼椰子利口酒

¾ 盎司新鲜青柠汁

½ 盎司肉桂糖浆

1 滴安高天娜苦精

1 片咖喱叶

装饰：1 片咖喱叶

将除装饰外的所有配料加入摇酒壶中，加冰块摇匀，然后滤入装有一块大方冰的加大古典杯中。用咖喱叶装饰。

煽动者 ✳
（Rabble-Rouser）

马修·贝朗格，2018 年

3 片黄瓜

1¼ 盎司卡普若·阿卡拉多皮斯科

1 盎司马天尼都灵味美思（Martini Riserva Speciale Ambrato Vermouth di Torino）

¼ 盎司波士荷兰金酒

1 茶匙紫罗兰利口酒

¾ 盎司新鲜柠檬汁

½ 盎司单糖浆

装饰：1 片黄瓜片

将黄瓜片放入摇酒壶中，轻轻捣几下。加入除装饰外的剩余配料，加冰块摇匀，然后双重滤入装有一块大方冰的加大古典杯中。用黄瓜片装饰。

电台传单
（Radio Flyer）

马修·贝朗格，2017 年

西瓜和牙买加辣椒苦精是一个有趣的组合，为这款鸡尾酒增添了额外的层次。牙买加辣椒苦精与苏格兰威士忌相得益彰。我想以自己儿时暑期的某种"精神图腾"来命名这款鸡尾酒，原本我称之为"手腕火箭"（Wrist Rocket），但没人知道那是什么，而且有些同事认为这个名字不太合适，所以我选择了经典的、没有那么晦涩的名字。——马修·贝朗格

1½ 盎司金猴苏格兰调和麦芽威士忌

½ 盎司怀俄明威士忌

½ 盎司卡佩莱蒂开胃酒

¾ 盎司新鲜青柠汁

¾ 盎司西瓜糖浆

½ 滴比特终点牙买加辣椒苦精

装饰：1 片青柠片

将除装饰外的所有配料加入摇酒壶中，加冰块摇匀，然后滤入装有一块大方冰的加大古典杯中。用青柠片装饰。

漫无边际

(Ramble on)

马修·贝朗格，2018 年

1 盎司特索罗金色特其拉

½ 盎司克利尔溪 8 年苹果白兰地

½ 盎司祖卡·拉巴尔巴罗阿玛罗（Zucca Rabarbaro Amaro）

½ 盎司吉发得大黄利口酒

¾ 盎司新鲜青柠汁

½ 盎司覆盆子糖浆

把所有配料加入摇酒壶中，加冰块摇匀，然后双重滤入冰好的碟形杯中。不加装饰。

珍稀之心

(Rare Hearts)

泰森·布勒，2018 年

1 盎司皮埃尔·费朗琥珀干邑

1 盎司韦勒特别珍藏波本威士忌

½ 盎司新鲜柠檬汁

½ 盎司绿色查特酒

½ 盎司香草糖浆

½ 滴好斗肉豆蔻苦精

将所有配料加入摇酒壶中，加冰块摇匀，然后双重滤入冰好的碟形杯中。不加装饰。

乡村摇滚 **

(Rockabilly)

亚当·格里格斯，2019 年

这是一款以经典"庞巴杜"（Pompadour）为灵感的"蛋头先生"鸡尾酒，一款用 3 种高档配料调制而成的大吉利。——亚当·格里格斯

1 盎司蒙特勒伊庄园卡尔瓦多斯

1 盎司纳瓦尔夏朗德皮诺酒（Navarre Pineau des Charentes Vieux）

½ 盎司嘉冕 VSOP 农业朗姆酒

¾ 盎司新鲜柠檬汁

½ 盎司单糖浆

将所有配料加入摇酒壶中，加冰块摇匀，然后双重滤入冰好的碟形杯中。不加装饰。

海鹰

(Sea Eagle)

贾维尔·塔夫脱，2019 年

我们需要为酒单增添一款威士忌酸酒，于是我回忆起了童年时期樱桃香草可乐的味道。——贾维尔·塔夫脱

1½ 盎司瑞顿房黑麦威士忌

½ 盎司雅凡娜阿玛罗酒

¾ 茶匙利奥波德兄弟纽约酸苹果利口酒

¾ 茶匙路萨朵樱桃利口酒

¾ 盎司新鲜柠檬汁

½ 盎司香草糖浆

将所有配料加入摇酒壶中，加冰块摇匀，然后滤入装有一块大方冰的加大古典杯中。不加装饰。

暹罗猫琴蕾 ✿
（Siamese Gimlet）

乔恩·阿姆斯特朗，2014 年

2 盎司添加利金酒

1 盎司新鲜青柠汁

½ 盎司新鲜葡萄柚汁

½ 盎司甘蔗糖浆

¼ 盎司路萨朵樱桃利口酒

1 滴比特储斯杰瑞·托马斯苦精

1 片马克鲁特青柠叶

将所有配料加入摇酒壶中，加冰块摇匀，然后双重滤入冰好的碟形杯中。不加装饰。

斜眼
（Side Eye）

杰里米·奥特尔，2017 年

1½ 盎司塔巴蒂奥 110 银色特其拉

½ 盎司德玛盖维达梅斯卡尔

½ 盎司利奥波德兄弟纽约酸苹果利口酒

¼ 盎司女巫利口酒

¾ 盎司新鲜青柠汁

¼ 盎司自制姜味糖浆

1 滴好斗芹菜苦精

装饰：1 片脱水青苹果片

将除装饰外的所有配料加入摇酒壶中，加冰块摇匀，然后滤入装有一块大方冰的加大古典杯中。用脱水青苹果片装饰。

天际线
（Skyline）

泰森·布勒，2018 年

1 盎司奥美加阿特兹银色特其拉

1 盎司克罗格斯塔德阿夸维特

½ 盎司新鲜青柠汁

½ 盎司可循环柑橘甘露糖浆

½ 盎司金巴利

½ 盎司肉桂糖浆

将所有配料加入摇酒壶中，加冰块摇匀，然后双重滤入冰好的碟形杯中。不加装饰。

耍蛇人
（Snakecharmer）

泰森·布勒，2019 年

1 盎司眼镜蛇之火葡萄干白兰地

1 盎司蔗园巴巴多斯 5 年朗姆酒（Plantation Barbados 5-year Rum）

¾ 盎司新鲜青柠汁

¾ 盎司覆盆子糖浆

1 茶匙绿色查特酒

1 茶匙玛丽·布里扎德可可利口酒

将所有配料加入摇酒壶中，加冰块摇匀，然后双重滤入冰好的碟形杯中。不加装饰。

耍蛇人 ⊙
（低酒精度版）

泰森·布勒，2019 年

1½ 盎司杜凌白味美思

⅓ 盎司眼镜蛇之火葡萄干白兰地

⅓ 盎司蔗园巴巴多斯 5 年朗姆酒

¾ 盎司新鲜青柠汁

¾ 盎司覆盆子糖浆

⅓ 茶匙绿色查特酒

⅓ 茶匙玛丽·布里扎德可可利口酒

将所有配料加入摇酒壶中，加冰块摇匀，然后双重滤入冰好的碟形杯中。不加装饰。

酸涩的灵魂
（Sour Soul）

马修·贝朗格，2019 年

1 盎司老奥弗沃特 100 度纯黑麦威士忌

½ 盎司布斯奈 VSOP 卡尔瓦多斯

½ 盎司圣乔治梨子利口酒

¾ 盎司新鲜柠檬汁

¾ 盎司香草糖浆

½ 盎司干红葡萄酒

将除干红葡萄酒外的所有配料加入摇酒壶中，加冰块摇匀，然后滤入装有一块大方冰的加大古典杯中。沿着吧勺背面将干红葡萄酒慢慢地倒入酒杯中，使其浮在鸡尾酒表面。

星蓝石
（Star Sapphire）

马修·贝朗格，2017 年

我想用黑刺李金酒来调制一款秋天版的玛格丽特。我加入了多香果苦精来为这款鸡尾酒增添些许香料气息，使其更符合秋季的氛围。最终，这款酒呈现出浓郁的紫色，所以我以《绿灯侠》（Green Lantern）中的反派角色来命名它。——马修·贝朗格

1 盎司塔巴蒂奥 100 银色特其拉

1 盎司雷塞特鲍尔黑刺李金酒（Reisett-bauer Sloeberry Gin）

½ 盎司吉发得粉红葡萄柚利口酒

¾ 盎司新鲜青柠汁

½ 盎司香草糖浆

1 滴戴尔·德格罗夫多香果苦精
装饰：半片葡萄柚片

将除装饰外的所有配料加入摇酒壶中，加冰块摇匀，然后滤入装有一块大方冰的加大古典杯中。用半片葡萄柚片装饰。

太阳勋章
（Sun Medallion）

萨姆·约翰逊，2018 年

我调制鸡尾酒的常用方法是先品尝基酒，确定几种风味，然后尝试用其他配料将这些风味烘托出来。我在辛加尼白兰地中尝到了杏子的味道，所以我加入杏子白兰地来加强这种味道，然后以苏玳葡萄酒的氧化坚果味和澳洲坚果糖浆的组合来完善核果的风味轮廓。——萨姆·约翰逊

1 盎司辛加尼 63 白兰地

1 盎司布鲁姆·马里伦杏子白兰地

½ 盎司金花堡苏玳葡萄酒

¾ 盎司新鲜柠檬汁

½ 盎司杏仁工坊澳洲坚果糖浆

1 个蛋清

装饰：1 个葡萄柚皮卷

将除装饰外的所有配料加入摇酒壶中干摇，然后加冰再摇。双重滤入冰好的碟形杯中。将葡萄柚皮卷置于鸡尾酒上方挤出皮油，然后弃之。

法律中的窃贼

（Thieves in Law）

吉利安·沃斯，2014 年

这是我首次使用深受人们喜爱的澳洲坚果糖浆来调制鸡尾酒，该糖浆是由我们的朋友提基·亚当斯（Tiki Adams）在布鲁克林的杏仁工坊制作的。——吉利安·沃斯

2 盎司添加利马六甲金酒

½ 盎司杜凌龙蒿利口酒

¾ 盎司杏仁工坊澳洲坚果糖浆

½ 盎司新鲜柠檬汁

½ 盎司新鲜青苹果汁

将所有配料加入摇酒壶中，加冰块摇匀，然后双重滤入冰好的碟形杯中。不加装饰。

愤怒的公牛

（Toro Bravo）

泰森·布勒，2015 年

3 片黄瓜

1½ 盎司卢世涛曼赞尼拉雪莉酒

½ 盎司马洪金酒（Mahon Gin）

1 茶匙黄色查特酒

¾ 盎司新鲜柠檬汁

½ 盎司自制杏仁糖浆

装饰：在酒签上穿好的黄瓜片

将黄瓜片放入摇酒壶中，轻轻捣几下。加入除装饰外的剩余配料，加冰块摇匀。然后双重滤入冰好的碟形杯中，并以黄瓜片装饰。

贸易风 ✢

（Tradewinds）

泰森·布勒，2019 年

1 盎司西马隆金色特其拉

½ 盎司克利尔溪 8 年苹果白兰地

½ 盎司温室贸易风加兰玛萨拉白兰地（Glasshouse Trade Winds Garam Masala Brandy）

¼ 盎司吉发得鲁西永杏子利口酒

¾ 盎司新鲜柠檬汁

½ 盎司甘蔗糖浆

2 滴佩肖苦精

装饰：1 片柠檬片

将除装饰外的所有配料加入摇酒壶中，加冰块摇匀，然后滤入装有一块大方冰的加大古典杯中。用柠檬片装饰。

贸易风 ⊙

（低酒精度版）

泰森·布勒，2019 年

1½ 盎司卢世涛欧洛罗索雪莉酒

¾ 盎司新鲜柠檬汁

½ 盎司甘蔗糖浆

¼ 盎司西马隆金色特其拉

2 茶匙克利尔溪 8 年苹果白兰地

2 茶匙温室贸易风加兰玛萨拉白兰地

1 茶匙吉发得鲁西永杏子利口酒

2 滴佩肖苦精

装饰：1 片柠檬片

将除装饰外的所有配料加入摇酒壶中，加冰块摇匀，然后滤入装有一块大方冰的加大古典杯中。用柠檬片装饰。

像我们这样的流浪汉
（Tramps Like Us）

泰森·布勒，2016 年

虽然这款鸡尾酒用到的成分比我想象中的要多，但每当我尝试去掉其中任何一种成分时，这款酒都会走味。所有的成分都完美地融合在一起，形成一种我们一直在追求的鲜明风味。这款鸡尾酒显然是以影片《老板》（*The Boss*）命名的。在 2016 年的一段时间内，人们经常在酒吧里谈论这部影片。——泰森·布勒

1 盎司多萝茜帕克金酒（Dorothy Parker Gin）

½ 盎司克罗格斯塔德阿夸维特

½ 盎司玛斯尼覆盆子白兰地

¼ 盎司金巴利

¼ 盎司玛丽·布里扎德可可利口酒

¾ 盎司新鲜柠檬汁

½ 盎司覆盆子糖浆

装饰：1 个柠檬片、1 颗覆盆子、1 束薄荷

将除装饰外的所有配料加入摇酒壶中，加冰块快速摇制约 5 秒，然后滤入加大古典杯。加入碎冰，用柠檬片、覆盆子和薄荷束装饰，配上一根吸管即可饮用。

伏都教的梦想 ✲
（Voodoo Dreams）

基利·萨瑟兰，2018 年

我想用苏格兰威士忌创作一款可口、温暖的秋季提基风格鸡尾酒，所以我加入了光阴似箭香蕉利口酒，以增添香蕉面包风味。——基利·萨瑟兰

1 盎司外交官珍藏版朗姆酒

1 盎司威雀威士忌

½ 盎司光阴似箭香蕉利口酒

½ 盎司新鲜柠檬汁

½ 盎司德梅拉拉糖浆

2 份比特曼巧克力苦精

½ 滴盐溶液

装饰：1 束薄荷和适量干香蕉片

将除装饰外的所有配料加入摇酒壶中，加少量碎冰摇匀。倒入提基杯中，加入碎冰。用薄荷束和干香蕉片装饰，配上一根吸管即可饮用。

瓦科小子
（Waco Kid）

泰森·布勒，2014 年

这是我第一次在鸡尾酒中尝试使用澄清果汁。我以布拉德·法伦的"烈马"（Blazing Saddles）为创作灵感，将其改编成一款酸味的马天尼。——泰森·布勒

2 盎司海威斯特银燕麦威士忌

¾ 盎司杜凌白味美思

½ 盎司孔比耶葡萄柚利口酒

½ 盎司澄清青柠汁（见第 386 页）

1 茶匙肉桂糖浆

1 滴比特曼提基苦精

装饰：1 个葡萄柚皮卷

将除装饰外的所有配料倒入搅拌杯中，加冰块搅拌均匀，然后滤入冰好的碟形杯中。将葡萄柚皮卷置于鸡尾酒上方挤出皮油，然后弃之。

沃莫尔的忧郁

（Warmore's Blues）

泰森·布勒，2017 年

2 盎司开心果浸泡爱利加波本威士忌（见第 383 页）

¼ 盎司马蒂尔德桃子利口酒

¾ 盎司新鲜柠檬汁

½ 盎司甘蔗糖浆

1 滴安高天娜苦精

将所有配料加入摇酒壶中，加冰块摇匀，然后双重滤入冰好的碟形杯中。不加装饰。

风帆

（Windjammer）

泰森·布勒，2018 年

1 盎司韦勒特别珍藏波本威士忌

½ 盎司阿普尔顿庄园珍藏牙买加朗姆酒

½ 盎司汉密尔顿牙买加壶式蒸馏珍藏朗姆酒

½ 盎司吉发得巴西香蕉利口酒

¾ 盎司新鲜柠檬汁

¼ 盎司自制姜味糖浆

¼ 盎司自制杏仁糖浆

装饰：干洋甘菊

将除装饰外的所有配料倒入摇酒壶中，加少量碎冰进行摇制，直到混合均匀。倒入提基杯中，加入碎冰。在鸡尾酒表面撒一些干洋甘菊，配上吸管即可饮用。

醇厚浓烈型

尖儿和八 ❋
(Aces and Eights)

贾里德·魏甘德，2016 年

2 盎司特索罗金色特其拉
½ 盎司梅乐蒂阿玛罗
1 茶匙加利安奴咖啡利口酒
1 茶匙香草糖浆
1 滴比特曼巧克力苦精
装饰：1 个橙皮卷

将除装饰外的所有配料加入搅拌杯中，加冰块搅拌均匀，然后滤入装有一块大方冰的加大古典杯中。将橙皮卷置于鸡尾酒上方挤出皮油，然后放入杯中。

高度计茱莉普
(Altimeter Julep)

贾里德·魏甘德，2017 年

我喜欢特索罗特其拉和苹果白兰地搭配在一起的味道，我在很多款鸡尾酒中都使用了这种组合。它们带有阿尔卑斯山和圣诞节的气息，而枫糖浆则是这款老式鸡尾酒改编的最佳甜味剂。——贾里德·魏甘德

1½ 盎司特索罗金色特其拉
½ 盎司克利尔溪 8 年苹果白兰地
¼ 盎司黄色查特酒
¼ 盎司克利尔溪道格拉斯冷杉白兰地
¼ 盎司枫糖浆
装饰：1 束薄荷和 1 片干苹果片

将除装饰外的所有配料倒入茱莉普杯中，加入碎冰至酒杯半满。握住杯沿，搅拌并转动冰块，持续约 10 秒。之后再加入一些碎冰至酒杯 ⅔ 满，继续搅拌，直到酒杯外壁完全结霜。再加入一些碎冰至高出杯沿。用薄荷束和干苹果片装饰，配上一根吸管即可饮用。

狡猾的道奇 ❋
(Artful Dodger)

泰森·布勒，2015 年

味噌和香蕉的组合非常棒。我想用一款简单的、以白兰地和朗姆酒为基酒的老式鸡尾酒来突出这种风味。——泰森·布勒

1 盎司味噌浸泡塔希克经典雅文邑（见第 381 页）
1 盎司杜兰朵 15 年朗姆酒
1 茶匙德梅拉拉糖浆
½ 茶匙吉发得巴西香蕉利口酒
装饰：1 个柠檬皮卷

将除装饰外的所有配料加入搅拌杯中，加冰块搅拌均匀，然后滤入装有一块大方冰的加大古典杯中。将柠檬皮卷置于鸡尾酒上方挤出皮油，然后弃之。

穷途末路
(Backroads)

迈克尔·布诺科雷（Michael Buonocore），2019 年

¾ 盎司韦斯特沃德美国单一麦芽威士忌
¾ 盎司德洛德 25 年雅文邑白兰地（Delord 25-year Bas Armagnac）
½ 盎司杜邦诺曼底苹果白兰地（Dupont Pommeau de Normande）
½ 茶匙阿目印度泥煤桶强单一麦芽威士忌

½ 茶匙香草糖浆

1 茶匙枫糖浆

将所有配料加入搅拌杯中，加冰块搅拌，然后滤入装有一块大方冰的古典杯中。不加装饰。

荒地补鞋匠 ☉
（Badlands Cobbler）

马修·贝朗格，2019 年

1 片橙片

1½ 盎司卡帕诺·安提卡味美思

¾ 盎司菲奈特·布兰卡

¾ 盎司杜兰朵 8 年朗姆酒

½ 盎司吉发得巴西香蕉利口酒

¼ 盎司德梅拉拉糖浆

1 滴泰拉香料公司桉树提取物

装饰：1 片橙片、1 束薄荷，以及适量糖粉

将橙片放入摇酒壶中，轻轻捣几下。加入除装饰外的剩余配料，加冰块摇匀。滤入郁金香杯，加入碎冰。用橙片和薄荷束装饰，并在鸡尾酒表面撒些糖粉。配上吸管即可饮用。

猛禽 ❋
（Birds of Prey）

马修·贝朗格，2015 年

将热带风味融入摇制类鸡尾酒中很容易，但要在搅拌类鸡尾酒中融入热带元素就难多了。在这款酒中，我用特其拉浸泡杜果，并围绕它来构思其余成分，以展现如何创作出一款颇具热带风情的搅拌类鸡尾酒。——马修·贝朗格

1 盎司杜果干浸泡卡莱 23 金色特其拉（见第 380 页）

1 盎司红鹳特立尼达朗姆酒

½ 盎司安乔·雷耶斯辣椒利口酒

1 茶匙甘蔗糖浆

1 滴比特终点咖喱苦精

装饰：1 个橙皮卷

将除装饰外的所有配料加入搅拌杯中，加冰块搅拌均匀，然后滤入装有一块大方冰的加大古典杯中。将橙皮卷置于鸡尾酒上方挤出皮油，然后放入杯中。

黑色粉末 ❋
（Black Powder）

斯科特·蒂格，2013 年

我一度痴迷于将不同烈酒混合后作为基酒，也就是在这个时候，我创作了这款鸡尾酒。我将品质极佳的、散发着优雅葡萄气息的雅文邑白兰地与带着烟熏味的梅斯卡尔搭配在一起。——斯科特·蒂格

1 盎司德玛盖维达梅斯卡尔

1 盎司塔希克经典 VS 低酒精度雅文邑白兰地

1 茶匙枫糖浆

½ 茶匙圣伊丽莎白多香果利口酒

1 滴自制橙味苦精

1 滴安高天娜苦精

装饰：1 个橙皮卷

将除装饰外的所有配料加入搅拌杯中，加冰块搅拌均匀，然后滤入装有一块大方冰的加大古典杯中。在酒杯上方点燃橙皮卷，然后放入鸡尾酒中。

忙于赚钱 ❋
(Busy Earning)

泰森·布勒，2015 年

当使用那些精心酿造的烈酒（如知更鸟威士忌）时，开发鸡尾酒配方就变得容易多了。我试着给它的风味轮廓加点其他元素，于是我加入一点菝葜和黑糖蜜朗姆酒，让威士忌的风味更为突出。——泰森·布勒

1½ 盎司知更鸟 12 年爱尔兰威士忌

½ 盎司克鲁赞黑糖蜜朗姆酒

¼ 盎司拉弗格 10 年苏格兰单一麦芽威士忌

1 茶匙菝葜德梅拉拉糖浆（Sarsaparilla Demerara Syrup，见第 374 页）

1 滴安高天娜苦精

装饰：1 个橙皮卷

将除装饰外的所有配料加入搅拌杯中，加冰块搅拌均匀，然后滤入装有一块大方冰的加大古典杯中。将橙皮卷置于鸡尾酒上方挤出皮油，然后放入鸡尾酒中。

卡里普索国王 ❋
(Calypso King)

泰森·布勒，2016 年

这是一款真正让基酒大放异彩的鸡尾酒，同时这个配方也是将那些昂贵的烈酒用在鸡尾酒中的好办法，尤其是那些年份高、风味浓郁、层次分明的朗姆酒，用它们来调酒其实并不难。——泰森·布勒

1 盎司纳瓦佐斯·帕拉齐欧洛罗索朗姆酒（Navazos Palazzi Oloroso Rum）

1 盎司知更鸟 12 年爱尔兰威士忌

1 茶匙菠萝果胶糖浆

½ 茶匙自制杏仁糖浆

1 滴比特曼提基苦精

装饰：1 个葡萄柚皮卷

将除装饰外的所有配料加入搅拌杯中，加冰块搅拌均匀，然后滤入装有一块大方冰的加大古典杯中。将葡萄柚皮卷置于鸡尾酒上方挤出皮油，然后放入鸡尾酒中。

卡什米尔的想法 ❋
(Cashmere Thoughts)

贾里德·魏甘德，2019 年

当我们尝试摆弄新购置的离心机时，泰森把一些脆饼干和樱桃白兰地混合并澄清，非常可口。我想在不那么麻烦或不运用设备的情况下呈现那种味道，然后我在新泽西州的一家酒类专卖店发现了一瓶瓶身积满灰尘的意大利曲奇利口酒。我觉得这款鸡尾酒浓郁、优雅又带点不羁，所以我以 Jay-Z 的一首歌来命名它。——贾里德·魏甘德

1½ 盎司古里·德·查德维尔高强度干邑

¼ 盎司玛斯尼樱桃白兰地

¼ 盎司冈萨雷斯·比亚斯诺埃佩德罗·希梅内斯（González Byass Noé Pedro Ximénez）

1 茶匙法乐蒂曲奇利口酒（Faretti Biscotti Liqueur）

1 滴苦艾酒

装饰：1 个柠檬皮卷

将除装饰外的所有配料加入搅拌杯中，加冰块搅拌均匀，然后滤入冰好的古典杯中。将柠檬皮卷置于鸡尾酒上方挤出皮油，然后弃之。

密码 ❄

(Cipher)

萨姆 · 约翰逊，2019 年

这是一款风味浓郁、酒精度较高的睡前鸡尾酒，以一款出色的雪莉桶换桶陈酿威士忌为基酒。在品尝过这款威士忌后，我觉得咖啡的味道会与之相得益彰，而黄色查特酒跟咖啡也很搭。——萨姆 · 约翰逊

1½ 盎司纳瓦佐斯 · 帕拉齐麦芽威士忌（Navazos Palazzi Overseas Malt Whiskey）

½ 盎司阿瓦安布拉纳桶陈卡莎萨

¼ 盎司加利安奴咖啡利口酒

¼ 盎司黄色查特酒

1 滴奇迹里红眼苦精

1 滴苦艾酒

装饰：1 个橙皮卷

将除装饰外的所有配料加入搅拌杯中，加冰块搅拌均匀，然后滤入装有一块大方冰的古典杯中。将橙皮卷置于鸡尾酒上方挤出皮油，然后放入鸡尾酒中。

城堡 ❄

(Citadelle)

泰森 · 布勒，2017 年

1 盎司莱茵霍尔杧果白兰地

1 盎司波士荷兰金酒

1 茶匙路萨朵樱桃利口酒

½ 茶匙花蜜糖浆

1 滴自制橙味苦精

1 滴苦艾酒

装饰：1 个柠檬皮卷

将除装饰外的所有配料加入搅拌杯中，加冰块搅拌均匀，然后滤入装有一块大方冰的加大古典杯中。将柠檬皮卷置于鸡尾酒上方挤出皮油，然后将其放入鸡尾酒中。

西拉诺

(Cyrano)

约翰尼 · 朗，2018 年

西娜尔利口酒为这款小潘趣（Ti' Punch）的改编版增添了美妙的风味，并使朗姆酒更加顺滑。这款鸡尾酒就像内格罗尼一样，刚开始饮用时甜味浓郁，但余味干爽，酒香四溢，朗姆酒回味悠长。——约翰尼 · 朗

1 片青柠果片（¼ 大小的果皮，带果肉）

1 茶匙菠萝果胶糖浆

1 盎司嘉冕 VSOP 农业朗姆酒

¾ 盎司西娜尔利口酒

¼ 盎司蔗园菠萝朗姆酒

1 滴安高天娜苦精

装饰：1 束薄荷

将青柠果片和菠萝果胶糖浆加入古典杯中搅拌均匀。加入除装饰外的剩余配料，加入碎冰，轻轻搅拌。用薄荷束装饰。

钻石小队 ❄

(Diamond Squad)

马修 · 贝朗格，2019 年

1¼ 盎司老福里斯特 100 波本威士忌

½ 盎司贝尔图白兰地

¼ 盎司铁锚啤酒花伏特加（Anchor Hophead Vodka）

1 茶匙菠萝果胶糖浆

½ 茶匙路萨朵樱桃利口酒

1 滴比特储斯桃子苦精

装饰：1 个柠檬皮卷

将除装饰外的所有配料加入搅拌杯中，加冰块搅拌均匀，然后滤入装有一块大方冰的古典杯中。将柠檬皮卷置于鸡尾酒上方挤出皮油，然后将其放入鸡尾酒中。

迪西兰朱莉普
（Dixieland Julep）

泰森·布勒，2017 年

1 盎司皮埃尔·费朗 1840 干邑

½ 盎司萨卡帕 23 朗姆酒

½ 盎司柠檬哈特 151 朗姆酒

¼ 盎司菲奈特·布兰卡

¼ 盎司比特曼新奥尔良咖啡利口酒

¼ 盎司菠萝果胶糖浆

装饰：1 片脱水菠萝片、1 束薄荷，以及 1 颗咖啡豆（磨碎）

将除装饰外的所有配料加入茱莉普杯中，加入碎冰至酒杯半满，搅拌并转动碎冰约 10 秒。再加入一些碎冰至酒杯 ⅔ 满，继续搅拌，直至酒杯外壁完全结霜。最后加入一些碎至高出杯沿。用脱水菠萝片和薄荷束装饰，并在鸡尾酒表面撒上一些咖啡粉。配上一根吸管即可饮用。

双龙 ❄
（Double Dragon）

阿尔·索塔克，2014 年

1 盎司山崎 12 年（或竹鹤）威士忌

1 盎司索姆布拉梅斯卡尔

¼ 盎司波特酒糖浆

2 滴比特终点摩洛哥苦精

装饰：1 个橙皮卷

将除装饰外的所有配料加入搅拌杯中，加冰块搅拌均匀，然后滤入装有一块大方冰的加大古典杯中。将橙皮卷置于鸡尾酒上方挤出皮油，然后放入鸡尾酒中。

空巢老人
（Empty Nester）

戴夫·安德森，2019 年

这是我创作的一款更苦、更具复杂度的雪莉寇伯乐。在配方中加入少量西里尔·赞斯苹果白兰地，效果出奇地好，它让这款酒尝起来就像我妈妈做的苹果脆片。这款酒的装饰很奢华，温馨提示，寇伯乐鸡尾酒的装饰就应该略显夸张，足够吸引眼球。——戴夫·安德森

1 片柠檬果片（¼ 大小的果皮，带果肉）

半片橙片

1½ 盎司卢世涛曼赞尼拉雪莉酒

1 盎司博纳尔龙胆奎宁利口酒

½ 盎司诺妮阿玛罗

1 茶匙西里尔·赞斯苹果白兰地

¼ 盎司肉桂糖浆

装饰：1 束薄荷、半片橙片、1 片苹果、适量糖粉和 1 根肉桂棒（磨碎）

将柠檬果片和半片橙片放入摇酒壶中，轻轻捣几下。加入除装饰外的剩余配料，加少量碎冰进行摇制，直至所有成分混合均匀。然后滤入冰好的茱莉普杯中，加入碎冰。将薄荷束、半片橙片和 1 片苹果片插入碎冰中，撒上糖粉和肉桂粉。

黑洞表面 ❄
（Event Horizon）

萨姆·约翰逊，2018 年

我尝试用来自墨西哥的原料来改编经典的多伦多鸡尾酒。菲奈特瓦雷特是一款墨西哥苦艾酒，非常干涩，尝起来就像肉桂粉一样。另外，我将澳洲坚果糖浆与澳洲坚果利口酒加入其中。这是我乐此不疲的事，因为这种坚果糖浆的香气不会太过浓郁，因此把它和澳洲坚果利口酒搭配在一起使用，能够完美呈现出澳洲坚果的风味。——萨姆·约翰逊

2 盎司西亚特·拉古阿斯安赫霍特其拉（Siete Leguas Aejo Tequila）
¾ 盎司菲奈特瓦雷特
1 茶匙杏仁工坊澳洲坚果糖浆
½ 茶匙特雷德·维克牌澳洲坚果利口酒
装饰：1 个橙皮卷

将除装饰外的所有配料加入搅拌杯中，加冰块搅拌均匀，然后滤入装有一块大方冰的加大古典杯中。将橙皮卷置于鸡尾酒上方挤出皮油，然后放入鸡尾酒中。

虚假峰会 ❄
（False Summit）

萨姆·约翰逊，2018 年

这款鸡尾酒为威士忌和陈酿朗姆酒爱好者提供了至尊享受，因为它充满了烈酒基酒的饱满风味。尽管这款鸡尾酒中威士忌的含量更高，但朗姆酒才是真正的灵魂所在，它的味道非常浓郁，所以不需要添加太多。佩德罗·希梅内斯雪莉酒为鸡尾酒增添了额外的质地和甜味，而朗姆酒则与这些风味完美融合在了一起。——萨姆·约翰逊

1½ 盎司泰康奈尔爱尔兰单一麦芽威士忌
½ 盎司纳瓦佐斯·帕拉齐欧洛罗索朗姆酒
2 茶匙冈萨雷斯·比亚斯佩德罗·希梅内斯雪莉酒
1 茶匙光阴似箭香蕉利口酒
装饰：1 个橙皮卷

将除装饰外的所有配料加入搅拌杯中，加冰块搅拌均匀，然后滤入装有一块大方冰的古典杯中。将橙皮卷置于鸡尾酒上方挤出皮油，然后弃之。

免费款待 ❄
（Get Free）

马修·贝朗格，2017 年

我从老派提基风格鸡尾酒中借鉴了樱桃利口酒和百香果的组合，并将它们融入由"自由自在"改编的鸡尾酒中。——马修·贝朗格

1 盎司巴雷尔威士忌批次 004
1 盎司杜兰朵 15 年德梅拉拉朗姆酒
2 茶匙路萨朵樱桃利口酒
1 茶匙吉发得百香果利口酒
1 滴比特曼提基苦精
装饰：1 个葡萄柚皮卷

将除装饰外的所有配料加入搅拌杯中，加冰块搅拌均匀，然后滤入装有一块大方冰的加大古典杯中。将葡萄柚皮卷置于鸡尾酒上方挤出皮油，然后放入鸡尾酒中。

金色矛头

(Golden Lancehead)

马修·贝朗格，2017 年

我有种预感，芦荟利口酒跟小潘趣很搭，因为它和农业朗姆酒一样，都有一种青草气息。梨子白兰地让这款鸡尾酒的口感更加圆润，但你在最终的酒饮中并不会尝不到梨的味道。这很好地证明了梨如何在不影响酒饮主要风味的前提下提升酒饮的品质。——马修·贝朗格

1 片青柠果片（¼ 大小，带果肉）

1 茶匙甘蔗糖浆

1¼ 盎司嘉冕农业白朗姆酒

½ 盎司查若芦荟利口酒

¼ 盎司克利尔溪梨子白兰地

½ 茶匙绿色查特酒

将青柠果片和甘蔗糖浆加入古典杯中，搅拌均匀。倒入剩余的配料，加入碎冰，轻轻搅拌。不加装饰。

金发姑娘 ❀

(Goldilocks)

吉利安·沃斯，2014 年

1½ 盎司汉密尔顿牙买加壶式蒸馏金朗姆酒

½ 盎司格兰冠 10 年威士忌（Glen Grant 10-year Whisky）

¼ 盎司西奥恰罗阿玛罗

¼ 盎司吉发得巴西香蕉利口酒

½ 茶匙甘蔗糖浆

1 滴比特方牙买加黑糖蜜苦精

装饰：1 个橙皮卷

将除装饰外的所有配料加入搅拌杯中，加冰块搅拌均匀，然后滤入装有一块大方冰的加大古典杯中。将橙皮卷置于鸡尾酒上方挤出皮油，然后放入鸡尾酒中。

叶隐 ❀

(Hagakure)

马修·贝朗格，2018 年

在日本威士忌开始真正流行起来之后，日本公司开始采取限购措施，好在此前我们买下了所有能够买到的山崎威士忌。当这款鸡尾酒出现在酒单上时，我们已经囤积了大量山崎威士忌。这是酒单上最贵的鸡尾酒，但它卖得相当好。如果你找不到山崎威士忌，可以用三得利季或一甲科菲谷物威士忌代替，用它们调出来的酒的味道几乎一样好。——马修·贝朗格

1½ 盎司山崎 12 年威士忌

½ 盎司卡尔里拉 12 年苏格兰威士忌

¼ 盎司查若芦荟利口酒

1 茶匙甘蔗糖浆

½ 茶匙黄色查特酒

2 滴奇迹里柚子苦精

装饰：1 个柠檬皮卷

将除装饰外的所有配料加入搅拌杯中，加冰块搅拌均匀，然后滤入装有一块大方冰的古典杯中。将柠檬皮卷置于鸡尾酒上方挤出皮油，然后弃之。

西拉诺

她的名字是乔伊 ❋
(Her Name is Joy)

萨姆·潘顿，2019 年

如果选一款最能代表我自己的鸡尾酒，那就是它了。我一直很喜欢朗姆酒，过去曾在提基风格酒吧工作过。"高原骑士"是我最喜欢的苏格兰威士忌之一，所以我把它和一款风味非常独特、强烈的牙买加朗姆酒搭配在一起，以"老广场"（我最喜欢的经典鸡尾酒）为灵感，创作出了这款鸡尾酒。——萨姆·潘顿

1 盎司阿普尔顿庄园 21 年牙买加朗姆酒

1 盎司高原骑士 12 年苏格兰威士忌

¼ 盎司卢世涛欧洛罗索雪莉酒

1 茶匙廊酒

1 茶匙加利安奴咖啡利口酒

½ 茶匙德梅拉糖浆

装饰：1 个橙皮卷

将除装饰外的所有配料加入搅拌杯中，加冰块搅拌均匀，然后滤入装有一块大方冰的古典杯中。将橙皮卷置于鸡尾酒上方挤出皮油，然后弃之。

劫匪 ❋
(Highwayman)

泰森·布勒，2018 年

这是另一款以威士忌为基酒的鸡尾酒，以西部影片命名。咖啡和热带水果风味的组合总是让人感到其乐无穷。——泰森·布勒

1¼ 盎司爱利加 12 年波本威士忌

½ 盎司波摩 12 年苏格兰威士忌

¼ 盎司史密斯与克罗斯牙买加朗姆酒

2 茶匙加利安奴咖啡利口酒

1 茶匙吉发得百香果利口酒

装饰：1 个橙皮卷

将除装饰外的所有配料加入搅拌杯中，加冰块搅拌均匀，然后滤入装有一块大方冰的加大古典杯中。将橙皮卷置于鸡尾酒上方挤出皮油，然后放入鸡尾酒中。

盗贼间的荣誉 ❋
(Honor Amongst Thieves)

泰森·布勒，2016 年

我们在纽约至死相伴酒吧只供应过几款热鸡尾酒，因为它们在酒吧狭小的空间里制作起来相当麻烦。这款热红酒是批量预调的，放在热水中保温备用，以便快速供应给客人。——泰森·布勒

3 盎司圣科姆·克罗泽 – 赫米塔日（Saint Cosme Crozes-Hermitage）

½ 盎司克鲁赞黑糖蜜朗姆酒

½ 盎司烟熏大黄阿玛罗（Amaro Sfumato）

½ 盎司德梅拉拉糖浆

2 滴比特储斯芳香苦精

3 滴泰拉香料公司桦木提取物

装饰：1 个橙皮卷和少量肉豆蔻粉

将除装饰外的所有配料放入小炖锅中，中低火加热，偶尔搅拌，直到冒热气但不要煮沸。倒入爱尔兰咖啡杯中。将橙皮卷置于鸡尾酒上方挤出皮油后丢弃，最后在鸡尾酒表面撒一些肉豆蔻粉。

热梦 ⌛

(Hot Dreams)

贾里德·魏甘德，2018 年

这是我最喜欢的至死相伴酒吧特调，它的风格几乎自成一派。乔恩·阿姆斯特朗创制出了哈瓦那辣椒酊剂（见第 390 页），有了它，我们便无须再将墨西哥辣椒浸泡在特其拉中——现在，使用这款酊剂便能为鸡尾酒增添独特的风味。至于花生酱味的黑麦威士忌，很多人都能在老奥弗沃特黑麦威士忌中尝到花生味，所以我通过脂洗法加强了这种味道，然后用烟熏巧克力味的梅斯卡尔来增强它。花生酱与花蜜相得益彰，因此我用花蜜糖浆作为甜味剂。这款鸡尾酒在我们酒吧很畅销，因为它包含了 3 种让客人觉得"我必须尝尝"的成分。——贾里德·魏甘德

1½ 盎司花生酱浸泡老奥弗沃特黑麦威士忌（见第 383 页）

½ 盎司德玛盖奇奇卡帕梅斯卡尔

¼ 盎司冈萨雷斯·比亚斯佩德罗·希梅内斯甜雪莉酒

1 茶匙花蜜糖浆

1 滴比特曼巧克力苦精

½ 滴哈瓦那辣椒酊剂

将所有配料加入搅拌杯中，加冰块搅拌均匀，然后滤入装有一块大方冰的古典杯中。不加装饰。

我反对我 ✿

(I Against I)

马修·贝朗格，2019 年

许多牙买加朗姆酒生产商从汉普顿酒厂购买放克味儿十足的朗姆酒，并将其调和到自己生产的朗姆酒中。如今，汉普顿酒厂开始自己装瓶朗姆酒，而且其产品比其他牙买加朗姆酒的风味更加独特。在这里，它是这款萨泽拉克改编鸡尾酒的明星成分。——马修·贝朗格

女巫利口酒，用于洗杯

1 盎司汉普顿庄园单一牙买加朗姆酒

1 盎司国王街苏格兰调和威士忌

¼ 盎司花蜜糖浆

2 滴佩肖苦精

½ 滴比特终点牙买加辣椒苦精

装饰：1 个葡萄柚皮卷

用女巫利口酒润洗古典杯，然后倒掉酒液。将除装饰外的剩余配料加入搅拌杯中，加冰块搅拌均匀，然后滤入古典杯。将葡萄柚皮卷置于鸡尾酒上方挤出皮油，然后弃之。

跑冰茉莉普 ✿

(Ice Run Julep)

萨姆·约翰逊，2018 年

这款产自布鲁克林的弗萨夫马赛阿玛罗具有凉爽的薄荷风味、蜡质口感，以及花蜜香气。它是这款清凉解暑的茉莉普鸡尾酒的灵魂。——萨姆·约翰逊

1 盎司鹰牌 10 年陈酿波本威士忌（Eagle Rare 10-year Bourbon）

1 盎司佩尔侯精选雅文邑白兰地（Château de Pellehaut）

½ 盎司弗萨夫马赛阿玛罗

½ 茶匙甘曼怡

1 茶匙花蜜糖浆

装饰：1 束薄荷和半片橙子

将除装饰外的所有配料倒入茱莉普杯中，并向杯中加入碎冰至半满。握住杯沿，不停地搅拌碎冰，持续约 10 秒。再加入一些碎冰至酒杯约 ⅔ 满，继续搅拌，直至酒杯外壁结霜。继续添加碎冰，直至高出杯沿。用薄荷束和半片橙子装饰，配上一根吸管即可享用。

睫毛膏 ❋
（Lash Larue）

蒂姆·迈纳，2019 年

1¼ 盎司卡莱 23 银色特其拉

½ 盎司嘉冕 100 农业白朗姆酒

¼ 盎司雷塞特鲍尔胡萝卜白兰地

1 茶匙皮埃尔·费朗干库拉索酒

½ 茶匙葛缕子利口酒

1 茶匙甘蔗糖浆

1 滴自制橙味苦精

将所有配料倒入搅拌杯中，加冰块搅拌均匀，然后滤入装有一块大方冰的古典杯中。不加装饰。

最后的男人 ❋
（Last Man Standing）

亚历克斯·江普，2019 年

这是我第一次使用雷塞特鲍尔胡萝卜白兰地来调制鸡尾酒，它很快就成了我的最爱（也是很多人的最爱）。用它来调制这款鸡尾酒其实颇有难度，我最初想把它调制成萨泽拉克。——亚历克斯·江普

1½ 盎司罗素珍藏 10 年波本威士忌

½ 盎司利尼阿夸维特

1 茶匙雷塞特鲍尔胡萝卜白兰地

1 茶匙特雷德·维克牌澳洲坚果利口酒

1 茶匙自制杏仁糖浆

1 滴安高天娜苦精

装饰：1 个橙皮卷

将除装饰外的所有配料加入搅拌杯中，加冰块搅拌均匀，然后滤入装有一块大方冰的古典杯中。将橙皮卷置于鸡尾酒上方挤出皮油，然后放入鸡尾酒中。

最后的影子 ❋
（Last Shadow）

泰森·布勒，2014 年

这款鸡尾酒在酒单上只待了大约一个月，因为柠檬哈特 151 朗姆酒在美国一度停产。浓郁的朗姆酒、肉桂和菲奈特·布兰卡在这款鸡尾酒中完美地融合在了一起。——泰森·布勒

1½ 盎司杜兰朵 15 年朗姆酒

½ 盎司柠檬哈特 151 朗姆酒

½ 茶匙菲奈特·布兰卡

1 茶匙肉桂糖浆

1 茶匙德梅拉拉糖浆

装饰：1 个葡萄柚皮卷

将除装饰外的所有配料加入搅拌杯中，加冰块搅拌均匀，然后滤入装有一块大方冰的古典杯中。将葡萄柚皮卷置于鸡尾酒上方挤出皮油，然后放入鸡尾酒中。

寂寞拥挤的西部 ❋
(The Lonesome Crowded West)

马修·贝朗格，2018 年

这款老式鸡尾酒包含了所有大家喜欢的元素，所以它理所当然地成了酒单上最受欢迎的鸡尾酒。——马修·贝朗格

- 1½ 盎司隆德巴里利托三星朗姆酒
- ¾ 盎司诺妮阿玛罗
- ½ 盎司老祖父 114 波本威士忌
- ½ 茶匙吉发得百香果利口酒
- 1 滴安高天娜苦精
- 装饰：1 个葡萄柚皮卷

将除装饰外的所有配料加入搅拌杯中，加冰块搅拌均匀，然后滤入装有一块大方冰的古典杯中。将葡萄柚皮卷置于鸡尾酒上方挤出皮油，然后弃之。

孤星 ❋
(Lone Star)

马修·贝朗格，2018 年

我想创作一款喝起来就像是根汁啤酒的老式鸡尾酒。根汁啤酒提取物显然具有这种风味，我还加入了薄荷、多香果和香草，以及荷兰金酒，将这种风味进一步放大。——马修·贝朗格

- 1¾ 盎司塔巴蒂奥 110 银色特其拉
- ¼ 盎司波士荷兰金酒
- ¼ 盎司天鹅绒法勒纳姆酒
- 1 茶匙吉发得薄荷利口酒
- 1 茶匙香草糖浆
- 1 滴戴尔·德格罗夫多香果苦精
- 1 滴泰拉香料公司根汁啤酒提取物

装饰：1 个橙皮卷

将除装饰外的所有配料加入搅拌杯中，加冰块搅拌均匀，然后滤入装有一块大方冰的古典杯中。将橙皮卷置于鸡尾酒上方挤出皮油，然后放入鸡尾酒中。

长话短说 ❋
(Long Story Short)

杰里米·奥特尔，2017 年

- 1½ 盎司老福里斯特经典波本威士忌
- ½ 盎司史密斯与克罗斯牙买加朗姆酒
- ½ 茶匙肉桂糖浆
- ½ 茶匙德梅拉拉糖浆
- ½ 茶匙吉发得百香果利口酒
- 1 滴比特储斯杰瑞·托马斯苦精
- 装饰：1 个橙皮卷

将除装饰外的所有配料加入搅拌杯中，加冰块搅拌均匀，然后滤入装有一块大方冰的加大古典杯中。将橙皮卷置于鸡尾酒上方挤出皮油，然后放入鸡尾酒中。

巴尔的摩勋爵 ❋
(Lord Baltimore)

乔恩·阿姆斯特朗，2016 年

老式鸡尾酒通常使用柑橘类皮卷作为芳香装饰，但在这款鸡尾酒中，我选择使用葡萄柚利口酒来代替。——乔恩·阿姆斯特朗

- 1½ 盎司乔治迪克黑麦威士忌
- ½ 盎司派菲 110 黑麦威士忌
- 1 茶匙吉发得粉红葡萄柚利口酒

1 茶匙深色枫糖浆

½ 茶匙安高天娜阿玛罗

将所有配料加入搅拌杯中，加冰块搅拌均匀，然后滤入装有一块大方冰的加大古典杯中。不加装饰。

消失的地平线 ❄
(Lost Horizon)

泰森·布勒，2018 年

拉弗格 10 年苏格兰单一麦芽威士忌，用于洗杯

1 盎司阿普尔顿庄园珍藏牙买加朗姆酒

1 盎司御鹿 VSOP 干邑

2 茶匙吉发得巴西香蕉利口酒

1 茶匙菲奈特·布兰卡

装饰：1 个橙皮卷

用拉弗格威士忌润洗古典杯，然后倒掉酒液。将除装饰外的剩余配料加入搅拌杯中，加冰块搅拌均匀，然后滤入古典杯。将橙皮卷置于鸡尾酒上方挤出皮油，然后将其放入鸡尾酒中。

蝎尾狮 ❄
(The Manticore)

斯科特·蒂格，2014 年

2 盎司必富达金酒

¼ 盎司天鹅绒法勒纳姆酒

1 茶匙吉发得薄荷利口酒

1 茶匙肉桂糖浆

1½ 滴佩肖苦精

装饰：1 个柠檬皮卷

将除装饰外的所有配料加入搅拌杯中，加冰块搅拌均匀，然后滤入装有一块大方冰的古典杯中。将柠檬皮卷置于鸡尾酒上方挤出皮油，然后弃之。

对握茱莉普 ❄
(Match Grip Julep)

贾里德·魏甘德，2016 年

我想调制一款不使用新鲜薄荷的茱莉普鸡尾酒，于是我选择了菲奈特·布兰卡薄荷酒，再加入干邑，并用一种放克味儿十足的朗姆酒来增强果味，还加入了一些可可利口酒来增加酒体。——贾里德·魏甘德

1½ 盎司御鹿 VSOP 干邑

½ 盎司阿普尔顿庄园签名版朗姆酒

1 茶匙玛丽·布里扎德可可利口酒

1 茶匙菲奈特·布兰卡薄荷酒

1 茶匙德梅拉拉糖浆

1 滴比特曼巧克力苦精

1 茶匙汉密尔顿牙买加壶式蒸馏黑朗姆酒

装饰：1 束薄荷

将除汉密尔顿朗姆酒和薄荷外的所有原料放入茱莉普杯中，加入碎冰至酒杯半满。握住杯沿，不停地搅拌碎冰，持续约 10 秒。再加入一些碎冰至酒杯约 ⅔ 满，继续搅拌，直至酒杯外壁结霜。继续添加碎冰至高出杯沿。最后，将汉密尔顿朗姆酒淋在鸡尾酒表面，用薄荷束装饰，配上一根吸管即可享用。

开夜车
（Midnight Oil）

泰森·布勒，2017 年

半片橙片

1½ 盎司假山羊蹄西拉葡萄酒（Fausse Piste Garde Manger Syrah）

1½ 盎司阿玛卓阿玛罗

½ 盎司莱尔德保税苹果白兰地

¼ 盎司黄色查特酒

½ 盎司肉桂糖浆

装饰：1 颗黑莓和 1 根肉桂棒（磨碎）

将橙片放入摇酒壶中，轻轻捣几下。加入除装饰外的剩余配料，加少量碎冰进行摇制。倒入加大古典杯中，加入碎冰。用黑莓装饰，并在鸡尾酒表面撒上些肉桂粉，配上一根吸管即可饮用。

箕面濑野
（Minaseno）

泰森·布勒，2016 年

1 盎司干香菇浸泡响和风醇韵威士忌（见第 384 页）

1 盎司杜果干浸泡卡莱 23 金色特其拉

1 茶匙花蜜糖浆

½ 茶匙香草糖浆

1 滴自制橙味苦精

装饰：1 个柠檬皮卷和 1 个橙皮卷

将除装饰外的所有配料倒入摇酒壶中，加少量碎冰进行摇制。然后倒入装有一块大方冰的加大古典杯中。将柠檬皮卷和橙皮卷置于鸡尾酒上方挤出皮油，然后放入鸡尾酒中。

君王茉莉普 ✹
（Monarch Julep）

泰森·布勒，2016 年

1½ 盎司里格堪萨斯城威士忌（J. Rieger Kansas City Whiskey）

½ 盎司桃街牌桃子白兰地（Peach Street Peach Brandy）

½ 盎司屹达庄欧洛罗索雪莉酒

¼ 盎司西奥恰罗阿玛罗

¼ 盎司玛斯尼桃子利口酒

¼ 盎司花蜜糖浆

装饰：1 束薄荷和 1 片桃片

将除装饰外的所有配料倒入茉莉普杯中，加入碎冰至酒杯半满。握住杯沿，不停地搅拌碎冰，持续约 10 秒。再加入一些碎冰至酒杯约 ⅔ 满，继续搅拌，直至酒杯外壁结霜。继续添加碎冰至高出杯沿。用薄荷束和桃片装饰，配上一根吸管即可享用。

怪化猫 ✹
（Mononoke）

香农·特贝，2019 年

1 片柠檬片

2 盎司俏雅梅酒（Choya Kokuto Umeshu）

1 盎司卢世涛阿蒙提拉多雪莉酒

¼ 盎司杜凌龙蒿利口酒

¼ 盎司甘蔗糖浆

装饰：1 片柠檬片、1 片苹果片和 1 束薄荷

将柠檬片放入摇酒壶中，轻轻捣几下。加入除装饰外的剩余配料，加少量碎冰进行摇制，然后倒入柯林斯杯中，再加入适量碎冰。用柠檬片、苹果片和薄荷束装饰，配上

一根吸管即可享用。

光之山 ⚜
(Mountain of Light)

马修·贝朗格，2019 年

苹果和肉豆蔻是食品和香水中常见的组合。我以卡斯卡温酒厂所在的高山来命名这款鸡尾酒，这座山因富含金属矿物质而经常遭受雷击。——马修·贝朗格

1½ 盎司卡斯卡温 48 普拉塔特其拉

½ 盎司利奥波德兄弟纽约酸苹果利口酒

1 茶匙莱茵霍尔苹果白兰地

1 茶匙甘蔗糖浆

1 滴安高天娜苦精

3 滴好斗肉豆蔻苦精

装饰：1 片苹果片

将除装饰外的所有配料加入搅拌杯中，加冰块搅拌均匀，然后滤入装有一块大方冰的古典杯中。用苹果片装饰。

移动目标 ⚜
(Moving Target)

杰里米·奥特尔，2016 年

苦艾酒，用于洗杯

1½ 盎司皮埃尔·费朗 1840 干邑

½ 盎司瑞顿房黑麦威士忌

½ 盎司让－吕克·帕斯奎覆盆子开胃酒

1 茶匙德梅拉拉糖浆

2 滴奇迹里红眼苦精

装饰：1 个柠檬皮卷

用苦艾酒润洗古典杯，然后倒掉酒液。

将除装饰外的剩余配料加入搅拌杯中，加冰块搅拌均匀，然后滤入古典杯。将柠檬皮卷置于鸡尾酒上方挤出皮油，然后弃之。

贵族一号 ◎
(Noble One)

贾维尔·塔夫脱，2019 年

在品尝了萨姆创作的"天梯"（见第 347 页）之后，我想创作一款以白波特酒为基酒的翠竹鸡尾酒改编版，它将融合波特酒、杏子利口酒和雪莉酒的风味，味道非常酷。我一开始将这款鸡尾酒调制成了翠竹鸡尾酒，然后改成了酸酒，接着又变成了柯林斯鸡尾酒，最终又回到了最初的翠竹鸡尾酒配方。——贾维尔·塔夫脱

1½ 盎司尹帆塔多酒庄白波特酒

1½ 盎司阿维尔奶油雪莉酒（Alvear Festival Pale Cream Sherry）

1 茶匙罗斯曼和温特果园杏子利口酒

½ 茶匙花蜜糖浆

1 滴自制橙味苦精

装饰：1 个柠檬皮卷

将除装饰外的所有配料加入搅拌杯中，加冰块搅拌均匀，然后滤入古典杯中。将柠檬皮卷置于鸡尾酒上方挤出皮油，然后弃之。

不看人传球 ⚜
(No-look Pass)

香农·庞什，2020 年

这款鸡尾酒清澈透明，所以杯中的风味确实很让人感到惊讶。我之前调制过哈瓦

不看人传球

那辣椒、罗勒和桃子的风味组合，所以我对这一风味组合很有信心，就像一名篮球运动员对自己的技术和队友跑位有着充足的信心，可以在球场上完成炫酷的"不看人传球"。——香农·庞什

1¼ 盎司科尔特斯梅斯卡尔（Agave de Cortes Mezcal）

¾ 盎司安裴丽克哈瓦那辣椒蒸馏酒

1 茶匙玛斯尼花园派对罗勒利口酒（Massenez Garden Party Basil Liqueur）

½ 茶匙吉发得桃子利口酒

½ 茶匙单糖浆

装饰：1 小枝罗勒

将除装饰外的所有配料加入搅拌杯中，加冰块搅拌均匀，然后滤入装有一块大方冰的古典杯中。用罗勒枝装饰。

法外之地 ❋
（Outlaw Country）

泰森·布勒，2017 年

这种由基酒、苦艾酒、热带水果和香料构成的风味组合，我们在许多老式鸡尾酒的改编中曾使用过。但它总有更多的探索空间，而且它似乎永远不会让我们失望。——泰森·布勒

1 盎司老祖父保税波本威士忌

½ 盎司蔗园菠萝朗姆酒

¼ 盎司史密斯与克罗斯牙买加朗姆酒

¼ 盎司雅凡娜阿玛罗酒

1 茶匙香草糖浆

1 滴安高天娜苦精

装饰：1 个橙皮卷

将除装饰外的所有配料加入搅拌杯中，加冰块搅拌均匀，然后滤入装有一块大方冰的加大古典杯中。将橙皮卷置于鸡尾酒上方挤出皮油，然后放入鸡尾酒中。

纸片酒店 ❋
（Paper Thin Hotel）

贾里德·魏甘德，2018 年

1½ 盎司开心果浸泡瑞顿房黑麦威士忌（见第 384 页）

½ 盎司皮埃尔·费朗 1840 干邑

1 茶匙德梅拉拉糖浆

½ 茶匙玛斯尼桃子利口酒

2 滴安高天娜苦精

装饰：1 个橙皮卷和 1 个柠檬皮卷

将除装饰外的所有配料加入搅拌杯中，加冰块搅拌均匀，然后滤入装有一块大方冰的古典杯中。将橙皮卷置于鸡尾酒上方挤出皮油，然后轻轻地在杯沿抹一下；将柠檬皮卷置于鸡尾酒上方挤出皮油，然后将橙皮卷和柠檬皮卷放入杯中，作为装饰。

帕皮楚莱
（Papi Chulep）

乔恩·阿姆斯特朗，2015 年

这款鸡尾酒充分展现了奇奇卡帕梅斯卡尔的风味特征，它具有黑巧克力、薄荷和苦橙的味道。我调制茉莉普的方式和大多数人不一样，我不喜欢在摇酒壶里把薄荷捣碎或揉碎，我更喜欢将新鲜薄荷和其他原料一起干摇，这样能得到更新鲜的风味。——乔恩·阿姆斯特朗

6~8 片薄荷叶

1½ 盎司可可碎浸泡卡莱 23 金色特其拉
（见第 379 页）

½ 盎司德玛盖奇奇卡帕梅斯卡尔

¼ 盎司甘曼怡

1 茶匙甘蔗糖浆

装饰：1 束薄荷

将除装饰外的所有配料加入摇酒壶中干摇，然后加冰再次摇匀。双重滤入冰好的茱莉普杯中，加入碎冰。用薄荷束装饰，配上一根吸管即可饮用。

幻影心情 ❄
（Phantom Mood）

杰里米·奥特尔，2017 年

我喜欢带着一点辣味的老式鸡尾酒，余味中还带有一点额外的灼烧感。——杰里米·奥特尔

1½ 盎司托雷斯 15 年白兰地（Torres 15-year brandy）

½ 盎司云顶 10 年苏格兰威士忌

¼ 盎司佩德罗·希梅内斯雪莉酒

1 茶匙卡佛阿玛多杏仁利口酒（Caffo Amaretto）

1 滴苦艾酒

1 滴奇迹里巧克力辣椒苦精

装饰：1 个橙皮卷

将除装饰外的所有配料加入搅拌杯中，加冰块搅拌均匀，然后滤入装有一块大方冰的加大古典杯中。将橙皮卷置于鸡尾酒上方挤出皮油，然后放入鸡尾酒中。

报春花 ❄
（Primrose）

贾里德·魏甘德，2018 年

这是一款不涉及任何浸泡、特殊糖浆或奇怪果汁的鸡尾酒。我喜欢创作那些可以在任何地方复制的鸡尾酒。——贾里德·魏甘德

1½ 盎司埃斯帕杭斯酒庄白雅文邑

½ 盎司德玛盖圣多明各阿尔巴拉达斯梅斯卡尔

½ 盎司意塔黎佛手柑利口酒

1 茶匙单糖浆

1 滴自制橙味苦精

装饰：1 个柠檬皮卷

将除装饰外的所有配料加入搅拌杯中，加冰块搅拌均匀，然后滤入装有一块大方冰的古典杯中。将柠檬皮卷置于鸡尾酒上方挤出皮油，然后放入鸡尾酒中。

拳师
（Pugilist）

泰森·布勒，2015 年

尼克·贾勒特（Nick Jarrett）的"职业拳击手 #1"（Prizefighter #1）是一款以味美思和菲奈特·布兰卡为基础成分调制而成的鸡尾酒，是当代最佳鸡尾酒之一。"拳师"在保持"职业拳击手 #1"原有风格的基础上，演变为一款更接近寇伯乐的鸡尾酒。——泰森·布勒

半片葡萄柚

1½ 盎司卡帕诺·安提卡味美思

¾ 盎司菲奈特·布兰卡

¾ 盎司雅凡娜阿玛罗酒

½ 盎司克鲁赞单桶朗姆酒

½ 盎司菠萝果胶糖浆

少许盐

装饰：1 束薄荷、2 颗覆盆子、2 颗黑莓和少量糖粉

将葡萄柚片放入摇酒壶中，轻轻捣几下。加入除装饰外的剩余配料，加入少量碎冰进行摇制。倒入加大古典杯中，加入碎冰。用薄荷束和浆果装饰，并在鸡尾酒表面撒上些糖粉。配上一根吸管即可饮用。

女王蛇 ❀
（Queen Snake）

香农·特贝，2019 年

我的脑海中经常会蹦出一些意想不到的风味组合，然后我会让其他调酒师"听听我的想法"。这款鸡尾酒中，有葡萄干白兰地、道格拉斯冷杉和荔枝的组合。这听起来很奇怪，但它们确实很搭。——香农·特贝

1 片青柠果片（¼ 大小，带果肉）

1½ 盎司眼镜蛇之火葡萄干白兰地

½ 盎司克利尔溪道格拉斯冷杉白兰地

2 茶匙吉发得荔枝利口酒（Giffard Lichi-Li Lychee Liqueur）

1 茶匙玛丽·布里扎德可可利口酒

将青柠果片放入古典杯中，轻轻捣几下。倒入剩余的配料，加入碎冰，然后轻轻搅拌。不加装饰。

斗牛士 ❀
（Recortador）

马修·贝朗格，2017 年

你能把墨西哥烤肉塔可（Pastor Taco）的味道融入鸡尾酒中，并让它喝起来感觉很棒吗？按照这个配方调制鸡尾酒，然后告诉我你的感受。——马修·贝朗格

1¼ 盎司塔巴蒂奥 110 特其拉

½ 盎司德玛盖圣路易斯德易斯德尔里奥梅斯卡尔

¼ 盎司圣乔治绿辣椒伏特加

¼ 盎司菠萝果胶糖浆

1 茶匙绿色查特酒

1 滴自制橙味苦精

½ 滴比特曼地狱火哈瓦那辣椒苦精

将所有配料加入搅拌杯中，加冰块搅拌均匀，然后滤入装有一块大方冰的加大古典杯中。不加装饰。

玫瑰游行 ❀
（Rose Parade）

杰里米·奥特尔，2014 年

苦艾酒，用于洗杯

埃米尔潘诺特野草莓利口酒（Emile Pernot Fraise de Boise Liqueur），用于洗杯

1½ 盎司魅力之境芳香皮斯科

½ 盎司卡帕皮斯科（Kappa Pisco）

¾ 盎司好奇美国佬

1 茶匙孔比耶葡萄柚利口酒

1 滴自制橙味苦精

用苦艾酒和野草莓利口酒润洗古典杯，然后倒掉酒液。将剩余配料倒入搅拌杯中，

加冰块搅拌均匀，然后滤入古典杯。不加装饰。

佐佐木花园 ❋
（Sasaki Garden）

萨姆·约翰逊，2019 年

我以前住在苏豪区，每天去酒吧上班的路上我都会穿过纽约大学校园里的佐佐木花园。我会坐在那里的樱花树下，享受片刻的宁静，然后再去上班。这款鸡尾酒是我对那座花园的赞歌。它看起来像是一款老式鸡尾酒的改编，但其实它更像"锈钉"（Rusty Nail）。——萨姆·约翰逊

> 1½ 盎司一甲科菲谷物日本威士忌
> ½ 盎司阿瓦安布拉纳桶陈卡莎萨
> 2 茶匙卡佛阿玛多杏仁利口酒
> 1 茶匙罗斯曼和温特果园杏子利口酒
> 1 滴自制橙味苦精
> 装饰：1 个柠檬皮卷

将除装饰外的所有配料倒入搅拌杯中，加冰块搅拌均匀，然后滤入装有一块大方冰的古典杯中。将柠檬皮卷置于鸡尾酒上方挤出皮油，然后放入鸡尾酒中。

萨泽拉克（站饮区）❋
（Sazerac）

马修·贝朗格，2019 年

这是一款可以在家批量预调的鸡尾酒。将配料混合在一个瓶子里，加一点水（见第188 页），然后放进冰箱储存。——马修·贝朗格

> 苦艾酒，用于洗杯
> 1½ 盎司布斯奈卡尔瓦多斯
> ½ 盎司老祖父 114 波本威士忌
> ½ 盎司吉发得大黄利口酒
> ½ 茶匙甘蔗糖浆
> 1 滴比特储斯芹菜苦精

用苦艾酒润洗古典杯，然后倒掉酒液。将剩余配料倒入搅拌杯中，加冰块搅拌均匀，然后滤入古典杯。不加装饰。

海上支腿 ❋
（Sea Legs）

泰森·布勒，2015 年

我在这款鸡尾酒中加入了大量卡拉尼，这是一种可口但味道过浓的椰子利口酒，这让我可以大胆地使用一些味道浓烈的朗姆酒和芳香型白兰地进行搭配。——泰森·布勒

> 1 盎司芭班库 8 年朗姆酒
> ¾ 盎司红鹳特立尼达朗姆酒
> ¼ 盎司迷失之魂海军风格朗姆酒（Lost Spirits Navy Style Rum）
> ½ 盎司卡拉尼椰子利口酒
> 1 茶匙雷塞特鲍尔榛子白兰地
> 1 滴菲氏兄弟威士忌桶陈苦精
> 装饰：1 个柠檬皮卷

将除装饰外的所有配料倒入搅拌杯中，加冰块搅拌均匀，然后滤入装有一块大方冰的古典杯中。将柠檬皮卷置于鸡尾酒上方挤出皮油，然后弃之。

暗箱 ❄
（Shadow Box）

香农·特贝，2019 年

德尔巴科（Del Bac）是美国一家生产单一麦芽威士忌的酒厂，他们每年都会推出一款在特定橡木桶中二次换桶陈酿的酿酒师精选款。这里使用的威士忌是在马德拉桶中完成二次陈酿的，因此这里所用的所有辅料都是为了突出马德拉酒的风味。——香农·特贝

1 盎司德尔巴科特级单一麦芽威士忌

1 盎司佩尔侯精选雅文邑白兰地

1 茶匙吉发得覆盆子利口酒

1 茶匙杏仁工坊澳洲坚果糖浆

1 滴比特曼巧克力苦精

装饰：1 个橙皮卷

将除装饰外的所有配料倒入搅拌杯中，加冰块搅拌均匀，然后滤入古典杯中。将橙皮卷置于鸡尾酒上方挤出皮油，然后放入鸡尾酒中。

吸烟夹克 ❄
（Smoking Jacket）

乔恩·阿姆斯特朗，2014 年

拉弗格苏格兰威士忌，用于洗杯

1½ 盎司御鹿干邑

½ 盎司布斯奈 VSOP 卡尔瓦多斯

1 茶匙德梅拉拉糖浆

3 滴佩肖苦精

1 滴安高天娜苦精

用拉弗格润洗古典杯，然后倒掉酒液。将剩余配料倒入搅拌杯中，加冰块搅拌均匀，然后滤入古典杯。不加装饰。

石化的爱情 ☉
（Stoned Love）

香农·特贝，2017 年

这是我创作的第一款以阿布圣陶苦艾葡萄酒为基酒的鸡尾酒。它就像低酒精度版的苦艾酒冰沙，带有强烈的草本植物风味。——香农·特贝

3 盎司阿布圣陶苦艾葡萄酒

½ 盎司单糖浆

1 茶匙吉发得薄荷利口酒

1 茶匙圣乔治苦艾酒

1 茶匙克利尔溪梨子白兰地

装饰：1 束薄荷，以及少量苦艾酒（用喷雾器喷洒）

将除装饰外的所有配料倒入摇酒壶中，加冰块快速摇制约 5 秒，然后滤入郁金香杯。加入碎冰，用薄荷束装饰，并在鸡尾酒表面喷洒一些苦艾酒，配上一根吸管即可饮用。

纸牌游戏 ❄
（Strip Solitaire）

亚历克斯·江普、戴夫·安德森和乔恩·福尔桑格，2019 年

我们想调制一款菠萝味的老式鸡尾酒。在配方确定之后，我们不禁感慨："这也太简单了，但味道简直棒极了。"戴夫想出了这个名字，他是有史以来最棒的鸡尾酒命名者之一。——亚历克斯·江普

2 盎司爱威廉斯保税波本威士忌

½ 盎司吉发得加勒比菠萝利口酒

½ 茶匙甘蔗糖浆

2 滴安高天娜苦精

1 滴比特曼提基苦精

装饰：1 片脱水菠萝片

将除装饰外的所有配料倒入调酒壶中，加冰块搅拌均匀，然后滤入装有一块大方冰的古典杯中。用脱水菠萝片装饰。

甜蜜炸药
(Sweet Dynamite)

香农・特贝，2019 年

我经常用"脑海中的味蕾"来形容我在脑海中想象的自己品尝到的风味，这几乎就是一种联想味觉。在你与风味打交道的时间足够长的情况下，你几乎能在真正品尝之前就知道，哪些风味搭配在一起可以擦出火花。在这里，我想把茴香和百香果的味道融入这款茉莉普鸡尾酒里，马特建议我用克罗格斯塔德阿夸维特，它具有很浓的茴香味。——香农・特贝

1 盎司克罗格斯塔德阿夸维特

¾ 盎司阿普尔顿庄园珍藏牙买加朗姆酒

¼ 盎司柠檬哈特 151 朗姆酒

¼ 盎司吉发得百香果利口酒

1 茶匙肉桂糖浆

装饰：1 束薄荷

将除装饰外的所有配料倒入茉莉普杯中，加入碎冰至酒杯半满。握住杯沿，不停地搅拌碎冰，持续约 10 秒。再加入一些碎冰至酒杯 ⅔ 满，继续搅拌，直至酒杯外壁结霜。继续添加碎冰至高出杯沿。用薄荷束装饰，配上一根吸管即可享用。

夜贼 ⚜
(Thieves in the Night)

贾里德・魏甘德，2018 年

我喜欢调制茉莉普鸡尾酒，调制不含任何果汁的碎冰鸡尾酒真的很有趣。索姆布拉梅斯卡尔的味道似乎天生就与金酒相配，但我还需要其他成分将它们融合在一起，而布劳利阿玛罗正是完美的选择，它那阿尔卑斯山般的风味令人为之一振。——贾里德・魏甘德

1 盎司索姆布拉梅斯卡尔

1 盎司圣乔治风土金酒

¼ 盎司布劳利阿玛罗

¼ 盎司枫糖浆

装饰：1 束薄荷和黑巧克力碎

将除装饰外的所有配料倒入茉莉普杯中，加入碎冰至酒杯半满。握住杯沿，不停地搅拌碎冰，持续约 10 秒。再加入一些碎冰至酒杯 ⅔ 满，继续搅拌，直至酒杯外壁结霜。继续添加碎冰至高出杯沿。用薄荷束装饰，并在鸡尾酒表面撒上一些巧克力碎，配上一根吸管即可享用。

传统
(Tradition)

泰森・布勒，2014 年

1 盎司卡尔里拉 12 年苏格兰威士忌

½ 盎司勒莫顿精选卡尔瓦多斯多弗朗泰斯

1 茶匙加利安奴咖啡利口酒

1 茶匙花蜜糖浆

1 茶匙肉桂糖浆

1 滴安高天娜苦精

3 盎司沸水

装饰：1 个橙皮卷和 1 根肉桂棒

将除沸水和装饰外的所有配料倒入爱尔兰咖啡杯中，加入沸水。将橙皮卷置于鸡尾酒上方挤出皮油，然后弃之。用肉桂棒装饰。

绊网 ❋
（Tripwire）

香农·特贝，2018 年

搅拌出来的椰林飘香会是什么味道呢？尝尝这款酒，你就知道了。——香农·特贝

1 盎司可蓝 12 年苏格兰单一麦芽威士忌

¾ 盎司隆德巴里利托三星朗姆酒

¼ 盎司史密斯与克罗斯牙买加朗姆酒

½ 茶匙可可粉

1 茶匙菠萝果胶糖浆

2 滴比特曼巧克力苦精

装饰：1 个柠檬皮卷

将除装饰外的所有配料加入搅拌杯中，加冰块搅拌均匀，然后滤入装有一块大方冰的古典杯中。将柠檬皮卷置于鸡尾酒上方挤出皮油，然后放入鸡尾酒中。

神秘山谷 ❋
（Uncanny Valley）

戴夫·安德森，2019 年

我一直想制作一款以金酒为基酒的萨泽拉克鸡尾酒。我是菲尔·沃德（Phil Ward）创作的接骨木花老式鸡尾酒（Elder Fashion）的忠实粉丝，他用金酒和圣哲曼打造出一款金酒老式鸡尾酒。我发现将金酒和特其拉混合效果也很好：特其拉带有青

草味，金酒则具有草本味，这些风味能够完美融合在一起。在这里，我选用经过陈酿的金色特其拉，以赋予这款鸡尾酒在老式鸡尾酒中常见的橡木味。——戴夫·安德森

雷塞特鲍尔胡萝卜白兰地，用于洗杯

1 盎司圣乔治干型黑麦陈酿金酒

¾ 盎司田园 8 号金色特其拉

¼ 盎司芫荽籽浸泡赎金老汤姆金酒（见第 379 页）

1 茶匙龙舌兰糖浆

1 滴比特储斯芹菜苦精

装饰：1 个柠檬皮卷

用雷塞特鲍尔胡萝卜白兰地润洗古典杯，然后倒掉酒液。将除装饰外的剩余配料倒入搅拌杯中，加冰块搅拌均匀，然后滤入古典杯。将柠檬皮卷置于鸡尾酒上方挤出皮油，然后放入鸡尾酒中。

不可饶恕 ❋
（Unforgiven）

乔恩·福尔桑格，2018 年

这是一款非常复杂的萨泽拉克鸡尾酒。杜林标（Drambuie）为这款酒饮增添了层次感，而樱桃白兰地则像苦精一样，进一步提升了鸡尾酒的香气。——乔恩·福尔桑格

拉弗格 10 年苏格兰单一麦芽威士忌，用于洗杯

1¼ 盎司金猴苏格兰威士忌

½ 盎司皮埃尔·费朗 1840 干邑

¼ 盎司布鲁加尔 1888 朗姆酒（Brugal 1888 Rum）

¼ 盎司杜林标

1 茶匙德梅拉拉糖浆

½ 茶匙莱茵霍尔樱桃白兰地

2 滴佩肖苦精

2 滴安高天娜苦精

装饰：1 个橙皮卷

用拉弗格威士忌润洗古典杯，然后倒掉酒液。将除装饰外的剩余配料倒入搅拌杯中，加冰块搅拌均匀，然后滤入古典杯。将橙皮卷置于鸡尾酒上方挤出皮油，然后弃之。

制高点 ❋

（Vantage Point）

贾维尔·塔夫脱，2019 年

虽然老式鸡尾酒风格的酒款通常是我们最受欢迎的鸡尾酒，但它们往往也是酒单上最后研发出来的。在这里，我以日本最著名的高球鸡尾酒作为起点，并对其进行解构。三得利季调和日本威士忌是一款低年份威士忌，带有大量梨、花蜜和玫瑰的香气；贝尔图白兰地则为鸡尾酒增添了多汁核果的微妙风味，更增强了三得利季威士忌中的果味；卡尔里拉则突出了三得利季威士忌中微妙的烟熏味。我们原本打算加入气泡水，将其制成高球鸡尾酒，但我们意识到这款鸡尾酒没有气泡反而会更好喝。——贾维尔·塔夫脱

1½ 盎司三得利季调和日本威士忌

½ 盎司贝尔图白兰地

¼ 盎司意塔黎佛手柑利口酒

¼ 盎司卡尔里拉 12 年苏格兰威士忌

½ 茶匙单糖浆

1 滴自制橙味苦精

装饰：1 个柠檬皮卷

将除装饰外的所有配料倒入搅拌杯中，加冰块搅拌均匀，然后滤入装有一块大方冰的古典杯中。将柠檬皮卷置于鸡尾酒上方挤

出皮油，然后放入鸡尾酒中。

牛仔 ❋

（Vaquero）

泰森·布勒，2017 年

这款鸡尾酒的重点在于用玉米皮浸泡的梅斯卡尔。将烘烤过的玉米皮浸泡在梅斯卡尔中低温慢煮，这不仅突出了龙舌兰植物的烟熏烘烤味，还为梅斯卡尔增添了一种矿物气息。奇奇卡帕梅斯卡尔的味道就像包裹着巧克力的墨西哥辣椒，所以，可可利口酒显然是它的最佳风味补充成分。——泰森·布勒

1½ 盎司玉米皮浸泡德玛盖奇奇卡帕梅斯卡尔

½ 盎司卡莱 23 金色特其拉

1 茶匙德梅拉拉糖浆

½ 茶匙玛丽·布里扎德可可利口酒

装饰：1 个橙皮卷

将除装饰外的所有配料倒入搅拌杯中，加冰块搅拌均匀，然后滤入装有一块大方冰的加大古典杯中。将橙皮卷置于鸡尾酒上方挤出皮油，然后放入鸡尾酒中。

维罗纳寇伯乐

（Verona Cobbler）

萨姆·约翰逊，2019 年

我建议在这款基于起泡酒的寇伯乐中使用优质香槟，这样其他成分才能增强香槟的风味层次。杏仁糖浆在这里起到了很大的提升风味的作用，让鸡尾酒的口感更为丰富；玫瑰水的味道几乎难以察觉，却让鸡尾酒的整体风格变得更加明亮，与花香浓郁的

樱桃白兰地相得益彰。——萨姆·约翰逊

> 3 盎司干型起泡酒
>
> ¾ 盎司埃斯帕杭斯酒庄白雅文邑
>
> ¼ 盎司玛斯尼樱桃白兰地
>
> ½ 盎司自制杏仁糖浆
>
> 3 滴玫瑰水
>
> 装饰：1 个葡萄柚皮卷

将起泡酒倒入郁金香杯中，接着倒入除装饰外的剩余配料，然后加入碎冰。将葡萄柚皮卷置于鸡尾酒上方挤出皮油，然后插于碎冰中。配上一根吸管即可饮用。

胜利圈 ◉
（Victory Lap）

马修·贝朗格，2019 年

卡佐特番茄利口酒是我创作这款鸡尾酒的灵感源泉，它是一种介于开胃酒和白兰地之间的酒饮，以传统番茄为原料制成，具有非常奇特的新鲜番茄味和番茄藤的香气。这可能是我们酒单上用过的最昂贵的原料。所以，这款鸡尾酒的其余成分都是为了突出卡佐特的风味，同时尽量降低成本。——马修·贝朗格

> 2½ 盎司杜凌干味美思
>
> ½ 盎司卡佐特 72 番茄利口酒
>
> 1 茶匙莫蕾森林草莓利口酒（Merlet Crème de Fraise des Bois Strawberry Liqueur）
>
> ½ 茶匙香草糖浆
>
> 2 滴苦艾酒
>
> 装饰：1 个柠檬皮卷

将除装饰外的所有配料倒入搅拌杯中，加冰块搅拌均匀，然后滤入古典杯。将柠檬皮卷置于鸡尾酒上方挤出皮油，然后弃之。

音墙 ❋
（Wall of Sound）

香农·特贝，2017 年

这是我第一次做"香农式"的鸡尾酒，将波本威士忌、泥煤烟熏苏格兰威士忌和放克味儿十足的牙买加朗姆酒混合。整杯酒以朗姆之火（Rum Fire）朗姆酒为核心，它的风味类似于乌雷叔侄牙买加朗姆酒。这款萨泽拉克鸡尾酒给人的感觉就像菲尔·斯佩克特（Phil Spector）的歌曲，故此得名。——香农·特贝

> 拉弗格 10 年苏格兰单一麦芽威士忌，用于洗杯
>
> 1½ 盎司爱利加 12 年波本威士忌
>
> ½ 盎司波摩 12 年苏格兰威士忌
>
> 1 茶匙朗姆之火朗姆酒
>
> 1 茶匙甘蔗糖浆
>
> 1 茶匙卡拉尼椰子利口酒
>
> 2 滴比特曼提基苦精
>
> 装饰：1 个葡萄柚皮卷

用拉弗格威士忌润洗古典杯，然后倒掉酒液。将除装饰外的剩余配料倒入搅拌杯中，加冰块搅拌均匀，然后滤入古典杯。将葡萄柚皮卷置于鸡尾酒上方挤出皮油，然后弃之。

厌战 ❋
（Warspite）

马修·贝朗格，2016 年

> 1¼ 盎司普利茅斯金酒
>
> ¾ 盎司阿佩罗
>
> ½ 盎司普利茅斯黑刺李金酒
>
> ¼ 盎司克利尔溪蓝莓白兰地
>
> 1 茶匙圣伊丽莎白多香果利口酒

装饰：1 个橙皮卷

将除装饰外的所有配料倒入搅拌杯中，加冰块搅拌均匀，然后滤入装有一块大方冰的加大古典杯中。将橙皮卷置于鸡尾酒上方挤出皮油，然后放入鸡尾酒中。

打印机 10 号 ❊
(Wheelwriter No. 10)

埃米莉·霍恩（Emily Horn），2019 年

这款鸡尾酒以美国科幻作家雷·布拉德伯里（Ray Bradbury）的第一台打字机的型号命名，是萨泽拉克鸡尾酒的改编版，但它有点像曼哈顿，还有点像内格罗尼。因此，它有点像鸡尾酒中的"科学怪人"，但非常好喝。——埃米莉·霍恩

苦艾酒，用于洗杯
1½ 盎司布斯奈 VSOP 卡尔瓦多斯
½ 盎司威雀苏格兰威士忌
½ 盎司咖啡豆浸泡金巴利（见第 379 页）
1 茶匙玛丽·布里扎德可可利口酒
½ 茶匙德梅拉拉糖浆

用苦艾酒润洗冰好的尼克诺拉杯，然后倒掉酒液。将剩余配料倒入搅拌杯中，加冰块搅拌均匀，然后滤入尼克诺拉杯。不加装饰。

威士忌协议 ❊
(The Whiskey Agreement)

斯科特·蒂格，2014 年

这款鸡尾酒的名字很直接，而将美国威士忌、爱尔兰威士忌、苏格兰威士忌和日本威士忌融合在一款鸡尾酒中并不容易。在尝试了吧台后几乎所有的威士忌之后，我最终选择了以下 4 款。——斯科特·蒂格

½ 盎司老祖父 114 波本威士忌
½ 盎司泰康奈尔爱尔兰单一麦芽威士忌
½ 盎司高原骑士 12 年苏格兰威士忌
½ 盎司响 12 年日本调和威士忌
1 茶匙肉桂糖浆
½ 茶匙圣伊丽莎白多香果利口酒
1 滴安高天娜苦精
1 滴比特曼啤酒花葡萄柚苦精
装饰：1 个橙皮卷和 1 个柠檬皮卷

将除装饰外的所有配料倒入搅拌杯中，加冰块搅拌均匀，然后滤入装有一块大方冰的加大古典杯中。将橙皮卷置于鸡尾酒上方挤出皮油，然后轻轻地抹一下杯沿；将柠檬皮卷置于鸡尾酒上方挤出皮油，然后将橙皮卷和柠檬皮卷放入杯中，作为装饰。

树木之年 ❊
(Year of the Trees)

马修·贝朗格，2019 年

1½ 盎司诺布溪 100 波本威士忌（Knob Creek 100 Bourbon）
½ 盎司马尔比恩埃斯帕迪梅斯卡尔
½ 盎司诺妮阿玛罗
1 茶匙德梅拉拉糖浆
1 滴安高天娜苦精
1 滴泰拉香料公司沙士酊剂
装饰：1 个橙皮卷

将除装饰外的所有配料倒入搅拌杯中，加冰块搅拌均匀，然后滤入装有一块大方冰的加大古典杯中。将橙皮卷置于鸡尾酒上方挤出皮油，然后放入鸡尾酒中。

优雅经典型

20/20 ❅

乔恩·阿姆斯特朗，2015 年

对我来说，这款鸡尾酒成功解锁了胡萝卜白兰地在鸡尾酒中的使用方法，而其他原料则将胡萝卜的味道烘托得恰到好处。这款鸡尾酒的调制方法就像 1：1 配比的马天尼。胡萝卜素对视力有益，我们的一位常客以此来命名这款鸡尾酒，谁不想左右眼视力都是 2.0 呢？——乔恩·阿姆斯特朗

1½ 盎司普利茅斯金酒

1½ 盎司阿维尔奶油雪莉酒

1 茶匙雷塞特鲍尔胡萝卜白兰地

½ 茶匙甘曼怡

1 滴苦艾酒

装饰：1 个柠檬皮卷

将除装饰外的所有配料倒入搅拌杯中，加冰块搅拌均匀，然后滤入冰好的尼克诺拉杯中。将柠檬皮卷置于鸡尾酒上方挤出皮油，然后放入鸡尾酒中。

阿卡迪亚 ❅❅
(Acadia)

基利·萨瑟兰，2019 年

我难得调制出一款用料奢华的曼哈顿鸡尾酒，所以我决定用它向我的家乡缅因州致敬。缅因州盛产苹果，而道格拉斯冷杉白兰地喝起来就像缅因州松树的味道。除此之外，枫糖浆也是缅因州的特产。——基利·萨瑟兰

1 盎司麦卡伦 15 年苏格兰威士忌（Macallan 15-year Scotch）

1 盎司克利尔溪 8 年苹果白兰地

¾ 盎司好奇都灵味美思

2 茶匙克利尔溪道格拉斯冷杉白兰地

1 茶匙枫糖浆

1 滴自制橙味苦精

1 滴安高天娜苦精

将所有配料倒入搅拌杯中，加冰块搅拌均匀，然后滤入冰好的尼克诺拉杯中。不加装饰。

发条橙 ❅
(A Clockwork Orange)

马修·贝朗格，2017 年

1 盎司添加利 10 号金酒

1 盎司杜凌白味美思

½ 盎司克利尔溪李子白兰地

½ 盎司拿破仑柑橘利口酒（Mandarine Napoléon）

1 茶匙苏姿

装饰：1 个柠檬皮卷

将除装饰外的所有配料倒入搅拌杯中，加冰块搅拌均匀，然后滤入装有一块大方冰的加大古典杯中。将柠檬皮卷置于鸡尾酒上方挤出皮油，然后放入鸡尾酒中。

王牌和两分 ❅
(Aces & Twos)

亚当·格里格斯，2019 年

这基本上就是一款"蛋头先生"马丁内斯。你可以批量预调并冷藏保存。——亚当·格里格斯

1½ 盎司海曼老汤姆金酒（Hayman's Old Tom Gin）

¾ 盎司凯撒·弗洛里多·慕斯卡特甜雪莉酒（Cesar Florido Moscatel Dorado）

¼ 盎司西奥恰罗阿玛罗

½ 盎司卡帕诺·安提卡味美思

1 滴安高天娜苦精

1 滴自制橙味苦精

装饰：1 颗鸡尾酒樱桃

将除装饰外的所有配料倒入搅拌杯中，加冰块搅拌均匀，然后滤入冰好的尼克诺拉杯中。用鸡尾酒樱桃装饰。

阿尔塔内格罗尼 ❋
（Alta Negroni）

马修·贝朗格，2019 年

1 盎司圣乔治风土金酒

1 盎司好奇美国佬

½ 盎司萨勒龙胆味利口酒

½ 盎司帕哈利托葡萄柚迷迭香利口酒（Pajarote Toronja Arandense & Romero Licor）

装饰：1 片葡萄柚

将除装饰外的所有配料倒入搅拌杯中，加冰块搅拌均匀，然后滤入装有一块大方冰的加大古典杯中。用葡萄柚片装饰。

锚端 ❋
（Anchor End）

马修·贝朗格，2018 年

圣乔治布鲁托美国佬利口酒非常苦，且带有浓重的葡萄柚味。我在沃克客栈（已停业）喝过一款鸡尾酒，它就像加了苹果白兰地的葡萄柚仙蒂，所以我决定用这款内格罗尼的改编版来重现这种风味。——马修·贝朗格

1¼ 盎司克利尔溪 8 年苹果白兰地

1 盎司好奇美国佬

¾ 盎司圣乔治布鲁托美国佬

¼ 盎司铁锚啤酒花伏特加

1 滴好斗葡萄柚苦精

装饰：1 个葡萄柚皮卷

将除装饰外的所有配料倒入搅拌杯中，加冰块搅拌均匀，然后滤入装有一块大方冰的加大古典杯中。将葡萄柚皮卷置于鸡尾酒上方挤出皮油，然后弃之。

仙女座 ❋
（Andromeda）

马修·贝朗格，2019 年

这款浪子风格的鸡尾酒在布莱恩·米勒（Brian Miller）创作的"止痛药"（Cure for Pain）的基础上，用波特酒和味美思来部分替代基础烈酒。格拉纳达－瓦莱特（Granada-Vallet）是一款墨西哥开胃酒，味道与金巴利相似，但更为干醇。——马修·贝朗格

1½ 盎司巴雷尔鸠尾威士忌（Barrell Dovetail Whiskey）

½ 盎司卡帕诺·安提卡味美思

½ 盎司道氏红宝石波特酒（Dow's Ruby Port）

1 茶匙格拉纳达－瓦莱特苦石榴利口酒

1 茶匙加利安奴咖啡利口酒

装饰：1 个葡萄柚皮卷

将除装饰外的所有配料倒入搅拌杯中，加冰块搅拌均匀，然后滤入冰好的马天尼杯中。将葡萄柚皮卷置于鸡尾酒上方挤出皮油，然后弃之。

阿佛洛狄特 ◉
（Aphrodite）

亚当·格里格斯，2018 年

在研发这款鸡尾酒时，我不断想起亚历克斯·戴，因为他喜欢所有低酒精度的鸡尾酒。苹果醋酒是一种被低估的鸡尾酒原料，它基本上就是混合了苹果醋的苹果西打，酸爽清新，香气四溢，能够为鸡尾酒增添浓郁的苹果味。——亚当·格里格斯

1½ 盎司卢世涛阿蒙提拉多雪莉酒

1½ 盎司比尔奎宁利口酒

¼ 盎司布鲁姆·马里伦杏子白兰地

1 茶匙德梅拉拉糖浆

½ 茶匙杜邦苹果醋酒（Dupont Aigre Doux）

装饰：1 个柠檬皮卷

将除装饰外的所有配料倒入搅拌杯中，加冰块搅拌均匀，然后滤入冰好的尼克诺拉杯中。将柠檬皮卷置于鸡尾酒上方挤出皮油，然后放入鸡尾酒中。

阿波罗 ❄
（Apollo）

马修·贝朗格，2019 年

佛手伏特加（Buddha's Hand Vodka）以佛手柑果皮为原料制成，它为这款维斯帕马天尼增添了浓郁的香气。——马修·贝朗格

1½ 盎司圣乔治干型黑麦陈酿金酒

¾ 盎司佛手伏特加

½ 盎司好奇美国佬

1 茶匙路萨朵樱桃利口酒

1 滴自制橙味苦精

1 滴苦艾酒

装饰：1 个柠檬皮卷

将除装饰外的所有配料倒入搅拌杯中，加冰块搅拌均匀，然后滤入冰好的尼克诺拉杯中。将柠檬皮卷置于鸡尾酒上方挤出皮油，然后放入鸡尾酒中。

艾莱岛正在消亡 ❄
（As Islay Dying）

马特·亨特，2018 年

我喜欢内格罗尼或"博出位而著名"（Naked and Famous）这种等份鸡尾酒的简洁。在这款鸡尾酒中，我试图将艾莱岛金酒和艾莱岛苏格兰威士忌相结合，而龙蒿利口酒和苦艾酒则将所有风味牢牢锁在一起。——马特·亨特

¾ 盎司拉弗格 10 年苏格兰单一麦芽威士忌

¾ 盎司植物学家金酒

¾ 盎司杜凌白味美思

¾ 盎司杜凌干味美思

1 茶匙杜凌龙蒿利口酒

2 滴苦艾酒

装饰：1 个柠檬皮卷

将除装饰外的所有配料倒入搅拌杯中，加冰块搅拌均匀，然后滤入冰好的尼克诺拉杯中。将柠檬皮卷置于鸡尾酒上方挤出皮油，然后弃之。

贝尔卡罗 ❅
（Belcaro）

乔恩·福尔桑格，2018 年

这款由"老广场"改编的鸡尾酒证明了爱尔兰威士忌和苹果白兰地真的是天作之合。我在经典配方的基础上加入了廊酒，并用香蕉利口酒来为鸡尾酒增添迷人的香蕉面包风味。——乔恩·福尔桑格

1 盎司尊美醇黑桶爱尔兰威士忌（Jameson Black Barrel Irish Whiskey）

1 盎司杜邦珍藏卡尔瓦多斯

¾ 盎司好奇都灵味美思

1 茶匙廊酒

1 茶匙光阴似箭香蕉利口酒

2 滴比特储斯芳香苦精

2 滴佩肖苦精

装饰：1 个柠檬皮卷

将除装饰外的所有配料倒入搅拌杯中，加冰搅拌均匀，然后滤入装有一块大方冰的古典杯中。将柠檬皮卷置于鸡尾酒上方挤出皮油，然后放入鸡尾酒中。

字里行间 ❅
（Between the Lines）

贾里德·魏甘德，2017 年

白兰地具有不可思议的百搭能力，就像瑞士军刀一样万能。在这款由马天尼改编的鸡尾酒中，它同金酒共同构成了基础烈酒，并辅以具有阿尔卑斯山风味的龙蒿利口酒来增味。——贾里德·魏甘德

1½ 盎司埃斯帕杭斯酒庄白雅文邑

½ 盎司圣乔治风土金酒

½ 盎司杜凌干味美思

½ 盎司杜凌龙蒿利口酒

装饰：1 个柠檬皮卷

将除装饰外的所有配料倒入搅拌杯中，加冰块搅拌均匀，然后滤入冰好的尼克诺拉杯中。将柠檬皮卷置于鸡尾酒上方挤出皮油，然后弃之。

比基尼杀手 ❅
（Bikini Kill）

阿尔·索塔克，2014 年

1¾ 盎司菠萝浸泡添加利金酒（见第 383 页）

½ 盎司杜凌干味美思

¼ 盎司杜兰朵 3 年陈酿朗姆酒

¼ 盎司孔比耶葡萄柚利口酒

1 茶匙圣哲曼接骨木花利口酒

装饰：1 个葡萄柚皮卷

将除装饰外的所有配料倒入搅拌杯中，加冰块搅拌均匀，然后滤入冰好的尼克诺拉杯中。将葡萄柚皮卷置于鸡尾酒上方挤出皮油，然后弃之。

蓝山 ❅
（Blue Mountain）

马修·贝朗格，2018 年

这基本上就是一款经典的"翻云覆雨"（Hanky-Panky）鸡尾酒，加入了朗姆酒、香蕉和桉树的风味。——马修·贝朗格

1¼ 盎司普利茅斯金酒

1 盎司卡帕诺·安提卡味美思

½ 盎司菲奈特·布兰卡

¼ 盎司史密斯与克罗斯牙买加朗姆酒

¼ 盎司吉发得巴西香蕉利口酒

1 滴泰拉香料公司桉树提取物

装饰：1 束薄荷

将除装饰外的所有配料倒入搅拌杯中，加冰块搅拌均匀，然后滤入装有一块大方冰的加大古典杯中。用薄荷束装饰。

商务休闲 ⊘
（Business Casual）

乔恩·马蒂尔，2019 年

1¼ 盎司吉发得开胃糖浆

¾ 盎司冷泡红茶

1 盎司红酸葡萄汁糖浆（见第 374 页）

1 茶匙甘蔗糖浆

装饰：半片橙片

将除装饰外的所有配料倒入搅拌杯中，加冰块搅拌均匀，然后滤入装有一块大方冰的加大古典杯中。用半片橙片装饰。

卷尾猴 ❄
（Capuchin）

马修·贝朗格，2018 年

在中东和摩洛哥的菜肴中，杏子和孜然经常一起出现，所以我在这款"罗布罗伊"的改编鸡尾酒中加入了这两种风味。这里的孜然味来自葛缕子利口酒，这种酒在老式鸡尾酒中经常出现。——马修·贝朗格

1½ 盎司金猴苏格兰调和麦芽威士忌

¾ 盎司卡帕诺潘脱蜜

½ 盎司利尼阿夸维特

1 茶匙吉发得鲁西永杏子利口酒

½ 茶匙葛缕子利口酒

装饰：1 个柠檬皮卷

将除装饰外的所有配料倒入搅拌杯中，加冰块搅拌均匀，然后滤入冰好的尼克诺拉杯中。将柠檬皮卷置于鸡尾酒上方挤出皮油，然后弃之。

钟表匠 ❄
（Clockmaker）

泰森·布勒，2019 年

¾ 盎司瑞顿房黑麦威士忌

¾ 盎司利尼阿夸维特

½ 盎司好奇美国佬

½ 盎司波士顿布阿尔马德拉酒（Rare Wine Co. Boston Bual Madeira）

½ 盎司纳迪尼阿玛罗

将所有配料倒入搅拌杯中，加冰块搅拌均匀，然后滤入冰好的尼克诺拉杯中。不加装饰。

盾徽 ❄
（Coat of Arms）

泰森·布勒，2017 年

这是一杯用高档干邑调制的奢华鸡尾酒。它味道如此美妙，我可不敢居功。——泰森·布勒

1 盎司保罗博干邑

½ 盎司克利尔溪道格拉斯冷杉白兰地

½ 盎司陈酿黄色查特酒

½ 盎司卡帕诺·安提卡味美思

将所有配料倒入搅拌杯中，加冰块搅拌均匀，然后滤入冰好的马天尼杯中。不加装饰。

西部法典 ❄

(Code of the West)

埃琳·里斯，2015 年

1 盎司四玫瑰单桶波本威士忌

1 盎司蒙特勒伊庄园卡尔瓦多斯

¾ 盎司祖巴兰奶油雪莉酒

¼ 盎司黄色查特酒

1 茶匙肉桂糖浆

装饰：1 个橙皮卷

将除装饰外的所有配料倒入搅拌杯中，加冰块搅拌均匀，然后滤入装有一块大方冰的加大古典杯中。将橙皮卷置于鸡尾酒上方挤出皮油，然后放入鸡尾酒中。

黑马 ❄

(Dark Horse)

杰里米·奥特尔，2017 年

1½ 盎司阿普尔顿庄园 21 年牙买加朗姆酒

½ 盎司博尔德莱卡尔瓦多斯（Bordelet Calvados）

½ 盎司纳迪尼阿玛罗

½ 盎司甘曼怡

装饰：1 个柠檬皮卷

将除装饰外的所有配料倒入搅拌杯中，加冰块搅拌均匀，然后滤入冰好的尼克诺拉杯中。将柠檬皮卷置于鸡尾酒上方挤出皮油，然后放入鸡尾酒中。

濒危语言 ❄

(Dead Language)

马修·贝朗格，2017 年

泰森调制了一款名为"喧嚣与骚动"的摇制类鸡尾酒，他将覆盆子糖浆和辣椒利口酒混合在一起。我想在曼哈顿鸡尾酒的基础上将这些风味进行重新组合。这款鸡尾酒与托马斯·沃（Thomas Waughs）的"红蚂蚁"（Red Ant）也有一些相似之处。这是我们首次将水果利口酒和相应的水果白兰地混合在一起，以增强水果的味道，同时又不会让鸡尾酒喝起来太甜。——马修·贝朗格

1½ 盎司瑞顿房黑麦威士忌

¾ 盎司好奇都灵味美思

½ 盎司安乔·雷耶斯辣椒利口酒

½ 茶匙吉发得覆盆子利口酒

½ 茶匙玛斯尼覆盆子白兰地

1 滴比特曼巧克力苦精

装饰：1 个葡萄柚皮卷

将除装饰外的所有配料倒入搅拌杯中，加冰块搅拌均匀，然后滤入冰好的尼克诺拉杯中。将葡萄柚皮卷置于鸡尾酒上方挤出皮油，然后弃之。

孪扣 ❄

(Dead Ringer)

埃琳·里斯，2014 年

索姆布拉梅斯卡尔，用于洗杯

1½ 盎司萨卡帕 23 朗姆酒

1 盎司普林西比阿蒙提拉多雪莉酒（Principe Amontillado Sherry）

¾ 盎司诺妮阿玛罗

¼ 盎司瑞典克罗南潘趣利口酒（Kronan Swedish Punsch）

1 茶匙甘蔗糖浆

用梅斯卡尔润洗古典杯，然后倒掉酒液。将剩余配料倒入搅拌杯中，加冰块搅拌均匀，然后滤入古典杯。不加装饰。

B-13 区 ❄

（District B-13）

乔恩·阿姆斯特朗，2014 年

白兰地鸡尾酒通常是酒单上最后研发的鸡尾酒。我们并无贬低白兰地的意思，但我们通常会优先考虑其他烈酒。这款鸡尾酒是对白兰地曼哈顿的即兴改编，用味美思和雪莉酒的组合来代替加香葡萄酒。亚历克斯·戴常说，你如果想让曼哈顿改编鸡尾酒变得更加有趣，就加一茶匙路萨朵樱桃利口酒。所以，我采纳了他的建议。——乔恩·阿姆斯特朗

2 盎司御鹿干邑白兰地

¾ 盎司卡帕诺·安提卡味美思

½ 盎司屹达庄欧洛罗索雪莉酒

¼ 盎司西娜尔利口酒

1 茶匙路萨朵樱桃利口酒

装饰：1 个柠檬皮卷

将除装饰外的所有配料倒入搅拌杯中，加冰块搅拌均匀，然后滤入冰好的尼克诺拉杯中。将柠檬皮卷置于鸡尾酒上方挤出皮油，然后弃之。

多米诺骨牌 ❋

（Domino）

马修·贝朗格，2019 年

1½ 盎司三得利六金酒

1½ 盎司利莱桃红利口酒

½ 盎司克利尔溪梨子白兰地

1 茶匙路萨朵樱桃利口酒

1 滴好斗葡萄柚苦精

装饰：1 个葡萄柚皮卷

将除装饰外的所有配料倒入搅拌杯中，加冰块搅拌均匀，然后滤入冰好的马天尼杯中。将葡萄柚皮卷置于鸡尾酒上方挤出皮油，然后弃之。

初心不改，勿忘奋斗 ❋

（Don't Forget the Struggle, Don't Forget the Streets）

阿尔·索塔克，2015 年

这是我创作过的配方最简单的鸡尾酒之一，同时也是名字最长的鸡尾酒。它是一款以梅斯卡尔为基础烈酒的内格罗尼。——阿尔·索塔克

1 盎司德玛盖奇奇卡帕梅斯卡尔

1 盎司纳迪尼阿玛罗

1 盎司卢世涛阿蒙提拉多雪莉酒

将所有配料倒入搅拌杯中，加冰块搅拌均匀，然后滤入冰好的尼克诺拉杯中。不加装饰。

亚历克斯·江普的马天尼

梦幻景观 ⊙

（Dreamscape）

泰森·布勒，2017 年

这款鸡尾酒的原料被装在透明玻璃瓶里，存放在置酒架的角落里，这个角落似乎专门是留给我那些奇奇怪怪、低酒精度且很少有人点的搅拌类鸡尾酒的，如"逍遥骑士"（Easy Rider，见本页）、"现代情侣"（Modern Lovers，见第 337 页），以及"潜望镜"（Periscope，见第 342 页）。
——泰森·布勒

1½ 盎司勒莫顿诺曼底卡尔瓦多斯

1½ 盎司埃斯库巴植物蒸馏酒（Escubac Botanical Spirit）

½ 盎司利奥波德兄弟纽约酸苹果利口酒

1 茶匙阿加佐蒂核桃利口酒（Aggazzotti Nocino Riserva）

1 滴安高天娜苦精

装饰：1 片干苹果片

将除装饰外的所有配料倒入搅拌杯中，加冰块搅拌均匀，然后滤入装有一块大方冰的加大古典杯中。用干苹果片装饰。

逍遥骑士 ❊

（Easy Rider）

泰森·布勒，2017 年

苦艾酒，用于洗杯

1½ 盎司兰西奥葡萄酒（Tresmontaine "Tabacal" Rancio Sec）

1½ 盎司冈萨雷斯·比亚斯拉科帕味美思（González Byass La Copa Vermouth）

1 茶匙莫蕾森林草莓利口酒

½ 茶匙香草糖浆

1 滴自制橙味苦精

装饰：1 个柠檬皮卷

用苦艾酒润洗古典杯，然后倒掉酒液。将除装饰外的剩余配料倒入搅拌杯中，加冰块搅拌均匀，然后滤入古典杯。将柠檬皮卷置于鸡尾酒上方挤出皮油，然后弃之。

翡翠城 ❊

（Emerald City）

香农·特贝，2018 年

我喜欢把 20 世纪 80 年代的烂鸡尾酒改编升级，这是我的苹果马天尼。浓郁的苹果白兰地是这场演出的明星，它让鸡尾酒中的苹果味更为香浓。——香农·特贝

1½ 盎司雷塞特鲍尔蓝金酒（Reisetbauer Blue Gin）

¾ 盎司西里尔·赞斯苹果白兰地

½ 盎司园林白味美思

½ 盎司阿布圣陶苦艾葡萄酒

1 滴比特储斯芹菜苦精

1 滴苦艾酒

装饰：苹果片

将除装饰外的所有配料倒入搅拌杯中，加冰块搅拌均匀，然后滤入冰好的马天尼杯中。用苹果片装饰。

褪色的记忆 ❊

（Faded Memories）

泰森·布勒，2018 年

这是我调制过的最奇怪的鸡尾酒之一，它极其复杂但出乎意料地容易入口。清酒和苏格兰威士忌真的是一个非常有趣的组合，

但这一组合尚未得到充分的探索。——泰森·布勒

1 盎司朝日山纯米清酒（Asahiyama Junmai Sake）

1 盎司芋烧酒（Beniotome Shochu）

½ 盎司马蒂尔德梨子利口酒

½ 盎司特兰巴克李子白兰地（Trimbach Mirabelle Plum Eau-de-vie）

1 茶匙拉弗格 10 年苏格兰单一麦芽威士忌

1 滴自制橙味苦精

将所有配料倒入搅拌杯中，加冰块搅拌均匀，然后滤入装有一块大方冰的古典杯中。不加装饰。

时尚区 ❋
（Fashion District）

克里斯·诺顿（Chris Norton），2019 年

这款鸡尾酒和我祖父以前常喝的某款鸡尾酒相似，他来自摩德纳。我原本想在这款曼哈顿改编鸡尾酒中加入摩德纳香醋，但约翰尼·朗向我推荐了苹果醋酒，我立刻被它的风味征服了。苹果醋酒为鸡尾酒增添了一种迷人的味道，但没人能够准确说出那是什么味道。——克里斯·诺顿

1½ 盎司泰康奈尔爱尔兰单一麦芽威士忌

½ 盎司瑞顿房黑麦威士忌

½ 盎司卡佩莱蒂开胃酒

½ 盎司卡帕诺·安提卡味美思

½ 茶匙杜邦苹果醋酒

2 滴安高天娜苦精

装饰：1 个柠檬皮卷

将除装饰外的所有配料倒入搅拌杯中，加冰块搅拌均匀，然后滤入装有一块大方冰的加大古典杯中。将柠檬皮卷置于鸡尾酒上方挤出皮油，然后弃之。

断层线 ❋
（Fault Line）

香农·特贝，2017 年

你可以称它为胡萝卜内格罗尼，其他成分的泥土和草本气息让这款鸡尾酒的胡萝卜风味更显丰富，包括西娜尔利口酒的洋蓟味和阿夸维特的葛缕子味。这款鸡尾酒比我预期的更受欢迎，当人们想要点一杯既奇怪又容易入口的鸡尾酒时，我就会为他们奉上这款酒。——香农·特贝

1½ 盎司利尼阿夸维特

1 盎司好奇都灵味美思

¾ 盎司西娜尔利口酒

1 茶匙雷塞特鲍尔胡萝卜白兰地

装饰：1 个橙皮卷

将所有配料倒入搅拌杯中，加冰块搅拌均匀，然后滤入装有一块大方冰的加大古典杯中。将橙皮卷置于鸡尾酒上方挤出皮油，然后放入鸡尾酒中。

五点区 ❋
（Five Points）

乔恩·福尔桑格，2018 年

这是一款适合寒冷季节饮用的曼哈顿鸡尾酒，它的名字一如既往地延续了我们用曼哈顿各个社区随机命名曼哈顿改编鸡尾酒的传统。——乔恩·福尔桑格

1½ 盎司田园 8 号金色特其拉

½ 盎司德玛盖维达梅斯卡尔

½ 盎司卡帕诺潘脱蜜

½ 盎司纳迪尼阿玛罗

1 茶匙唐西乔托和菲戈利诺奇诺绿核桃利口酒

2 滴比特曼巧克力苦精

装饰：1 个橙皮卷

将除装饰外的所有配料倒入搅拌杯中，加冰块搅拌均匀，然后滤入冰好的尼克诺拉杯中。将橙皮卷置于鸡尾酒上方挤出皮油，然后放入鸡尾酒中。

狐步舞 ❄

（Foxtrot）

阿曼达 · 哈伯，2019 年

薄荷利口酒通常应该避免在鸡尾酒中大量使用，但它浓郁的薄荷味与梅斯卡尔和特其拉相得益彰。这是一款以欢快的舞蹈命名的俏皮鸡尾酒，你会惊讶于它的口感。你可以批量预调这款鸡尾酒，然后存放在冰箱里。——阿曼达 · 哈伯

¾ 盎司索姆布拉梅斯卡尔

¾ 盎司奥美加阿特兹银色特其拉

½ 盎司吉发得薄荷利口酒

½ 盎司杜凌干味美思

½ 盎司杜凌白味美思

装饰：1 个柠檬皮卷

将除装饰外的所有配料倒入搅拌杯中，加冰块搅拌均匀，然后滤入装有一块大方冰的加大古典杯中。将柠檬皮卷置于鸡尾酒上方挤出皮油，然后弃之。

冻伤 ☉

（Frostbite）

马修 · 贝朗格，2019 年

这是一款低酒精度的斯汀格（Stinger），我用夏朗德皮诺酒代替了传统配方中的干邑白兰地。——马修 · 贝朗格

1½ 盎司吉勒斯 · 布里松夏朗德皮诺酒

1 盎司莱茵霍尔苹果白兰地

½ 盎司吉发得薄荷利口酒

2 滴苦艾酒

将所有配料倒入搅拌杯中，加冰块搅拌均匀，然后滤入冰好的尼克诺拉杯中。不加装饰。

富力金 ❄

（Fuligin）

杰里米 · 奥特尔，2014 年

我想创作出最浓郁、最黑暗的鸡尾酒，所以我把带有焦糖味的朗姆酒和带有葡萄干味的佩德罗·希梅内斯雪莉酒混合在一起。富力金是吉恩·沃尔夫（Gene Wolfe）的小说《拷问者的阴影》（*The Shadow of the Torturer*）中最为黑暗的角色。——杰里米 · 奥特尔

1½ 盎司杜兰朵 15 年朗姆酒

½ 盎司克鲁赞黑糖蜜朗姆酒

½ 盎司雅凡娜阿玛罗酒

¼ 盎司卢世涛佩德罗 · 希梅内斯雪莉酒

1 茶匙史密斯与克罗斯牙买加朗姆酒

1 茶匙克莱门特克里奥尔朗姆酒

1 滴比特终点摩洛哥苦精

装饰：1 个橙皮卷

将除装饰外的所有配料倒入搅拌杯中，加冰块搅拌均匀，然后滤入冰好的尼克诺拉杯中。将橙皮卷置于鸡尾酒上方挤出皮油，然后弃之。

游戏爱游戏 ❄

（Game Loves Game）

阿尔·索塔克，2014 年

2 片黄瓜
1 盎司佩里海军金酒
1 盎司干白味美思
½ 盎司杜凌干味美思
¼ 盎司博纳尔龙胆奎宁利口酒
¼ 盎司绿色查特酒
½ 盎司花蜜糖浆
1 滴玫瑰水
装饰：一串在酒签上穿好的黄瓜片

将黄瓜片放入摇酒壶中，轻轻捣几下。加入除装饰外的剩余配料，加冰块摇匀。双重滤入柯林斯杯，加入碎冰。用黄瓜片装饰。

金枝玉叶 ❄

（The Golden Bough）

萨姆·约翰逊，2018 年

这款老广场改编鸡尾酒展示了西梅白兰地的风味，核桃利口酒为其增添了浓郁的黄油味。——萨姆·约翰逊

1½ 盎司路易斯·罗克·拉维耶西梅白兰地
½ 盎司爱利加 12 年波本威士忌
¾ 盎司好奇都灵味美思
1 茶匙阿尔卑纳核桃利口酒

1 滴苦艾酒
1 滴安高天娜苦精
装饰：1 个橙皮卷

将除装饰外的所有配料倒入搅拌杯中，加冰块搅拌均匀，然后滤入装有一块大方冰的加大古典杯中。将橙皮卷置于鸡尾酒上方挤出皮油，然后放入鸡尾酒中。

本垒打 ❄

（Home Stretch）

杰里米·奥特尔，2016 年

1 盎司塔巴蒂奥安尼霍特其拉
1 盎司蒙特勒伊庄园卡尔瓦多斯
¾ 盎司卡帕诺·安提卡味美思
¼ 盎司香草糖浆
1 滴泰拉香料公司根汁啤酒提取物
1 滴奇迹里山核桃苦精
装饰：1 个橙皮卷

将除装饰外的所有配料倒入搅拌杯中，加冰块搅拌均匀，然后滤入装有一块大方冰的加大古典杯中。将橙皮卷置于鸡尾酒上方挤出皮油，然后放入鸡尾酒中。

至死相伴酒吧团队的马天尼专辑

如果你曾对"马天尼是最个性化、最独特的鸡尾酒"这一说法有过任何疑问，那就让至死相伴酒吧团队来分享一下他们最喜欢的马天尼配方究竟是什么样的。尽管这些酒款从配方上看起来十分相似，都是以金酒和味美思为基础的，但它们在杯中呈现出的差异虽细微却非常明显，充分体现了其创作者的个性。用法国美食家让·安泰尔姆·布里亚－萨瓦兰（Jean Anthelme Brillat-Savarin）的话来说："告诉我你想要什么样的马天尼，我就能知道你是什么样的性格。"

亚历克斯·戴的马天尼

亚历克斯·戴，至死相伴酒吧合伙人

2½ 盎司添加利 10 号金酒

¾ 盎司杜凌干味美思

1 滴自制橙味苦精

装饰：1 个柠檬皮卷

将除装饰外的所有配料倒入搅拌杯中，加冰块搅拌均匀，然后滤入冰好的尼克诺拉杯中。将柠檬皮卷置于鸡尾酒上方挤出皮油，然后放入鸡尾酒中。

亚历克斯·江普的马天尼

亚历克斯·江普，丹佛至死相伴酒吧首席调酒师

1½ 盎司添加利 10 号金酒

1½ 盎司洛里帕缇干味美思

1 滴自制橙味苦精

装饰：1 颗橄榄和 1 个柠檬皮卷

将除装饰外的所有配料倒入搅拌杯中，加冰块搅拌均匀，然后滤入冰好的尼克诺拉杯中。用橄榄装饰。将柠檬皮卷置于鸡尾酒上方挤出皮油，然后放入鸡尾酒中。

大卫·卡普兰的马天尼

大卫·卡普兰，至死相伴酒吧合伙人

2½ 盎司添加利 10 号金酒

¼ 盎司杜凌白味美思

¼ 盎司洛里帕缇干味美思

1 滴安高天娜橙味苦精

¾ 盎司过滤水

装饰：1 个柠檬皮卷

如果你要批量预调马天尼，可以按比例增加配料用量，将除装饰外的所有配料倒入瓶中混合均匀，然后冷藏至少 2 小时。如果只做一杯的话，可以不加水，将除装饰外的所有配料倒入搅拌杯中，加冰块搅拌均匀，然后滤入冰好的尼克诺拉杯中。将柠檬皮卷置于鸡尾酒上方挤出皮油，然后弃之。

德文·塔比的马天尼

德文·塔比，至死相伴酒吧合伙人

2 盎司必富达金酒

1 盎司杜凌干味美思

1 滴自制橙味苦精

装饰：**1** 颗橄榄和 **1** 个柠檬皮卷

将除装饰外的所有配料倒入搅拌杯中，加冰块搅拌均匀，然后滤入冰好的尼克诺拉杯中。用橄榄装饰。将柠檬皮卷置于鸡尾酒上方挤出皮油，然后弃之。

乔恩·福尔桑格的马天尼

乔恩·福尔桑格，丹佛至死相伴酒吧经理

2 盎司利奥波德美式海军金酒

1 盎司杜凌白味美思

½ 滴苦艾酒

装饰：**1** 颗橄榄和 **1** 个葡萄柚皮卷

将除装饰外的所有配料倒入搅拌杯中，加冰块搅拌均匀，然后滤入冰好的尼克诺拉杯中。用橄榄装饰。将葡萄柚皮卷置于鸡尾酒上方挤出皮油，然后放入鸡尾酒中。

马修·贝朗格的马天尼

马修·贝朗格，洛杉矶至死相伴酒吧经理

1½ 盎司四柱海军金酒

1½ 盎司园林白味美思

1 滴自制橙味苦精

装饰：**1** 个柠檬皮卷

将除装饰外的所有配料倒入搅拌杯中，加冰块搅拌均匀，然后滤入冰好的尼克诺拉杯中。将柠檬皮卷置于鸡尾酒上方挤出皮油，然后放入鸡尾酒中。

迈克·沙因的马天尼

迈克·沙因（Mike Shain），运营总监

1½ 盎司添加利伦敦干金酒

1½ 盎司杜凌干味美思

1 滴自制橙味苦精

装饰：1 个柠檬皮卷

将除装饰外的所有配料倒入搅拌杯中，加冰块搅拌均匀，然后滤入冰好的尼克诺拉杯中。将柠檬皮卷置于鸡尾酒上方挤出皮油，然后弃之。

香农·特贝的马天尼

香农·特贝，纽约至死相伴酒吧首席调酒师

1½ 盎司必富达金酒

1½ 盎司杜凌干味美思

1 滴比特储斯芹菜苦精

装饰：1 颗橄榄和 1 个柠檬皮卷

将除装饰外的所有配料倒入搅拌杯中，加冰块搅拌均匀，然后滤入冰好的尼克诺拉杯中。用橄榄装饰。将柠檬皮卷置于鸡尾酒上方挤出皮油，然后弃之。

泰森·布勒的马天尼

泰森·布勒，酒水总监

2½ 盎司添加利伦敦干金酒

¾ 盎司杜凌干味美思

装饰：1 颗橄榄和 1 个柠檬皮卷

将除装饰外的所有配料倒入搅拌杯中，加冰块搅拌均匀，然后滤入冰好的尼克诺拉杯中。用橄榄装饰。将柠檬皮卷置于鸡尾酒上方挤出皮油，然后弃之。

韦斯·汉密尔顿的马天尼

韦斯·汉密尔顿（Wes Hamilton），餐食总监

1½ 盎司普利茅斯金酒

1½ 盎司杜凌干味美思

1 滴自制橙味苦精

装饰：1 个柠檬皮卷

将除装饰外的所有配料倒入搅拌杯中，加冰块搅拌均匀，然后滤入装有一块大方冰的加大古典杯中。将柠檬皮卷置于鸡尾酒上方挤出皮油，然后放入鸡尾酒中。

威利·罗森塔尔的马天尼

威利·罗森塔尔（Willie Rosenthal），丹佛至死相伴酒吧助理运营总监

2½ 盎司圣乔治风土金酒

¾ 盎司好奇美国佬

将所有配料倒入搅拌杯中，加冰块搅拌均匀，然后滤入冰好的尼克诺拉杯中。不加装饰。

蜂鸟 ❀
（Hummingbird）

马修·贝朗格，2018 年

1½ 盎司多萝茜帕克金酒

1½ 盎司龟之泉梅酒（Kamoizumi Umeshu）

½ 盎司特兰巴克李子白兰地

¼ 盎司杜凌龙蒿利口酒

½ 茶匙甘蔗糖浆

装饰：1 颗梅干

将除装饰外的所有配料倒入搅拌杯中，加冰块搅拌均匀，然后滤入冰好的马天尼杯中。用梅干装饰。

二指禅 ❀
（Hunt & Peck）

斯科特·蒂格，2015 年

1½ 盎司瑞顿房黑麦威士忌

½ 盎司索姆布拉梅斯卡尔

½ 盎司卡帕诺·安提卡味美思

¼ 盎司雅凡娜阿玛罗酒

1 茶匙金巴利

装饰：1 个橙皮卷和 1 颗鸡尾酒樱桃

将除装饰外的所有配料倒入搅拌杯中，加冰块搅拌均匀，然后滤入冰好的尼克诺拉杯中。将橙皮卷置于鸡尾酒上方挤出皮油，然后弃之不用。用鸡尾酒樱桃装饰。

田园诗 ❀
（Idyllwild）

泰森·布勒，2016 年

我有幸调制了至死相伴酒吧的首款伏特加鸡尾酒。当然，这里用的伏特加喝起来更像是用葡萄蒸馏的白兰地，而非典型的谷物蒸馏伏特加。这款鸡尾酒风味相当微妙，青草味浓郁且极为芳香，是一款很棒的冷冻鸡尾酒。——泰森·布勒

1½ 盎司手工蒸馏家 162 伏特加（Craft Distillers DSP CA 162 Vodka）

1 盎司银针白茶浸泡杜凌白味美思（见第 384 页）

½ 盎司赎金琼瑶浆格拉帕

1 滴奇迹里黄瓜鸢尾根苦精

装饰：1 片黄瓜片

将除装饰外的所有配料倒入搅拌杯中，加冰块搅拌均匀，然后滤入冰好的尼克诺拉杯中。用黄瓜片装饰。

墨水与匕首 ❀
（Ink & Dagger）

阿尔·索塔克，2014 年

这款鸡尾酒的创作灵感来自我最喜欢的搅拌类鸡尾酒"老广场"。即便在至死相伴酒吧这样忙碌的酒吧，我也会经常思索它的配方。我们调制这款酒时会用到太多配料，而且调酒过程过于复杂，因此常受诟病。但即使是经典的老广场鸡尾酒也需要用到 7 种不同的基酒，所以调制此类酒时还是要遵循越多越好的原则。——阿尔·索塔克

1 盎司瑞顿房黑麦威士忌

1 盎司莱尔德保税苹果白兰地

½ 盎司毛林奎宁利口酒（Maurin Quina）

¼ 盎司卡帕诺·安提卡味美思

¼ 盎司纳迪尼阿玛罗

1 茶匙廊酒

1 滴佩肖苦精

1 滴比特储斯芳香苦精

装饰：1 个橙皮卷

将除装饰外的所有配料倒入搅拌杯中，加冰块搅拌均匀，然后滤入装有一块大方冰的古典杯中。将橙皮卷置于鸡尾酒上方挤出皮油，然后放入鸡尾酒中。

伊普斯威奇 ❋

（Ipswitch）

约翰尼·朗，2019 年

特拉卡尔（Träkal）是巴塔哥尼亚的第一款蒸馏酒，其所用植物原料均来自蒸馏厂周围约 30 英里[①]范围内。它是一款未经陈酿的烈酒，以苹果白兰地和梨子白兰地为基础烈酒再加入草本植物酿造而成，带有清凉的花香风味。你可以批量预调这款马天尼改编鸡尾酒，并将其存放在冰箱中。——约翰尼·朗

1½ 盎司普利茅斯金酒

½ 盎司特拉卡尔

¾ 盎司好奇美国佬

1 茶匙苏姿

½ 茶匙圣哲曼接骨木花利口酒

装饰：1 个柠檬皮卷

将除装饰外的所有配料倒入搅拌杯中，加冰块搅拌均匀，然后滤入冰好的尼克诺拉杯中。将柠檬皮卷置于鸡尾酒上方挤出皮油，然后弃之。

---

① 1 英里 ≈ 1.61 千米。——译注

爱尔兰手表 ❋❋

（Irish Wristwatch）

埃琳·里斯，2014 年

1 盎司知更鸟 12 年爱尔兰威士忌

½ 盎司路易斯·罗克·拉维耶西梅白兰地

¾ 盎司卡帕诺潘脱蜜

½ 盎司诺妮阿玛罗

将所有配料倒入搅拌杯中，加冰块搅拌均匀，然后滤入冰好的尼克诺拉杯中。不加装饰。

铁之路 ◉

（Iron Path）

萨姆·约翰逊，2018 年

这款鸡尾酒中没有加水，看起来就像是一款翻转曼哈顿改编（翻转曼哈顿就是将经典曼哈顿配方中的威士忌和味美思比例对调），但喝起来有点像桑格利亚（Sangria）。你可以根据配方进行批量预调，然后放在冰箱里储藏，而不需要把每种原料单独冷藏。——萨姆·约翰逊

2 盎司马诺斯·内格拉斯马尔贝克葡萄酒（Manos Negras Malbec）

1 盎司帕苏比奥阿玛罗

¾ 盎司杜兰朵 8 年朗姆酒

½ 盎司肉桂糖浆

1 滴安高天娜苦精

装饰：半片橙片、2 颗覆盆子、1 串穿在酒签上的黑莓（可选），以及 1 根肉桂棒（磨碎）

将除装饰外的所有配料批量预调并冷藏。饮用时倒入装有一块大方冰的古典杯中，用半片橙片和浆果装饰，并撒上些肉桂粉。

珠宝窃贼 ❋
(Jewel Thief)

香农·特贝，2019 年

阿目威士忌尝起来就像是在热带地区酿造的苏格兰威士忌，我猜这或许是因为它产自班加罗尔。你可以从中品尝出那种属于印度南部的炎热。在这款鸡尾酒中，我将它与咖啡、百香果和豆蔻的味道搭配在一起，这3种味道在中东和南亚菜肴中很常见，诠释了"生于斯，融于斯"的风味搭配理念。——香农·特贝

1½ 盎司阿目桶强印度单一麦芽威士忌

¾ 盎司亨利克斯雨水马德拉酒

¼ 盎司加利安奴咖啡利口酒

1 茶匙吉发得百香果利口酒

½ 滴好斗肉豆蔻苦精

装饰：1 个橙皮卷

将除装饰外的所有配料倒入搅拌杯中，加冰块搅拌均匀，然后滤入装有一块大方冰的古典杯中。将橙皮卷置于鸡尾酒上方挤出皮油，然后弃之。

克西·铃木 ❋
(Kissy Suzuki)

马修·贝朗格，2016 年

1½ 盎司美鹤乃舞香茅烧酒（Mizu Lemongrass Shochu）

¾ 盎司圣乔治多功能伏特加

¾ 盎司好奇美国佬

½ 茶匙路萨朵樱桃利口酒

½ 茶匙樱桃白兰地

1 滴自制橙味苦精

1 滴苦艾酒

将所有配料倒入搅拌杯中，加冰块搅拌均匀，然后滤入冰好的马天尼杯中。不加装饰。

洛杉矶争端 ❋
(La Dispute)

马修·贝朗格，2015 年

1 盎司达莫索 VSOP 朗姆酒

1 盎司杜邦珍藏卡尔瓦多斯

½ 盎司帕斯奎夏朗德皮诺酒

½ 盎司利奥波德兄弟纽约酸苹果利口酒

1 茶匙杜凌龙蒿利口酒

装饰：1 片脱水苹果片

将除装饰外的所有配料倒入搅拌杯中，加冰块搅拌均匀，然后滤入装有一块大方冰的加大古典杯中。用脱水苹果片装饰。

打火机 ❋
(Lamplighter)

香农·特贝，2019 年

1¾ 盎司波摩 12 年苏格兰威士忌

¾ 盎司好奇都灵味美思

¼ 盎司雷塞特鲍尔胡萝卜白兰地

¼ 盎司皮埃尔·费朗干库拉索酒

1 滴比特终点摩洛哥苦精

装饰：1 个橙皮卷

将除装饰外的所有配料倒入搅拌杯中，加冰块搅拌均匀，然后滤入冰好的尼克诺拉杯中。将橙皮卷置于鸡尾酒上方挤出皮油，然后放入鸡尾酒中。

火星上的生命 ❋
（Life on Mars）

马修·贝朗格，2019 年

1½ 盎司巴雷尔鸠尾威士忌

1 盎司泰勒弗拉德盖特红宝石波特酒
（Taylor Fladgate Ruby Port）

½ 盎司卡帕诺·安提卡味美思

1 茶匙瑞典克罗南潘趣利口酒

2 滴奇迹里红眼苦精

装饰：1 颗鸡尾酒樱桃

将除装饰外的所有配料倒入搅拌杯中，加冰块搅拌均匀，然后滤入冰好的碟形杯中。用鸡尾酒樱桃装饰。

避雷针 ❋
（Lightning Rod）

香农·特贝，2017 年

这是我第一次在鸡尾酒中使用席安布拉·瓦列斯手工特其拉。之前贾里德给我倒了一小杯品尝，我几乎立刻就决定要把它用在一款豪华鸡尾酒中。所以，我以它为基酒，搭配较小比例的辅料，创作了这款内格罗尼改编鸡尾酒。——香农·特贝

1½ 盎司席安布拉·瓦列斯手工特其拉

¾ 盎司好奇都灵味美思

½ 盎司金巴利

1 茶匙玛丽·布里扎德可可利口酒

1 茶匙吉发得百香果利口酒

装饰：1 个橙皮卷

将除装饰外的所有配料倒入搅拌杯中，加冰块搅拌均匀，然后滤入装有一块大方冰的加大古典杯中。将橙皮卷置于鸡尾酒上方挤出皮油，然后放入鸡尾酒中。

玛丽帕拉迪斯 ❋
（Marie Paradis）

埃琳·里斯，2014 年

2 盎司皮埃尔·费朗 1840 干邑

¾ 盎司杜凌白味美思

½ 盎司帕斯奎玛丽覆盆子利口酒

½ 盎司妮歌苹果冰酒（Neige Apple Ice Wine）

1 茶匙甘蔗糖浆

将所有配料倒入搅拌杯中，加冰块搅拌均匀，然后滤入冰好的尼克诺拉杯中。不加装饰。

现代情侣
（Modern Lovers）

泰森·布勒，2016 年

1½ 盎司查尔斯·福尼尔雷司令（Charles Fournier Riesling）

1½ 盎司好奇美国佬

½ 盎司杜邦珍藏卡尔瓦多斯

1 茶匙女巫利口酒

1 滴安高天娜苦精

装饰：1 个柠檬皮卷

将除装饰外的所有配料倒入搅拌杯中，加冰块搅拌均匀，然后滤入冰好的尼克诺拉杯中。将柠檬皮卷置于鸡尾酒上方挤出皮油，然后放入鸡尾酒中。

内格罗尼（站饮区）❄
（Negroni）

泰森·布勒，2019 年

1 盎司西马隆银色特其拉
1 盎司阿佩罗
1 盎司杜凌白味美思
½ 盎司莱茵霍尔杧果白兰地
¼ 盎司新鲜黄瓜汁
装饰：1 朵芫荽花

将除装饰外的所有配料倒入搅拌杯中，加冰块搅拌均匀，然后滤入装有一块大方冰的加大古典杯中。用芫荽花装饰。

新节拍 ❄
（New Beat）

贾里德·魏甘德，2017 年

我以前从未见过以银色特其拉或农业朗姆酒为主要基酒调制的搅拌类鸡尾酒。我发现这两种酒都带有草本植物风味，而茴香利口酒很好地将它们结合在了一起。——贾里德·魏甘德

1 盎司席安布拉·阿祖尔银色特其拉
1 盎司嘉冕农业白朗姆酒
½ 盎司唐西乔托和菲戈利茴香利口酒
½ 盎司好奇美国佬
1 茶匙绿色查特酒
1 滴比特储斯芹菜苦精
装饰：1 个柠檬皮卷

将除装饰外的所有配料倒入搅拌杯中，加冰块搅拌均匀，然后滤入冰好的尼克诺拉杯中。将柠檬皮卷置于鸡尾酒上方挤出皮油，然后弃之。

夜翼 ❄
（Nightwing）

马修·贝朗格，2018 年

1 盎司席安布拉·瓦列斯手工特其拉
1 盎司东印度索莱拉雪莉酒（East India Solera Sherry）
½ 盎司蔗园菠萝朗姆酒
½ 盎司阿玛卓阿玛罗
1 滴比特曼巧克力苦精

将所有配料倒入搅拌杯中，加冰块搅拌均匀，然后滤入冰好的尼克诺拉杯中。不加装饰。

夜间行者 ❄
（Nite Tripper）

乔恩·阿姆斯特朗，2015 年

2 盎司威凤凰 101 黑麦威士忌
¾ 盎司杜凌干味美思
½ 盎司西娜尔利口酒
1 茶匙孔比耶葡萄柚利口酒
½ 茶匙圣哲曼接骨木花利口酒
装饰：1 个葡萄柚皮卷

将除装饰外的所有配料倒入搅拌杯中，加冰块搅拌均匀，然后滤入冰好的尼克诺拉杯中。将葡萄柚皮卷置于鸡尾酒上方挤出皮油，然后弃之。

寻宝假期 ❄
（No Paddle）

特迪·勒蒙塔涅，2019 年

1¼ 盎司兔子洞波本威士忌

¾ 盎司杜凌白味美思

½ 盎司金巴利

¼ 盎司圣乔治覆盆子白兰地

1 茶匙吉发得粉红葡萄柚利口酒

装饰：1 个柠檬皮卷

将除装饰外的所有配料倒入搅拌杯中，加冰块搅拌均匀，然后滤入装有一块大方冰的古典杯中。将柠檬皮卷置于鸡尾酒上方挤出皮油，然后放入鸡尾酒中。

阴影中没有阴影 ❄
（No Shade in the Shadows）

杰里米·奥特尔，2015 年

未陈酿的雅文邑的风味很有趣，我通常把它当作格拉帕或皮斯科的替代品。在这款鸡尾酒中，我把它和菠萝味的添加利金酒混合，制成马丁内斯改编鸡尾酒。——杰里米·奥特尔

1¼ 盎司埃斯帕杭斯酒庄白雅文邑

¾ 盎司菠萝浸泡添加利金酒

¾ 盎司好奇都灵味美思

1 茶匙路萨朵樱桃利口酒

1 滴苦艾酒

装饰：1 个柠檬皮卷

将除装饰外的所有配料倒入搅拌杯中，加冰块搅拌均匀，然后滤入冰好的尼克诺拉杯中。将柠檬皮卷置于鸡尾酒上方挤出皮油，然后放入鸡尾酒中。

眼科 ❄
（Oculus）

香农·特贝，2018 年

我曾在某家餐厅吃过一份苹果茴香沙拉，这让我想把这两种味道重现在一款鸡尾酒中。从某种意义上说，这是一款苹果马天尼，但它更加可口，也更加复杂。——香农·特贝

1½ 盎司蒙特勒伊庄园卡尔瓦多斯

½ 盎司布伦尼文阿夸维特

½ 盎司唐西乔托和菲戈利茴香利口酒

½ 盎司利莱白利口酒

1 茶匙西里尔·赞斯苹果白兰地

1 滴苦艾酒

装饰：1 个柠檬皮卷

将除装饰外的所有配料倒入搅拌杯中，加冰块搅拌均匀，然后滤入冰好的尼克诺拉杯中。将柠檬皮卷置于鸡尾酒上方挤出皮油，然后弃之。

古卡斯蒂利亚 ❄❄
（Old Castille）

吉利安·沃斯，2014 年

1 盎司蒙特勒伊庄园卡尔瓦多斯

1 盎司克利尔溪 2 年苹果白兰地

½ 盎司布兰迪 5 年陈酿马姆齐马德拉酒
（Blandy's 5-year Malmsey Madeira）

½ 盎司弗逊白酸葡萄汁

¼ 盎司肉桂糖浆

1 滴比特曼巧克力苦精

装饰：1 个柠檬皮卷和 1 根迷迭香

将除装饰外的所有配料倒入搅拌杯中，

加冰块搅拌均匀，然后滤入冰好的尼克诺拉杯中。将柠檬皮卷置于鸡尾酒上方挤出皮油，然后弃之。用迷迭香装饰。

单臂剪刀 ❄
（One Armed Scissor）

马修·贝朗格，2018 年

我想调制一款带有浓郁草本气息的马天尼，而克莱林瓦尔朗姆酒的原料中就含有许多草本植物，在我看来它的味道就像黄椒。最终，我创作出这款奇特、前卫的鸡尾酒，并以后硬核风格乐队——"在驾驶途中"（At the Drive-In）的一首歌来命名它。——马修·贝朗格

1¼ 盎司必富达金酒
½ 盎司圣乔治绿辣椒伏特加
¼ 盎司海地克莱林瓦尔朗姆酒
¾ 盎司杜凌白味美思
1 茶匙女巫利口酒
1 滴苦艾酒
1 滴自制橙味苦精
装饰：1 个橙皮卷

将除装饰外的所有配料倒入搅拌杯中，加冰块搅拌均匀，然后滤入冰好的尼克诺拉杯中。将橙皮卷置于鸡尾酒上方挤出皮油，然后放入鸡尾酒中。

异性相吸 ⊙
（Opposites Attract）

杰里米·奥特尔，2017 年

2 盎司卢世涛东印度索莱拉雪莉酒
1 盎司孤独圣母圣路易斯德尔里奥梅斯卡尔

1 茶匙吉发得接骨木花利口酒
½ 茶匙灵药阿玛罗（Elisir Novasalus Vino Amaro）

将所有配料倒入搅拌杯中，加冰块搅拌均匀，然后滤入冰好的尼克诺拉杯中。不加装饰。

原罪 ✳
（Original Sin）

奥斯汀·奈特，2019 年

1¼ 盎司卢世涛味美思
¾ 盎司萨卡帕 23 朗姆酒
¾ 盎司卢世涛唐努诺欧洛罗索雪莉酒
¼ 盎司唐西乔托和菲戈利诺奇诺绿核桃利口酒
1 茶匙德梅拉拉糖浆
装饰：1 个橙皮卷

将除装饰外的所有配料倒入搅拌杯中，加冰块搅拌均匀，然后滤入冰好的尼克诺拉杯中。将橙皮卷置于鸡尾酒上方挤出皮油，然后放入鸡尾酒中。

奥维尔吉布森
（Orville Gibson）

马修·贝朗格，2019 年

在洛杉矶至死相伴酒吧，我们尽可能多地使用产自加利福尼亚州的原料。这款马天尼中所用的海洋金酒是以海藻为原料蒸馏而成的，因此它带有一种野生的鲜味，而用海苔浸泡过的梨子白兰地则进一步增强了这种味道。——马修·贝朗格

1½ 盎司奥克兰烈酒海洋金酒（Oakland Spirits Co. Automatic Sea Gin）

¾ 盎司杜凌白味美思

¾ 盎司杜凌干味美思

1 茶匙海苔浸泡梨子白兰地（见第 380 页）

装饰：适量海苔浸泡梨子白兰地（用喷雾器喷洒）

将除装饰外的所有配料倒入搅拌杯中，加冰块搅拌均匀，然后滤入装有一块大方冰的古典杯中。在鸡尾酒表面喷洒一些浸泡过海苔的梨子白兰地。

拼花砖庭院 ❋
（Parquet Courts）

泰森·布勒，2016

1 盎司塔希克 15 年雅文邑

¾ 盎司阿瓦安布拉纳桶陈卡莎萨

¼ 盎司雷塞特鲍尔榛子白兰地

¾ 盎司卡帕诺·安提卡甜味美思

1 茶匙香草糖浆

1 滴安高天娜苦精

将所有配料倒入搅拌杯中，加冰块搅拌均匀，然后滤入冰好的尼克诺拉杯中。不加装饰。

兼职恋人 ❋
（Part Time Lover）

吉利安·沃斯，2014 年

1½ 盎司多萝茜帕克金酒

¾ 盎司奥尔良波本曼赞尼拉雪莉酒

¾ 盎司杜凌白味美思

¼ 盎司绿色查特酒

½ 茶匙路萨朵樱桃利口酒

1 滴苦艾酒

装饰：1 个柠檬皮卷

将除装饰外的所有配料倒入搅拌杯中，加冰块搅拌均匀，然后滤入冰好的尼克诺拉杯中。将柠檬皮卷置于鸡尾酒上方挤出皮油，然后弃之。

潜望镜 ☉
（Periscope）

泰森·布勒，2017 年

2 盎司因缪苦甜味美思（Imbue Bitter-sweet Vermouth）

¾ 盎司猴腺 47 黑森林干金酒

½ 盎司拿破仑柑橘利口酒

1 茶匙玛丽·布里扎德可可利口酒

1 滴自制橙味苦精

1 滴安高天娜苦精

装饰：1 个橙皮卷

将除装饰外的所有配料倒入搅拌杯中，加冰块搅拌均匀，然后滤入冰好的尼克诺拉杯中。将橙皮卷置于鸡尾酒上方挤出皮油，然后放入鸡尾酒中。

皮克斯佩卡拉 ❋
（Pixee Pecala）

香农·特贝，2019 年

¾ 盎司德玛盖奇奇卡帕梅斯卡尔

¾ 盎司莱茵霍尔杧果白兰地

½ 盎司安乔·雷耶斯辣椒利口酒

½ 盎司阿佩罗

½ 盎司好奇都灵味美思

装饰：1 个橙皮卷

将除装饰外的所有配料倒入搅拌杯中，加冰块搅拌均匀，然后滤入装有一块大方冰的加大古典杯中。将橙皮卷置于鸡尾酒上方挤出皮油，然后放入鸡尾酒中。

剧情反转 ⊙
(Plot Twist)

香农·特贝，2019 年

路萨朵阿玛罗有着辛辣的黑胡椒味，所以我想把它和樱桃的风味搭配在一起，制作一款低酒精度版的马丁内斯。——香农·特贝

1½ 盎司冈萨雷斯·比亚斯拉科帕味美思

1½ 盎司赎金老汤姆金酒（Ransom Old Torn Gin）

½ 盎司利奥波德兄弟密歇根酸樱桃利口酒

1 茶匙路萨朵阿玛罗

装饰：1 个橙皮卷

将除装饰外的所有配料倒入搅拌杯中，加冰块搅拌均匀，然后滤入冰好的尼克诺拉杯中。将橙皮卷置于鸡尾酒上方挤出皮油，然后弃之。

波恩尼特 ❋
(Poniente)

马修·贝朗格，2017 年

虽然这款鸡尾酒可以单杯制作，但批量预调好后储存在冰箱里即开即饮也很不错。——马修·贝朗格

1½ 盎司洛里帕缇干味美思

1 盎司凯德汉老拉吉金酒（Cadenhead's Old Raj Gin）

1 盎司佩佩伯父菲诺雪莉酒

¼ 盎司特级初榨橄榄油

装饰：1 颗橄榄

将除装饰外的所有配料倒入一个储存容器中混合均匀，然后冷藏 24 小时。将凝固的油滤出，然后将酒液倒入冰好的马天尼杯中。用橄榄装饰。

霹雳神探 ❋
(Popeye Doyle)

泰森·布勒，2017 年

¾ 盎司纳瓦佐斯·帕拉齐欧洛罗索朗姆酒

1 盎司云顶 10 年苏格兰威士忌

¾ 盎司卡佛阿玛多杏仁利口酒

¼ 盎司玛斯尼樱桃白兰地

¼ 盎司希宁樱桃利口酒（Cherry Heering）

装饰：1 颗鸡尾酒樱桃

将除装饰外的所有配料倒入搅拌杯中，加冰块搅拌均匀，然后滤入装有一块大方冰的古典杯中。用鸡尾酒樱桃装饰。

原型 ❋
〔Prototype〕

泰森·布勒，2017 年

1½ 盎司巴索尔阿卡拉多皮斯科

½ 盎司好奇都灵味美思

½ 盎司金巴利

½ 盎司吉发得大黄利口酒

1 茶匙乌雷叔侄高强度牙买加朗姆酒

装饰：1 个葡萄柚皮卷和 1 串穿在酒签上的覆盆子

将除装饰外的所有配料倒入搅拌杯中，

加冰块搅拌均匀，然后滤入装有一块大方冰的加大古典杯中。将葡萄柚皮卷置于鸡尾酒上方挤出皮油，然后弃之。用覆盆子装饰。

树莓天后 ❄
（Raspberry Diva）

杰里米·奥特尔，2015 年

埃琳·里斯以我们的一位搬运工的名字命名了这款鸡尾酒，这个搬运工确实很怕水果。——杰里米·奥特尔

1½ 盎司多萝茜帕克金酒

½ 盎司杜凌干味美思

½ 盎司杜凌白味美思

1 茶匙圣哲曼接骨木花利口酒

½ 茶匙克利尔溪覆盆子白兰地

装饰：1 个柠檬皮卷和 1 颗覆盆子

将除装饰外的所有配料倒入搅拌杯中，加冰块搅拌均匀，然后滤入冰好的尼克诺拉杯中。将柠檬皮卷置于鸡尾酒上方挤出皮油，然后弃之。用覆盆子装饰。

礁石浪区 ❄
（Reef Break）

泰森·布勒，2019 年

我喜欢带有水果元素的马天尼，如阿尔·索塔克的"比基尼杀手"（见第 321 页），我想制作一款类似的鸡尾酒。这种风格的酒饮对客人来说可能是一种挑战——看似温和，实则酒感强烈，但我们仍然爱这种水果风味的马天尼。——泰森·布勒

1¾ 盎司三得利白伏特加

1 盎司卢世涛菲诺雪莉酒

¼ 盎司杜兰朵 3 年陈酿朗姆酒

1 茶匙吉发得百香果利口酒

1 茶匙肉桂糖浆

装饰：1 个葡萄柚皮卷

将除装饰外的所有配料倒入搅拌杯中，加冰块搅拌均匀，然后滤入冰好的尼克诺拉杯中。将葡萄柚皮卷置于鸡尾酒上方挤出皮油，然后弃之。

麦克的回归 ☉
（Return of the Mac）

杰里米·奥特尔，2016 年

汝拉利口酒（Macvin du Jura）是一款当下非常流行的加烈葡萄酒，与琥珀味美思的葡萄干风味相得益彰。加入一些胡萝卜白兰地和麦芽香十足的爱尔兰威士忌，你就像在享用一块胡萝卜蛋糕一样。——杰里米·奥特尔

1½ 盎司洛里帕缇琥珀味美思（Noilly Prat Ambré Vermouth）

1 盎司汝拉利口酒

½ 茶匙雷塞特鲍尔胡萝卜白兰地

½ 盎司康尼马拉爱尔兰威士忌

1 茶匙杏仁工坊澳洲坚果糖浆

1 滴安高天娜苦精

1 滴奇迹里山核桃苦精

将所有配料倒入搅拌杯中，加冰块搅拌均匀，然后滤入冰好的尼克诺拉杯中。不加装饰。

蓝色狂想曲 ❄
（Rhapsody in Blue）

马修·贝朗格，2019 年

帕苏比奥阿玛罗由野生蓝莓制成，我想用它来创作一款浪子风格的鸡尾酒。芹菜苦精提升了鸡尾酒的风味，并让蓝莓的味道更为突出。——马修·贝朗格

1½ 盎司瑞顿房黑麦威士忌

¾ 盎司杜凌白味美思

¾ 盎司卡佩莱蒂帕苏比奥阿玛罗

1 滴比特储斯芹菜苦精

装饰：1 颗蓝莓

将除装饰外的所有配料倒入搅拌杯中，加冰块搅拌均匀，然后滤入冰好的尼克诺拉杯中。用蓝莓装饰。

河之子 ⊙
（River Child）

马修·贝朗格，2018 年

清酒通常在酿造当季饮用时风味最佳，但据说龟之泉红枫清酒（Kamoizumi Red Maple Sake）的生产商不小心将一瓶清酒遗忘在冰箱的某个角落里，意外发现它竟然越陈酿越香。于是，龟之泉推出了这款红枫清酒，在温度约为 5℃的环境里陈酿 2 年，从而形成一种丰富而独特的风味，其浓郁的味道使其足以被用作鸡尾酒的主要基酒。——马修·贝朗格

2 盎司龟之泉 2 年陈酿红枫清酒

1 盎司杜凌白味美思

¼ 盎司查若芦荟利口酒

¼ 盎司铁锚吉纳维芙金酒（Anchor

Genevieve Gin）

装饰：1 片黄瓜片

将除装饰外的所有配料倒入搅拌杯中，加冰块搅拌均匀，然后滤入冰好的尼克诺拉杯中。用黄瓜片装饰。

鲁比·索霍 ❄
（Ruby Soho）

马修·贝朗格，2016 年

在这款内格罗尼的改编鸡尾酒中，使用草莓浸泡过的烈酒比用草莓利口酒能带来更加清新的风味。在酒吧，我们使用离心机来澄清浸泡液，但你在家里也可以简单地将草莓浸泡在梅斯卡尔中并过滤。——马修·贝朗格

1 盎司保罗博 VS 干邑

½ 盎司草莓浸泡索姆布拉梅斯卡尔（见第 384 页）

¾ 盎司好奇都灵味美思

¾ 盎司伟大经典苦精（Gran Classico Bitter）

1 滴比特曼巧克力苦精

装饰：1 个橙皮卷

将除装饰外的所有配料倒入搅拌杯中，加冰块搅拌均匀，然后滤入装有一块大方冰的加大古典杯中。将橙皮卷置于鸡尾酒上方挤出皮油，然后放入鸡尾酒中。

圣帕特里夏营 ❄
（San Patricia's Battalion）

埃琳·里斯，2014 年

1½ 盎司知更鸟 12 年爱尔兰威士忌

¾ 盎司杜凌白味美思

½ 盎司德玛盖奇奇卡帕梅斯卡尔

¼ 盎司圣哲曼接骨木花利口酒

1 茶匙比特曼葡萄柚利口酒

装饰：1 个葡萄柚皮卷

将除装饰外的所有配料倒入搅拌杯中，加冰块搅拌均匀，然后滤入冰好的尼克诺拉杯中。将葡萄柚皮卷置于鸡尾酒上方挤出皮油，然后放入鸡尾酒中。

满足的野兔 ◉
（Satisfied Hare）

萨姆·潘顿，2018 年

我的任务是调制一款低酒精度版的马天尼，这对我来说是一种全新的尝试。我用香蕉来浸泡味美思，这种做法我之前在一场鸡尾酒比赛的曼哈顿改编版中见过。后来，这款味美思成了员工们最喜爱的一口饮。此前我很少使用雅文邑，但将雅文邑和上述味美思结合在一起，竟然能创作出一款如此清爽的马天尼鸡尾酒，喜欢尝试新口味的客人们应该会喜欢。——萨姆·潘顿

1½ 盎司德洛德拿破仑干邑白兰地

¾ 盎司香蕉浸泡杜凌白味美思（见第 379 页）

¾ 盎司杜凌干味美思

1 茶匙肉桂糖浆

1 滴苦艾酒

装饰：1 个柠檬皮卷

将除装饰外的所有配料倒入搅拌杯中，加冰块搅拌均匀，然后滤入冰好的尼克诺拉杯中。将柠檬皮卷置于鸡尾酒上方挤出皮油，然后弃之。

存在的科学
（Science of Being）

贾里德·魏甘德，2016 年

这是一款小杯量的鸡尾酒，大约只有 2.5 盎司，但它能够充分展现托巴梅斯卡尔的美妙，如果用量再多的话就会掩盖其他原料的味道。最终的成品就是一款有着狂放烟熏味和可爱花香的小杯马天尼。——贾里德·魏甘德

1½ 盎司德玛盖托巴拉梅斯卡尔

1 盎司利莱桃红利口酒

1 茶匙肉桂糖浆

1 滴佩肖苦精

将所有配料倒入搅拌杯中，加冰块搅拌均匀，然后滤入冰好的马天尼杯中。不加装饰。

阴影与低语 ❄
（Shadows and Whispers）

泰森·布勒，2017 年

1 盎司米克卓普波本威士忌（Mic Drop Bourbon）

1 盎司铜与国王苹果白兰地

¾ 盎司亨利克斯 5 年陈酿马德拉酒

½ 盎司甘曼怡百年限量版（Grand Marnier Cuvée Centenaire）

1 滴安高天娜苦精

将所有配料倒入搅拌杯中，加冰块搅拌均匀，然后滤入冰好的尼克诺拉杯中。不加装饰。

霰弹枪威利 ❉
（Shotgun Willie）

泰森·布勒，2018 年

我在抵达丹佛之前，就为丹佛酒吧的首份酒单创作了这款鸡尾酒，并以威利·尼尔森（Willie Nelson）的名字命名。然而，我那时并不知道丹佛有一家声名狼藉的脱衣舞俱乐部也叫作威利·尼尔森（哎呀，尴尬了）。这款鸡尾酒相当干醇，带着些许咸味，风味独特，让我想起了用干香料腌制后烘烤的肉类香气。——泰森·布勒

1¼ 盎司西亚特·拉古阿斯金色特其拉

½ 盎司圣乔治绿辣椒伏特加

¾ 盎司阿维尔奶油雪莉酒

¼ 盎司墨西哥辣椒浸泡席安布拉·瓦列斯银色特其拉

1 茶匙甘曼怡

½ 茶匙葛缕子利口酒

装饰：1 片腌胡萝卜片或 1 片腌萝卜片

将除装饰外的所有配料倒入搅拌杯中，加冰块搅拌均匀，然后滤入冰好的尼克诺拉杯中。用腌制的胡萝卜片或萝卜片装饰。

午夜姐妹 ❉
（Sister Midnight）

乔恩·阿姆斯特朗，2016 年

我的目标是创作一款由 3 种成分构成的朗姆酒搅拌类鸡尾酒。我一开始选择了阿普尔顿庄园朗姆酒、黄色查特酒和梨子利口酒，但有人建议加一点放克味儿十足的朗姆酒，让这款鸡尾酒变得更有趣。本质上，这是一款配方比较简单的鸡尾酒，但我们让它的风味变得更复杂了，因为我们有能力这么做。——乔恩·阿姆斯特朗

1½ 盎司阿普尔顿庄园牙买加朗姆酒

½ 盎司史密斯与克罗斯牙买加朗姆酒

½ 盎司黄色查特酒

½ 盎司圣乔治梨子利口酒

将所有配料倒入搅拌杯中，加冰块搅拌均匀，然后滤入冰好的尼克诺拉杯中。不加装饰。

天梯 ◉
（Sky Ladder）

萨姆·约翰逊，2018 年

这款低酒精度鸡尾酒喝起来像翠竹鸡尾酒，带有来自卡拉尼的略显油润的椰子味。用于调制这款鸡尾酒的瓶装柚子汁一定要选高品质的才行。——萨姆·约翰逊

1½ 盎司卢世涛曼赞尼拉雪莉酒

¾ 盎司杜凌干味美思

¾ 盎司杜凌白味美思

1 茶匙卡拉尼椰子利口酒

1 茶匙单糖浆

½ 茶匙瓶装柚子汁

装饰：1 个葡萄柚皮卷

将除装饰外的所有配料倒入搅拌杯中，加冰块搅拌均匀，然后滤入古典杯中。将葡萄柚皮卷置于鸡尾酒上方挤出皮油，然后弃之。

纺纱 ❉
（Spindrift）

萨姆·约翰逊，2018 年

我喜欢那种清澈透明、加了一块大方冰的鸡尾酒。然而，这种鸡尾酒往往会有个

问题，那就是加了冰块之后，它们很快会因稀释而导致味道变淡。白色内格罗尼是个例外，但创作出白色内格罗尼的改编版并不容易，因为清澈透明的苦味酒并不多。直到有一次，我发现了路萨朵白苦味酒，它让一切都变得更为简单。我很容易就找到了与之搭配的基酒，李子白兰地的花香果味则让金酒和活泼的葡萄柚利口酒完美融合在一起。——萨姆·约翰逊

1 盎司比米尼金酒
½ 盎司克利尔溪李子白兰地
¾ 盎司路萨朵白苦味酒
¾ 盎司杜凌干味美思
1 茶匙吉发得粉红葡萄柚利口酒
装饰：1 个柠檬皮卷

将除装饰外的所有配料倒入搅拌杯中，加冰块搅拌均匀，然后滤入装有一块大方冰的加大古典杯中。将柠檬皮卷置于鸡尾酒上方挤出皮油，然后放入鸡尾酒中。

望远镜 ✳
（Spyglass）

泰森·布勒，2017 年

1¾ 盎司普利茅斯金酒
¼ 盎司克罗格斯塔德阿夸维特
½ 盎司杜凌干味美思
½ 盎司唐西乔托和菲戈利茴香利口酒
1 茶匙玛丽·布里扎德可可利口酒
装饰：1 个柠檬皮卷

将除装饰外的所有配料倒入搅拌杯中，加冰块搅拌均匀，然后滤入冰好的尼克诺拉杯中。将柠檬皮卷置于鸡尾酒上方挤出皮油，然后弃之。

圣乔治与龙 ✳
（St George and the Dragon）

阿尔·索塔克，2014 年

我希望这款鲍比·伯恩斯（Bobby Burns）改编鸡尾酒带有些许泥煤味。烟熏味与苦艾酒的苦味其实很难平衡，一旦你调整好，那味道就会相当棒。——阿尔·索塔克

1¾ 盎司知更鸟 12 年爱尔兰威士忌
¾ 盎司卡帕诺潘脱蜜
¼ 盎司拉弗格 10 年苏格兰单一麦芽威士忌
¼ 盎司廊酒
2 滴苦艾酒
装饰：1 个柠檬皮卷

将除装饰外的所有配料倒入搅拌杯中，加冰块搅拌均匀，然后滤入冰好的尼克诺拉杯中。将柠檬皮卷置于鸡尾酒上方挤出皮油，然后弃之。

保持沉默 ✳✳
（Stay Mum）

泰森·布勒，2018 年

我喜欢经典的菊花鸡尾酒，而泰国罗勒具有独特的茴香味，能够与较大比例的苦艾酒搭配得很好。——泰森·布勒

3 片泰国罗勒叶
2½ 盎司杜凌干味美思
½ 盎司廊酒
1 茶匙西里尔·赞斯苹果白兰地
4 滴苦艾酒
装饰：1 个柠檬皮卷

将罗勒叶放在摇酒壶中，轻轻捣几下，加入除装饰外的剩余配料，加冰摇匀。双重滤入冰好的尼克诺拉杯中。将柠檬皮卷置于鸡尾酒上方挤出皮油，然后放入鸡尾酒中。

奇怪的宗教 ✢
（Strange Religion）

乔恩·福尔桑格，2019 年

我们有机会使用精心挑选的原料来创作奢华的鸡尾酒，但我们不会仅仅为了追求奢华而选择那些昂贵的原料。猴腺 47 金酒产自德国，原料中含有 47 种草本植物成分。你可以直接饮用，这本身就是一种享受。经典的马天尼展现了调酒师对原料的理解，希望这款鸡尾酒也能做到这一点。猴腺 47 的味道更清淡、更精致，用传统的干味美思会掩盖它的味道，所以我改用了梅酒。1 茶匙杧果白兰地可以起到调味的作用，并提升其他风味，就像在独奏中加入和声一样。——乔恩·福尔桑格

1½ 盎司猴腺 47 黑森林金酒

1¼ 盎司东在和平之花梅酒（Tozai Blossom of Peace Plum Wine）

¼ 盎司吉发得荔枝利口酒

1 茶匙莱茵霍尔杧果白兰地

1 滴苦艾酒

½ 茶匙甘蔗糖浆

装饰：1 颗梅干

将除装饰外的所有配料倒入搅拌杯中，加冰块搅拌均匀，然后滤入冰好的马天尼杯中。用梅干装饰。

火车怪客 ✢
（Strangers on a Train）

马修·贝朗格，2017 年

1 盎司圣乔治干型黑麦陈酿金酒

1 盎司蒙特勒伊庄园精选卡尔瓦多斯

¾ 盎司洛里帕缇琥珀味美思

¼ 盎司克利尔溪蔓越莓利口酒

1 茶匙路萨朵樱桃利口酒

1 滴自制橙味苦精

装饰：1 个橙皮卷

将除装饰外的所有配料倒入搅拌杯中，加冰块搅拌均匀，然后滤入冰好的尼克诺拉杯中。将橙皮卷置于鸡尾酒上方挤出皮油，然后放入鸡尾酒中。

潜意识刺激 ✢
（Subliminal Messages）

杰里米·奥特尔，2015 年

1 盎司德玛盖圣多明各阿尔巴拉达斯梅斯卡尔

1 盎司墨西哥辣椒浸泡席安布拉·瓦列斯银色特其拉

1 盎司杜凌白味美思

¼ 盎司吉发得粉红葡萄柚利口酒

½ 茶匙阿佩罗

装饰：1 个柠檬皮卷

将除装饰外的所有配料倒入搅拌杯中，加冰块搅拌均匀，然后滤入冰好的尼克诺拉杯中。将柠檬皮卷置于鸡尾酒上方挤出皮油，然后放入鸡尾酒中。

糖木兰 ❋
（Sugar Magnolia）

泰森·布勒，2017 年

1½ 盎司泰康奈尔爱尔兰单一麦芽威士忌

½ 盎司知更鸟 12 年爱尔兰威士忌

½ 盎司卢世涛曼赞尼拉雪莉酒

½ 盎司杜凌白味美思

1 茶匙孔比耶葡萄柚利口酒

1 茶匙金巴利

1 茶匙甘蔗糖浆

1 滴佩肖苦精

1 滴苦艾酒

装饰：1 个柠檬皮卷

　　将除装饰外的所有配料倒入搅拌杯中，加冰块搅拌均匀，然后滤入冰好的尼克诺拉杯中。将柠檬皮卷置于鸡尾酒上方挤出皮油，然后放入鸡尾酒中。

电报 ❋
（Telegraph）

泰森·布勒，2018 年

　　这是我为丹佛至死相伴酒吧开业创作的第一款鸡尾酒，这基本上是一款根据"渡鸦大师"（见第 252 页）改编而来的马天尼。我们采用批量预调的方法，将酒液储藏在冰箱里，客人点单时加少许水以保持其丰富的口感，并能让梨子和桉树的风味更加突出。——泰森·布勒

1¾ 盎司必富达金酒

¼ 盎司克利尔溪梨子白兰地

1 茶匙马蒂尔德梨子利口酒

¾ 盎司好奇美国佬

1 滴泰拉香料公司桉树提取物

装饰：1 个柠檬皮卷

　　将除装饰外的所有配料倒入搅拌杯中，加冰块搅拌均匀，然后滤入冰好的尼克诺拉杯中。将柠檬皮卷置于鸡尾酒上方挤出皮油，然后弃之。

条约条款 ❋
（Terms of Treaty）

埃琳·里斯，2014 年

1 盎司水牛足迹波本威士忌

1 盎司皮埃尔·费朗 1840 干邑

½ 盎司祖巴兰奶油雪莉酒

½ 盎司吉发得巴西香蕉利口酒

1 茶匙德梅拉拉糖浆

1 滴比特储斯杰瑞·托马斯苦精

　　将所有配料倒入搅拌杯中，加冰块搅拌均匀，然后滤入冰好的尼克诺拉杯中。不加装饰。

瘦白公爵 ❋
（Thin White Duke）

泰森·布勒，2016 年

　　这是一款独特且漂亮、芬芳的马天尼改编鸡尾酒。我觉得这个酒名很适合这款鸡尾酒。——泰森·布勒

1 盎司芭班库白朗姆酒

¾ 盎司埃斯帕杭斯酒庄白雅文邑

¼ 盎司克利尔溪蓝莓白兰地

½ 盎司园林白味美思

½ 盎司杜凌干味美思

1 茶匙弗逊白酸葡萄汁

½ 茶匙甘蔗糖浆

装饰：1 个柠檬皮卷

将除装饰外的所有配料倒入搅拌杯中，加冰块搅拌均匀，然后滤入冰好的尼克诺拉杯中。将柠檬皮卷置于鸡尾酒上方挤出皮油，然后弃之。

雷霆之路 ⊙
（Thunder Road）

马修·贝朗格，2016 年

1 盎司赎金甜味美思（Ransom Sweet Vermouth）

1 盎司卢世涛欧洛罗索雪莉酒

1 盎司克利尔溪 8 年苹果白兰地

1 茶匙菠萝德梅拉拉糖浆

1 滴安高天娜苦精

装饰：1 个柠檬皮卷

将除装饰外的所有配料倒入搅拌杯中，加冰块搅拌均匀，然后滤入装有一块大方冰的加大古典杯中。将柠檬皮卷置于鸡尾酒上方挤出皮油，然后放入鸡尾酒中。

田中虎 ⚉
（Tiger Tanaka）

马修·贝朗格，2018 年

创作这款维斯帕马天尼改编鸡尾酒的关键，是让紫苏叶在搅拌杯中静置几分钟后再进行搅拌。到目前为止，我们已经用007 中许多女性反派的名字命名了维斯帕马天尼的改编版，这里我选择用 007 中一个日本反派的名字命名这款鸡尾酒。——马修·贝朗格

1 盎司席安布拉·瓦列斯银色特其拉

1 盎司猴腺 47 黑森林干金酒

1 盎司洛里帕缇干味美思

¼ 盎司绿色查特酒

1 片紫苏叶

装饰：1 片紫苏叶

将除装饰外的所有配料倒入搅拌杯中，加冰块搅拌均匀，然后滤入冰好的尼克诺拉杯中。用紫苏叶装饰。

历劫佳人 ❄
（Touch of Evil）

乔恩·阿姆斯特朗，2015 年

这款朗姆鸡尾酒融合了两款经典鸡尾酒的风味特征：一款是我在马克斯·帕祖尼亚克（Maks Pazuniak）的著作《罗格鸡尾酒》（Rogue Cocktails）中发现的西娜尔茱莉普；另一款是"翻云覆雨"，它将路萨朵樱桃利口酒和菲奈特结合在一起。这是很多调酒师挚爱的一款鸡尾酒，又烈又苦，但如果你喜欢这些成分，那它还是很容易入口的。——乔恩·阿姆斯特朗

1½ 盎司西娜尔利口酒

1 盎司杜兰朵 8 年朗姆酒

½ 盎司阿普尔顿庄园牙买加朗姆酒

1 茶匙路萨朵樱桃利口酒

½ 茶匙白兰地

½ 滴盐溶液

装饰：1 个橙皮卷

将除装饰外的所有配料倒入搅拌杯中，加冰块搅拌均匀，然后滤入冰好的尼克诺拉杯中。将橙皮卷置于鸡尾酒上方挤出皮油，然后弃之。

绝命大煞星 ❋
（True Romance）

凯里·詹金斯，2019 年

我喜欢塔伦蒂诺（Tarantino）的电影，我希望我的第一款至死相伴酒吧鸡尾酒能用塔伦蒂诺在电影界的处女作来命名。这是一款在斯科特·蒂格的"直剃刀"（Straight Razor）的基础上创作的梅斯卡尔内格罗尼。它是一款慢饮酒，随着酒液被稀释，味道会逐渐散发出来，鸡尾酒会失去一些苦味，尝起来会更加明亮且更具夏日气息。——凯里·詹金斯

¾ 盎司德玛盖维达梅斯卡尔

¾ 盎司奥美加阿特兹金色特其拉

½ 盎司西娜尔利口酒

½ 盎司卡帕诺潘脱蜜

½ 盎司安乔·雷耶斯辣椒利口酒

2 滴比特储斯芹菜苦精

装饰：半片橙子

将除装饰外的所有配料倒入搅拌杯中，加冰块搅拌均匀，然后滤入装有一块大方冰的加大古典杯中。用半片橙子装饰。

信任度下降 ❋
（Trust Fall）

香农·特贝，2017 年

这是我为至死相伴酒吧创作的第一款鸡尾酒。当时，我问店里的一位服务员，她希望在至死相伴酒吧的酒单上看到什么样的鸡尾酒，她说她想要一杯好喝的荔枝马天尼。——香农·特贝

1½ 盎司必富达金酒

½ 盎司辛加尼 63 白兰地

½ 盎司杜凌白味美思

¼ 盎司吉发得荔枝利口酒

1 茶匙覆盆子糖浆

1 滴佩肖苦精

1 滴苦艾酒

装饰：1 个葡萄柚皮卷

将除装饰外的所有配料倒入搅拌杯中，加冰块搅拌均匀，然后滤入冰好的马天尼杯中。将葡萄柚皮卷置于鸡尾酒上方挤出皮油，然后弃之。

渍物 ⊙
（Tsukemono）

泰森·布勒，2016 年

这款翠竹改编鸡尾酒突出了清酒的美妙风味，并加入了些许酸黄瓜汁，让它的风味更具活力。——泰森·布勒

2 盎司武藏野纯米大吟酿清酒（Musashino Junmai Daiginjo Sake）

¾ 盎司杜凌白味美思

¾ 盎司卢世涛曼赞尼拉雪莉酒

1 茶匙甘蔗糖浆

2 滴奇迹里柚子苦精

2 滴日式渍物卤汁（见第 389 页）

装饰：1 片酸黄瓜

将除装饰外的所有配料倒入搅拌杯中，加冰块搅拌均匀，然后滤入冰好的马天尼杯中。用酸黄瓜片装饰。

非凡正义 ❊

（Vigilante）

泰森·布勒，2016 年

1¼ 盎司威凤凰黑麦威士忌

1 盎司洛里帕缇琥珀味美思

½ 盎司西里尔·赞斯苹果白兰地

¼ 盎司克利尔溪道格拉斯冷杉白兰地

1 茶匙德梅拉拉糖浆

1 滴安高天娜苦精

装饰：1 片苹果

将除装饰外的所有配料倒入搅拌杯中，加冰块搅拌均匀，然后滤入冰好的尼克诺拉杯中。用苹果片装饰。

蛇毒 ❊

Viperine

马修·贝朗格，2018 年

在至死相伴酒吧的第一本鸡尾酒书中，有很多款由"响尾蛇队"（Diamondback）改编的鸡尾酒，它们基本上是用黄色查特酒来代替味美思的曼哈顿鸡尾酒，因此它们总是如此令人沉醉，而且总是以蛇命名。"眼镜蛇之火"是一款高酒精度的白兰地；帕斯奎玛丽覆盆子利口酒则降低了鸡尾酒的酒精度，让酒饮喝起来有点干醇。——马修·贝朗格

1½ 盎司眼镜蛇之火葡萄干白兰地

½ 盎司黄色查特酒

½ 盎司帕斯奎玛丽覆盆子利口酒

1 茶匙玛斯尼覆盆子白兰地

装饰：1 颗覆盆子

将除装饰外的所有配料倒入搅拌杯中，加冰块搅拌均匀，然后滤入冰好的马

天尼杯中。用覆盆子装饰。

航海者 ❊

（Voyager）

萨姆·约翰逊，2019 年

这款鸡尾酒的风味介于浪子和内格罗尼之间，主要风味有葛缕子、香蕉、花蜜和奶油雪莉酒，余韵悠长。——萨姆·约翰逊

1½ 盎司利尼阿夸维特

¾ 盎司莫雷尼塔奶油雪莉酒

¼ 盎司弗萨夫马赛阿玛罗

¼ 盎司香蕉利口酒

装饰：1 个橙皮卷

将除装饰外的所有配料倒入搅拌杯中，加冰块搅拌均匀，然后滤入装有一块大方冰的加大古典杯中。将橙皮卷置于鸡尾酒上方挤出皮油，然后放入鸡尾酒中。

等待游戏 ❊

（Waiting Game）

杰里米·奥特尔，2017 年

1½ 盎司路易斯·罗克·拉维耶西梅白兰地

½ 盎司阿目桶强印度单一麦芽威士忌

½ 盎司好奇都灵味美思

½ 盎司亨利克斯 5 年陈酿马德拉酒

¼ 盎司纳迪尼阿玛罗

装饰：1 个柠檬皮卷

将除装饰外的所有配料倒入搅拌杯中，加冰块搅拌均匀，然后滤入冰好的尼克诺拉杯中。将柠檬皮卷置于鸡尾酒上方挤出皮油，然后放入鸡尾酒中。

战士诗人 ❋
（Warrior Poet）

泰森·布勒，2014 年

这款简单的曼哈顿改编鸡尾酒巧妙地运用了椰子与芹菜这一风味组合，阿夸维特的柔和与黑麦威士忌的辛香更是相得益彰。——泰森·布勒

1 盎司威凤凰 101 黑麦威士忌

1 盎司利尼阿夸维特

¾ 盎司卡帕诺·安提卡味美思

¼ 盎司卡拉尼椰子利口酒

1 滴比特储斯芹菜苦精

装饰：1 个柠檬皮卷

将除装饰外的所有配料倒入搅拌杯中，加冰块搅拌均匀，然后滤入冰好的尼克诺拉杯中。将柠檬皮卷置于鸡尾酒上方挤出皮油，然后弃之。

寻羊冒险记 ❋
（Wild Sheep Chase）

杰里米·奥特尔，2015 年

1¾ 盎司魅力之境芳香皮斯科

¾ 盎司杜凌干味美思

¼ 盎司阿佩罗

1 茶匙绿色查特酒

½ 茶匙莫蕾森林草莓利口酒

1 滴苦艾酒

装饰：1 个柠檬皮卷

将除装饰外的所有配料倒入搅拌杯中，加冰块搅拌均匀，然后滤入冰好的尼克诺拉杯中。将柠檬皮卷置于鸡尾酒上方挤出皮油，然后弃之。

温斯莱特 ❋
（Winslet）

埃琳·里斯，2014 年

1 盎司格林霍克金酒工匠老汤姆金酒

1 盎司布斯奈 VSOP 卡尔瓦多斯

½ 盎司奥尔良波本曼赞尼拉雪莉酒

½ 盎司杜凌白味美思

¼ 盎司孔比耶药剂苦精（Élixir Combier）

1 茶匙甘蔗糖浆

1 滴苦艾酒

装饰：1 个柠檬皮卷

将除装饰外的所有配料倒入搅拌杯中，加冰块搅拌均匀，然后滤入装有一块大方冰的加大古典杯中。将柠檬皮卷置于鸡尾酒上方挤出皮油，然后放入鸡尾酒中。

巫师与玻璃球 ❋
（Wizard and Glass）

马修·贝朗格，2018 年

玫瑰和大黄是香水制作中常见的芳香成分组合，我想在曼哈顿改编鸡尾酒中呈现这种组合。阿夸维特为鸡尾酒增添了些许鲜味，使得酒饮中的花香不会过于浓郁，并且依然能够展现出曼哈顿系鸡尾酒的风味。——马修·贝朗格

1 盎司威凤凰 101 黑麦威士忌

1 盎司利尼阿夸维特

¾ 盎司卡帕诺·安提卡味美思

¼ 盎司吉发得大黄利口酒

1 茶匙孔比耶葡萄柚利口酒

1 滴苦艾酒

1 滴佩肖苦精

装饰：1 个葡萄柚皮卷

将除装饰外的所有配料倒入搅拌杯中，加冰块搅拌均匀，然后滤入冰好的尼克诺拉杯中。将葡萄柚皮卷置于鸡尾酒上方挤出皮油，然后弃之。

黄色夹克 ❋
（Yellow Jacket）

乔恩·阿姆斯特朗，2016 年

我想将昂贵的梅斯卡尔和其他较便宜的成分搭配在一起，于是就有了这款鸡尾酒。——乔恩·阿姆斯特朗

1 盎司孤独圣母圣路易斯德尔里奥梅斯卡尔
¾ 盎司阿维尔奶油雪莉酒
½ 盎司圣乔治绿辣椒伏特加
½ 盎司克利尔溪道格拉斯冷杉白兰地
½ 盎司黄色查特酒

将所有配料倒入搅拌杯中，加冰块搅拌均匀，然后滤入冰好的尼克诺拉杯中。不加装饰。

丰富易饮型

阿雷丘萨 ⊙
（Arethusa）

马修·贝朗格，2019 年

这是一款由"绿蚱蜢"改编的低酒精度鸡尾酒，以薄荷味阿玛罗为基酒，并加入少量烟熏味梅斯卡尔。——马修·贝朗格

1 盎司布劳利阿玛罗
½ 盎司科尔特斯梅斯卡尔
½ 盎司玛丽·布里扎德可可利口酒
¾ 盎司重奶油
6～8 片薄荷叶
装饰：1 片薄荷叶

将除装饰外的所有配料加入摇酒壶中，加冰块摇匀，然后滤入装有一块大方冰的加大古典杯中。用薄荷叶装饰。

糟糕运动鞋
（Bad Sneakers）

泰森·布勒，2018 年

1½ 盎司三得利季调和日本威士忌
1 盎司唐的混合液 1 号
½ 盎司可可洛佩兹椰浆
½ 盎司新鲜青柠汁
21 茶匙卡拉尼椰子利口酒
1 茶匙拉弗格 10 年苏格兰单一麦芽威士忌
装饰：烤椰片与葡萄柚皮碎

将除装饰外的所有配料倒入摇酒壶中，加少量碎冰进行摇制，然后倒入加大古典杯中，加入碎冰。用烤椰片装饰，在鸡尾酒表面撒些葡萄柚皮碎，配上一根吸管即可饮用。

洗刷刷万岁
（Banzai Washout）

亚历克斯·江普，2019 年

我两次尝试制作蓝色调鸡尾酒都成功了。用作装饰的椰片是我们制作金巴利浸泡烤椰片时剩下的，这使得它们变成了美丽的粉红色花瓣。如果你没有这样的椰片，可以用普通的椰片代替。——亚历克斯·江普

1½ 盎司春天 44 伏特加
½ 盎司吉发得蓝柑香酒
¼ 盎司卡佛阿玛多杏仁利口酒
½ 盎司可可洛佩兹椰浆
½ 盎司新鲜柠檬汁
½ 盎司新鲜菠萝汁
装饰：金巴利浸泡烤椰片（见第 391 页）

将除装饰外的所有配料倒入摇酒壶中，加少量碎冰进行摇制，然后倒入郁金香杯中，加入碎冰。用椰片装饰，配上一根吸管即可享用。

蝙蝠国
（Bat Country）

约翰尼·朗，2019 年

我喜欢越南咖啡——无论是热咖啡还是冰咖啡——所以我想将这种风味融入一款在两种不同温度下都能享用的鸡尾酒中。——约翰尼·朗

冰的"蝙蝠国"
¾ 盎司皮埃尔·费朗琥珀干邑
½ 盎司巴达维亚朗姆酒
¼ 盎司甘曼怡
¼ 盎司加利安奴咖啡利口酒

½ 盎司牛奶糖浆（见第 372 页）

1 盎司冷萃咖啡

装饰：1 片脱水柠檬片

将除冷萃咖啡和装饰外的所有原料倒入柯林斯杯中混合均匀，加入适量碎冰。沿着吧勺背面缓慢倒入冷萃咖啡，使其浮于鸡尾酒表面。用脱水柠檬片装饰，配以吸管即可享用。

热的"蝙蝠国"

¾ 盎司皮埃尔·费朗琥珀干邑

½ 盎司巴达维亚朗姆酒

¼ 盎司加利安奴咖啡利口酒

½ 盎司德梅拉拉糖浆

3 盎司热咖啡

装饰：甘曼怡奶油（将 ¼ 盎司甘曼怡与 1 盎司重奶油混合均匀）

将除装饰外的所有配料倒入爱尔兰咖啡杯中混合均匀。用勺子舀上适量甘曼怡奶油加入杯中，使其浮于鸡尾酒表面。

布罗斯柯林斯

（Brose Collins）

泰森·布勒，2018 年

我小时候很喜欢喝根啤浮冰，所以我想创作一款这种风格的鸡尾酒。将以谷物为原料的威士忌、以大米为原料的日本浊酒和燕麦奶冰沙混合在一起，便可以调制出一款带着奶油味的、酸酸甜甜的甜品鸡尾酒。——泰森·布勒

1 盎司冰镇气泡水

1½ 盎司知更鸟 12 年爱尔兰威士忌

1 盎司纯米浊酒（Joto Junmai Nigori Sake）

¾ 盎司单糖浆

½ 盎司新鲜柠檬汁

装饰：1 勺燕麦奶冰沙

将气泡水倒入冰好的菲兹杯中。将除装饰外的剩余配料倒入摇酒壶中，加冰块摇匀，然后双重滤入菲兹杯。在鸡尾酒顶部舀上一勺燕麦奶冰沙。

圆腿

（Bum leg）

亚当·格里格斯，2019 年

这可能是我创作过的完全受灵感驱动的鸡尾酒。我和女朋友以及她的家人去了维尔京群岛度假，在旅行中我了解到她母亲最喜欢的鸡尾酒是度假村经典鸡尾酒"椰香青柠"。回家后，我决定以她母亲的名义创作一款提基风格的鸡尾酒，而酒名则以她母亲那只体重 30 磅[①]的猫来命名。——亚当·格里格斯

1 盎司蔗园巴巴多斯 5 年朗姆酒

½ 盎司史密斯与克罗斯牙买加朗姆酒

½ 盎司卢世涛欧洛罗索雪莉酒

1 盎司未加糖的椰奶

¾ 盎司新鲜青柠汁

½ 盎司可可洛佩兹椰浆

½ 盎司德梅拉拉糖浆

2 滴安高天娜苦精

装饰：青柠皮碎和肉豆蔻粉

将除装饰外的所有配料倒入摇酒壶中，加少量碎冰进行摇制，直至混合均匀。倒入提基杯中，加入碎冰，直到酒杯约 80% 满。轻轻搅拌几秒，然后继续加入碎冰至高出杯沿。在鸡尾酒表面撒上一些青柠皮碎和肉豆蔻粉，配上一根吸管即可饮用。

---

① 1 磅 ≈ 0.45 千克。——译注

小椰子（Little Coconut）

双体船
（Catamaran）

香农·特贝，2018 年

1½ 盎司比米尼金酒

½ 盎司佩里海军金酒

½ 盎司阿佩罗

1 盎司唐的混合液 1 号

½ 盎司新鲜柠檬汁

½ 盎司可可洛佩兹椰浆

装饰：1 朵兰花和 1 根肉桂棒

将除装饰外的所有配料加入摇酒壶中，加冰块摇匀，滤入郁金香杯，加入碎冰，用兰花和肉桂棒装饰。

查特亚历山大 ✿
（Chartreuse Alexander）

乔恩·阿姆斯特朗，2015 年

我们以前有一份名为"救赎"的酒单，上面都是一些被遗忘的经典鸡尾酒。当时我就想重新打造一款白兰地亚历山大，加一点绿色查特酒。——乔恩·阿姆斯特朗

¾ 盎司绿色查特酒

¾ 盎司皮埃尔·费朗 1840 干邑

¾ 盎司重奶油

½ 盎司玛丽·布里扎德可可利口酒

1 滴比特曼巧克力苦精

装饰：肉豆蔻粉

将除装饰外的所有配料倒入摇酒壶中，加冰块摇匀，然后双重滤入冰好的马天尼杯中。在鸡尾酒表面撒上一些肉豆蔻粉。

靶鸽
（Clay Pigeons）

泰森·布勒，2018 年

3 盎司热咖啡

1 盎司利奥波德兄弟马里兰黑麦威士忌

¼ 盎司吉发得巴西香蕉利口酒

½ 盎司菲奈特·布兰卡

装饰：烤燕麦奶油（见第 391 页）和肉豆蔻粉

将除装饰外的所有配料倒入爱尔兰咖啡杯中，搅拌均匀。舀适量烤燕麦奶油加入杯中，使其浮在鸡尾酒上，然后在表面撒一些肉豆蔻粉。

回音室 ✿
（Echo Chamber）

杰里米·奥特尔，2016 年

1½ 盎司卡莱 23 号银色特其拉

½ 盎司克利尔溪梨子白兰地

1 茶匙菲奈特·布兰卡

½ 盎司新鲜青柠汁

½ 盎司可可洛佩兹椰浆

¼ 盎司香草糖浆

1 滴泰拉香料公司桉树提取物

装饰：1 束薄荷

将除装饰外的所有配料倒入摇酒壶中，加入少量碎冰进行摇制。倒入提基杯中，加入碎冰，用薄荷束装饰。

回音泉
（Echo Spring）

萨姆·约翰逊，2019 年

这款秋季提基风格鸡尾酒是在重新调

配栀子花混合液后推出的，这种混合液本质上是一种加了香料的蜂蜜黄油糖浆。这款鸡尾酒第一口尝起来像苹果黄油，余味干爽，非常酸，就像一杯好喝的大吉利一样，让人忍不住想继续喝。——萨姆·约翰逊

1¼ 盎司蒙特勒伊庄园精选卡尔瓦多斯

½ 盎司嘉冕 VO 农业朗姆酒

¼ 盎司西里尔·赞斯苹果白兰地

¾ 盎司新鲜柠檬汁

½ 盎司香草糖浆

½ 盎司改良版栀子花混合液

1 滴安高天娜苦精

装饰：1 片苹果和 1 根肉桂棒

将除装饰外的所有配料倒入摇酒壶中，加冰块快速摇制约 5 秒，然后滤入皮尔森啤酒杯中，加入碎冰。用苹果片装饰，插入肉桂棒，配上一根吸管即可饮用。

灯塔酒店 ⊘
（Lamplighter Inn）

亚历克斯·江普，2019 年

我们一直在尝试重新利用酒吧里的剩余物料。丹佛至死相伴酒吧在早晨和下午会卖出很多咖啡，所以会剩下许多咖啡渣。于是，我们用这些咖啡渣制作了一款非常棒的糖浆。该糖浆在这款无酒精鸡尾酒中担任主角，这款鸡尾酒尝起来就像老式的麦芽汽水。——亚历克斯·江普

1½ 盎司冰镇气泡水

1½ 盎司重奶油

1½ 盎司咖啡渣糖浆（见第 375 页）

½ 盎司新鲜柠檬汁

1 个蛋清

装饰：1 颗咖啡豆（磨碎）

将气泡水倒入冰好的菲兹杯中。将除装饰外的所有配料倒入摇酒壶中干摇，然后加冰再次摇匀。双重滤入菲兹杯，在鸡尾酒表面撒上一些咖啡豆粉。

小椰子
（Little Coconut）

乔治·努涅斯，2019 年

1 盎司瑞顿房黑麦威士忌

½ 盎司阿瓦安布拉纳桶陈卡莎萨

¼ 盎司史密斯与克罗斯牙买加朗姆酒

¼ 盎司雅凡娜阿玛罗酒

¾ 盎司肉桂糖浆

½ 盎司椰浆

½ 盎司可可洛佩兹椰浆

1 个全蛋

装饰：肉豆蔻粉

将除装饰外的所有配料加入摇酒壶中干摇，然后加冰再摇。双重滤入爱尔兰咖啡杯，并在鸡尾酒表面撒上一些肉豆蔻粉。

萨布罗萨 ✳✳
（Sabrosa）

贾里德·魏甘德，2017 年

我真的很喜欢芹菜和椰子的酷炫组合，所以我把这一组合融入这款有趣的椰林飘香改编鸡尾酒中。绿色查特酒与芹菜非常搭，而特其拉则让整杯鸡尾酒更加完美。"Sabrosa"在西班牙语中是"美味"的意思，也是一首很酷的"沙滩男孩"（Beastie Boys）乐队演奏曲目的名字。——贾里

德·魏甘德

> 1½ 盎司席安布拉·瓦列斯银色特其拉
>
> ½ 盎司绿色查特酒
>
> ¼ 盎司天鹅绒法勒纳姆酒
>
> ¾ 盎司可可洛佩兹椰浆
>
> ½ 盎司新鲜芹菜汁
>
> ½ 盎司新鲜青柠汁
>
> 装饰：1 束薄荷

将除装饰外的所有配料倒入摇酒壶中，加少量碎冰摇制均匀，然后倒入提基杯中，加入碎冰。用薄荷束装饰，配上一根吸管即可享用。

困倦加里菲兹
（Sleepy Gary Fizz）

马特·亨特，2019 年

我为这款鸡尾酒起了好几个名字，然后呈给了泰森，真不敢相信他竟然选择了这个。我从米其林餐厅诺玛德（NoMad）的一位调酒师那里学到了一个技巧，他告诉我，在柑橘类鸡尾酒中加入绿茶浸泡液，再加入乳制品，就可以防止乳制品分层。——马特·亨特

> 2 盎司冰镇气泡水
>
> 1½ 盎司巴索尔阿卡拉多皮斯科
>
> ¼ 盎司阿瓦普拉塔卡莎萨
>
> 1 盎司南回归线希腊酸奶糖浆（Tropic of Capricorn Greek Yogurt Syrup，见第 376 页）
>
> ¾ 盎司新鲜柠檬汁
>
> ¾ 盎司肉桂糖浆
>
> 装饰：南回归线绿茶叶

将气泡水倒入菲兹杯中。将除装饰外的剩余配料加入摇酒壶中，加冰块快速摇制约 5 秒，然后双重滤入菲兹杯。最后，在鸡尾酒表面撒上些绿茶叶。

缓慢的手
（Slow Hand）

亚历克斯·江普，2019 年

我们酒吧里存放了大量保罗博干邑，但很少有人来我们酒吧点上一杯超级昂贵的白兰地。所以，我用它调制出了一款口感丰富、柔滑、带有坚果香气的鸡尾酒。它适合作为餐后鸡尾酒饮用，但仍带有柑橘的清爽感。——亚历克斯·江普

> 1 盎司保罗博干邑
>
> 1 盎司布鲁加尔 1888 朗姆酒
>
> 1 盎司香草糖浆
>
> ¼ 盎司席艾拉 15 年陈酿雪莉酒（El Maestro Sierra 15-year Oloroso Sherry）
>
> ¾ 盎司新鲜柠檬汁
>
> 1 个蛋清
>
> ½ 茶匙卡佛阿玛多杏仁利口酒

将所有配料倒入摇酒壶中干摇，然后加冰再摇。双重滤入冰好的碟形杯中。不加装饰。

南方的夜晚
（Southern Nights）

亚历克斯·江普，2018 年

创作这款鸡尾酒的过程一波三折。原本，我想制作一款尝起来像胡萝卜蛋糕的鸡尾酒。我喜欢花生和雪莉酒的搭配，而且我经常用浸泡过花生的雪莉酒做菜，所以我试

着把它和胡萝卜利口酒搭配，但效果不佳。这款鸡尾酒让我明白，有时候你必须放弃自己对酒饮的主观预期，让它展现出它该有的样子。所以，我换成了干邑，但做出来的鸡尾酒平淡无奇。泰森建议加一点阿夸维特，突然间——终于——它成功了。——亚历克斯·江普

- ¾ 盎司皮埃尔·费朗琥珀干邑
- ¾ 盎司利尼阿夸维特
- ¾ 盎司花生浸泡卢世涛唐努诺欧洛罗索雪莉酒（见第 383 页）
- ½ 盎司甘蔗糖浆
- ¼ 盎司新鲜柠檬汁
- 1 汤匙马斯卡特奶酪
- 装饰：1 片花生脆片

将除装饰外的所有配料倒入摇酒壶中，加冰块摇匀，然后滤入加大古典杯，加入碎冰。用花生脆片装饰，配上一根吸管即可享用。

太空牛仔 **
（ Space Cowboy ）

贾里德·魏甘德，2019 年

一位调酒师用桃味利口酒和薄荷利口酒的混合液调制了一款鸡尾酒，结果有人过于兴奋，整整批量预调了 3 夸脱的量，所以我们剩下了很多这样的混合液。于是，我创作了这款鸡尾酒，以便快速把它消耗完。我喜欢桃子、薄荷和莳萝搭配在一起的味道，而爱利加波本完美地烘托出了莳萝的味道。为了提升口感、增加酸味，我还加了些希腊酸奶。这款酒的名字是对史蒂夫·米勒乐队（Steve Miller Band）的致敬，而且我认为这款鸡尾酒非常独特。——贾里德·魏甘德

- 1½ 盎司爱利加 12 年波本威士忌
- ½ 盎司老颂莳萝阿夸维特
- 1 茶匙玛斯尼桃子利口酒
- ½ 茶匙吉发得薄荷利口酒
- ¾ 盎司新鲜柠檬汁
- ½ 盎司甘蔗糖浆
- 1 茶匙希腊酸奶

将所有配料倒入摇酒壶中，加冰块摇匀，然后双重滤入冰好的碟形杯中。不加装饰。

日舞小子
（ Sundance Kid ）

泰森·布勒，2015 年

这是我们首次使用圣乔治酒厂生产的绿辣椒伏特加调制出的鸡尾酒，圣乔治是我们非常喜欢的一家酒厂。辣椒和椰子搭配得非常完美，我们最终调制出一款顺滑、清爽的鸡尾酒。——泰森·布勒

- 1 盎司德玛盖维达梅斯卡尔
- ¾ 盎司圣乔治绿辣椒伏特加
- ¼ 盎司墨西哥辣椒浸泡席安布拉·瓦列斯银色特其拉
- ¾ 盎司新鲜青柠汁
- ½ 盎司可可洛佩兹椰浆
- ½ 盎司香草糖浆
- 装饰：1 束薄荷和 1 片烤椰片

将除装饰外的所有配料倒入摇酒壶中，加少量碎冰摇制均匀。倒入提基杯中，加入碎冰。用薄荷束和烤椰片装饰，最后配上一根吸管即可享用。

阳光枪械俱乐部
（Sunshine Gun Club）

乔恩·阿姆斯特朗，2016 年

用橙汁制作的经典鸡尾酒只有那么几款，包括"含羞草"（Mimosa）、"猴腺"（Monkey Gland）和"螺丝起子"（Screwdriver），所以大家创作新的鸡尾酒的灵感来源并不丰富。但我从"橙子朱利叶斯"（Orange Julius）中找到了灵感，将这款甜品冰沙变身为"成人化"的鸡尾酒。——乔恩·阿姆斯特朗

3 盎司新鲜橙汁

1½ 盎司班克斯 5 岛白朗姆酒（Banks 5-Island White Rum）

1 盎司香草糖浆

1 盎司重奶油

1 茶匙食品级磷酸

5 滴橙花水

装饰：1 个橙子角

将除装饰外的所有配料倒入摇酒壶中干摇，然后加冰再摇，双重滤入柯林斯杯中。用橙子角装饰，配以吸管。

阳光女士
（Sunshine Lady）

阿尔·索塔克，2014 年

1¾ 盎司基尔贝根爱尔兰威士忌（Kilbeggan Irish Whiskey）

¾ 盎司洛神花蜜糖浆（Hibiscus Honey Syrup，见第 370 页）

¼ 盎司乌雷叔侄高强度牙买加朗姆酒

¼ 盎司阿佩罗

2 滴佩肖苦精

1 个蛋黄

装饰：黑巧克力粉

将除装饰外的所有配料倒入摇酒壶中干摇，然后加冰再摇。双重滤入冰好的尼克诺拉杯中，并在鸡尾酒表面撒上一些黑巧克力粉。

复古蛋酒
（Vintage Eggnog）

泰森·布勒，2015 年

可制作 30 杯鸡尾酒

我至今仍然记得，当时我们为创作这款鸡尾酒打了几百个鸡蛋、搅拌了几加仑牛奶和几磅糖。纽约至死相伴酒吧团队每年假期都会重复类似的物料准备工作，这让我颇感欣慰。如果我们不把它列入酒单，客人们一定会责备我们的。由于需求量很大，我们很难让这款酒有足够的熟成时间，但如果你有耐心，让这款酒再熟成几个月，它的风味和口感会发生巨大的变化。——泰森·布勒

50 盎司白砂糖

30 盎司全脂牛奶

33 个鸡蛋

1 瓶 750 毫升装的老祖父 114 波本威士忌

12½ 盎司史密斯与克罗斯牙买加朗姆酒

12½ 盎司布兰迪 5 年陈酿马姆齐马德拉酒

12½ 盎司皮埃尔·费朗琥珀干邑

20 盎司重奶油

分批搅拌白砂糖和全脂牛奶，直到白砂糖充分溶解，转移到一个大容器中。再分批将鸡蛋加入糖奶混合物中低速搅拌，直到充分混合。转移到另一个容器中，加入剩余的配料。用这两个容器将混合物来回倒几次，直到充分融合。装瓶，在冰箱中存储至少 2 周（最长可存储 2 年！），然后便可随时享用。

酒吧物料准备与制作方法

糖浆与甘露糖浆

阿尔卑斯山辉甘露糖浆

- **1000 克单糖浆**
- **5 克乳酸**
- **5 克新鲜月桂叶**
- **5 克散装红茶**
- **25 克干木槿花**

将慢煮容器装满水，放入低温慢煮棒。将慢煮棒设定为 57℃。

将所有配料倒入碗中搅拌均匀。将混合物倒入可密封的耐热塑料袋中，然后将其密封但留一丝空隙，再将袋子（除未密封部分外）浸入水中挤压，以尽可能排出空气。将袋子完全密封，并从水中取出。

当水温达到 57℃时，将袋子放入慢煮容器中，烹煮 2 小时。

将袋子放入冰水中，冷却至室温。用细网筛过滤糖浆。如果糖浆中仍有颗粒残留，可以用咖啡滤纸或超细过滤袋再次过

滤。将糖浆转移到储存容器中，冷藏备用，最多可保存 2 周。

苹果甘露糖浆

- **450 克蔗糖**
- **300 克水**
- **100 克苹果果肉**
- **苹果酸**
- **柠檬酸**

在搅拌机中加入蔗糖和水，搅拌至糖完全溶解。用细网筛过滤糖浆。如果糖浆中仍有颗粒残留，可用咖啡滤纸或超细过滤袋再次过滤。

称量糖浆的重量。将 X 克（糖浆重量的 4%）苹果酸和 Y 克（糖浆重量的 1%）柠檬酸加入糖浆中继续搅拌。将糖浆倒入储存容器中，冷藏备用，最多可保存 2 周。

月桂叶糖浆

- **1000 克单糖浆**
- **10 克新鲜月桂叶**
- **2 克柠檬酸**

将慢煮容器装满水，放入低温慢煮棒。将慢煮棒设定为 57℃。

将所有配料放入碗中搅拌均匀。将混合物倒入可密封的耐热塑料袋中，然后将其密封但留一丝空隙，再将袋子（除未密封部分外）浸入水中挤压，以尽可能排出空气。将袋子完全密封，并从水中取出。

当水温达到 57℃时，将袋子放入慢煮容器中，烹煮 2 小时。

将袋子放入冰水中，冷却至室温。用细网筛过滤糖浆。如果糖浆中仍有颗粒残留，可用咖啡滤纸或超细过滤袋再次过滤。将糖浆转移到储存容器中，冷藏备用，最多可保存 2 周。

甘蔗糖浆

300 克粗蔗糖

150 克未过滤的水

将粗蔗糖和水放入搅拌机中，搅拌至糖完全溶解。将糖浆倒入储存容器中，冷藏备用，最多可保存 2 周。

芹菜糖浆

1 把芹菜

白砂糖

抗坏血酸

将芹菜榨汁并过滤到容器中。称量芹菜汁的重量。将等量的白砂糖加入搅拌机中，将芹菜汁和 X 克（芹菜汁重量的 0.5%）的抗坏血酸也加入搅拌机中，搅拌至糖完全溶解。将糖浆倒入储存容器中，冷藏备用，最多可保存 2 周。

肉桂糖浆

500 克单糖浆

10 克肉桂棒碎

0.1 克粗盐

将慢煮容器装满水，放入低温慢煮棒。将慢煮棒设定为 63℃。

将所有配料倒入碗中，搅拌均匀。将

混合物倒入可密封的耐热塑料袋中，然后将其密封但留一丝空隙，再将袋子（除未密封部分外）浸入水中挤压，以尽可能排出空气。将袋子完全密封，并从水中取出。

当水温达到 63℃时，将袋子放入慢煮容器中，烹煮 2 小时。

将袋子放入冰水中，冷却至室温。用细网筛过滤糖浆。如果糖浆中仍有颗粒残留，可用咖啡滤纸或超细过滤袋再次过滤。将糖浆转移到储存容器中，冷藏备用，最多可保存 2 周。

黄瓜糖浆

250 克去渣新鲜黄瓜汁

250 克白砂糖

1 克抗坏血酸

2.5 克苹果酸粉

1.5 克镁粉

将所有配料放入搅拌机中，搅拌至糖完全溶解。将糖浆转移到储存容器中，冷藏备用，最多可保存 2 周。

德梅拉拉糖浆

300 克德梅拉拉糖

150 克过滤水

将慢煮容器装满水，放入低温慢煮棒。将慢煮棒设定为 63℃。

在搅拌机中加入德梅拉拉糖和水，搅拌约 2 分钟，直至糖完全溶解。将混合物倒入可密封的耐热塑料袋中，然后将其密封但留出一丝空隙。将袋子（除未密封部分外）浸入水中挤压，以尽可能排出空气。将袋子密封，并从水中取出。

当水温达到 63℃时，将袋子放入慢煮

容器中，烹煮 2 小时。

将袋子放入冰水中，冷却至室温。将糖浆转移至储存容器中，冷藏备用，最多可保存 2 周。

葡萄柚甘露糖浆

250 克过滤后的葡萄柚汁

250 克白砂糖

2.5 克柠檬酸

10 克葡萄柚皮碎

1 克盐溶液

将慢煮容器装满水，放入低温慢煮棒。将慢煮棒设定为 57℃。

将所有配料放入碗中，搅拌至混合均匀。将混合物倒入可密封的耐热塑料袋中，然后将其密封但留一丝空隙，再将袋子（除未密封部分外）浸入水中挤压，以尽可能排出空气。将袋子完全密封，并从水中取出。

当水温达到 57℃时，将袋子放入慢煮容器中，烹煮 2 小时。

将袋子放入冰水中，冷却至室温。用几层粗棉布衬底的细网筛过滤糖浆。如果糖浆中仍有颗粒残留，可用咖啡滤纸或超细过滤袋再次过滤。将过滤后的糖浆转移到储存容器中，冷藏备用，可保存长达 2 周。

番石榴糖浆

333 克白砂糖

222 克番石榴果泥

111 克未过滤水

2.5 克苹果酸

1.6 克柠檬酸

将所有配料放入搅拌机中，搅拌至糖完全溶解。将糖浆倒入储存容器中，冷藏备用，可保存长达 2 周。

洛神花蜜糖浆

1000 克花蜜糖浆

30 克干洛神花

将慢煮容器装满水，放入低温慢煮棒。将慢煮棒设定为 57℃。

将花蜜糖浆和干洛神花倒入可密封的耐热塑料袋中，然后将其密封但留一丝空隙，再将袋子（除未密封部分外）浸入水中挤压，以尽可能排出空气。将袋子完全密封，并从水中取出。

当水温达到 57℃时，将袋子放入慢煮容器中，烹煮 2 小时。

将袋子转移到冰水中，冷却至室温。用细网筛过滤糖浆。如果糖浆中仍有颗粒残留，可用咖啡滤纸或超细过滤袋再次过滤。将糖浆转移到储存容器中，冷藏备用，可保存长达 4 周。

洛神花糖浆

1000 克单糖浆

30 克干洛神花

将慢煮容器装满水，放入低温慢煮棒。将慢煮棒设定为 57℃。

将单糖浆和干洛神花倒入可密封的耐热塑料袋中，然后将其密封但留一丝空隙，再将袋子（除未密封部分外）浸入水中挤压，以尽可能排出空气。将袋子完全密封，并从水中取出。

当水温达到 57℃时，将袋子放入慢煮容器中，烹煮 2 小时。

将袋子转移到冰水中，冷却至室温。用细网筛过滤糖浆。如果糖浆中仍有颗粒残留，可用咖啡滤纸或超细过滤袋再次过滤。将糖浆转移到储存容器中，冷藏备用，可保存长达 4 周。

花蜜糖浆

> **400 克野花蜜**
> **200 克温水**

将野花蜜和水倒入碗中，搅拌至充分混合。将糖浆转移至储存容器中，冷藏备用，可保存长达 2 周。

啤酒花菠萝果胶糖浆

> **500 克白砂糖**
> **30 克阿拉伯树胶**
> **3 克柠檬酸**
> **500 克过滤后的新鲜菠萝汁**
> **7 克西特啤酒花颗粒**

将慢煮容器装满水，放入低温慢煮棒。将慢煮棒设定为 60℃。

在搅拌机中加入白砂糖、阿拉伯树胶和柠檬酸。打开搅拌机，慢慢加入菠萝汁，搅拌至混合均匀。将混合物倒入可密封的耐热塑料袋中，然后将其密封但留一丝空隙，再将袋子（除未密封部分外）浸入水中挤压，以尽可能排出空气。将袋子完全密封，并从水中取出。

当水温达到 60℃时，将袋子放入慢煮容器中，烹煮 1 小时。

将袋子转移到冰水中，冷却至室温。用细网筛过滤糖浆。如果糖浆中仍有颗粒残留，可用咖啡滤纸或超细过滤袋再次过滤。将糖浆转移到储存容器中，冷藏备用，最多可保存 4 周。

自制姜味糖浆

> **250 克未削皮的新鲜生姜，洗净并切块**
> **约 300 克粗蔗糖**

将生姜榨汁后用细网筛过滤。称量姜汁的重量，然后按其重量的 1.5 倍称出粗蔗糖。

将姜汁和粗蔗糖加入搅拌机中搅拌，直到糖充分溶解。将糖浆倒入储存容器中，冷藏备用，最多可保存 2 周。

自制红石榴糖浆

> **250 克石榴汁**
> **250 克粗蔗糖**
> **1.88 克苹果酸粉**
> **1.25 克柠檬酸粉**
> **0.15 克泰拉香料公司橙子提取物**

将所有配料加入搅拌机中搅拌，直到糖完全溶解。将糖浆转移到储存容器中，冷藏备用，最多可保存 3 周。

自制杏仁糖浆

> **800 克无糖、未加味的杏仁露**
> **1200 克细砂糖**
> **14 克皮埃尔·费朗琥珀干邑**
> **18 克拉扎罗尼阿玛罗（Lazzaroni Amaretto）**
> **3 克玫瑰水**

将杏仁露和细砂糖放入平底锅中，中小火加热，其间不时搅拌几下，直到糖完全溶解。熄火后，加入干邑、阿玛罗和玫瑰水。冷却至室温后，转移到储存容器中，冷藏备用，最多可保存 2 周。

猕猴桃糖浆

250 克过滤后的新鲜猕猴桃汁

250 克细砂糖

15 克伏特加

将猕猴桃汁、细砂糖和伏特加倒入搅拌机中,搅拌至糖完全溶解。将糖浆倒入储存容器中,冷藏备用,最多可保存1周。

青柠叶香茅紫苏糖浆

1000 克单糖浆

100 克香茅,切碎并捣碎

15 克新鲜的马克鲁特青柠叶

5 克紫苏叶

将慢煮容器装满水,放入低温慢煮棒。将慢煮棒设定为 57℃。

将所有配料加入可密封的耐热塑料袋中混合均匀,然后将其密封但留一丝空隙,再将袋子(除未密封部分外)浸入水中挤压,以尽可能排出空气。将袋子完全密封,并从水中取出。

当水温达到 57℃时,将袋子放入慢煮容器中,烹煮 2 小时。

将袋子转移到冰水中,冷却至室温。用细网筛过滤糖浆。如果糖浆中仍有颗粒残留,用咖啡滤纸或超细过滤袋再次过滤。将糖浆转移到储存容器中,冷藏备用,最多可保存 2 周。

马德拉斯咖喱糖浆

1000 克单糖浆

5 克马德拉斯咖喱粉

将慢煮容器装满水,放入低温慢煮棒。

将慢煮棒设定为 57℃。

将所有的配料倒入碗中,搅拌均匀。将混合物倒入可密封的耐热塑料袋中,然后将其密封但留一丝空隙,再将袋子(除未密封部分外)浸入水中挤压,以尽可能排出空气。将袋子完全密封,并从水中取出。

当水温达到 57℃时,将袋子放入慢煮容器中,烹煮 2 小时。

将袋子放入冰水中,冷却至室温。用细网筛过滤糖浆。如果糖浆中仍有残留颗粒,可以用咖啡滤纸或超细过滤袋再次过滤。将糖浆转移到储存容器中,冷藏备用,可保存 2 周。

牛奶糖浆

250 克白砂糖

250 克全脂牛奶

0.5 盎司 20% 柠檬酸溶液

在罐子里加入糖和牛奶,用力摇晃直到糖充分溶解。加入柠檬酸溶液并再次摇晃。将糖浆转移到储存容器中,冷藏备用,最长可保存1周。

斑斓糖浆

500 克甘蔗糖浆

20 克斑斓叶

将慢煮容器装满水,放入低温慢煮棒。将慢煮棒设定为 57℃。

将糖浆和斑斓叶倒入可密封的耐热塑料袋中混合均匀,然后将其密封但留一丝空隙,再将袋子(除未密封部分外)浸入水中挤压,以尽可能排出空气。将袋子完全密封,并从水中取出。

当水温达到 57℃时,将袋子放入慢煮

容器中，烹煮 2 小时。

将袋子转移到冰水中，冷却至室温。用细网筛过滤糖浆。将糖浆转移到储存容器中，冷藏备用，最长可保存 2 周。

木瓜糖浆

333 克白砂糖

222 克完美牌木瓜果泥

111 克过滤水

2 克柠檬酸

将所有配料放入搅拌机中，搅拌至糖完全溶解。将糖浆转移到储存容器中，冷藏备用，最长可保存 2 周。

鹦鹉糖浆

1000 克单糖浆

60 克新鲜欧芹叶

20 克胡萝卜叶

将慢煮容器装满水，放入低温慢煮棒。将慢煮棒设定为 63℃。

将所有配料倒入可密封的耐热塑料袋中，然后将其密封但留一丝空隙，再将袋子（除未密封部分外）浸入水中挤压，以尽可能排出空气。将袋子完全密封，并从水中取出。

当水温达到 63℃时，将袋子放入慢煮容器中，烹煮 2 小时。

将袋子转移到冰水中，冷却至室温。用细网筛过滤糖浆。将糖浆转移到储存容器中，冷藏备用，最长可保存 1 周。

百香果糖浆

333 克白砂糖

222 克完美牌百香果果泥

111 克过滤水

将所有配料放入搅拌机中，搅拌至糖充分溶解。将糖浆转移到储存容器中，冷藏备用，最长可保存 2 周。

菠萝果胶糖浆

250 克粗蔗糖

15 克阿拉伯胶

1.5 克柠檬酸

250 克压榨的新鲜菠萝汁

将慢煮容器装满水，放入低温慢煮棒。将慢煮棒设定为 63℃。

在搅拌机中加入粗蔗糖、阿拉伯胶和柠檬酸，搅拌 30 秒。缓慢加入菠萝汁，搅拌约 2 分钟，直至混合均匀。将混合物倒入可密封的耐热塑料袋中，然后将其密封但留一丝空隙，再将袋子（除未密封部分外）浸入水中挤压，以尽可能排出空气。将袋子完全密封，并从水中取出。

当水温达到 63℃时，将袋子放入慢煮容器中，烹煮 2 小时。

将袋子放入冰水中，冷却至室温。用咖啡滤纸或超细过滤袋过滤糖浆。将糖浆转移到储存容器中，冷藏备用，最长可保存 1 周。

菠萝果肉糖浆

450 克粗蔗糖

450 克过滤水

100 克菠萝果肉（榨菠萝汁剩下的果肉）

苹果酸

柠檬酸

将粗蔗糖、水和菠萝果肉放入搅拌机中，搅拌至糖充分溶解。用咖啡滤纸或超细滤袋过滤混合物。

计算混合物的重量。将 X 克（混合物

重量的 2%）苹果酸和 Y 克（混合物重量的 3%）柠檬酸加入糖浆中继续搅拌。将糖浆倒入储存容器中，冷藏备用，最长可保存 2 周。

波特酒糖浆

2 杯泰勒弗拉德盖特 10 年茶色波特酒（Taylor Fladgate 10-year Tawny Port）
德梅拉拉糖

在锅中倒入波特酒，中高火加热煮沸，约煮 12 分钟，直至酒液蒸发 ¼。冷却后称重。取酒液 2 倍重量的德梅拉拉糖加入搅拌机中，然后加入浓缩后的波特酒，搅拌直到糖充分溶解。冷却至室温，然后转移到储存容器中，冷藏备用，最长可保存 6 周。

覆盆子糖浆

500 克单糖浆
150 克新鲜覆盆子
2.5 克柠檬酸

将慢煮容器装满水，放入低温慢煮棒。将慢煮棒设定为 57℃。

将所有原料放入碗中搅拌均匀。将混合物倒入可密封的耐热塑料袋中，然后将其密封但留一丝空隙，再将袋子（除未密封部分外）浸入水中挤压，以尽可能排出空气。将袋子完全密封，并从水中取出。

当水温达到 57℃时，将袋子放入慢煮容器中，烹煮 2 小时。

将袋子放入冰水中，冷却至室温。用细网筛过滤糖浆。如果糖浆中仍有颗粒残留，可用咖啡滤纸或超细过滤袋再次过滤。将糖浆转移到储存容器中，冷藏备用，最长可保存 2 周。

红酸葡萄汁糖浆

130 克红酸葡萄汁
60 克香草糖浆
31.5 克肉桂糖浆

将所有配料加入碗中搅拌均匀。将糖浆转移到储存容器中，冷藏备用，最长可保存 2 周。

菠萝德梅拉拉糖浆

710 克过滤水
12 克干菠萝
德梅拉拉糖

在锅中加入水和干菠萝。中高火煮沸，约煮 5 分钟。用细网筛过滤混合物，并称量。将混合物重量 2 倍的德梅拉拉糖加入搅拌机中，倒入混合物，搅拌至糖完全溶解。冷却至室温，然后转移到储存容器中，冷藏备用，最长可保存 2 周。

单糖浆

250 克白砂糖
250 克过滤水

将白砂糖和水加入碗中，搅拌至糖完全溶解。将糖浆转移到储存容器中，冷藏备用，最长可保存 2 周。

可循环柑橘甘露糖浆

柑橘皮碎和榨汁剩下的橙皮
新鲜橙汁
白砂糖
伏特加
柠檬酸

称量柑橘皮碎和橙皮的重量。量取与果皮等量的橙汁和白砂糖。将所有原料放入真空密封袋中，使用真空密封机抽出所有空气并密封（或者，将原料放入可密封的塑料袋中，挤出空气后密封）。让混合物静置12小时。剪开袋子的一角，用细网筛过滤液体。称量液体的重量，将伏特加（液体重量的10%）和柠檬酸（液体重量的2%）倒入储存容器中。将糖浆倒入储存容器中摇匀，冷藏备用，最长可保存1周。

咖啡渣糖浆

> 300 克咖啡渣
>
> 300 克粗蔗糖
>
> 150 克过滤水
>
> 150 克冷萃咖啡浓缩液

将慢煮容器装满水，放入低温慢煮棒。将慢煮棒设定为57℃。

将所有配料倒入碗中混合均匀，然后转移到可密封的耐热塑料袋中，将袋子密封但留一丝空隙，再将袋子（除未密封部分外）浸入水中挤压，以尽可能排出空气。将袋子完全密封，并从水中取出。

当水温达到57℃时，将袋子放入慢煮容器中，烹煮2小时。

将袋子放入冰水中，冷却至室温。用咖啡滤纸或超细过滤袋过滤糖浆。将糖浆转移到储存容器中，冷藏备用，最长可保存2周。

草莓芦荟糖浆

> 550 克草莓，去蒂
>
> 550 克芦荟汁
>
> 550 克白砂糖

将慢煮容器加满水，放入低温慢煮棒。将慢煮棒设定为57℃。

将所有配料倒入碗中混合均匀，然后转移到可密封的耐热塑料袋中，将袋子密封但留一丝空隙，再将袋子（除未密封部分外）浸入水中挤压，以尽可能排出空气。将袋子完全密封，并从水中取出。

当水温达到57℃时，将袋子放入慢煮容器中，烹煮2小时。

将袋子放入冰水中，冷却至室温。用咖啡滤纸或超细过滤袋过滤糖浆。将糖浆转移到储存容器中，冷藏备用，最长可保存2周。

草莓罗勒糖浆

> 1 磅草莓，去蒂
>
> 3 杯过滤水
>
> 果胶酶（Pectinex Ultra SP-L）
>
> 12 片罗勒叶
>
> 细砂糖

称量草莓和水的重量。在搅拌机中加入草莓、水和X克（草莓和水重量的0.2%）果胶酶，搅拌5分钟。搅拌后倒入锅中，中火煮沸。煮沸后5分钟加入罗勒叶。再煮5分钟，然后熄火。冷却10分钟，然后用细网筛过滤液体。称量过滤后的液体。将液体和等量的糖倒入搅拌机中，搅拌至糖完全溶解。撇去液体表面的浮沫，然后转移到储存容器中，冷藏备用，最长可保存2周。

草莓糖浆

> 250 克草莓，去蒂
>
> 250 克粗蔗糖
>
> 0.5 克果胶酶

将草莓和粗蔗糖放入搅拌机中，搅拌至非常顺滑的状态。待糖溶解后，加入果胶酶，搅拌 10 秒，倒入离心杯中。称量装有混合物的容器，并向其他离心杯中倒入等量的水。以每分钟 4500 转的速度运行离心机，持续 12 分钟。取出容器，小心地用咖啡滤纸或超细过滤袋过滤糖浆，注意不要搅动沉积在容器底部的固体。将糖浆转移到储存容器中，冷藏备用，最长可保存 1 周。

罗望子德梅拉拉糖浆

500 克过滤水

1000 克德梅拉拉糖

180 克罗望子酱

将水、德梅拉拉糖和罗望子酱放入搅拌机中，搅拌约 2 分钟，直至糖完全溶解。将糖浆倒入储存容器中，冷藏备用，最多可保存 2 周。

奎宁糖浆

1000 克白砂糖

690 克过滤水

150 克新鲜橙汁（过滤后）

100 克新鲜柠檬汁（过滤后）

60 克新鲜青柠汁（过滤后）

12 克柠檬酸

10 克橙皮屑

8 克干橙皮

8 克柠檬皮屑

7.5 克泰拉香料公司奎宁提取物

6 克粗盐

6 克青柠皮屑

3 克芫荽籽

3 克杜松子

2.5 克肉桂皮

2 克干柠檬皮（颗粒状）

1.5 克八角

1 克肉豆蔻粉

将慢煮容器装满水，放入低温慢煮棒。将慢煮棒设定为 60℃。

将所有原料倒入碗中混合均匀，然后转移至可密封的耐热塑料袋中。将袋子密封但留一丝空隙，再将袋子（除未密封部分外）浸入水中挤压，以尽可能排出空气。将袋子完全密封，并从水中取出。

当水温达到 60℃时，将袋子放入慢煮容器中，加热 90 分钟。

将袋子放入冰水中，冷却至室温。用细网筛过滤糖浆。如果糖浆中仍有颗粒残留，可用咖啡滤纸或超细过滤袋再次过滤。将糖浆转移到储存容器中，冷藏备用，最多可保存 2 周。

南回归线希腊酸奶糖浆

1.5 克南回归线茶（一款拼配茶，火龙果蜜瓜绿茶）

113 克热水（93℃）

125 克全脂希腊酸奶

125 克单糖浆

在耐热容器中，加入南回归线茶和热水，浸泡 5 分钟。用细网筛过滤掉茶叶残渣，将茶水倒入搅拌机。加入酸奶和单糖浆，低速搅拌 2 分钟。将糖浆转移到储存容器中，冷藏备用，最多可保存 2 周。

托比那多糖浆

参见德梅拉拉糖浆制作方法，并用托比那多糖（一种粗制糖）代替德梅拉拉糖。

香草糖浆

500 克单糖浆

2 克香草精

将单糖浆和香草精倒入储存容器中摇匀,冷藏备用,最多可保存 2 周。

西瓜糖浆

250 克过滤后的新鲜西瓜汁

250 克细砂糖

14 克伏特加

将西瓜汁、细砂糖和伏特加倒入搅拌机中,搅拌至糖完全溶解。将糖浆倒入储存容器中,冷藏备用,最多可保存 1 周。

白巧克力芥末糖浆

375 克融化了的白巧克力

375 克可可洛佩兹椰浆

375 克无糖椰浆

375 克甘蔗糖浆

15 克芥末粉

2 克抹茶粉

将所有原料倒入搅拌机中,搅拌至顺滑。将糖浆转移到储存容器中,冷藏备用,最多可保存 1 周。

浸泡液

阿尔博辣椒浸泡德玛盖维达梅斯卡尔

一瓶 750 毫升装的德玛盖维达梅斯卡尔(保留酒瓶)

5 个阿尔博辣椒,撕成大块

将梅斯卡尔和辣椒放入碗中,搅拌均

果胶酶

果胶酶可以分解糖浆中的固体果胶成分,有助于澄清糖浆。我们仅在需要澄清含有果胶的糖浆时使用果胶酶,可以通过离心机处理,也可以简单地将果胶酶混入液体中并静置。

超细过滤袋

超细过滤袋是一种细网袋过滤器,可以在网上购买,我们用的是从现代主义厨房(Modernist Pantry)采购的。超细过滤袋不仅可重复使用,而且材质非常坚固,可以用力挤压袋子以加速过滤过程。超细过滤袋有不同的尺寸和微米孔径可供选择:100 微米、250 微米、400 微米和 800 微米(800 微米是孔径最大的尺寸)。对于糖浆和浸泡液,我们推荐使用中等尺寸的 250 微米超细过滤袋。

匀。将其常温放置最多 30 分钟,其间可频繁品尝以监测辣度。用细网筛过滤,然后通过漏斗将浸泡液倒回梅斯卡尔瓶中,冷藏备用,最多可保存 1 个月。

若浸泡液用细网筛过滤后仍有颗粒残留,可用咖啡滤纸或超细过滤袋再次过滤。将浸泡液通过漏斗倒回梅斯卡尔瓶中,冷藏备用,最多可保存 3 个月。

如何用离心机自制糖浆

用离心机可以自制所有类型的糖浆，让离心机以极高的速度（高达每分钟4500转）旋转，以分离出任何固体物质。尽管这需要先进的设备，但它能够产生出色的效果。我们在需要制作清澈、透明的糖浆时会使用这种设备，因为这样能使鸡尾酒更加美观，在需要给鸡尾酒充气时，我们也会使用这种技术（见第189页）。

我们使用的是奥索卡生物科技（Ozark Biomedical）提供的实验室离心机。我们偏爱的型号是Jouan CR422，价格在3500~4000美元之间，一次可以处理2.8升的液体，且可以在10~15分钟内将液体澄清。不过，现在也有专供餐饮行业使用的离心机，其价格要便宜得多。

没有离心机怎么办？没关系。你可以按照以下方法操作：将糖浆放在冰箱里冷藏并静置一夜，让酶充分发挥作用，然后用至少4层纱布过滤糖浆。虽然这样不会得到像使用机器分离那样晶莹剔透的效果，但这已经是没有机器的情况下能达到的最好效果了。

工具

克秤
带盖的离心机容器
离心机
超细过滤袋或咖啡滤纸

方法

1. 制备基础糖浆。

2. 用克秤称量离心杯的重量，然后加入糖浆再次称重，算出两次重量的差值，即能得到糖浆的重量。如果你用的克秤有去皮功能，可将离心杯放在秤上，归零，然后加入糖浆，确定糖浆重量。

3. 计算出果胶酶的重量X克，即糖浆重量的0.2%。

4. 将X克果胶酶加入糖浆中搅拌均匀，盖好盖子并静置15分钟。

5. 称量装有糖浆和果胶酶的容器，并在其他离心杯中注入等量的水。离心机的每个容器的重量必须完全相等，以使机器保持平衡（离心机失衡很危险！）。

6. 以每分钟4500转的速度运行离心机，持续12分钟。

7. 取出容器，小心地用咖啡滤纸或超细过滤袋过滤糖浆，注意不要搅动容器底部沉淀的固体物质。

8. 如果糖浆中仍有颗粒残留，再次过滤。

9. 转移到储存容器中，冷藏备用。

香蕉浸泡杜凌白味美思

200 克去皮的熟香蕉（果皮还没有变成棕色的）

一瓶 375 毫升装的杜凌白味美思（保留酒瓶）

将香蕉切成薄片，将其与味美思放入碗中混合均匀。盖上盖子，放入冰箱冷藏12 小时。用咖啡滤纸、超细过滤袋或以几层纱布内衬的细网筛过滤，然后倒回味美思瓶中，冷藏备用，最长可保存 3 个月。

棕色黄油浸泡巴拿马太平洋朗姆酒

一瓶 750 毫升装的巴拿马太平洋朗姆酒（保留酒瓶）

150 克融化了的黄油

将朗姆酒和黄油倒入碗中混合均匀，盖上盖子，常温静置 24 小时，然后转移到冰箱中冷藏 24 小时。小心地在凝固的黄油上戳一个小洞，将液体倒出（保留黄油备用）。用咖啡滤纸、超细过滤袋或以几层纱布内衬的细网筛过滤液体，然后倒回朗姆酒瓶中，冷藏备用，最长可保存 3 个月。

可可碎浸泡卡莱 23 金色特其拉

一瓶 750 毫升装的卡莱 23 金色特其拉

30 克可可碎

将慢煮容器装满水，放入低温慢煮棒。将慢煮棒设定为 57℃。

将特其拉和可可碎放入碗中，搅拌均匀。将液体转移到可密封的耐热塑料袋中。然后将其密封但留一丝空隙，再将袋子（除未密封部分外）浸入水中挤压，以尽可能排出空气。将袋子完全密封，并从水中取出。

当水温达到 57℃时，将袋子放入慢煮容器中，低温慢煮 2 小时。

将袋子放入冰水中，冷却至室温。用细网筛过滤浸泡液。如果浸泡液中仍有颗粒残留，可用咖啡滤纸或超细过滤袋再次过滤。将浸泡液转移到储存容器中，冷藏备用，最长可保存 3 个月。

洋甘菊浸泡雅文邑

一瓶 750 毫升装的雅文邑（保留酒瓶）

5 克干洋甘菊

将雅文邑和洋甘菊放入碗中搅拌均匀。常温静置 30 分钟，其间不时搅拌几下。用细网筛过滤浸泡液。如果浸泡液中仍有颗粒残留，可用咖啡滤纸或超细过滤袋再次过滤。将浸泡液倒回朗姆酒瓶中，冷藏备用，最长可保存 3 个月。

咖啡豆浸泡金巴利

一瓶 1 升装的金巴利（保留酒瓶）

6 克整颗的咖啡豆

将金巴利和咖啡豆放入碗中，搅拌均匀。盖上盖子，常温静置 24 小时，其间不时搅拌几下。用细网筛过滤浸泡液。如果浸泡液中仍有颗粒残留，可用咖啡滤纸或超细过滤袋再次过滤。将浸泡液倒回金巴利瓶中，冷藏备用，最长可保存 3 个月。

芫荽籽浸泡赎金老汤姆金酒

一瓶 750 毫升装的赎金老汤姆金酒（保留酒瓶）

35 克轻度烘烤的芫荽籽

将慢煮容器装满水，放入低温慢煮棒。将慢煮棒设定为 57℃。

将金酒和芫荽籽放入可密封的耐热塑料袋中。然后将其密封但留一丝空隙，再将袋子（除未密封部分外）浸入水中挤压，以尽可能排出空气。将袋子完全密封，并从水中取出。

当水温达到 57℃时，将袋子放入慢煮容器中，低温慢煮 2 小时。

将袋子转移到冰水中，冷却至室温。用细网筛过滤浸泡液。如果浸泡液中仍有颗粒残留，可用咖啡滤纸或超细过滤袋再次过滤。将浸泡液倒回金酒瓶中，冷藏备用，最长可保存 3 个月。

玉米皮浸泡德玛盖奇奇卡帕梅斯卡尔

14 克新鲜的玉米皮

一瓶 750 毫升装的德玛盖奇奇卡帕梅斯卡尔（保留酒瓶）

将烤箱预热至 204℃。将玉米皮平铺在烤盘上，烤至微微变褐并变得脆脆的，但注意不要烤得太干。

将慢煮容器装满水，放入低温慢煮棒。将慢煮棒设定为 57℃。

将玉米皮和梅斯卡尔放入可密封的耐热塑料袋中。然后将其密封但留一丝空隙，再将袋子（除未密封部分外）浸入水中挤压，以尽可能排出空气。将袋子完全密封，并从水中取出。

当水温达到 57℃时，将袋子放入慢煮容器中，低温慢煮 2 小时。

将袋子转移到冰水中，冷却至室温。用细网筛过滤浸泡液。如果浸泡液中仍有颗粒残留，可用咖啡滤纸或超细过滤袋再次过滤。将浸泡液通过漏斗倒回梅斯卡尔瓶中，冷藏备用，最长可保存 4 周。

海苔浸泡梨子白兰地

30 克海苔

一瓶 750 毫升装的梨子白兰地（保留酒瓶）

将海苔撕成 1 英寸长的条状。将海苔和梨子白兰地放入碗中搅拌均匀。静置 45 分钟，其间不时搅拌几下，最后用细网筛过滤浸泡液。如果浸泡液中仍有颗粒残留，可用咖啡滤纸或超细过滤袋再次过滤。将浸泡液倒回瓶中，冷藏备用，最长可保存 3 个月。

杞果干浸泡卡莱 23 金色特其拉

一瓶 750 毫升装的卡莱 23 金色特其拉

75 克杞果干

将慢煮容器装满水，放入低温慢煮棒。将慢煮棒设定为 57℃。

将所有配料放入碗中搅拌均匀。将混合物倒入可密封的耐热塑料袋中，然后将其密封但留一丝空隙，再将袋子（除未密封部分外）浸入水中挤压，以尽可能排出空气。将袋子完全密封，并从水中取出。

当水温达到 57℃时，将袋子放入慢煮容器中，低温慢煮 1 小时。

将袋子放入冰水中，冷却至室温。用细网筛过滤浸泡液。如果浸泡液中仍有颗粒残留，可用咖啡滤纸或超细过滤袋再次过滤。将浸泡液转移到储存容器中，冷藏备用，最长可保存 3 个月。

玉米穗浸泡爱利加波本威士忌

1 根玉米穗，去皮

一瓶 750 毫升装的爱利加 12 年波本威士忌（保留酒瓶）

将烤箱预热至 218℃。将玉米穗直接

放在烤箱架上,每隔几分钟翻面一次,直到烤熟且局部呈浅褐色,大约需要 18 分钟。

将烤好的玉米穗和波本威士忌放入碗中混合均匀,盖上盖子,静置 24 小时。用细网筛过滤浸泡液。如果浸泡液中仍有颗粒残留,可用咖啡滤纸或超细过滤袋再次过滤。将浸泡液倒回波本威士忌瓶中,冷藏备用,最长可保存 3 个月。

桉树浸泡亚瓜拉金色卡莎萨

5 克泰拉香料公司桉树提取物

一瓶 750 毫升装的亚瓜拉金色卡莎萨

将桉树提取物加入卡莎萨瓶中摇匀,可长期保存且风味不变。

墨西哥辣椒浸泡席安布拉·瓦列斯银色特其拉

4 个墨西哥辣椒

一瓶 750 毫升装的席安布拉·瓦列斯银色特其拉(保留酒瓶)

将墨西哥辣椒纵向切开,将辣椒籽和膜刮入容器中。将其中 2 个墨西哥辣椒的果肉放入容器中(另外 2 个辣椒的果肉保留以备他用)。然后加入特其拉搅拌均匀。常温静置最长 20 分钟,其间可频繁品尝以监测辣度。用衬有几层纱布的细网筛过滤浸泡液,然后将其倒回酒瓶中,冷藏备用,最长可保存 1 个月。

味噌浸泡皮埃尔·费朗 1840 干邑

一瓶 750 毫升装的皮埃尔·费朗 1840 干邑(保留酒瓶)

1 汤匙白味噌

将干邑和味噌放入搅拌机中搅拌均匀。将混合液均匀分配到离心杯中。称量装有混合液的容器,并根据需要调整容器中的液体量,以确保其重量完全相等,这对保持机器平衡非常重要。以每分钟 4500 转的速度运行离心机,持续 12 分钟。

取出容器,小心地用咖啡滤纸或超细过滤袋过滤浸泡液,注意不要搅动容器底部沉淀的固体。如果浸泡液中仍有颗粒残留,请再次过滤。将浸泡液倒回干邑瓶中,冷藏备用,最长可保存 3 个月。

味噌浸泡塔希克经典雅文邑

一瓶 750 毫升装的塔希克经典雅文邑(保留酒瓶)

1 汤匙白味噌

将雅文邑和味噌放入搅拌机中搅拌,直至混合均匀。将混合液均匀分配到离心杯中。称量装有混合液的容器,并根据需要调整容器中的液体量,以确保其重量完全相等,这对保持机器平衡非常重要。以每分钟 4500 转的速度运行离心机,持续 12 分钟。

取出容器,小心地用咖啡滤纸或超细过滤袋过滤浸泡液,注意不要搅动容器底部沉淀的固体。如果浸泡液中仍有颗粒残留,请再次过滤。将浸泡液倒回酒瓶中,冷藏备用,最长可保存 2 个月。

尼斯橄榄浸泡亚瓜拉金色卡莎萨

一瓶 750 毫升装的亚瓜拉金色卡莎萨(保留酒瓶)

250 克尼斯橄榄

将卡莎萨和橄榄放入碗中搅拌均匀。盖上盖子,常温静置 24 小时,其间不时搅

如何低温慢煮浸泡

在我们酒吧，我们不仅会用低温慢煮浸泡的方法来制作各种糖浆，还会用这种方法自制各种浸泡液。我们采用这种方法有两个原因。第一，低温慢煮可以加快风味物质的浸出过程。第二，在精确的温度下加热混合物，可以减少液体蒸发，得到比使用其他任何方法都更微妙的风味浸出物。重要的是，在整个过程中温度保持不变，这使得我们可以选择精确的温度以保留我们所需的味道（通常是原料的味道），而不会提取出不良味道。

我们在进行低温慢煮浸泡时通常将温度设定在57~63℃。该温度范围的左值适用于浸泡水果这样味道清爽的成分，右值适用于浸泡椰子、坚果或干香料这样味道浓烈的成分。正如以下方法所示，在低温慢煮结束后，我们会将装有浸泡液的真空袋放入冰水中，这样可以凝结袋中存在的任何蒸汽并保留酒精成分。

方法

1. 将慢煮容器注满水，放入低温慢煮棒。
2. 将慢煮棒设定为所需温度。
3. 仔细称量配料，并将它们放入碗中混合均匀。
4. 将混合物转移到可密封的耐热塑料袋中。将袋子几乎完全密封并留出一丝缝隙，然后将袋子（未密封部分除外）浸入水中，以尽可能地排出空气。将袋子密封，并从水中取出。
5. 当水温达到所需温度时，将密封袋放入水槽中。
6. 低温慢煮一定时间后，小心地取出袋子。
7. 将袋子转移到冰水中，冷却至室温。
8. 用细网筛过滤浸泡液，然后将其转移到储存容器中，冷藏备用。

工具

大号慢煮容器
低温慢煮棒
克秤
碗
可密封的耐热塑料袋，如冷冻袋
冰水
细网筛
可密封的玻璃或塑料储存容器

拌几下。用细网筛过滤浸泡液。倒入容器中，盖好盖子，冷藏 24 小时。之后再次用细网筛过滤。

将浸泡液均匀分配到离心杯中，称重，并根据需要调整容器中的液体量，以确保其重量完全相等，这对保持离心机平衡至关重要。以每分钟 4500 转的速度运行离心机，持续 12 分钟。

取出容器，小心地用咖啡滤纸或超细过滤袋过滤浸泡液，注意不要搅动容器底部沉淀的固体。如果浸泡液中仍有颗粒残留，再次过滤。将浸泡液倒回酒瓶中，冷藏备用，最长可保存 3 个月。

海苔浸泡蔗心农业白朗姆酒

一瓶 750 毫升装的蔗心农业白朗姆酒（保留酒瓶）

10 克海苔干

将朗姆酒和海苔干放入碗中搅拌均匀。常温静置 15 分钟，其间不时搅拌几下。用细网筛过滤浸泡液。如果浸泡液中仍有颗粒残留，再次过滤。将浸泡液倒回朗姆酒瓶中，冷藏备用，最长可保存 3 个月。

花生酱浸泡老奥弗沃特黑麦威士忌

一瓶 750 毫升装的老奥弗沃特黑麦威士忌（保留酒瓶）

40 克有机奶油花生酱

将威士忌和花生酱放入搅拌机中搅拌至顺滑。倒入碗中，盖好盖子，冷藏 12 小时。小心地在凝固的花生酱上戳一个小洞，将液体倒出。用咖啡滤纸、超细过滤袋或衬有几层纱布的细网筛过滤液体，然后将液体倒回威士忌瓶中，冷藏备用，最长可保存 1 个月。

花生浸泡卢世涛唐努诺欧洛罗索雪莉酒

180 克生花生

一瓶 750 毫升装的卢世涛唐努诺欧洛罗索雪莉酒（保留酒瓶）

将烤箱预热至 177℃。将花生均匀地平铺在带边的烤盘上，烘烤至金黄色，需要 20~25 分钟。将花生转移到碗中，冷却至室温。加入雪莉酒，盖上盖子，冷藏 12 小时。用细网筛过滤浸泡液。如果浸泡液中仍有颗粒残留，再次过滤。将浸泡液倒回雪莉酒瓶中，冷藏备用，最长可保存 3 个月。

菠萝浸泡添加利金酒

一瓶 750 毫升装的添加利金酒（保留酒瓶）

350 克菠萝块（约 1½ 英寸见方）

将金酒和菠萝块放入碗中搅拌均匀。常温静置 4 小时，其间不时搅拌几下。用细网筛过滤浸泡液。如果浸泡液中仍有颗粒残留，可用咖啡滤纸或超细过滤袋再次过滤。将浸泡液倒回金酒瓶中，冷藏备用，最长可保存 3 个月。

开心果浸泡爱利加波本威士忌

一瓶 1 升装的爱利加波本威士忌（保留酒瓶）

27 克开心果酱

在搅拌机中加入波本威士忌和开心果酱，搅拌至顺滑。倒入储存容器中，盖上盖子，冷藏 24 小时。小心地在凝固的开心果酱上戳一个小孔，将液体倒出。用咖啡滤纸、超细过滤袋或衬有几层纱布的细网筛过滤浸泡液，然后将其倒回波本威士忌瓶中，冷藏备用，最长可保存 3 个月。

开心果浸泡瑞顿房黑麦威士忌

一瓶 750 毫升装的瑞顿房黑麦威士忌（保留酒瓶）

40 克开心果酱

在搅拌机中加入威士忌和开心果酱，搅拌至顺滑。倒入碗中，盖上盖子，冷藏 12 小时。小心地在凝固的开心果酱上戳一个小孔，将液体倒出。用咖啡滤纸、超细过滤袋或衬有几层纱布的细网筛过滤浸泡液，然后将其倒回威士忌瓶中，冷藏备用，最长可保存 1 个月。

干香菇浸泡响和风醇韵威士忌

一瓶 750 毫升装的响和风醇韵威士忌

7 克干香菇

将慢煮容器加满水，放入低温慢煮棒。将慢煮棒设定为 57℃。

将威士忌和干香菇倒入可密封的耐热塑料袋中，然后将其密封但留一丝空隙，再将袋子（除未密封部分外）浸入水中挤压，以尽可能排出空气。将袋子完全密封，并从水中取出。

当水温达到 57℃时，将袋子放入慢煮容器中，烹煮 2 小时。

将袋子放入冰水中，冷却至室温。用细网筛过滤浸泡液。如果浸泡液中仍有颗粒残留，可用咖啡滤纸或超细过滤袋再次过滤。将浸泡液转移到储存容器中，冷藏备用，最长可保存 3 个月。

银针白茶浸泡杜凌白味美思

一瓶 750 毫升装的杜凌白味美思（保留酒瓶）

10 克银针白茶

将味美思和茶叶放入碗中混合均匀。常温静置 30 分钟，其间不时搅拌几下。用细网筛过滤浸泡液。如果浸泡液中仍有颗粒残留，可用咖啡滤纸或超细过滤袋再次过滤。之后将浸泡液倒回味美思瓶中，冷藏备用，最长可保存 3 个月。

草莓浸泡普利茅斯金酒

一瓶 750 毫升装的普利茅斯金酒（保留酒瓶）

500 克草莓，去蒂切半

将金酒和草莓加入碗中搅拌均匀。盖上盖子，冷藏 24 小时。用细网筛过滤浸泡液。如果浸泡液中仍有颗粒残留，可用咖啡滤纸或超细过滤袋再次过滤。将浸泡液倒回金酒瓶中，冷藏备用，最长可保存 3 个月。

草莓浸泡索姆布拉梅斯卡尔

700 克草莓，去蒂

700 克索姆布拉梅斯卡尔

5 克抗坏血酸

果胶酶

食品级硅藻土

壳聚糖

清洗草莓并去蒂。将草莓、梅斯卡尔和抗坏血酸加入搅拌机中，搅拌至非常顺滑。

用咖啡滤纸或超细过滤袋过滤混合物。称量混合物的重量。将 X 克（混合物重量的 2%）的果胶酶和 X 克的食品级硅藻土加入搅拌机中。盖上盖子，静置 15 分钟。再将 X 克的壳聚糖加入搅拌机中，再静置 15 分钟。接着将 X 克的食品级硅藻土加入搅拌机中。

将混合物倒入离心杯中。称量装有混合物的容器的重量，并把其他离心杯装上等

如何加压浸泡

利用压力浸泡是从极其娇嫩的原料中提取风味物质的一种有效方法：这些原料要么很容易变质，无法进行长时间浸泡，要么会因任何程度的加热而发生明显变化。我们采用两种不同的技术进行加压浸泡：一种是使用iSi奶油打发搅拌器（通常用于制作奶油）和一氧化二氮进行快速浸泡；另一种是使用真空浸泡机进行真空浸泡（参见《鸡尾酒法典》）。

在进行快速加压浸泡时，通过压缩气体将液体压入固体原料中，从而迅速提取风味物质。将所有原料放入iSi奶油打发搅拌器的容器中，并充入一氧化二氮气体，这会迫使液体进入固体原料的细胞中，就像海绵吸水一样。当释放压力时，液体将携带固体原料中的风味物质从中流出。快速浸泡特别适合用于提取娇嫩原料（新鲜草本植物）以及具有复杂风味的原料（如可可豆）中的风味物质。由于浸泡过程非常短暂——通常在10分钟左右——因此不会产生任何不良风味。

方法

1. 仔细称量配料。

2. 将所有配料放入iSi奶油打发搅拌器中，注意不要超过最大容量刻度线，密封搅拌器。用一氧化二氮气囊充气，摇晃罐体约5次。更换气囊，再次充气和摇晃。 我们建议让混合物在压力下静置10分钟，每30秒摇晃一次。

3. 将罐体的喷嘴以45°角对准容器。尽可能快地释放气体，以免液体四处喷溅。气体释放得越快，浸泡效果就越好。当所有气体释放完毕时，打开罐体听一听。如果听不到气泡声，就可以继续操作了。用咖啡滤纸或超细过滤袋过滤浸泡液。

4. 将浸泡液倒回原酒瓶中，放入冰箱冷藏备用。由于这些浸泡液提取的是娇嫩原料中的风味物质，因此最好在1个月内用完。某些娇嫩的风味（如银针白茶浸泡杜凌白味美思）在1周内表现得最为鲜明。

工具

克秤

奶油打发搅拌器，容量最
　　为1夸脱

2个一氧化二氮气囊

大而深的容器

咖啡滤纸或超细过滤袋

储存容器

如何澄清果汁

澄清是指去除果汁中的浑浊颗粒，使果汁变得清澈、透明的过程。虽然我们可以使用滤纸来澄清果汁，但我们更喜欢使用离心机或琼脂来进行澄清。

如何用琼脂澄清果汁

方法

1. 将水果或其他新鲜蔬果榨汁，然后用细网筛过滤果汁。

2. 使用克秤称量容器的重量，再加入果汁称重，算出两次重量的差值，即为果汁的重量。如果你使用的克秤有去皮功能，将容器放在秤上，归零，然后倒入果汁并称重。记录果汁的重量。

3. 量取果汁重量25%的水，注入另一个容器中。

4. 将果汁和水的重量相加，算出总重量的0.2%，这就是你将使用的琼脂量X克。

5. 在平底锅中，加入水和琼脂，混合均匀。中火加热，持续搅拌，直到琼脂完全溶解。

6. 熄火，加入果汁并搅拌均匀。

7. 将混合物倒入其中一个容器中，然后将容器放入冰水中。让混合物凝固，大约需要10分钟。

8. 同时，用几层纱布衬在细网筛上，并将细网筛放在碗上。

9. 琼脂凝固后，用打蛋器将其打成凝乳块状。将这些块状物转移到衬有纱布的细网筛上。

10. 轻轻收拢纱布的边缘，将其团成球状。挤出液体，注意不要挤得太用力，否则一些琼脂可能会被挤出来。

11. 如果果汁中仍有颗粒残留，可用咖啡滤纸或超细过滤袋再次过滤液体。

12. 将果汁转移到储存容器中，冷藏备用。

工具

榨汁机
细网筛
若干碗（或其他容器）
克秤
平底锅
纱布
琼脂
咖啡滤纸或超细过滤袋
储存容器

为什么要费尽心思来做澄清呢？老实说，有时候我们只是想让客人有一种超乎预期的感受：他们看到一杯晶莹剔透的鸡尾酒时，就像马天尼那样，会以为它很烈且辛辣。但如果他们喝上一口，发现它是一杯令人惊艳的、明亮酸爽的大吉利，那会是一个有趣的惊喜。澄清也有其他用途：在制作起泡鸡尾酒（我们在《鸡尾酒法典》中探讨过）时，去除酒液中的悬浮颗粒物，可以让二氧化碳更均匀地分布在鸡尾酒中。最后一点注意事项：由于澄清后的果汁比新鲜果汁更不易保存，我们建议在1天内用完澄清果汁。例外的情况是，将澄清果汁与甜味剂和烈酒混合在一起进行批量预调或制作酒头鸡尾酒，这些成分可以帮助其保持细腻的风味。

如何用离心机澄清果汁

方法

1. 将水果或其他新鲜蔬果榨汁，然后用细网筛过滤果汁。

2. 使用克秤称量离心杯的重量，然后加入果汁称重，算出两次重量的差值，即为果汁的重量。如果你使用的克秤有去皮功能，将离心杯放在秤上，归零，然后加入果汁并称重。记录果汁的重量。

3. 将果汁的重量乘以0.2%，得到X克。

4. 将X克的果胶酶和X克的食品级硅藻土加入果汁中搅拌均匀。盖上盖子，静置15分钟。

5. 将X克的壳聚糖加入果汁中搅拌均匀。盖上盖子，静置15分钟。

6. 将X克的食品级硅藻土加入果汁中搅拌均匀。

7. 称量装有果汁的容器的重量，并向其他各个容器中注入等量的水。离心机中的每个容器重量必须完全相等，以保持机器平衡。

8. 以每分钟4500转的速度运行离心机，持续12分钟。

9. 取出容器，小心地用衬有多层纱布的细网筛（或超细过滤袋）过滤果汁，注意不要搅动沉积在容器底部的固体物质。

10. 将果汁转移到储存容器中，冷藏备用。

工具

榨汁机

细网筛

离心机

克秤

带盖的离心杯

果胶酶

食品级硅藻土（葡萄酒和果汁的澄清剂）

壳聚糖（葡萄酒和果汁的澄清剂，与食品级硅藻土一起使用）

纱布

储存容器

量的水。以每分钟 4500 转的速度运行离心机，持续 12 分钟。

取出容器，小心地用咖啡滤纸或超细过滤袋过滤浸泡液，注意不要搅动容器底部沉淀的固体。将浸泡液转移到储存容器中，冷藏备用，最长可保存 1 周。

自制苦精、混合液、果汁和果醋饮

调酸青柠汁

500 克过滤后的新鲜橙汁

16 克柠檬酸粉

10 克苹果酸粉

将所有原料放入碗中，搅拌至粉末完全溶解。将液体转移到储存容器中，冷藏备用，最多可保存 3 天。

唐的混合液 1 号

400 克过滤后的新鲜葡萄柚汁

200 克肉桂糖浆

将葡萄柚汁和肉桂糖浆放入碗中，搅拌至混合均匀。将液体转移到储存容器中，冷藏备用，最多可保存 2 周。

唐的香料酒

200 克香草糖浆

200 克圣伊丽莎白多香果利口酒

将香草糖浆和多香果利口酒倒入碗中，搅拌至混合均匀。将液体转移到储存容器中，冷藏备用，最多可保存 2 周。

木槿花醋饮

500 克香槟醋

22.5 克干木槿花

细砂糖

过滤水

将香槟醋和干木槿花加入碗中混合均匀。盖上盖子，静置至少 12 小时（时间越长越好，最多不超过 48 小时）。用细网筛过滤液体至平底锅中。将液体加热至沸腾，然后转小火，煮至液体蒸发约 ¼，大约需要 15 分钟。稍微冷却后称量液体重量。将液体、等量的细砂糖和一半量的水倒入搅拌机中，搅拌至糖完全溶解。将混合液转移到储存容器中，冷藏备用，最多可保存 1 年。

自制橙味苦精

100 克菲氏兄弟西印度橙味苦精

100 克安高天娜橙味苦精

100 克里根（Regans）橙味苦精

将所有原料放入碗中搅拌均匀。将液体转移到储存容器中，常温保存，最多可保存 1 年。

改良版栀子花混合液

100 克过滤水

5 克复合增稠剂（凝胶稳定剂）

450 克融化了的无盐黄油

150 克肉桂糖浆

75 克香草糖浆

75 克圣伊丽莎白多香果利口酒

将水和复合增稠剂放入搅拌机中搅拌均匀，静置 5 分钟。加入黄油，搅拌至顺滑。加入剩余的配料，再次搅拌。将混合液转移到储存容器中，冷藏备用，最多可保存 1 周。

木瓜混合液

600 克完美牌木瓜果泥

400 克甘蔗糖浆

200 克玛丽·布里扎德可可利口酒

30 克柠檬酸溶液

将所有原料放入碗中，搅拌至混合均匀。将混合液转移到储存容器中，冷藏备用，最多可保存 2 周。

墨西哥菠萝啤酒

15 克肉桂皮

5 克芫荽籽

5 克八角

5 克白胡椒

2 克豆蔻荚

2000 克水

500 克墨西哥粗制蔗糖

1 个菠萝（带皮，切块）

轻轻压碎所有香料，然后放入干锅中，中低火加热烤香。将其转移到耐热的碗或储存容器中。在平底锅中加入水和蔗糖，中低火加热，其间时不时搅拌，直到糖完全溶解。将糖溶液倒入装有香料的干锅中，加入菠萝块。用纱布盖住容器，并用橡皮筋固定。将干锅放在阴凉处，常温静置 4 天，其间每天搅拌 1 次。用细网筛过滤混合液。如果混合液中仍有颗粒残留，可用咖啡滤纸或超细过滤袋再次过滤。将混合液转移到储存容器中，冷藏备用，最多可保存 2 周。

日式渍物卤汁

1 根大黄瓜或 2~3 根小黄瓜（不削皮，切片）

粗盐

500 克米醋

500 克水

250 克白砂糖

125 克芝麻

将黄瓜片放入滤网中，撒上 2 茶匙盐，拌匀。静置 1 小时，然后彻底冲洗并沥干。

将米醋、水、白砂糖和 1 茶匙盐加入碗中，搅拌至糖和盐完全溶解。加入黄瓜和芝麻，拌匀。将混合物转移到储存容器中，冷藏至少 24 小时后再使用。

溶液与酊剂

香槟酸溶液

94 克未过滤的水

3 克酒石酸粉

3 克乳酸粉

将所有原料放入玻璃碗中，搅拌至粉末完全溶解。将溶液转移到玻璃滴管瓶或其他玻璃容器中，冷藏备用，最多可保存 6 个月。

柠檬酸溶液

100 克过滤水

20 克柠檬酸粉

将水和柠檬酸粉倒入玻璃碗中，搅拌至粉末完全溶解。将溶液转移到玻璃滴管瓶或其他玻璃容器中，冷藏备用，最多可保存 6 个月。

哈瓦那辣椒酊剂

150 克伏特加（保留酒瓶）

25 克哈瓦那辣椒，切成薄片

将伏特加和辣椒放入碗中，盖上盖子，静置 24 小时。用细网筛过滤液体。如果液体中仍有颗粒残留，可用咖啡滤纸或超细过滤袋再次过滤。将液体倒回伏特加瓶中，冷藏备用，最多可保存 1 个月。

啤酒花青柠酸溶液

250 克过滤水

9 克柠檬酸粉

6 克苹果酸粉

2 克西楚啤酒花颗粒

1 克粗盐

将所有配料放入搅拌机中，搅拌至粉末和盐完全溶解。用咖啡滤纸或超细过滤袋过滤溶液。将溶液转移到储存容器中，冷藏备用，最多可保存 6 个月。

乳酸溶液

100 克过滤水

10 克乳酸粉

将水和乳酸粉放入玻璃碗中，搅拌至粉末完全溶解。将溶液转移到玻璃滴管瓶或其他玻璃容器中，冷藏备用，最多可保存 6 个月。

苹果酸溶液

80 克过滤水

20 克苹果酸粉

将水和苹果酸粉放入玻璃碗中，搅拌至粉末完全溶解。将溶液转移到玻璃滴管瓶或其他玻璃容器中，冷藏备用，最多可保存 6 个月。

盐溶液

70 克过滤水

30 克粗盐

将水和盐放入玻璃碗中，搅拌至盐完全溶解。将盐溶液转移到玻璃滴管瓶或其他玻璃容器中，冷藏备用，最多可保存 6 个月。

装饰

金巴利浸泡烤椰片

一瓶1升装的金巴利（保留酒瓶）
500克烤椰片

将金巴利和烤椰片放入碗中，搅拌均匀。盖上盖子，常温静置24小时，其间不时搅拌几下。用细网筛过滤浸泡液并保留椰片。如果浸包液中仍有颗粒残留，可用咖啡滤纸或超细过滤袋再次过滤。将浸泡液倒回金巴利瓶中，冷藏备用，最多可保存3个月。将椰片放入烘干机中烘干。然后将椰片放在储存容器中，常温保存，最多可保存2周。

脱水苹果片

将2杯水和1茶匙粗盐加入碗中，搅拌至盐完全溶解。将苹果切成薄片（最好用切片器），放入盐溶液中浸泡，此步骤可以防止苹果氧化变色。浸泡15分钟后，沥干水分。

将烘干机设定为135℃，或将烤箱预热至最低温度。将苹果片整齐地摆放在烘干机架或置于烤盘内的铁网架上，每两片之间留出约0.5英寸的空间。用烘干机烘干或用烤箱烘烤（烤箱门稍微打开），直至苹果片完全干燥且脆硬，需要6~8小时。将苹果片放在铺有纸巾的储存容器中，常温保存，最多可保存1个月。

脱水柑橘片或菠萝片

将烘干机设定为135℃，或将烤箱预热至最低温度。将水果片整齐地摆放在烘干机架或置于烤盘内的铁网架上，每两片之间留出约0.5英寸的空间。用烘干机烘干或用烤箱烘烤（烤箱门稍微打开），直至水果片完全干燥且脆硬，需要8~12小时。将水果片放在铺有纸巾的储存容器中，常温保存，最多可保存1个月。

烤燕麦奶油

2盎司粗燕麦
16盎司重奶油

将烤箱预热至177℃。将燕麦均匀地铺在带边的烤盘上，烤至燕麦微微上色并散发出香气，大约需要10分钟。稍微冷却后，将其倒入碗中，加入奶油。盖上盖子，冷藏24小时。用细网筛过滤浸泡液。将其转移到储存容器中，冷藏备用，最多可保存5天。

如何用离心机自制浸泡液

一般来说，使用离心机制作浸泡液时，需要先将固体原料与酒液混合，使得固体成分与酒液充分接触并加速浸泡过程，然后使用离心机分离出固体成分并澄清液体。需要注意的是，在此过程中，固体成分中所含的一些液体会进入浸泡液中。这可能会使浸泡液风味更佳，但浸泡液也因此更容易变质，保质期较短。

要确定酒与风味成分之间的恰当比例可能需要进行一系列试验。对于干燥的原料，如干果或全麦饼干，可以按重量比以1∶4的比例（重量比）开始混合风味成分和酒液。对于含有水分的原料，如香蕉或草莓，可以从1∶2的比例开始试验。对于味道非常微妙的原料，如西瓜，可能需要从1∶1的比例开始探索。

方法

1. 仔细称量所有原料。将其放入搅拌机中，搅拌至固体原料完全呈泥状。

2. 称量容器的重量。如果你使用的秤有去皮功能，可将容器放在秤上，归零，然后加入糖浆并称重。

3. 用细网筛过滤混合物至容器中，以去除大颗粒固体。

4. 称量装有混合物的容器的重量，然后减去容器的重量，以确定液体的重量，这是以下计算的基准重量。

5. 将X克（液体重量的0.2%）的果胶酶（见第377页）加入液体中搅拌均匀。盖上盖子，静置15分钟。

6. 再次搅拌，以将液体混合均匀，然后将液体均匀分配到离心杯中。称量装有液体的容器的重量，并根据需要调整容器中的液体量，以确保其重量完全相等，这对保持离心机平衡非常重要。

7. 将离心机以每分钟4500转的速度运转，持续12分钟。

8. 取出容器，小心地用咖啡滤纸或超细过滤袋过滤浸泡液，注意不要搅动沉积在容器底部的固体物质。如果浸泡液中仍有颗粒残留，请再次过滤。

9. 将浸泡液转移到储存容器中，冷藏备用。

工具

克秤
精密克秤
搅拌机
碗或其他容器
细筛网
离心机
咖啡滤纸或超细过滤袋
储存容器

附录

我们的供应商

饮酒艺术（artofdrink.com）提供磷酸溶液。

阿斯托葡萄酒和烈酒（astorwines.com）提供种类繁多的烈酒以供选择。

不寻常八月茶公司（august.la）售卖散装茶叶，包括都会区和南回归线茶。

鸡尾酒酒精资源（beveragealcoholresource.com）面向有志成为调酒师和酒类专业人士的人群提供服务。

主厨商店（chefshop.com）提供蜂蜜、产自纳帕的酸葡萄汁、鸡尾酒樱桃等厨房常备食材。

鸡尾酒王国（cocktailkingdom.com）提供各种酒具，以及苦精、糖浆和鸡尾酒图书，包括一些经典图书的复刻版。

水晶经典（crystalclassics.com）售卖肖特等品牌的鸡尾酒杯。

饮尽纽约（drinkupny.com）提供难以找到的烈酒和其他调酒原料。

双重特卖（dualspecialtystorenyc.com）售卖香料、坚果和苦精。

茶之寻（inpursuitoftea.com）提供稀有的、具有异国情调的茶叶。

艾斯艾（www.isi.com/us/culinary/）提供搅拌器、气泡水瓶和充气罐。

酒桶工厂（kegworks.com）提供制作起泡鸡尾酒和生啤鸡尾酒的工具，以及酸类、鸡尾酒杯和酒吧必备品。

丽贝（libbey.com）提供耐用型鸡尾酒杯。

香料市集（marketspice.com）提供独特的茶叶混合物。

马蒂克（micromatic.com）提供酒头鸡尾酒设备。

现代厨房（modernistpantry.com）提供超细过滤袋、离心机、烘干机以及用于浸泡和澄清的粉末。

蒙特利湾香料公司（herbco.com）提供散装香草、香料和茶叶。

莫啤酒（morebeer.com）提供酒头鸡尾酒设备。

移动厨房（mtkitchen.com）提供日式鸡尾酒杯、工具和厨房设备。

杏仁工坊（orgeatworks.com）提供榛果糖浆、夏威夷果仁糖浆和烤杏仁糖浆。

奥索卡生物科技（ozarkbiomedical.com）提供医用离心机。

完美果泥（perfectpuree.com）提供优质果泥。

多元科技（polyscienceculinary.com）提供低温慢煮棒、烟熏枪和其他高科技工具。

钢炼（steelite.com）提供鸡尾酒杯和尼克诺拉杯。

泰拉香料公司（terraspice.com）提供种类繁多的香料、糖、干果和干辣椒。

茶叶沙龙（tsalon.com）提供散装茶叶和花草茶。

鲜味市集（umamimart.com）提供日式调酒工具、鸡尾酒杯等。

至死相伴酒吧书目

鸡尾酒相关图书

Arnold, Dave. *Liquid Intelligence: The Art and Science of the Perfect Cocktail.* New York: Norton, 2014.

Bainbridge, Julia. *Good Drinks: Alcohol-Free Recipes for When You're Not Drinking for Whatever Reason.* Emeryville, CA: Ten Speed Press, 2020.

Baiocchi, Talia. *Sherry: A Modern Guide to the Wine World's Best-Kept Secret, with Cocktails and Recipes.* Emeryville, CA: Ten Speed Press, 2014.

Bartels, Brian. *The United States of Cocktails: Recipes, Tales, and Traditions from All 50 States (and the District of Columbia).* New York: Abrams, 2020.

Broom, Dave. *The Way of Whisky: A Journey Around Japanese Whisky.* London: Mitchell Beazley, 2017.

Brown, Derek, and Robert Yule. *Spirits, Sugar, Water, Bitters: How the Cocktail Conquered the World.* London: Rizzoli, 2019.

Cate, Martin, and Rebecca Cate. *Smuggler's Cove: Exotic Cocktails, Rum, and the Cult of Tiki.* Emeryville, CA: Ten Speed Press, 2016.

Chartier, Francois. *Taste Buds and Molecules: The Art and Science of Food, Wine, and Flavor.* New York: Houghton Mifflin Harcourt, 2012.

Chetiyawardana, Ryan. *Good Together: Drink & Feast with Mr. Lyan & Friends.* London: Frances Lincoln, 2017.

Cooper, Ron, and Chantal Martineau. *Finding Mezcal: A Journey into the Liquid Soul of Mexico, with 40 Cocktails.* Emeryville, CA: Ten Speed Press, 2018.

Craddock, Harry. *The Savoy Cocktail Book.* London: Pavilion, 2007.

Curtis, Wayne. *And a Bottle of Rum: A History of the New World in Ten Cocktails.* New York: Crown, 2006.

deBary, John. *Drink What You Want: The Subjective Guide to Making Objectively Delicious Cocktails.* London: Clarkson Potter, 2020.

DeGroff, Dale. *The Essential Cocktail: The Art of Mixing Perfect Drinks.* New York: Clarkson Potter, 2008.

—— *The New Craft of the Cocktail: Everything You Need to Think Like a Master Mixologist, with 500 Recipes.* New York: Clarkson Potter, 2020.

Dornenburg, Andrew, and Karen Page. *What to Drink with What You Eat: The Definitive Guide to Pairing Food with Wine, Beer, Spirits, Coffee, Tea—Even Water—Based on Expert Advice from America's Best Sommeliers.* New York: Bulfinch, 2006.

Embury, David A. *The Fine Art of Mixing Drinks.* New York: Mud Puddle Books, 2008.

Ensslin, Hugo. *Recipes for Mixed Drinks.* New York: Mud Puddle Books, 2009.

Haigh, Ted. *Vintage Spirits and Forgotten Cocktails: From the Alamagoozlum to the Zombie 100 Rediscovered Recipes and the Stories Behind Them.* Bloomington, IN: Quarry Books, 2009.

Jackson, Michael. *Whiskey: The Definitive World Guide.* London: Dorling Kindersley, 2005.

Kalkofen, Misty, and Kristen Amann. *Drinking Like Ladies: 75 Modern Cocktails from the World's Leading Female Bartenders.* Bloomington, IN: Quarry Books, 2018.

McGee, Harold. *On Food and Cooking: The Science and Lore of the Kitchen.* New York: Scribner, 2004.

Meehan, Jim. *Meehan's Bartender Manual.* Emeryville, CA: Ten Speed Press, 2017.

Mix, Ivy. *Spirits of Latin America: A Celebration of Culture & Cocktails, with 100 Recipes from Leyenda & Beyond.* Emeryville, CA: Ten Speed Press, 2020.

Morgenthaler, Jeffrey, and Martha Holmberg. *The Bar Book: Elements of Cocktail Technique.* San Francisco, CA: Chronicle Books, 2014.

Mustipher, Shannon. *Tiki: Modern Tropical Cocktails.* London: Rizzoli, 2019.

Myhrvold, Nathan, Chris Young, and Maxime Bilet. *Modernist Cuisine: The Art and Science of Cooking.* Bellevue, WA: The Cooking Lab, 2011.

Pacult, F. Paul. *Kindred Spirits 2.* Wallkill, NY: Spirit Journal, 2008.

Page, Karen, and Andrew Dornenburg. *The Flavor Bible: The Essential Guide to Culinary Creativity, Based on the Wisdom of America's Most Imaginative Chefs.* New York: Little, Brown, 2008.

Parsons, Brad Thomas. *Amaro: The Spirited World of Bittersweet, Herbal Liqueurs, with Cocktails, Recipes, and Formulas.* Emeryville, CA: Ten Speed Press, 2016.

—— *Bitters: A Spirited History of a Classic Cure-All, with Cocktails, Recipes, and Formulas.* Emeryville, CA: Ten Speed Press, 2011.

Petraske, Sasha, with Georgette Moger-Petraske. *Regarding Cocktails.* New York: Phaidon Press, 2016.

Regan, Gary. *The Bartender's Gin Compendium.* Bloomington, IN: Xlibris, 2009.

—— *The Joy of Mixology: The Consummate Guide to the Bartender's Craft.* Revised and updated edition. New York: Clarkson Potter, 2018.

Reiner, Julie, and Kaitlyn Goalen. *The Craft Cocktail Party: Delicious Drinks for Every Occasion.* New York: Grand Central Life & Style, 2015.

Robitschek, Leo. *The NoMad Cocktail Book.* Emeryville, CA: Ten Speed Press, 2019.

Simonson, Robert. *The Martini Cocktail: A Meditation on the World's Greatest Drink, with Recipes.* Emeryville, CA: Ten Speed Press, 2019.

Stewart, Amy. *The Drunken Botanist: The Plants That Create the World's Great Drinks.* Chapel Hill, NC: Algonquin Books, 2013.

Teague, Sother, and Robert Simonson. *I'm Just Here for the Drinks: A Guide to Spirits, Drinking and More Than 100 Extraordinary Cocktails.* New York:

Media Lab Books, 2018.

Thomas, Jerry. *The Bar-Tender's Guide: How to Mix Drinks.* New York: Dick & Fitzgerald, 1862.

Wondrich, David. *Imbibe!* New York: Perigee, 2007.

—— *Punch: The Delights (and Dangers) of the Flowing Bowl.* New York: Perigee, 2010.

商业管理类图书

Catmull, Ed. *Creativity, Inc.: Overcoming the Unseen Forces That Stand in the Way of True Inspiration.* New York: Random House, 2014.

Collins, Jim. *Good to Great: Why Some Companies Make the Leap and Others Don't.* New York: HarperBusiness, 2001.

Collins, Jim, and Jerry I. Porras. *Built to Last: Successful Habits of Visionary Companies.* New York: Collins Business, 2002.

Duckworth, Angela. *Grit: The Power of Passion and Perseverance.* New York: Scribner, 2018.

Gawande, Atul. *The Checklist Manifesto: How to Get Things Right.* London: Picador, 2011.

Gladwell, Malcolm. *Outliers: The Story of Success.* New York: Black Bay Books, 2011.

Kinni, Theodore. *Be Our Guest: Perfecting the Art of Customer Service.* Revised and updated edition. Glendale, CA: Disney Editions, 2011.

Stack, Jack. *The Great Game of Business, Expanded and Updated: The Only Sensible Way to Run a Company.*

Redfern, NSW: Currency, 2013.

Wickman, Gino. *Traction: Get a Grip on Your Business.* Dallas, TX: BenBella Books, 2012.

致谢

本书的面世要归功于一个庞大团队的集体付出，这个团队中的每一个人都在很多方面为本书的出版做出了贡献。他们是调酒师、咖啡师、厨师、培训师、开发人员、助手、后场服务员和酒吧服务员，以及领导和支持他们的管理者。

我们在撰写本书时，正值全球新冠疫情暴发。几天之内，我们眼看着整个酒店行业崩溃了。我们的客人被困在家里，员工被遣散。2020年3月15日，我们决定无限期关停酒吧。

我们是一家以人为本的企业。比起其他任何方面，我们都更重视团队，正是团队里的每个人让我们的酒吧得以生存并发展。在3月中旬的那些日子里，在那个让人感到无比伤感的3月，我们解雇了至死相伴酒吧3家门店几乎所有富有创造力、充满激情、才华横溢且工作努力的员工。当时，我们无法预测接下来几周、几个月会发生什么。那感觉令人心碎，让人绝望，仿佛前方是一片荒凉的虚无。

接下来发生的事情本不应该让我们感到惊讶。在看似无休止的危机、悲伤和困惑中，我们的社区团结在了一起。我们在家里调制鸡尾酒，通过视频会议分享配方，策划新酒单，并回忆起那些美好的日子。朋友、同行、陌生人都向我们伸出了援手，为我们提供了帮助和支持。我们继续撰写本书，并努力工作。慢慢地，我们开始重建。慢慢地，情况开始好转。

我们的团队非常强大，足以应对我们所面临的动荡，这本不应该让我们感到惊讶。尽管遭遇了灾难，面临着不确定性，但我们团结一致。我们之所以这么做，是因为没有什么比一起喝一杯更美好的了。诚挚地感谢在新冠疫情之前在岗的酒吧团队：一群敬业、才华横溢、坚韧不拔的专业人士，是他们造就了我们的酒吧。对于过去与我们合作过的人（或者在本书出版时与我们合作的人），我们对你们也报以感激之情。

纽约总店：亚历山大·阿里、凯瑟琳·凯恩、凯拉·弗格森、亚历克斯·弗罗斯特、约瑟夫·格比诺、安德鲁·赫里涅维奇基、加伦·哈金斯、谢尔比·赫尔西、山姆·约翰逊、安德烈亚斯·凯亚法斯、亚历克斯·马丁、蒂法尼·纳姆、乔舒亚·波利纳、香农·庞什、杰维尔·雷诺兹、阿利克斯·拉塞尔、贾维尔·塔夫脱和香农·特贝。

充满活力的分店——丹佛至死相伴酒吧：马修·艾伯特、戴夫·安德森、雅各布·贝克、玛格丽特·贝林格、瓦内萨·伯纳尔、阿迪森·博拉尔、杰西卡·科尔曼、尼尔·多施纳、凯文·德怀尔、格雷森·费根、阿尔琳达·法斯柳、乔纳森·费斯廷格、乔纳森·费尔斯安格、卡纳达·菲耶罗、蒂娜·弗朗西斯、阿莱汗德罗·加利西亚·希尔顿、马修·加西亚、加布里埃拉·冈萨雷斯、阿龙·格里普、威廉·希罗尼穆斯、莎拉·胡克斯、德里翁·霍恩、保罗·雅各布斯、唐纳德·詹金斯、亚历克斯·江普、肯尼斯·凯巴拉、伊莱贾·凯勒、斯科特·基、奥斯汀·奈特、基拉·康斯坦丁诺娃、乔纳森·朗、迪伦·洛佩斯、奥德丽·拉德拉姆、布莱克·马尼恩、安东尼奥·马罗内、马克西米利安·马丁、肯尼斯·马丁内斯二世、乔纳森·马特尔、乔纳森·梅里尔、克里斯托弗·诺顿、乔治·努涅斯、吉安娜·帕丘洛、埃弗琳·菲尼克斯、威利·罗森塔尔、迦勒·罗素、玛格丽特·桑德斯、梅丽莎·施密特、唐纳德·西斯内罗斯、尼古拉斯·斯梅德利、菲利普·史密斯、雷金纳德·史密斯、赖安·史密斯、利亚姆·斯塔迪福德、基莉·萨瑟兰、乔丹·图佐、伊丽莎白·万斯、凯利·沃尔多、达甘·沃尔顿、马文·威廉姆斯、克里斯托弗·沃尔特、布莱恩·怀纳。我们的丹佛团队得到了漫步酒店的大力支持，在此特别感谢瑞安·迪金斯、安德鲁·格拉、扎克·弗莱明和特莎·哈维。

我们新开张的分店——洛杉矶至死相伴酒吧：贾马尔·阿里夫、沙基拉特·阿里杰、马修·贝朗格、卡梅伦·布朗、乔舒亚·楚安德拉、米娅·德·古兹曼、杰奎琳·埃斯宾、托马斯·埃斯林格、劳尔·埃尔南德斯、罗克珊·霍奇、阿什莉·霍普金斯、艾莉森·岩本、米歇尔·杰克逊、约翰·林赛、尼古拉斯·卢纳、凯文·阮、伊桑·奥凯恩、安娜·帕洛马雷斯、塞缪尔·彭顿、埃德温·里奥斯、乔纳森·萨拉查、珍妮弗·索贝尔、瑞安·维尔米伦、马修·沃格尔和妮娜·武索。

多年来，我们关于鸡尾酒的教育理念得以完善，这要归功于我们公司的顾问和服务部门，他们设计、建造并经营了酒吧和餐厅。没有他们的专业支持，我们酒吧的运营效率将大打折扣，本书也可能迟迟无法出版。感谢乔迪·考尔德伦、劳伦·科里沃、亨利·福特和乔丹·施瓦茨。

我们也很幸运能与一些个人和机构合作，他们亦是我们团队的一部分，没有他们，我们所做的很多事情都不可能实现。诺拉·瓦尔乔通过社交媒体为我们进行宣传和推广；詹娜·卡普兰确保我们的努力在媒体上获得更多曝光；杰夫·康布斯和工艺手工工作室让至死相伴酒吧市场部得以成立；杰德·豪将我们的品牌转化为可以进行零售的产品；马修·戈德曼和他的团队推动了新设计的实现；以及安培工作室将我们的愿景转化为美丽且极具沉浸式体验的实体空间。

让这个团队保持专注和蓬勃发展需要强大的后勤支持，我们很幸运拥有一个核心领导团队，他们每天醒来就在思考如何让我们的酒吧和企业变得更好：全美总运营团队，迈克尔·沙因和韦斯·汉密尔顿；以及我们的行政部门，他们让所有业务都运转顺畅——玛丽·安东尼奥、马西埃尔·乌尔塔多和首席宠物主任奥利弗。

我们之所以能够做我们想做的事情，正是因为我们得到了投资界的支持。这个群体由数百名投资者组成，这里不再一一列出，但我们真诚地向所有这些人表示感谢。感谢你们相信我们，感谢你们助力至死相伴酒吧愿景的实现。

特别感谢我们的董事会成员比尔·斯珀吉翁和利兰·奥康纳，他们经常为我们提供宝贵的意见和建议。同样，感谢我们的合作伙伴拉维·德罗西和克雷格·曼齐诺，感谢他们的支持、指导和建议。

将一堆杂乱无章的想法转变为一本既有序又精美的书，需要一支才华横溢的团队，我们很幸运能够与同一批人一次次地合作出书。感谢艾米丽·廷伯莱克，她不仅是业界最优秀的编辑，还让一个可能令人发狂的过程变得如此有趣；我们欣赏她在审读本书过程中的指导（和俏皮的评论）。同样，感谢我们的老友凯特·汤姆金森和蒂姆·汤姆金森，他们设计出如此精美的书，并通过原创插图将我们的想法变为现实。我们的摄影师迪伦·霍和热尼·阿夫索简直无可挑剔：他们对每次拍摄都充满创意和热情，感谢他们如此精准地捕捉我们的世界！

感谢十速出版社团队，你们是我们的长期合作伙伴。朱莉·贝内特、阿什利·皮尔斯、艾玛·坎皮恩、贝茜·斯特龙伯格和塞雷娜·西戈纳，感谢你们的耐心，感谢你们对品质的不懈追求。还有幕后之人阿龙·韦纳，感谢你一直相信我们（还有消耗我们的印度淡色艾尔啤酒）。特别感谢我们的文字编辑克里斯蒂·海因和校对员琳达·布沙尔，是你们帮助我们避免了那些尴尬的错误，并提出了我们未曾想到的问题。

感谢我们的代理人乔纳·斯特劳斯和戴维·布莱克，是你们让我们保持专注、有条不紊。

最后，感谢我们的生活伙伴——安德鲁·阿什利、罗特姆·拉费、珍娜·格比诺、亚历杭德罗·古兹曼和谢尔·鲍登，你们的支持、耐心和爱让我们得以不断前行。

亚历克斯、尼克、大卫、德文、泰森